スクラム現場ガイド
スクラムを始めてみたけどうまくいかない時に読む本

Mitch Lacey [著]
安井 力、近藤 寛喜、原田 騎郎 [翻訳]

Authorized translation from the English language edition, entitled SCRUM FIELD GUIDE, THE: PRACTICAL ADVICE FOR YOUR FIRST YEAR,1st Edition, ISBN: 9780321554154 by LACEY, MITCH, published by Pearson Education, Inc, publishing as Addison-Wesley Professional, Copyright ©2012

All rights reserved. No part of this book may be reproduced or transmitted in any form or by any means, electronic or mechanical, including photocopying, recording or by any information storage retrieval system, without permission from Pearson Education, Inc.

JAPANESE language edition published by MYNAVI PUBLISHING CORPORATION, Copyright ©2016

JAPANESE translation rights arranged with PEARSON EDUCATION, INC. through Tuttle-Mori Agency, Inc.,Tokyo

The copyright notice must be printed in the English language as well as in the JAPANESE language. Compliance with this copyright provision is of the essence in this Agreement and the license granted herein is conditioned upon inclusion of the correct copyright notice in the Translation. The Publisher agrees to take all steps as many be necessary or appropriate to protect the copyright in the Translation under all applicable laws and to secure the benefits of copyright protection under all international copyright conventions that are available for such protection, including but not limited to the printing of a copyright notice as specified by the Universal Copyright Convention.

・日本語版の制作にあたっては正確を期すよう努めましたが、株式会社マイナビ出版および著者、翻訳者が本書の内容に関して何らかの保証をするものではなく、内容に関するいかなる運用結果についてもいっさいの責任を負いません。あらかじめご了承ください。
・日本語版に関してのご質問、ご意見などは、株式会社マイナビ出版までお願いいたします。
・本書に登場する会社名および商品名は、該当する各社の商標または登録商標です。
　本書では®マークおよび™マークは省略させていただいております。

本書を2つのチームに捧げる。1つめのチームは、僕の家族だ。妻の
バーニス、子供のアシュリーとカーター、そしてエマ。彼らの支えが
なければ、そして「もうできた？」としょっちゅう聞いてこなかったら、
本書はここに存在しなかっただろう。みんながずっと支え続けていて
くれたおかげで、僕は集中できた。

　2つめのチームはマイクロソフトのファルコンプロジェクトで一緒
だった面々だ。ジョン・ボール、ドナハン・ホープク、バート・シュー、
マイク・プリオ、モン・リーラフィサー、そしてボスのミカエル・コリガン、
勇気を持って僕と一緒に飛び込んでくれたことに、感謝している。君
たちこそが本書を現実のものにしたんだ。

Contents

目次

ジム・ハイスミスによる序文 ………………………………………… 014

ジェフ・サザーランドによる序文 …………………………………… 016

まえがき ……………………………………………………………… 020

　　対象読者 ………………………………………………………… 021

　　本書の構成 ……………………………………………………… 021

　　あなたに本書を薦める理由 …………………………………… 022

　　補足資料 ………………………………………………………… 022

謝辞 …………………………………………………………………… 023

著者紹介 ……………………………………………………………… 025

1章　スクラム：シンプルだが簡単ではない ……………………… 027

　　1. 物語 …………………………………………………………… 027

　　2. スクラム ……………………………………………………… 033

　　　　2-1. スクラムとは何か？ ………………………………… 033

　　　　2-2. スクラムの導入 ………………………………………… 034

　　　　2-3. スクラムが向くのはどんな時？ …………………… 041

　　　　2-4. 変化は大変だ ………………………………………… 042

　　3. 成功の鍵 ……………………………………………………… 045

第1部　準備　　　　　　　　　　　　　　　　　047

2章　仲間と共に旅立つには ………………………………………… 048

　　1. 物語 …………………………………………………………… 048

　　2. モデル ………………………………………………………… 054

　　3. 変化には時間がかかる ……………………………………… 055

　　　　3-1. 危機意識を生み出せ ………………………………… 056

　　　　3-2. 変革を進めるための連帯 …………………………… 056

　　　　3-3. ビジョンと戦略を作る ……………………………… 057

スクラム現場ガイド

3-4. ビジョンを周知徹底する	057
3-5. 短期的な成果の重要性	058
3-6. 成果を活かしてさらに変革を進める	059
3-7. 新しい方法と企業文化	059
4. 成功の鍵	059
4-1. 辛抱強く	059
4-2. 情報を提供する	060

3章 チームコンサルタントでチームの生産性を最適化する ... 061
1. 物語	061
2. モデル	066
2-1. チームコンサルタントのプールを作る	066
2-2. 自分のチームを作る	069
3. 成功の鍵	073
3-1. 責任感	073
3-2. 試行	074
3-3. 過負荷に注意	074
3-4. 手が空いてしまうのに備えよう	075
3-5. チームコンサルタントは専任チームの代わりにはならない	075

4章 ベロシティの測定 ... 076
1. 物語	076
2. モデル	081
2-1. 過去のデータの問題	082
2-2. わからないなりに見積もるときのヒント	083
2-3. 様子見（現実のデータを使う）	087
2-4. データの集合を丸める	089
3. 成功の鍵	090

5章 スクラムの役割 ... 092
1. 物語	092
2. モデル	096
2-1. 役割の決め方	097
2-2. 役割を混ぜることについて	099
2-3. それでも役割を混ぜるというとき気をつけること	101
3. 成功の鍵	101

目次

6章 スプリントの長さを決める 103
1. 物語 103
2. モデル 106
   2-1. プロジェクトの期間 107
   2-2. 顧客とステークホルダー 108
   2-3. スクラムチーム 109
   2-4. スプリントの長さを決定する 110
   2-5. 注意事項 112
   2-6. クイズを終えて 113
3. 成功の鍵 113
   3-1. 4週間以上のスプリント 114
   3-2. スプリントの長さの延長 114

7章 完成を知る 115
1. 物語 115
2. モデル 117
   2-1. 導入 118
   2-2. ブレインストーミング 118
   2-3. カテゴリ分け 120
   2-4. 整理と集約 121
   2-5. 完成の定義の作成 122
   2-6. 「未完成」の仕事について 122
3. 成功の鍵 123

8章 専任スクラムマスターの利点 124
1. 物語 124
2. モデル 127
3. 成功の鍵 133
   3-1. 障害物を取り除く、問題を解消する 133
   3-2. 喧嘩をおさめる/チームのママ役になる 134
   3-3. チームのパフォーマンスを報告する 134
   3-4. ファシリテーターになる、必要とされたら手伝う 134
   3-5. 組織を教育する、組織的変化を主導する 136
   3-6. まとめ 136

第2部 現場の基本 137

9章 エンジニアリングプラクティスのスクラムにおける重要性 …………… 138
1. 物語 ……………………………………………………………………… 138
2. プラクティス …………………………………………………………… 143
2-1. テスト駆動開発の実践 ……………………………………………… 143
2-2. リファクタリング …………………………………………………… 145
2-3. 継続的インテグレーションによりシステムの状況を常に把握する ……… 146
2-4. ペアプログラミング ………………………………………………… 148
2-5. 受け入れテストと統合テストの自動化 …………………………… 149
3. 成功の鍵 ………………………………………………………………… 151
3-1. 銀の弾丸ではない …………………………………………………… 151
3-2. 一歩を踏み出す ……………………………………………………… 151
3-3. チームをその気にさせる …………………………………………… 151
3-4. 完成の定義 …………………………………………………………… 152
3-5. ビルドの改善活動をプロダクトバックログに載せる ……………… 152
3-6. トレーニングとコーチング ………………………………………… 152
3-7. ひとつに合わせる …………………………………………………… 152

10章 チームのコアタイム ……………………………………………………… 154
1. 物語 ……………………………………………………………………… 154
2. モデル …………………………………………………………………… 157
2-1. 同席しているチーム ………………………………………………… 157
2-2. 分散チーム、パートタイムのチーム ……………………………… 159
3. 成功の鍵 ………………………………………………………………… 161

11章 リリースプランニング …………………………………………………… 162
1. 物語 ……………………………………………………………………… 162
2. モデル …………………………………………………………………… 166
2-1. 初期のロードマップを描く ………………………………………… 166
2-2. 自信の度合いを加える ……………………………………………… 168
2-3. 日付を加えて調整する ……………………………………………… 169
2-4. リリース計画はプロジェクト中ずっとメンテナンスする ………… 171
2-5. エンドゲームを決める ……………………………………………… 173
3. 成功の鍵 ………………………………………………………………… 174
3-1. 包括的で頻繁なコミュニケーション ……………………………… 174
3-2. スプリントごとのリリース計画更新 ……………………………… 174
3-3. 優先順位最高のものから …………………………………………… 175

3-4. 大きなものは再見積り ………………………………………………………… 175

3-5. 各スプリントの動作するソフトウェア提供 ……………………………… 175

3-6. スクラムとリリース計画 ……………………………………………………… 175

12章　ストーリーやタスクを分割する ……………………………………………… 176

1. 物語 ………………………………………………………………………………… 176

2. モデル ……………………………………………………………………………… 179

2-1. 前準備 ………………………………………………………………………… 179

2-2. ストーリーの分割 …………………………………………………………… 180

2-3. タスクの分割 ………………………………………………………………… 184

3. 成功の鍵 …………………………………………………………………………… 186

13章　欠陥を抑制する ………………………………………………………………… 188

1. 物語 ………………………………………………………………………………… 188

2. モデル ……………………………………………………………………………… 189

3. 成功の鍵 …………………………………………………………………………… 192

14章　サステインドエンジニアリングとスクラム ……………………………… 193

1. 物語 ………………………………………………………………………………… 193

2. モデル ……………………………………………………………………………… 196

2-1. 時間割り当てモデル ………………………………………………………… 196

2-2. 時間をかけてデータを収集する …………………………………………… 197

2-3. 専任チームモデル …………………………………………………………… 197

3. 成功の鍵 …………………………………………………………………………… 199

3-1. 専任チームのメンバーをローテーションする ………………………… 200

3-2. レガシーコードにテコ入れする ………………………………………… 200

3-3. 最後に ………………………………………………………………………… 200

15章　スプリントレビュー ………………………………………………………… 201

1. 物語 ………………………………………………………………………………… 201

2. モデル ……………………………………………………………………………… 205

2-1. ミーティングの準備 ………………………………………………………… 205

2-2. ミーティングの実施 ………………………………………………………… 206

3. 成功の鍵 …………………………………………………………………………… 207

3-1. 準備に時間をかける ………………………………………………………… 208

3-2. 決定事項を記録する ………………………………………………………… 208

3-3. その場で受け入れる ………………………………………………………… 208

3-4. 勇気を出す …………………………………………………………………… 209

スクラム現場ガイド

16章 ふりかえり 210
1. 物語 210
2. プラクティス 212
2-1. ふりかえりのための注意義務 213
2-2. 効果的なふりかえりを計画する 213
2-3. ふりかえりを実施する 215
3. 成功の鍵 217
3-1. 理由から示す 217
3-2. 環境をととのえる 217
3-3. 必要なときに開催する 218
3-4. ふりかえりは欠かせない 218

第3部　救急処置　219

17章　生産的なデイリースタンドアップ 220
1. 物語 220
2. モデル 223
2-1. 開催時間 224
2-2. 開始も終了も時間通りに 224
2-3. 隠れたインペディメントを暴く 226
2-4. 始まりを意識して終わる 228
3. 成功の鍵 228
3-1. ペースを守る 228
3-2. スタンドアップ＝座らない 229
3-3. チームとして動く 229
3-4. 辛抱強く 230

18章　第4の質問 231
1. 物語 231
2. モデル 234
3. 成功の鍵 235

19章　ペアプログラミング 236
1. 物語 236
2. モデル 238
2-1. プロミスキャスペアリング 239
2-2. マイクロペアリング 241

009

目次

3. 成功の鍵 ･･･ 243

20章　新しいチームメンバー ･･････････････････････････････････ 245
1. 物語 ･･ 245
2. モデル ･･･ 247
  2-1. 実践 ･･ 249
3. 成功の鍵 ･･･ 249
  3-1. ベロシティ低下 ･･･････････････････････････････････ 250
  3-2. 慎重に選ぶ ･･･････････････････････････････････････ 250
  3-3. ハイリスク ･･･････････････････････････････････････ 250

21章　文化の衝突 ･･･ 251
1. 物語 ･･ 251
2. モデル ･･･ 256
3. 成功の鍵 ･･･ 261
  3-1. 自分の運命は自分が決める ･････････････････････ 261
  3-2. 手札を活かす ･････････････････････････････････････ 262
  3-3. コースを外れない ･･･････････････････････････････ 263

22章　スプリント緊急手順 ･････････････････････････････････ 264
1. 物語 ･･ 264
2. モデル ･･･ 266
  2-1. 障害を取り除く ･････････････････････････････････ 267
  2-2. 助けを得る ･･･････････････････････････････････････ 267
  2-3. スコープを減らす ･･･････････････････････････････ 268
  2-4. スプリントをキャンセルする ･････････････････ 269
3. 成功の鍵 ･･･ 270

第4部　上級サバイバルテクニック　　271

23章　持続可能なペース ･････････････････････････････････････ 272
1. 物語 ･･ 272
2. モデル ･･･ 276
  2-1. イテレーションを短くする ･････････････････････ 280
  2-2. バーンダウンチャートを監視する ･･･････････････ 280
  2-3. チームの時間を増やす ･････････････････････････ 281
3. 成功の鍵 ･･･ 282

スクラム現場ガイド

24章　動作するソフトウェアを届ける 284
1. 物語 284
2. モデル 288
2-1. コアストーリー 288
2-2. ユーザーの数 289
2-3. リスクが最も高い要素から始める 290
2-4. 拡張と検証 291
3. 成功の鍵 292
3-1. 考え方の変化 292
3-2. 手戻り 293
3-3. エンドツーエンドのシナリオに集中する 294

25章　価値の測定と最適化 295
1. 物語 295
2. モデル 297
2-1. 機能実現 298
2-2. 税 299
2-3. スパイク 300
2-4. 前提条件 300
2-5. 欠陥/バグ 301
2-6. データを構造化する 301
2-7. データを利用する 302
3. 成功の鍵 303
3-1. ステークホルダーを教育する 303
3-2. ステークホルダーと共に働く 303
3-3. トレンドやパターンを探す 304

26章　プロジェクトのコストを事前に考える 305
1. 物語 305
2. モデル 310
2-1. 機能仕様書 310
2-2. ユーザーストーリー 311
2-3. ストーリーを見積もる 311
2-4. ストーリーに優先順位を付ける 312
2-5. ベロシティを決める 313
2-6. コストを計算する 313
2-7. リリース計画を作る 314
3. 成功の鍵 314

011

目次

27章　スクラムにおけるドキュメント ……………………………………………………… 316
　1. 物語 ………………………………………………………………………………………… 316
　2. モデル ……………………………………………………………………………………… 319
　　2-1. なぜドキュメントを書くべきか? …………………………………………………… 320
　　2-2. 何をドキュメントに残すか? ………………………………………………………… 321
　　2-3. いつ、どのようにドキュメントを書くか? ………………………………………… 322
　　2-4. アジャイルプロジェクトにおけるドキュメント ………………………………… 325
　　2-5. 包括的なドキュメントなしにプロジェクトを開始する ………………………… 326
　3. 成功の鍵 …………………………………………………………………………………… 327

28章　アウトソースとオフショア ……………………………………………………………… 328
　1. 物語 ………………………………………………………………………………………… 328
　2. モデル ……………………………………………………………………………………… 331
　　2-1. 本当のコストを考える ……………………………………………………………… 331
　　2-2. 現実を相手にする …………………………………………………………………… 334
　3. 成功の鍵 …………………………………………………………………………………… 335
　　3-1. 正しいアウトソース先チームを選ぶ ……………………………………………… 336
　　3-2. 苦痛を最小化するよう仕事を振り分ける ………………………………………… 336
　　3-3. スクラムのフレームワークから離れない ………………………………………… 337
　　3-4. ワンチーム文化を育てる …………………………………………………………… 338
　　3-5. 出張に備える ………………………………………………………………………… 339
　　3-6. プロジェクト/チームの調整役を立てる ………………………………………… 339
　　3-7. こんなときは絶対アウトソースしてはいけない ………………………………… 340

29章　巨大なバックログの見積りと優先順位付け …………………………………………… 341
　1. 物語 ………………………………………………………………………………………… 341
　2. モデル ……………………………………………………………………………………… 344
　　2-1. チーム ………………………………………………………………………………… 345
　　2-2. ステークホルダー …………………………………………………………………… 346
　3. 成功の鍵 …………………………………………………………………………………… 348
　　3-1. 準備が大事 …………………………………………………………………………… 348
　　3-2. 議論への集中、時間制限 …………………………………………………………… 349
　　3-3. 未決の課題はパーキングロットへ ………………………………………………… 349
　　3-4. 会議室で書けるよう余分のカードを持って行く ………………………………… 350
　　3-5. 変化を前提に考えさせる …………………………………………………………… 350

30章　契約の記述 ………………………………………………………………………………… 351
　1. 物語 ………………………………………………………………………………………… 351

2. モデル ……………………………………………………………………………… 355
　　2-1. これまでの契約と変更指示 ………………………………………………… 355
　　2-2. タイミング …………………………………………………………………… 359
　　2-3. 範囲と変更モデル …………………………………………………………… 360
　3. 成功の鍵 …………………………………………………………………………… 363
　　3-1. 顧客の参画 …………………………………………………………………… 364
　　3-2. 受け入れウィンドウ ………………………………………………………… 364
　　3-3. 優先順位付け ………………………………………………………………… 364
　　3-4. 契約終了条項 ………………………………………………………………… 365
　　3-5. 信頼 …………………………………………………………………………… 365

付録　スクラムフレームワーク ………………………………………………… 366
　1. 役割 ………………………………………………………………………………… 367
　　1-1. スクラムマスター …………………………………………………………… 367
　　1-2. プロダクトオーナー ………………………………………………………… 367
　　1-3. 開発チーム …………………………………………………………………… 368
　2. 成果物 ……………………………………………………………………………… 368
　　2-1. プロダクトバックログ ……………………………………………………… 368
　　2-2. スプリントバックログ ……………………………………………………… 369
　　2-3. バーンダウンチャート ……………………………………………………… 370
　3. ミーティング ……………………………………………………………………… 370
　　3-1. 計画づくりのミーティング ………………………………………………… 370
　　3-2. デイリースクラム …………………………………………………………… 371
　　3-3. スプリントレビュー ………………………………………………………… 372
　　3-4. スプリントのふりかえり …………………………………………………… 372
　4. すべて組み合わせる ……………………………………………………………… 373

参照文献 …………………………………………………………………………… 374
参考文献 …………………………………………………………………………… 383

訳者あとがき ……………………………………………………………………… 386
索引 ………………………………………………………………………………… 390
翻訳者プロフィール / レビューアー紹介 ……………………………………… 399

Foreword by Jim Highsmith

ジム・ハイスミスによる序文

「スクラムには華麗に騙される。フレームワークの中でも一番理解しやすい部類なのに、ちゃんと実現するのは最大級に難しい」。この言葉から始まる本書は、スクラムのための示唆に富んだ価値あるガイドだ。私が見てきた多くの組織はスクラムのシンプルさ故に初歩でつまずき、スクラムに熟達できない。そうした組織は「ルール通りの」アジャイルを導入しようとしており、自らの矛盾に無自覚でいる。また変化の難しさ、特に大規模組織における変化がいかに困難で、本気で取り組んでも厳しい道のりになることに気づいておらず、シンプルなルールだけでは達成できないことも知らない。本書はガイドとして、スクラムの初歩から熟達に向け、現実的な方法を指導してくれる。スクラムフレームワークの基本ではなく（付録は除いてだが）、より高度で実践的な、スクラムフレームワークをあなた自身とあなたのチームで機能させるためのガイドだ。

アジャイルへの移行で見落とされることが多い、2つの重要な問題がある。リリースプランニングと技術プラクティスだ。この2つはスクラムで（他のフレームワークでも）始めるのに欠かせない。ミッチは技術プラクティスの重要性をはじめから強調しており、スクラムの効果的な導入に必須の要素だと説いている。ミッチが指摘するように、毎スプリント出荷可能なソフトウェアを実現するというゴールは、技術プラクティスなしで達成できない。彼の提示する基礎的なプラクティス――テスト駆動開発、リファクタリング、継続的インテグレーション、頻繁なチェックイン、ペアプログラミング、受け入れテストの自動化とインテグレーション――これらは技術プラクティスの導入にふさわしい。

私は11章「リリースプランニング」の物語を読んで、声を出して笑った（どの章にも導入となる物語があり、そこでとりあげる問題を紹介している）。スティーブンは上級マネージャで、プロジェクト完了の見通しをマネジメント層に報告しなくてはならない。アジャイルなリーダーが大事にすべき考え方のひとつに、私が「両方（And）」マネジメントと呼んでいるものがある。両方マネジメントとは、2つの対立するフォースに共通点を見つける能力だ。スクラムプロジェクトで典型的なパラドックスが、「予測可能性」と「適応性」の対立だ。伝統的なやり方を重んじる派閥は予測可能性を重視するが、アジャイルな派閥（の一部）は適応性に片寄る。鍵となるのは、当然、両方のバランスを取り、適切なレベルを見つける考え方だ。ミッチはこの章の物語で、このパラドックスを「両方」マネジメントでどう扱うのか、素晴らしいガイドラインを示し

てくれた。

　最近、同僚と話していたとき、スクラムの実践の初期では2つの要素が重要だと言っていた。学びと、素早く成果を上げることだ。ミッチはやはり、この2つについて2章「仲間と共に旅立つには」で、その重要性について述べている。ここで彼が書いているのは、変化のマネジメントと、学ぶ能力と適応する能力とを成長させながらスクラムの移行を進めることについてだ。素早く勝つことについても、ジョン・コッターの変化のマネジメントについて紹介する中で述べている。

　本書のもうひとつの特長は、章の一つ一つが短く、ひとつのトピックに絞って、基礎的スクラムフレームワークを鍵となるプラクティスによって機能するフレームワークに変換する方法をまとめている点にある。トピックは多岐に渡る——スクラムの価値、役割の定義、ベロシティの計算、スプリントの長さの決め方、ストーリーの分解、顧客レビューの進め方などだ。また素晴らしいのが、「完成」が何を意味するのか定義することについて書いた7章だ。スクラムプロジェクトでは必須の話題だ。

　スクラムを導入している人であれば誰でも、あるいはそれ以外のアジャイル手法であっても、ミッチが書いた本書はあなたの助けとなり、華麗なシンプルさから効果ある実践的な姿への移行を導いてくれる。困難な問題がなくなりはしないかもしれないが、困難な問題についてしっかり理解できるようになるはずだ。

—— Jim Highsmith
Executive Consultant, ThoughtWorks

Foreword by Jeff Sutherland

ジェフ・サザーランドによる序文

　ミッチと私は長年、スクラムの開発者トレーニングで一緒に働いてきた。本書を学べば過去10年間起き続けてきた多くの問題へ対処するのに役立つだろう。この10年で、世界中でアジャイル手法はソフトウェア開発の標準になってきた（そのうち75％はスクラムだ）。

　『アジャイルマニフェスト』の公開から10年後、元の起草者と多くのアジャイルの思想的リーダーが、ユタ州スノーバードに集まった。今回の集まりは、10年間のアジャイルなソフトウェア開発を振り返るためだ。全員でアジャイルなプロダクト開発の成功を祝い、その成功を発展させる上でのいくつかの重要な障害をレビューした。そして最終的に、4つの要素がこれから10年間の成功に重要であると合意した。

1. **技術的卓越の追求**
2. **個人の変化の支援と、組織の変化の推進**
3. **知識の整理と教育の改善**
4. **プロセス全体における価値創造の最大化**

　ミッチの本が、あなたがアジャイルリーダーになる手助けになることを示そう。

技術的卓越の追求

　インターネットやスマートフォンアプリケーションの爆発で重要な役割を果たしたのが、エンドユーザーから短いインクリメントで素早くフィードバックを得る手法だ。これをアジャイルの中で定式化したのが、開発をおこなう短いスプリントだ。長くても1ヶ月、多くは2週間の期間である。この問題をアジャイルマニフェストでは「包括的なドキュメントよりも動くソフトウェアにより価値をおく」と表現した。

　10年後のアジャイルマニフェストの振り返りでは、大多数のアジャイルチームが今でも短いスプリントの開発に困難を感じているのがわかった（理由の多くはマネジメント、ビジネス、顧客、開発チームらが技術的卓越を要求しないためだ）。

エンジニアリングプラクティスはソフトウェア開発の基礎となり、17％のスクラムチームはスクラムにXPのエンジニアリングプラクティスを併用している。最初のスクラムチームも同じことを、1993年、XPが生まれる前からやっている。プロフェッショナルのエンジニアにとっては常識に過ぎないのだ。

ミッチは最初の章で、いくつかのXPプラクティスは必須だと述べている —— 持続可能なペース、コードの共同所有、ペアプログラミング、テスト駆動開発、継続的インテグレーション、コーディング標準、リファクタリング。いずれも技術的卓越の基礎となるもので、61％のアジャイルチームはスクラムをやりながら、こうしたプラクティスを導入していない。そうしたチームはミッチによる本書をよく研究し、彼のガイドに従うべきだ。それこそが、スプリントで出荷可能なコードを完成できない理由なのだ！

ミッチの本には他にも技術的卓越に繋がるガイダンスがあり、アジャイルリーダーはマネジメントの人間であれエンジニアリングの人間であれ、技術的卓越を要求し追求するべきだと、ミッチは明快に示している。

個人の変化の支援と、組織の変化の推進

アジャイルへの移行では技術的卓越と共に、変化する要求に対応し続けるよう求められる。アジャイルマニフェストでは、4番目の価値だ。「計画に従うことよりも変化への対応に価値をおく」。だが個人が変化に適応するだけでは、十分ではない。組織もまたアジャイルに変化に対応できるよう、構造を変えねばならない。さもないと、チームがハイパフォーマンスを出せるようになる邪魔となったり、破壊してしまうこともある。進歩の障害となるものを取り除けないためだ。

ミッチはハーバードビジネススクールの変化を成功させる要素を順を追って紹介している。危機意識を生み出さなくてはならない。そうでなくては変化は不可能だ。アジャイルリーダーはそれに慣れる必要がある。変革を進めるための連帯も欠かせない。アジャイルリーダーはマネジメントが間違いなく、スクラム導入に向けた教育とトレーニングを受け、共有し参加するよう仕向ける義務がある。

ビジョンを作り人の自発を促すのも基礎の一部だ。現場を無視した判断や、コマンドアンドコントロールの徹底があれば、アジャイルのパフォーマンスを殺してしまう。アジャイルリーダーはこうした災厄を避けるため、短期間成果を出し、変革を進め、障害を取り除き、新しいアプローチを文化の一部として確立しなくてはならない。アジャイルリーダーはエンジニアリングのみならず、マネジメント組織の一部になるか、マネジメントをトレーニングしなくてはならない。ミッチによる本書を読めば、何をすべきか、どうやって実現するか理解できる。

_____ ジェフ・サザーランドによる序文

知識の整理と教育の改善

　チームの生産性に関する膨大な知識が存在するものの、多くのマネージャや開発者がその存在を知らない。ミッチはそうした問題に本書全体で触れている。

ソフトウェア開発は本質的に予測不可能である

　「ソフトウェア開発は予測不能だ」という「ジブの法則」を知る人は少ない。世界中で数多くのプロジェクトが失敗している理由は、主にこの問題に対する無知であり、適切な対策を取っていないせいだ。ミッチは検査と適応により変わり続ける重要性を説いている。本書で述べられた戦略を使えば、多くの落とし穴を避けられ、スクラムの導入に向けた障害物も取り除ける。

ユーザーは欲しいものが分からず、動作するソフトウェアを見て初めて分かる

　伝統的なプロジェクトマネジメントでは、ユーザーは欲しいものをあらかじめ分かっていると、誤って認識している。この問題は「ハンフリーの法則」で定式化されているが、大学でも企業でもマネージャやプロジェクトリーダーにこの法則を教えていない。この問題に取り組み、現実に目を開くのに本書は役立つ。

組織構造はコードに埋め込まれている

　あまり知られていない重大な問題の3番目が「コンウェイの法則」だ。組織の構造がコードに反映される。伝統的な階層構造はオブジェクト指向設計に悪影響を及ぼし、結果として壊れやすいコード、悪いアーキテクチャ、貧弱な保守性や変更可能性に繋がり、コスト過多や高欠陥率の原因ともなる。ミッチはスクラムの組織を正しく作る方法について時間をかけて説明している。しっかり耳を傾けよう。

プロセス全体における価値創造の最大化

　アジャイルプラクティスはソフトウェア開発チームの生産性を2倍にも3倍にも、容易に引き上げるが、それはプロダクトバックログの準備が出来ており、スプリント終了時にソフトウェアが完成できる場合だ。生産性の向上は組織の他の部分の問題を引き起こす。組織の他の部分がアジャイルでないことが明らかになり、そこに痛みが生じるのだ。

018

運用とインフラにおけるアジャイルさの不足

　能力ある人員をプロダクトバックログ改善にアサインすれば、ソフトウェアを開発する速度は少なくとも2倍になる。5〜10倍になる場合もある。その結果開発の運用とインフラがボトルネックとなっていると明らかになり、直さねばならない。

マネジメント、営業、マーケティング、プロダクトマネジメントにおけるアジャイルさの不足

　プロセスの先頭部分では、ビジネスのゴール、戦略、目標が明確でないことが多い。その結果、たとえソフトウェアの生産性が倍になっても、収入のストリームが向上せず、悪化する場合もある。

　そのため組織の全員が教育とトレーニングを受け、バリューストリーム全体でパフォーマンスを最適化する方法を理解しなくてはならない。アジャイルな個人はこうした教育のプロセスを先導するため、知識を整理し、組織全体をトレーニングする能力も改善していかねばならない。

結論

　多くのスクラム導入では小規模な改善しか起きず、障害を取り除くのに常に苦労し続けることになる。仕事とはもっと良いものにできる。どんなチームも優秀になれ、多くのチームが偉大になれるのだ！　仕事を楽しむことも、ビジネスが利益を生むことも、顧客が本当に幸せになることもできるのだ！

　あなたが始めたばかりならば、ミッチの本が役に立つだろう。あなたがいま苦労しているところなら、本書はもっと役に立つ。すでに良い結果を出しているなら、ミッチの助けでさらに素晴らしい結果を出せる。改善は決して終わることはなく、ミッチの洞察は真に有用だ。

——Jeff Sutherland
Scrum Inc.

Preface

まえがき

　僕の娘、エマが2004年に産まれると、僕は途方に暮れてしまった。他の子供たちのときに比べて、ずっと頻繁に医者に通わなくてはならず、僕は妻に「これって普通なのか？」と聞き続けていた。ある日、僕の枕の上に『すべてがわかる妊娠と出産の本（原題：What to Expect the First Year＝1年目にどんなことが起きるか）』という本が置いてあった。「読めば安心できます」という、妻からのメモも添えてあった。

　僕は読んで、安心した。僕たちが子供について経験しているのは普通のことだとわかり、僕にとっては意外だったり以前の経験と異なっていたのだけど、自信を持てるようになったし、安心もできた。ちょうどそのころ、僕はスクラムとアジャイルの実験を始めていた。障害物に出くわしたり、不慣れな状況に陥ったりするたび、1年目にスクラムとアジャイルで『どんなことが起きるか』わかる本がほしいと感じた。

　問題なのは、赤ちゃんの場合と違い、あなたのチームで最初の3ヶ月に何が起きるか、9〜12ヶ月目には何に気をつけるべきか、正確に言い当てられないところだ。チームは子供と違って、育つ速度を予測できない。チームは転んだり、つまづいたり、ふらふらしながら最初の1年を過ごし、2歩進んでは1歩進むような有り様でチームとしての動き方を身に着け、アジャイルのエンジニアリングプラクティスを取り入れ、顧客との信頼を築き、インクリメンタルでイテレーティブに仕事を進めていく。

　本書の構成では、そうした事情を反映して「僕はここで苦痛を感じる、どうすべきだろう」というアプローチをしている。僕は一緒に働いたり、様子を見ていたチームから、1年目のアジャイルにまつわる物語を集めた。僕がアジャイルの道を進む中で、集めた物語はいろいろな会社においてよく見られるパターンであり、だいたい同じだと気がついた。そこで僕は、ある会社でやってみたことを、少し調整して次の会社で使ってきた。このプロセスを繰り返してきた成果として、僕は現実に適用可能なソリューションを一揃い、仮想のツールベルトに携帯するようになった。そうした難しいポイントと、それに対するソリューションをいくつか共有しているのが本書だ。あなたのチームが傷ついていたり困っているなら、その症状に一番近い章を開いてほしい。症状の治療法か、すくなくとも苦痛の緩和方法を見つけられるはずだ。

　スクラム現場ガイドはあなた自身の実践方法を微調整したり、不慣れな土地を導いたり、僕たちがみんな経験してきた障害物を避けたりしやすくするための本だ。

対象読者

　スクラムやアジャイルを始めようと思っていたり、まさに始めたところだったり、1年くらいやってきて道に迷ったように感じているなら、本書はあなたのためにある。僕は公式には、新たにプロジェクトを始めて6ヶ月から18ヶ月の12ヶ月の間にいる企業が対象だとしている。

　本書は実践主義者のためにある。あなたが理論や難解な議論に興味があるなら、他の本を選んだほうがいい——そうしたスクラムやアジャイルの素晴らしい本はたくさんある。そうでなく、実践的なアドバイスや現実のデータ、僕が実際にマイクロソフトのプロジェクトに参加したり、他の会社でチームをコーチしたり、フォーチュン100企業でコンサルティングしたりしてきた経験に興味があるなら、本書をおすすめする。

本書の構成

　本書はどの章からでも、どんな順番でも、いつでも読めるようになっている。それぞれの章は物語か始まる。物語はすべて僕が参加したりコーチしたチーム、企業、プロジェクトからとったものだ。ご想像の通り、何の罪もない人びとのため、名前は変えている（罪がないとは言い切れない連中もいるけれど）。物語を読んだら、次はモデルを紹介するが、こちらも同じくらい聞き覚えがあると思う。紹介するモデルは僕が現場で、物語で現れたような問題を解決するのに使うものだ。中には不快に感じたり、あなたの会社ではうまくいくと思えないものもあるだろう。僕としては、アドバイスを無視したいという感情や、モデルを変えてしまう衝動とは何としても戦ってほしい。少なくとも3回はそのままで試してみて、結果を見てほしい。驚くような結果になるかもしれない。各章の終わりには成功の鍵をまとめており、あなたが実現に成功するか失敗するか、その鍵となる要因を説明している。

　本書は4つのパートに分かれている。

　第1部「準備」ではスクラムを始めるに当たってのアドバイスと、成功に向けた準備について書いている。スクラムの導入を検討しているか、始めたばかりならばここから読むのがいい。

　第2部「現場の基本」では、アジャイルのやり方を始めるとチームや組織が出会うことになる初期の障害物を、乗り越える助けとなるいくつかの項目について議論している。スクラムを実践していて、問題を抱えているなら、ここから始めるといい。

　第3部「救急処置」は会社が抱える、より大きく深い問題に対応する方法をまとめている。プロジェクトへ要員追加するやり方や、機能不全になったデイリースタンドアップの直し方などだ。ここで紹介する状況は、あなたが最初の1年間のどこかのタイミングで遭遇するものになる。このパートではトリアージと治療によって、あなたのチームを健康に戻す方法を紹介している。

まえがき

　最後のパート「上級サバイバルテクニック」で取り上げる事項は、人びとがタイミングに関係なくよく悩まされているものだ。アジャイルやスクラムでのプロジェクトのコスト算出、契約の作り方、ドキュメントの書き方などだ。

　あなたがまったく新たにスクラムを始めるところならば、末尾の付録で簡単に説明している。基礎知識がないのであれば、ここで用語を学ぶといい。本書の前に、他の本でスクラムを勉強するのもいいだろう。

あなたに本書を薦める理由

　アジャイルに向けた旅をする中で、旅程のどのあたりであろうと、いま経験しているのは普通のことだと優しく教えてもらえれば有り難いものだ。いまの状況に対処するためのアイデアや、成功の鍵まで聞ければ、さらに助かる。本書はそうしたすべてを提供しており、必要な章だけ読めばいいように構成している。もちろん、パートを通して読んでも、全体を読んでもいい。現実的な状況なのであなたにとっても理解しやすく、紹介しているソリューションはどんなチームでも使える。ページをめくって物語を読んでほしい。本書を頼れる仲間として、あなたはスクラムやエクストリームプログラミングのいいところも悪いところも一緒に経験することになるだろう。

補足資料

　本書を読んでいて「ツールやテンプレートをダウンロードできれば、実際に使えるのになあ」と思うことがあるかもしれない。実はあるんだ。http：//www.mitchlacey.com/supplements/にいろいろなファイル、画像、スプレッドシート、ツールなど、僕が日々のスクラムで使っているものを用意した。きれいな体裁のものもあるが、ほとんどは作ったなりだ。僕がプロジェクトで使うのに、体裁は関係ないためだ。使えればいいんだ。僕のウェブサイトにあるものは無骨かもしれないが、塹壕からやってきたものであり、役に立つ。

Acknowledgments

謝辞

僕がこの本の着想を得たとき、アイデアはまだ生の状態だった。そのとき僕はまだ、海を沸騰させるような難事になるとは気づいていなかった。僕の妻、バーニスのおかげで僕は落ち着いて進めることができた。子供たちも同様だ。彼らの力がなかったら、この本は今日存在していなかっただろう。

デビッド・アンダーソン、ワード・カニンガム、ジム・ニューカークの指導のおかげで、僕の最初のチームは自立することができた。マイクロソフトでのことだ。3人はそれぞれマイクロソフトにいて、僕たちが困難を迎えているときにコーチしてくれた。僕は今でも、ワードとの昔のセッションのメモを読み返す。そこにはこんな質問が書いてある。「TDDはよしてもいいんじゃないか？」3人とも、落ちこぼれだった僕たちチームを、素晴らしい姿に変身させてくれた。デビッド、ワード、ジム、ありがとう。

僕はマイク・コーンとエスター・ダービーに感謝したい。2人はAgile 2006のカンファレンスで僕のアイデアを聞いてくれた。マイクはその後もサポートを続けてくれて、彼が当時書いていた『Succeeding with Agile』より早く僕が書き上げるだろうとよく冗談を言い合った。彼の方が先に出版できたときには、今度は彼が祖父になる前に書き上げればいいと言ってくれた。見てくれ、マイク、そっちのゴールは達成したよ！　君の一番大きな娘さんはまだ高校生だけど、やり遂げたには違いないんだ！

レベッカ・トレーガーの助けがなければ本書は完成しなかった。彼女は地球最高の編集者だ。僕が集中して作業できるようにしてくれ、生のアイデアと言葉を章にまとめていくのを助けてくれた。

この本がいまある形になるのを助けてくれたすべての友だちに感謝したい。ここに名前を挙げた人びとはみな、貴重なフィードバックをくれ、何時間ものあいだ僕の話を聞いてくれたり、初期のドラフトに目を通したりしてくれた。Tiago Andrade e Silva、Adam Barr、Tyler Barton、Tor Imsland、Martin Beechen、Arlo Belshee、Jelle Bens、John Boal、

謝辞

Jedidja Bourgeois、Stephen Brudz、Brian Button、Mike Cohn、Michael Corrigan、Scott Densmore、Esther Derby、Stein Dolan、Jesse Fewell、Marc Fisher、Paul Hammond、Bill Hanlon、Christian Hassa、Jim Highsmith、Donavan Hoepcke、Bart Hsu、Wilhelm Hummer、Ron Jeffries、Lynn Keele、Clinton Keith、James Kovaks、Rocky Mazzeo、Steve McConnell、Jeff McKenna、Ade Miller、Raul Miller、Jim Morris、Jim Newkirk、Jacob Ozolins、Michael Paterson、Bart Pietrzak、Dave Prior、Michael Puleio、Rene Rosendahl、Ken Schwaber、Tammy Shepherd、Lisa Shoop、Michele Sliger、Ted St. Clair、Jeff Sutherland、Bas Vodde、Brad Wilson、いくら感謝してもしたりない。

Addison-Wesley社のチームと、クリス・ザーン、クリス・グジコウスキにも感謝したい。クリス・ザーンは僕が書いたほとんどすべてを見直させ、言葉を違った角度から見させてくれた。クリス・グジコウスキは僕が当初計画から2年超過した締め切りすら破ったときにも、クビにしないでくれた。チームのみんなが本作りのプロセスをガイドしてくれたことにも、感謝している。

本というものは、頭から飛び出して紙の上に立ち現れたりはしない。僕がいままでに関わった多くのプロジェクトと同様、チームによる作業だ。ここに名前を挙げた人びとは(挙げ忘れている人も何人かいるだろう)、僕の話を聞き、僕が間違えたときは教えてくれ、チームや顧客に実験してみるアイデアを提供してくれ、レビューしてほしいときにはしてくれた。きっと、この本が出版できて、僕と同じくらい喜んでいてくれると思う。この本を手にしているあなたも、読み終えたら僕と一緒に、このガイドの実現を手伝ってくれた彼らに感謝してくれたらと願う。

About the Author

著者紹介

ミッチ・レイシーはアジャイルの実践者でありコンサルタントで、Mitch Lacey & Associates, Inc.の創立者である。ミッチはアジャイルの原則とプラクティス、スクラムやエクストリームプログラミングを企業が適用し、効率改善を実現する支援を得意としている。

ミッチは「技術オタク」を自称しているが、テクニカルなキャリアは1991年にコンピュータゲーム会社であるAccolade Softwareから始めた。ソフトウェアテスト技術者、テストマネージャ、開発者、その他の様々な職種を経験した後、彼の天職とも言えるプロジェクトマネジメントとプログラムマネジメントに就いた。

ミッチはプログラムマネージャとして働く中で、アジャイルを自らのツールベルトに加えた。Microsoft Corporationでアジャイルスキルを身に着けながら、チームと共にWindows Liveのコアエンタープライズサービスを成功裏にリリースした。ミッチの最初のアジャイルチームはワード・カニンガム、ジム・ニューカーク、デビッド・アンダーソンからコーチを受けた。ミッチは様々なプロジェクトでプロダクトオーナーやスクラムマスターとして働きながら、アジャイルスキルを伸ばした。やがて他のチームがアジャイルプラクティスを導入する支援をできるまでになった。16年以上の経験を積んでなお、今日もさらに自らの技能を成長させるべく、数多くの組織でプロジェクトチームと共に実践と実験をおこなっている。

認定スクラムトレーナー（CST）、PMIのプロジェクトマネジメント・プロフェッショナル（PMP）として、ミッチはプロジェクトマネジメントや顧客マネジメントの経験を認定スクラムマスター研修、アジャイルコーチ、カンファレンスでの講演、ブログ、ホワイトペーパーなどを通じて共有している。ミッチは世界中の企業と仕事をしており、オーストラリアからコロンビア、カリフォルニアからフロリダ、ポルトガルからトルコ、その他あらゆる場所にクライアントを持っている。

ミッチは世界中の数多くのカンファレンスで講演しており、Agile2012のチェアを務め、Scrum AllianceとAgile Allianceのboard of directorsにも名を連ねた。

ミッチについて詳しくはwww.mitchlacey.comを参照のこと。ミッチのブログや記事、ツール、動画などが、スクラムやアジャイルの導入に有用である。Twitterでは@mglacey、メールアドレスはmitch@mitchlacey.com。

Chapter 1　1章

Scrum: Simple, not Easy
スクラム：シンプルだが簡単ではない

　スクラムには華麗に騙される。フレームワークの中でも一番理解しやすい部類なのに、ちゃんと実現するのは最大級に難しい。僕が「ちゃんと実現」という言葉を使ったのにはワケがある。スクラムが本質的にシンプルなおかげで、実現するのも簡単だと思いがちだ。だけど現実には、ちゃんと実現するには何年もの時間を要するんだ。今までにウォーターフォールを何年も何年も経験してきていると、スクラムはこれまで学んだすべてを否定しているようにも感じられる。身に染みついたよくない習慣を止め、新たな現実に適応するには、時間が必要なんだ。

　スクラムのメカニズムを本書の付録で説明している。スクラム自体とスクラムの仕組みが知りたければ、まずそこから読み始めるといい。スクラムについてある程度知っているなら、きっと、スクラムにはごくごく単純なメカニズムしかないのを知っているはずだ。あんまり単純なので、ついつい「もうわかった」と思って、自分の状況に合わせてスクラムをカスタマイズしてしまう人が多い。ところがカスタマイズしたスクラムのおかげで、迷子になったりケガをしたりして、救援を待つハメになる人もこれまた多い。そこで本書の登場となる。これから紹介する物語では、スクラムを理解せず、根本にあるアジャイルの核となる概念にも無知なままでスクラムを始めてしまうと、いかに物事が急転直下に悪化していくのかお見せしよう。

1. 物語　*The Story*

　ジェフはとある大規模なソフトウェア会社で、社内のチームがスクラムを適用するのをコーチとして手助けしている。ある日のこと、ジェフにスージーからメールが届いた。スージーはジェフが属する事業部のプログラムマネージャだ。

　「ジェフ、ちょっと手伝ってもらえませんか。スクラムを始めて6ヶ月たったのだけど、品質が思ったように良くなりません。ペアプログラミングについてみんなに教えてもらいたいのですが、来週の月曜日はご都合いかが？ ちょうどプランニングの週の頭です」

　ジェフはメールを読み、椅子に深く座った。ペアプログラミングについて教えるのは大したことじゃない。友人のジュリ は優れた開発者だしアジャイルにも熟練しているから、彼女を連れて行って話してもらおう。だが「プランニングの**週**」ってなんのことだろう？ スクラムにはスプリントプランニングのミーティングが2つあるが、合わせても4時間を超えることはない。なのにこのチームはプランニングに1週間かけてるんだろうか？ ジェフはその言葉がひっかかっていた。ペアプログラミングだけではなく、なにか他にもありそうだ。月曜日は面白い

1章　スクラム：シンプルだが簡単ではない

ことになりそうだった。

月曜日、ジェフとジュリーは会議室でスージーに会った。スージーは他に、8名のチームメンバーを連れてきていた。簡単に自己紹介をすると、さっそくスージーが気にしているというコード品質について聞いてみた。

チームはすぐさま話し始めた。最初に発言したのはテストのリーダー、マイクだ。「コードの品質が悪いのは、僕らにテストする時間がないせいです。開発者が4週間スプリントの最終日までコードを書いてるんです。実装・テストスプリントはコーディングもテストも両方やることになってるんですよ。本当は。なのにテストはスプリントの最後の最後に突っ込まれるか、次の結合スプリントにずれ込むんですよ」

ジュリーが途中で質問した。「ごめんなさい、マイク、いま結合スプリントって言った？」ジュリーがスージーを見ると、スージーはうなずいた。

「そうね、修正について説明してなかったわね」スージーが話し始めた。「スクラムが4週間ごとにリリースするよう定めてるのは、もちろん知ってますけど、私たちがやってるような仕事では無理です。だって、スクラムを導入する前には、四半期ごとにリリースしようとして大惨事になったんですよ。だから私たちはスクラムを変更して、うちのプロセスや現実にうまく合うようにしたんです」スージーは話しながらホワイトボードに書き始めた。

「最初にスプリントプランニング週があって、次に4週間の**実際の**スプリントがあります。この4週間は開発者が実装して、テスターがテストケースを書くのね。その後は結合、それからデプロイがあります。さらに何かあったときに備えて、1週間のバッファがあります。これは当たり前ね」

話し終えたときには、ホワイトボードにはこんな風に書かれていた。

- 第1週：スプリントプランニング
- 第2〜5週：開発者は実装し、
　　　　　テスターはテストケースを書いて軽くテストもする
- 第6週〜7週：結合
- 第8週：本番サイトへデプロイ
- 第9週：バッファ、何かあったとき用

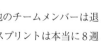

ジェフとジュリーは顔を見合わせ、そろってスージーの顔を見た。他のチームメンバーは退屈していた。ジェフはわかりきったことを聞いた。「スージー、ここのスプリントは本当に8週間か9週間かかるんですか？」

「その通り」スージーが答えた。「あなた、意外そうな顔してるわね。確かに『教科書通りのスクラム』ではないけれど、でもこれでちゃんとうまくいってるのよ。実はまた1週間追加して、仕様書作成とテスト計画の期間にしようかと思ってるの。今はバッファの週を使ってやって

るんだけど、バッファに食い込むのは本当は避けたいから」

「わかったわ、この話はまた後で」ジュリーが言った。ジュリーはジェフの顔を見たが、ジェフは両手を挙げて「いったいどうするんだ？」というジェスチャーをした。ジュリーは続けた。「マイク、テストをする時間がないって言ってたけど」

ワイアットがマイクより先に答えた。「マイクの話を聞いちゃ駄目だ。あいつらがテストする時間は十分にあるんだ。僕らの方こそ時間がないんだよ。僕らはスプリントのたんびに、書けるだけのコードを書くのに必死なんだ。コード書くのに4週間かかるからどうしたっていうんだ？　かかるものはかかるんだから」ワイアットはこんどはマイクを見て続けた。「君も、他のテスターも、スクラムを始めてからずっと、時間がない時間がないって文句を言うだけでなにもやってないじゃないか。もしかしてスクラムが問題なんじゃないか」

ジェフとジュリーは視線を交わした。

スージーが話をさえぎった。「みんな、いいかげんにしてちょうだい。スクラムの文句を言いに集まったわけじゃないでしょう。コードの品質を良くするためなのよ」スージーは言葉を切って深呼吸した。「おんなじことをもう6ヶ月も言い続けてるんだから」ジェフとジュリーに向かって、目をくるりとさせて付け加えた。

ジェフはうなずいた。「スージー、あなたがイライラしてるのはわかります。それにワイアットとマイクもイライラしてるようですね。この件について、チーム全体と話してもいいでしょうか？　問題の根本がわかるかどうか、やってみたいんですが」スージーは強くうなずいた。

ジェフは状況を把握するためにいつも使う最初の質問から始めた。「さて。スクラムとXP（エクストリームプログラミング）では、毎日確認ポイントを設けることになっていますね。スクラムではデイリースクラムと呼ばれます。みなさんのデイリースクラムへの評価を教えてください」ジェフはチーム全体に聞いた。

マイクは笑いながら言った。「毎日って、冗談ですよね？　そんな時間はないんです。毎週2回、1時間のミーティングがありますが、それでも多すぎるくらいですよ」

「なるほど。マイク、そのミーティングについて教えてください」ジェフは頼んだ。

「そうですねえ、まずねえ、毎回毎回同じことを言ってますかね。開発者はタスクをこなしてると言うし、私たちはテストケースを書いてると言う。大したニュースでしょ？　それから20分くらいかけてバグ一覧をトリアージ[1]するんですけど、結局のところ一覧を見ながら『これは仕様通り』とか『これは次のスプリントで直そう』とか言い合うだけですかね。もちろん直しやしないんですよ。まあ、機能不全で無意味なミーティングですよ」マイクが言った。

ジェフはスージーが腹を立てているように見えたので、話を聞いてみることにした。

「ありがとう、マイク。スージー、あなたはどう思います？」ジェフは質問した。

「毎日のミーティングは私たちには無理ね。それはマイクの言う通りよ。私のスケジュールは

---

[1] 訳注：トリアージ（triage）は、重要性や緊急度合いを検討して、即対応、先送り、あきらめるなどの対応方針を決めること。

一杯だし、チームメンバーは他プロジェクトと兼務してる人もいるから、1日おきにやるのが**精一杯**なの。私が気に入らないのはね、週に2回でも多すぎるとチームが文句を言うからなんです。マイクのあんな言い方、あなたもわかるでしょ? みんなミーティングが多い、スケジュールがきつい、時間がないって文句ばっかり! だけどマネジメントはリリースを増やせと押しつけてきていて、私にはどうしようもありません。それに、これも何回も言ってるんだけど、これは**私**のプロジェクトです。計画を立てるのも**私**、構造を決めるのも**私**。ジェフ、お願いだから、私がスクラムマスターなんだから言うことを聞かなきゃいけないって、みんなにはっきり言ってくれない?」スージーはジェフに要求した。

　ジェフは軽く肩をすくめると、舌を噛んだ。ジェフは様子が掴めてきた。チームの誰もが、スクラムのことをほとんどわかっていないのだ。ジュリーを見て『**わかってないみたいだ**』と表情で伝えると、ジュリーも軽くうなずいて賛成した。ジェフは状況確認の質問を続けることにした。

　「言いたいことはわかりました。まだあまり先走らないことにしましょう。問題がありそうな箇所として、デイリースクラムが毎日でなく、生産的でなく、時間も長すぎるというのわかりました。これは直せる話ですが、今は置いておきます。視野を少し広くして、スプリントが8週間になった理由を教えてください」

　ワイアットが反応した。「僕はここで10年以上やってるから、流行り物はひとつ残らず見てきたよ。流行っては消えていくやつらさ。だけど今度だけは、スクラムは本物かもしれないと賭けてみることにしたのさ。大外れだ! そもそも、マネジメントがもっとリリースを早めるようにプレッシャーをかけてきたのが始まりなんだ。それで四半期ごとにリリースすることになった。年1回から年4回にするだけでも、どれだけ大変だったか。それでもなんとかやってたわけだよ。それなのにマネジメントは、まだ足らないってわけだ。そうだろ?」ワイアットは周りを見渡して、何人かうなずくのを確認した。

　ワイアットは続けた。「それで、僕はスージーと昼ご飯を食べてたんだけど、たまたま他の事業所にいる同僚と会ったんだ。そいつはスクラムを導入して、4週間ごとのリリースができて、しかもみんなハッピーだって話をしたんだ。品質は最高、それ以上だとも言っていた。マネジメントチームはここ何年もないくらいの大喜びだし、顧客も熱狂的だって言うんだ。あいつも僕と同じく懐疑的なやつでね。だから僕は思ったんだ。あいつがうまくいくって言うなら、きっとうまくいくはずだってね。スージーと僕は午後一杯、そいつからスクラムのことを聞いた。シンプルだけど、ちょっと問題もあると思った。まずは毎日ミーティングをするっていうんだけど、そんな時間あるわけないだろう? その問題を修正して、週2回やることにしたんだ。それから、4週間サイクルではうまくいくわけがない。だって、四半期サイクルだって辛うじてというところだったんだから。そこで期間を倍にして、8週間サイクルにしようと決めた。あとは、今のワークフローを8週間に落としていったんだ。全部小さく縮めていくだけなので、それは簡単だったな。結局のところ、スクラムも他のと同じインクリメンタルプロセスだったわけさ」

スクラム現場ガイド

　ジェフとジュリーは再び視線を交わした。

　ワイアットはそれに気がついた。「言いたいことはわかるよ。だけどね、チームのことも製品のことも僕らはよく知っている。スクラムをここでそのまんま使うのは絶対に無理なんだ。だから、ソフトウェア開発チームなら誰でもやるように、ニーズに合うようカスタマイズしたのさ。結果的に、いままでやってきたやりかたに一番マッチするようにできたよ」

　「そうなの」スージーも同意した。「スクラムもやっぱり、プロジェクトマネージャが仕事を短く切ってマネジメントする方法のひとつに過ぎないわね」

　ジェフは背もたれに体をあずけた。用意していた質問リストでは、こんな状況の役には立たないが、いったいなにを話せばいいんだろう？　困っているとジュリーが助け船を出してくれた。「ワイアット、完成（Done）の定義はある？」

　「もちろん。1週めの最後にデザインレビューミーティング。次は5週めの終わりに、コード完了のマイルストーンがある。インテグレーションの最後でテスト・インテグレーション完了だ。このマイルストーンに到達したら、本番サイトにリリースするんだ。別に難しいことはないと思うけど」ワイアットが解説した。

　「そうね、シンプルだしよくわかるわ」ジュリーは笑顔で答えた。「さて、チームのみんな。ワイアットとマイクとスージーが説明してくれたプロセスは、つまりこういうことかしら。週に2回スタンドアップミーティングがあって、スプリントは8週間か場合によっては9週間、完了したかどうか判定するチェックポイントが各段階にあるのね。やってみてどう？　楽しいと思ってる？　コードの品質は良くなった？」

　「まあね、悪くはないかな」ワイアットは答えた。

　「悪くないですって？　ひどいものよ」スージーは言った。

　「ひどいのは私たちのせいじゃないでしょう！　テストしようとしてるのに時間がないんです！」マイクは怒鳴るように言った。チームの他のメンバーはじっとテーブルを見つめていて、ケンカに巻き込まれたくないようだった。

　「マイク、君を責めてもいいんだけど、そうするつもりはないんだ。問題はスクラムだ」ワイアットが言った。「ダメなプロセスだし、うまくいくわけない」

　「またその話？」スージーが言った。「何度蒸し返せば気がすむの？　ふりかえりのたびに同じ話をしてるじゃない」

　ワイアットが反論した。「ふりかえりなんて、2日間かけて言い争ってるだけじゃないか。ふりかえりをやっても何も変わらないさ。スクラムでは何も変わらない。いや、そんなことないか。前よりも悲惨になったからね」

　「ワイアット、あなたもスクラムがいいって言ってたじゃないの。反対ばかりするなら、なんでスクラムなんて導入しようって言ったのよ」スージーが詰問した。

　ジェフはすっくと立った。質問の時間は終わりだ。チームを真実に直面させる頃合いだ。

　「いいですか、誰かひとりのせいではありません。しかしスクラムのせいでもありません。私が見る限り、ジュリーも同意見だと思いますが、**みなさんはスクラムをやっていないようです。**

031

いままでとまったく同じことを、ただ8週間に縮めてやっているんです。そうしておいて、これがスクラムだと言ってるだけです」

ワイアットとスージーが言い返そうとするのを見て、ジュリーが手を上げて止めた。「ひとつ聞きたいの。これはチームのみんなに聞きたいので、ワイアット、スージー、マイクは答えないでちょうだい」ジュリーはテーブルにいるメンバーの顔を1人ずつ見ながら続けた。「新しいやり方になったせいで、仕事は悲惨になったの？　それとも前から悲惨だったのが、目に見えるようになっただけ？」

全員下を向いて考え込んだ。あごが胸にくっつきそうになっていた。

「元々ひどかったんじゃないかな」誰かが言った。

「そうだよ、ここまでひどいとは今まで気づかなかったけど」と他の誰かが言った。

自分たちの状況が理解できてきて、部屋は死んだように静かになった。

ワイアットはため息をついて、言った。「その通りだな。前からダメだったんだよ、そんなにダメなようには思えなかったけれど。四半期ごとに痛い目に遭うだけだったからね。それが8週ごとになったんだ」

マイクも答えた。「わかってると思いますけど、いままでの半年、直さないといけないし直せる問題がたくさんあったけど、なにもしてきませんでしたよね。ひとつとして」

スージーが立ち上がった。「みんな、疲れたわね。いったん中断して、来週続きをやらない？」

チームも賛成した。全員疲れきっていた。

事態が思っていたより深刻だと、スージーは気がついたようだった。ジェフとジュリーは翌週、スージーからミーティングに招待された。「週末含めてずっと考えてたんだけど、もう1回ミーティングをして、チームの雰囲気を変えたいんです」そう招待のメールには書いてあった。

次のミーティングでは、スージーが冒頭で話をした。「みんな、ごめんなさい。状況が良くないのは知っていましたけど、ここまで深刻だとは思ってませんでした。最初は、ジェフとジュリーにペアプログラミングを教えてもらえば品質が改善すると考えてたんだけど、私たちが本当にすべきことから、目をそらしていました。申し訳なかったと思うわ。私たちは完全に間違えていました。スクラムがここでは使えないというわけではなかったのね。私たちの方がスクラムを使えてなかったんだわ。みんなにお願いしたいのだけど、一からやり直せないかしら。ジェフとジュリーが手伝ってくれると思います」

ワイアットがうなずいて、チームに向いて言った。「僕は自分でもわかってるけど、イヤなやつになってしまうことがある。ここにずーっといるから、自分があるじだという気分になることがあるんだ。でも僕はあるじじゃないよな。今度は文句を言わずに、本当に取り組むよ。だけどひとつ条件がある」

「どんな条件？」ジェフが聞いた。

「ほんとうにやるってことだ」ワイアットが答えた。「カスタマイズはもうしない。そしてコーチに付いてもらう。何をすればいいのか教えてくれるコーチだ。最初に思ったほど簡単じゃないってわかったからね」

マイクも顔を上げて言った。「私も条件があります。問題を直さなければダメです。責任をなすりつけ合うのではなく、ほんとうに直すんです」マイクはワイアットに手を差し出しながら聞いた。「僕たちにできるでしょうか？」

ワイアットはマイクの顔を見て、差し出された手を見やって、しっかり握り返した。「僕たちにはできると思う。ジェフがこの先も手伝ってくれるなら、だけどね」ワイアットは冗談めかして付け加えた。

みんな声を上げて笑った。チームとして笑ったのは、ずいぶんと久しぶりのことだった。これがスタートとなって、1人ずつ順番に、スクラムをやってみよう、今度はほんとうだと、全員が口に出して宣言した。ジェフとジュリーはほどなくしてミーティングから退出した。2人ともひと仕事終えた気分だったが、この先やることがたっぷりあるとわかっていた。

ジュリーが聞いた。「ジェフ、これからどうするの？」

「まず最初に、スクラムとは何か教えよう。スクラムの価値、フレームワーク、マインドセットをどう変えればいいのか」ジェフは答えた。

「リスクマネジメントや問題発見に、スクラムがどう役立つかもね」ジュリーが付け加えた。

「その通りだ。基礎から始めて、先に進みながら現れる障害を乗り越えていく。大変なこともあるだろうが、彼らはやりとげるよ。苦労なくして得るものなし、そうだろう？」

2. スクラム *Scrum*

スクラムはごく初歩的なもののように見える。だけど、スクラムをちゃんと実践するためにはソフトウェア開発のやり方を根本から変えなくちゃならないっていうことは、ほとんどの人が理解していないんだ。たやすいことではない。苦労するだろう。障害に遭遇するだろう。物語に登場したチームは、痛い思いをしてそのことに気づいた。この本を手に取ったあなたも、きっと同じことに気づいたんじゃないかな？　こんなにシンプルなのにこんなに難しいってことを、スクラムを詳しく見ながらちゃんと理解していこう。

2-1. スクラムとは何か?

『ジェパディ！』は僕が大好きなテレビ番組だ。僕は『ジェパディ！』のソフトウェア開発版があればいいなあとずっと思っていて、たとえば「方法論とフレームワーク」、「ソフトウェアの失敗のよくある理由」や「著名ソフトウェアアーキテクト」、「頭のいい人が残した迷言」みたいなカテゴリがあるわけだ。こんなカテゴリならいくらでも質問を思いつく。たとえば「『オタクには優しくしよう。いずれオタクの下で働くようになるから』と言ったとされるのは誰？」なんてどう？「方法論とフレームワーク」なら、こうだ。「ラグビー用語から採られたプロジェクトマネジメントフレームワークで、2週間から4週間ごとに動作するソフトウェアを提供するも

033

の」これが正解になりそうな答えは、もちろん質問形式にして、「**スクラムってなに？**」だ。

さて、スクラムは本当のところなんなのか？　スクラムは方法論でも、エンジニアリングプラクティスの集合でも**ない**。スクラムとは軽量なフレームワークで、ソフトウェアやプロダクトの開発を管理するために作られたものだ。ケン・シュウェイバーとジェフ・サザーランドはスクラムをこう記述している[※参1-1]。

スクラム（名詞）：複雑で変化の激しい問題に対応するためのフレームワークであり、可能な限り価値の高いプロダクトを生産的かつ創造的に届けるためのものである。
スクラムとは、以下のようなものである。

・*軽量*
・*理解が容易*
・*習得は困難*

スクラムは、1990年代初頭から複雑なプロダクト開発の管理に使用されてきたプロセスフレームワークである。プロダクトを構築するプロセスや技法ではなく、さまざまなプロセスや技法を取り入れることのできるフレームワークである。これらのプロダクト管理や開発プラクティスの相対的な有効性を明確にし、改善を可能にするのである。

スクラムでは**スプリント**と呼ばれる、期間を固定した反復的なサイクルを使う。それぞれのスプリントはプランニングミーティングで始まり、出荷可能なプロダクトのデモンストレーションで終わる。スクラムの特徴として、フィードバックと透明性の高さが挙げられる。チーム内でも、チーム外ともだ。短いサイクルと相互作用を重んじるので、変化の激しかったり、要求が次々と発生するようなプロジェクトやプロダクトに向いている。

スクラムは5つの価値を基礎として、3つの役割、3つの成果物、3つのミーティングで構成されている（ミーティングは4つと数えてもいい）。スクラムのメカニズムについて、詳しくは付録「スクラムフレームワーク」を参照してほしい。

2-2. スクラムの導入

スクラムは一見、簡単に導入にできそうに見えて、実際には難しい。なぜだろうか？　それは、部品を並べてボタンを押すようにはいかないためだ。スクラムを正しく導入するには、以下に挙げたような変化を、チームが自発的に引き起こさねばならない。

・**スクラムの根底にある価値を理解する、理解を深める**

・マインドセットを変える。多くの場合、大幅な変化となる

・変化を計画し、変化が起きたら適応する

・新たに発見したり発生したりする問題に対応する

・アジャイルのエンジニアリングプラクティスを導入する

□2-2-1. スクラムの基礎となる価値

　利用するだけの価値があるフレームワークにはすべて、原則と価値がある。XP、スクラム、DSDM、クリスタル、FDD、カンバン、リーンといったアジャイルプラクティスはすべて、基礎となる価値を定めている。価値は僕たちを導いてくれ、曖昧な問題を明確にし、そしてなにより重要なのだが、**やること1つひとつの理由を教えてくれる**。さっきの物語に登場したチームでは、スクラムらしい動きをしようとはしていたが、何故その動きをするのか理解していなかった。彼らはスクラムの5つの価値、集中、尊敬、コミットメント、勇気、オープンさ[※参1-2]をちゃんと理解していなかったんだ。

　集中。集中とはすべてを一点に集め、それだけに注意を向けるという意味だ。スクラムでチームに集中を求める。なぜなら、出荷可能な機能インクリメントを完成するために必要なすべてのことをやりきるには、集中が必須となるからだ。集中している以上、プロジェクト1つしか一度に進められない。「チームタイム」を設定して、その間はメール、インスタントメッセージ、携帯電話、ミーティングを禁じるという方法もある。チームが与えられたスプリントのあいだ、完成に向けてすべての力と時間を集められるようにするのが、集中なんだ。

　尊敬。尊敬は与えられるのではなく得るもの。みんなきっと聞いたことがあるだろう。スクラムではまさにその通りなんだ。チームの仲間を尊敬できるかどうかは、プロジェクトの成否を左右する。上手にやっているスクラムチームはお互いを信頼しあっているので、オープンに障害物を認められる。メンバーを信じているので、誰がタスクにコミットしても、ちゃんとやり遂げてくれるはずだと思う。真のスクラムチームには「**自分たちとあいつら**」という発想はない。この章の物語では、テスターと開発者が対立して、お互い尊敬していなかった。それでもこのチームは幸運な方だ。わずかかもしれないが尊敬の気持ちが残っていたおかげで、最後には気持ちをひとつにできたんだから。

　コミットメント。コミットメントとはコミットすること、すなわち誓約、約束、成果を届ける責任だ。コミットは気軽にするものじゃない。できるだけ情報を集めてからするものだ。スプリントプランニングミーティングの中で、チームは組織に向かってコミットし、またメンバー同士でもコミットする。スプリントプランニングミーティングが終わったときには、チーム全体がスプリントで何を成し遂げるとコミットしたかわかっていなきゃいけない。それも、チームメンバー全員が同じレベルで理解していなければいけないんだ。

　勇気。困難に直面したとき、恐れを感じていたとしても、勇気があれば立ち向かえる。恐れを減らすのは、チームメンバーに勇気を与えるために、チームや組織ができる最高の支援にな

るんだ。チームとして、ディスカッションで正直になることへの理解を示そう。

オープンさ。オープンさがあれば、新しいアイデアを受け入れやすくなる。チームがオープンであることを示すいい機会が、スプリントのふりかえりだ。新しいアイデアや、ものの見方、考え方を受け入れようという気持ちを持とう！ そうすれば学習する組織へ成長し、極めて効果的なチームになれるんだ。

□2-2-2. スクラムにはマインドセットの変化が必要

アルバート・アインシュタインのこんな言葉がある。「問題をつくりだしたのと同じ考え方で、問題を解決することはできない」スクラムを導入するにあたっては、他のどんなアジャイル手法もそうだけど、マインドセットを変えられないことが最大の障害となる。問題解決の新しい考え方が必要なんだ。だからスクラムもあらゆるアジャイルプラクティスも、オープンなマインドを持って臨まなければならない。少なくとも最初の3ヶ月から6ヶ月はそうだ。僕の初めてのスクラムプロジェクトでは、スクラムをほんとうに理解するまでに1年かかった。

その1年間で、スクラムは強力だが危険でもあると僕は気がついた。『ホーム・インプルーブメント』というテレビ番組を覚えてるだろうか？ 主役のティム・"ツールマン"・テイラーはいつも最新型のツールを持ち出してくるが、安全上の注意を守らなかったり、想定外の改造をしたり、やり過ぎたりしてはトラブルを引き起こす。スクラムも同じことだ。スクラムは指示通りに扱わないと、特に始めのうちは、あなたのプロジェクトをめちゃめちゃにしてしまう。それもあっという間にだ。だがあまりにも多くのチームが、表面的に理解したところで「そんなことはわかっている」「うちの状況は違う」「十分に理解できた」と思い込んでしまう。

僕のアドバイスを聞いてほしい。まずスクラムを知ること。カスタマイズを考えるのはその後だ。最初は指示通り、「教科書通り」に使うこと。学ぶための時間をできるかぎり確保しよう。頭の中に知識が育つ隙間を空けてほしい。ソフトウェアっぽい言葉で言い換えると、知識を格納するためにメモリ空間を確保するってことだ。決して、絶対に、今まで使ってきたツールとスクラムとを混ぜないこと。ともかく今はまだダメだ。ツールをマスターしなくては、他のツールと一緒に使う方法なんで学べるわけがないんだ。なによりも、障害や困難があっても（あったときは特に）、力と規律をもって臨んでほしい。結果的にスクラムがほとんど変わらず、あなたの考え方の方が変わっていると気づいてもビックリしないように。アジャイルソフトウェア開発宣言にある「**プロセスやツールよりも個人と対話を**」に反していると、もしかしたら思ってるんじゃないかな？ 実際はその逆なんだ。個人との対話こそがスクラムを学ぶカギとなる（他のアジャイルプラクティスも同じだ）。そして個人と対話を大事にすれば、なにが使えるか判断するのに十分な情報が得られるようにもなる。

□2-2-3. スクラムが通るのは最短の道、決められた道ではない

プロジェクト内の最長の経路はクリティカル・パス、または律速過程と呼ばれる。クリティカル・パスについて計画を立てた上で、計画通りにA点からB点へ到達するわけだ。その途中で

は、課題や問題が見つかる。ステークホルダーが、計画時点では本当に何が欲しいのかわかっていなかったとか。プロダクトの成長とともにビジネスゴールが変わってくるとか。内外の要因にプロジェクトが対応しないといけないとか（たとえば競合の新製品なんかがそうだ）。他にも、開発中に明らかになるもろもろのものがある。こういったことはどんなプロジェクトにも起きるもので、ソフトウェアプロジェクトに限った話ではない。

伝統的な計画手法では、こうした問題が起きたとしても、やっぱりA点からB点へ邁進しなくてはならない。そのために犠牲が払われる——品質だったり、機能だったり、顧客満足だったりを犠牲にするんだ。やっとB点へたどり着いたら、抱え込んでしまったものをトリアージした上で、C点へと向かう計画を立てることになる。図1-1を見てほしい。C点とは、本当はここへ到達しなければいけないのに、元の計画に含まれていなかったため到達できなかったポイントだ。

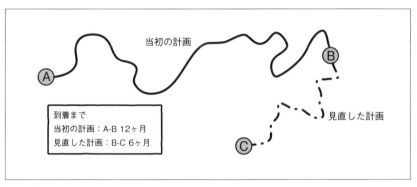

図1-1　伝統的な計画手法

スクラムでは問題が起きるのを前提としている。途中で課題や問題を発見してしまう——人生とはそういうものなんだ。発生する問題をすべて織り込んだ「パーフェクトな計画」を立てたりはしない。その代わりに、問題が見つかったら直ちに対応するようなメカニズムを組み込むんだ。問題はプロジェクトの途中で、次々に対応する。そうすれば、B点で仕切り直しをすることなく、直接C点へ向かえることになる。

こうしたメカニズムを実現するために、毎日、毎週、毎月のチェックポイントで、チーム、マネジメント、顧客という様々なレベルの人びとを集め、順調に進んでいるか、ビジョンにマッチした正しい機能を作っているか確認する。要求をいちどきに包括的に収集するのではなく、長期にわたって要求を集め続ける。開発が進むにつれ新たな情報が見つかる、それとともに要求も調整し、改善するんだ。こうしたやり方のおかげで、ビジネス側の要望や市場の状況に合わせてプロジェクトも適応できるので、成功への最短経路を辿れることになる。図1-2にその様子を描いた。

1章　スクラム：シンプルだが簡単ではない

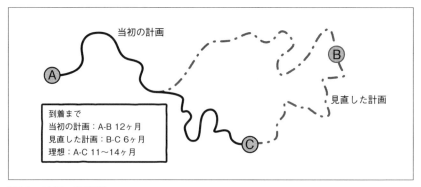

図1-2　スクラムの計画手法

　成功のためにはコストもかかるものだ。パーフェクトな計画があると、プロジェクトが完了する日付がわかっているという認識を持つことになる。この認識はなかなか捨てがたいものだ。とはいえ現実には、みんな知ってると思うけれど、スケジュールが遅れるか、スケジュールに合わせるために機能を削るか（機能が重要かどうかは関係ない）、締め切りまでに機能を全部詰め込もうとするせいで品質も悪くなる。こうした犠牲のせいでかかるコストは、ビジネスのタイミング、品質、そしてお金だ。

　スクラムでは、一定の期日までに一定の機能を開発するという約束をしない。日付か、機能か、いずれかを可変にしておくんだ。日付を決め、それまでにある程度の機能を提供するということを約束するプロジェクトもある。こうしたプロジェクトではコスト（顧客がスプリントごとに支払う金額）とスケジュール（プロジェクトが終わる日付とスプリントの回数）を、事前に固定する。その上で、制約の範囲内で開発できる機能を見積もる。スクラムでは一番大事なものから作っていくため、プロジェクト終了時点で残ってしまった機能は、価値が低く、プロジェクト全体の成功とはあまり関係ないものとなる。

　また、機能の方がスケジュールより重要なプロジェクトもある。こうしたプロジェクトでは、機能を固定し、日付をずらせるようにする（そのためコストも変わってくる）。ここでは決められた機能を、だいたいの日付に提供すると約束することにする。日付に幅を持たせて期間で示してもいい。変化があったら（機能を追加したり、既存機能に新発見があったときだ）、顧客自身が判断して、予定した時期までに完了させるか、時期を遅らせた上で欲しい機能をすべて盛り込むか、決めることになる。顧客が自分で選べると、そう自覚しているのがポイントだ。

　伝統的手法とはずいぶんと違う。伝統的手法では機能を最初にすべて決め、その上でチームが時間とコストを見積もる。機能そのままで時間とコストをもっと減らすようチームが迫られることもよくある。

　図1-3にそれぞれの手法の違いをまとめている。

　マインドセットも大幅に変わる。本章で説明している価値を信じ、自分を合わせるのが大切な理由はそこにあるんだ。

スクラム現場ガイド

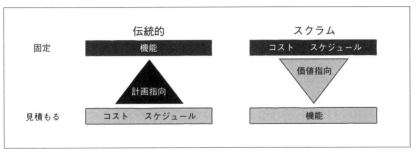

図1-3 計画手法の対比

□ 2-2-4. スクラムは問題を明らかにする

スクラムは問題を白日のもとに引きずり出す。敷物の下に紛れ込んでいて、誰も気づいてなかったような問題だ。スクラムはまた、新たな課題も明らかにする。コーディングやチームワークの課題とは限らない。たとえば、僕はこんなことをよく聞かれるんだ。「人を評価するにはどうしたらいい？」「受け入れテストを実行するのにどのくらいかかる？」伝統的なやり方では、個人を評価するには、コーディングが一定の時間で、一定の品質で終わったかどうか見ればよい。でもこの考え方は機能横断的チームにどうやったら当てはまるんだろうか？ 「機能」ごとの評価指標なんてないのに？ このような、組織において当たり前になっている物事を厳しく問い直すのがスクラムだ。マネジメントは難しい判断を迫られることになる。課題に対応するか、無視するかだ。スクラムのいいところは、課題となるような振る舞いやパターンがいったん明らかになると、もう無視できなくなってしまうところにある。

□ 2-2-5. スクラムの結婚相手

スクラムはプロジェクトをマネジメントするためのフレームワークだ。プロジェクトをマネジメントする方法は語っているが、エンジニアリングの話はほとんどない。スクラムだけでは、2週間か4週間ごとに出荷判断可能なソフトウェアを提供することはできないんだ。そこでスクラムに「素敵な王子様」を見つけてあげなくてはいけない。それがXP（エクストリームプログラミング）だ。スクラムとXPには共通点が多い（XPには計画ゲームがあり、スクラムは計画ミーティングがある）。いっぽうXPにはスクラムを見事に補ってくれるプラクティスがある。継続的インテグレーション、テストファースト、ペアプログラミングなどだ。

スクラムだけでもチームにメリットはあるが、スクラムとXPを一緒に使えば効果はめざましい。スクラムの基本ができる前にXPのプラクティスを使えって言ってるわけじゃあないよ。一度にいろいろなことに挑戦するのはとっても危ないんだ。スクラムのロール、成果物、ミーティングというものにチームが慣れたら、XPのプラクティスを導入する準備ができたと言ってもいいだろう。それまでの間はウォーターフォールのエンジニアリングプラクティスを使うことになるかもしれないが、よく注意してほしいことがある。アジャイルなプロジェクトマネジメ

ントとウォーターフォールのエンジニアリングプラクティスは、共存させるのが難しく、問題を引き起こしがちなんだ。スクラムに慣れるまで、1日か、1週間か、1ヶ月かかるかもしれない。すべてはチームが変化できる能力にかかっている。それでも、XPのプラクティスを導入できれば、本当の魔法が起きる。

XPのプラクティスのうち、僕が関わったプロジェクトで必須だと思うのは以下だ。

- **維持可能なペース** —— 1週間に40時間だけ働き、常に85％の出力を維持する（23章「維持可能なペース」でさらに詳しく触れる）。
- **コードの共同所有** —— チーム全員がコードベース全体の作業をする。責任者が1人決まっていたりしない（詳しくは21章「文化が衝突するとき」を見てほしい）。
- **ペアプログラミングとテスト駆動開発（TDD）** —— テストファーストとも呼ばれる。コードより先にテストを書くやり方で、一般に動かないテストを書いて赤くし、次にテストを通してグリーン（エラーのない状態）にして、リファクタリングでコードをきれいにするという手順を踏む。例外なく、常にグリーンに向かわなければならない（19章「人をエンゲージさせるペアプログラミング」でも説明する）。
- **継続的インテグレーション（CI）** —— 継続的に、常にコードベースの状況を把握する。最低でも1日1回はコードをチェックインする。家に帰るときはすべてグリーンであるようにする（TDDですべてのテストがグリーンであるということだ）。
- **コーディング標準** —— 見落とされることも多いが、コーディング標準がないと「コードの共同所有」は破綻してしまう。メンバーそれぞれが勝手なスタイルでコードを書いていては共同所有も望めない。規約を作り、公開し、壁に貼りだしてみんなが忘れないようにしよう。
- **リファクタリング** —— 事前の設計とアーキテクチャは最小化され（なくなるわけではない）、今日のためのシステムを開発していくので、コードのリファクタリングは必須だ。リファクタリングしていないと、要求変更が大規模な事前設計を招き、ビジネスの要求に応えられなくなってしまう。

出荷可能 [2] —— この言葉は頭痛のタネになりがちだ。僕の友人であるクリス・スターリングはブログで、スクラムでこの要素を忘れてしまうことが多いと書いている（※参1-3）。本当に出荷できる状態を達成するには、プロジェクトマネジメントを変えるだけでは足りない。ソフトウェアを開発する方法も変えなくちゃならない。そうしないと、先の物語で見た様々な問題——品質が悪くてテストする時間がない上にリリースもできない——こうした問題でプロジェクトが破綻してしまうだろう。XPのプラクティスを導入するのが、僕が見てきた中で一番いい対策になる。

---

[2] 訳注：出荷可能（potentially shippable）は、出荷判断可能、リリース判断可能（potentially releasable）などとも呼ばれる。

2-3. スクラムが向くのはどんな時？

　スクラムを導入するのは思うより難しいことがわかった。そうなると、そもそもやるべきなのか？ という疑問が湧いてくるだろう。

　僕には建築の世界で働いている友だちが何人かいる。彼らに夕食をおごる代わりに僕が家でやっている大工仕事を手伝ってくれるよう頼むと、たいてい喜んで引き受けてくれる。来てくれるときベルトに着けている道具が毎回違うことに、僕は気づいた。そこで僕は彼に聞いてみた。いつでも使う基本の道具があるのか、それとも毎回まったく違う道具を用意してくるのか？　彼の答えによると、最低限の基本的な道具はある（巻き尺、エンピツ、保護メガネ）けれど、後はすべて仕事によって選ぶということだった。骨組みの作業にはそのための一揃いの道具があり、仕上げやタイル貼りにもそれぞれの道具セットがある。同時に、トラックにはすべての道具がしまってあり、すぐに取り出せるようになっている。さて、スクラムはどうだろうか？

　僕は誰でもスクラムをベルトに差しておくべきだと考えている。優秀な大工と同じで、スクラムが適している場合にだけスクラムを使う。100％いつでもスクラムが適しているわけではない。ネジ回しで釘を打たないように、スクラムが必要でないプロジェクトではスクラムを使うべきじゃない。じゃあ**いつ必要になる**んだろうか？

　ソフトウェアプロジェクトは4つに分類できる。単純、混み入った、複雑、カオスの4つだ（図1-4参照）。これはラルフ・ステイシーの『Strategic Management and Organisational Dynamics, 6th edition』の引用だ（※参1-4）。単純なプロジェクトは既知の要素で成り立っている。同様のプロジェクトを今までに何度もやっていて、関係者全員が要求を合意している、利用する技術も枯れている。単純なプロジェクトは、実装するのも理解するのもたやすい。

　単純な領域から遠ざかるにつれ、物事はややこしくなってくる。要求か技術のどちらか、あるいは両方とも、あまり安定していなかったりする。最終的な製品がどんなものか、はっきり

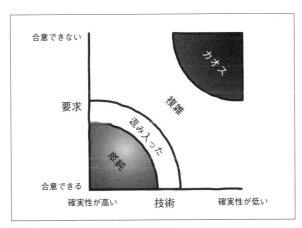

図1-4　要求、技術とプロジェクト種類の関係

していないかもしれない。技術が新しいもので、初めて使うのかもしれない。このような込み入った〜複雑の領域では、数多くの変化に直面する。プロジェクトの開発も予想も、単純なものよりずっと難しくなる。複雑からカオスへ入り込むとそこは、なにがわからないのかわからないという世界だ。プロジェクト、あるいは会社がカオスの状態にあるなら、システムを作るより先に、カオスに踏み込む原因となった問題を解決すべきだ。

したがって、単純な領域以外ではプロジェクトに要求や技術の変化があるわけだ。スクラムとXPを単純なプロジェクトで使ったこともあるけれど、だいたいやりすぎだった。だが合意と確実性が期待できないなら、スクラムとXPを使いたくなる。ビジネス要求は間違いなく変わり、それに適応したくなるからだ。

2-4. 変化は大変だ

スクラムはすべて変化のためのものだ。変化を受け入れられる人もいれば、全力で避ける人もいる。どちらもまったく普通の反応だ。ソフトウェアの世界で変化を避けがちなのは、変化が怖いからではなく、はじめから正解するように条件付けられているためだ。僕たちは変化を「バグ」、すなわち開発中に見落とした仕様だと思いがちだ。要求が変わったのは、なにか失敗したせいだろう——そう考えてしまう。みんな理解していないかもしれないが、変化は不可避なものなんだ。未来は予想できない。市場の急な変化や、競合他社の新製品を事前に予測することはできない。成功するために、変化を受け入れよう。変化を受け入れることを学ぼう。スクラムはそのためのツールを提供してくれているが、変化がプロセスに組み込まれるところまで行き着くのは大変な旅になる。

物語に登場したチームはスクラムを求めてはいたが、未知の世界に飛び込むのを恐れていた。失敗を避けるため今までのやり方にしがみつこうとして、スクラムを自分で修正してプランニングやインテグレーションのスプリントを作ってみたが、うまくいかなかった。こうした修正は失敗を避ける役に立たず、**むしろ問題を引き起こし**、かえって状況は悪化してしまった。

変化に対する一般的な反応を理解していると、スクラムを導入する役に立つ。家族療法家だったヴァージニア・サティアは臨床研究を通して、人びとが変化にどう反応するか、一般的なパターンを見つけた。一般的なパターンでは、次のような段階がある。まず初期の現状維持があり、異質な要素が導入される。そこで混沌、練習と統合を経て、新しい現状維持に達する。図1-5に示すこのパターンは、サティアの変化のステージ[※参1-5]と呼ばれている。

こうしたステージがほぼ一定しており、どんなレベルの変化を受け入れるときも同じだと、僕は発見した。僕の母親は、僕が子供の頃に禁煙しようとしていたが、そこでも同じパターンがあった。初めて自転車に乗る子供でも同じだ。では、スクラムでチームがこのステージをどう乗り越えていくのか見てみよう。

スクラム現場ガイド

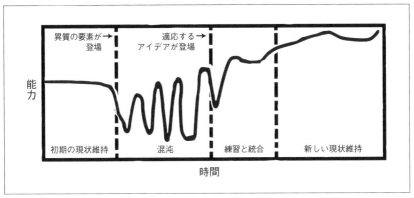

図1-5　サティアの変化のステージ

☐ 2-4-1. 初期の現状維持

　現状維持の状態では、誰でも居心地がいい。よく知っている世界であるがゆえに、現状維持を続けようとすることも多い。ここでは変化の必要性を無視し、今までと同じことをより上手に、懸命に、熱心にやろうとする。現状維持のわかりやすい例がデスマーチだ。デスマーチでは、チームは避けがたい失敗へ向かって突撃する。長時間残業し、品質を犠牲にしながら、締め切りを守ろうと努力する。やがて誰もが、必死で努力すればなんとかなると信じていて大丈夫かと、文句を言い始める。そして一部の人が今まで続けてきたやり方をやめたり、マネジメントが新しいやり方を導入したりする。これが異質な要素が導入されるタイミングだ。

☐ 2-4-2. 異質な要素

　異質な要素はチャレンジだ。異質な要素によって、初期の現状維持が破られるんだ。プロジェクトの仕様書テンプレートを変えるというような些細な要素かもしれない。スクラムの導入のような、まったく新しく仕事のやり方を変える要素かもしれない。どちらにしても、いったん要素があらわれると、もう無視することはできず、混乱が起きる。人びとが恐怖を感じることが多い。変化が来るとわかっていても抵抗をする。どう変化したらいいかわからなかったり、期待がわからなかったり、新しいやり方でも以前と同じようにできるかわからなかったり、そういった理由から抵抗してしまうんだ。

☐ 2-4-3. 混沌

　混沌は、現状維持が異質な要素の登場で乱されたときに起きる。混沌の程度は要素の性質によって変わるが、大幅な変更の場合には、知っていたものがすべて消えてしまうように感じることもある。新しいやり方が必要だと信じている人ですら、やり方が不確かで、不安だと感じる。混沌の状態では、人びとは神経質になり、不安を感じ、攻撃されているような気がす

043

ることもある。間違って動いてしまうことを恐れる。結果として不安感が蓄積され、能力が大幅に揺れ動く。混沌ステージを通り抜けるまで、状況はいったん悪くなるが、その後良くなる。適応するためのアイデアが見つかるまで、混沌は続く。

スクラムの場合、最初に引き起こされる混沌は、どんな適応のアイデアで終わるんだろうか？ チームによって異なるが、全体的に言って、こんなふうに人が考えるようになる。「これってそんなに悪くないね、なんとかやれるよ」。異質な要素と、将来どうなるかの間につながりを見出すようになるんだ。そして、つながりが実際にできる。

□2-4-4. 練習と統合

僕の子供はスポーツをやってるんだけど、練習したくないとよく文句を言う。そんなとき僕はこう言うんだ。「他の誰かは今も練習していて、いつか会ったときにお前を負かしてやろうと思ってるんだぞ」ソフトウェア開発でも練習は大切だ。練習しなくては、異質な要素が異質でなくなり、馴染んだものになり、習慣化することはない。

チームがスクラムのプラクティスを学び、原則を理解し始めると、スクラムの利点も見え始める。利点が見えてくれば、チームメンバーは新しい現実を受け入れられるようになる。次の安定した状態に向け、混沌は少しずつおさまっていく。信頼、関係、個性がチームの中や、組織全体に生まれる。新しいやり方を学ぶにつれ、能力が向上し、変化以前より良くなることもある。こうした初期段階の向上だけで、もう大丈夫と思ってはいけない。その反対で、こうした段階のチームにはさらなるケアと手助けが欠かせない。もっと後の段階よりも、手をかける必要があるんだ。確かに新しいやり方に自信を付けてきているが、まだ不安な感じが残っている。不安そうには見えないかもしれないが、残っているんだ。新しい成功は一時的で、繊細なものなので、大事に扱わなくてはいけない。そうした成功を続けると、ゆくゆくはどのくらいになるのか、行く先が見え始める。多くの人にとって行く先は楽園のように感じられるが、それでも混沌だと思う人も一部残る。

□2-4-5. 新しい現状維持

適応するためのアイデアにチームメンバーが上達し、自信が持てるようになると、以前を凌駕する能力を発揮する。元気が出てくるし、適応をやりとげたという達成感を持てる。このステージになると、メンバーはさらなる改善を探り、物事をよりよくする権利があると感じ、学習する組織を作るため一致団結する。ここで大事なのは、安全な環境があり、そこで練習を続けられる自由があることだ。スポーツと同じで、上手になったからもう練習しなくていいということは、決してないんだから。

3. 成功の鍵 *Key to Success*

本章の物語で見たように、多くのチームがスクラムの導入で苦労している。スクラムに後ろ向きだったり否定的だったりするわけではなく、未知で不安なやり方をするようスクラムが求めているせいだ。物語の登場人物は自分たちが慣れている要素を手放すまいと努めていたが、その要素こそが変化を遅らせ、成功から遠ざけているとは気づいていなかった。スクラムをうまく導入するには、チームは基本に忠実でなくちゃいけない。

第一に、チームがルールを理解すること。スクラムはシンプルなフレームワークだ。シンプルなせいで、ルール変更の影響を理解しないままルールを変更してしまいがちになる。こいつが危ないんだ。交通ルールを知らずに車を運転したりしないように、スクラムのことを学ばずに導入したりしてはいけない。ルールを学ぶには時間がかかる。その時間を使って、あなた自身、あなたのチーム、あなたの会社にどうスクラムを適用するのか理解しよう。

第二に、チームが基本的な仕組みを学ぶこと。チームと組織それぞれが、スクラムがどう働くのか理解していなくてはいけない。サティアの変化のステージで見たように、既知から未知へ移行するのは困難なプロセスで、忍耐と練習が欠かせない。自転車に乗れるようになったときのことを思い出してほしい。5歳でツール・ド・フランスを走れるようにはならない。ふらふらしたり、引っかかったり、転んだりするはずだ。練習こそが、自信と能力を付けさせるんだ。人びとには時間を与えて、基本を学び、慣れてもらうようにしよう。みんなの感情を意識しよう。基本を練習しているうちはみんな、脆弱で、懐疑的で、心配しているんだと理解しよう。こうした不安感はやがて払拭できるが、それは練習を通じてなんだ。

第三に、時間を取ること。新しい仕事のやり方を学ぶのは、週末のワークショップで済むような話ではない。僕が見てきたほとんどのスクラムチームやスクラムを導入する企業では、基本を学んで実際に始めるまでに、少なくとも3ヶ月かかっている。もっと短くできるところもあるし、もっと長くかかるところもある。平均として、変化のために3ヶ月から6ヶ月の期間を見よう。期間の長さは導入するグループによって異なる。

第四に、途中ではスクラムを始めないこと。チームが開発の途中でスクラムを始めようとして失敗するのを、僕はたくさん見てきた。開発途中のスクラム導入は、マネジメントがスクラムを「銀の弾丸」と思い込んで、すべての問題を解決してくれると期待しているときによく起こる。マネジメントは高い能力のチームに期待するあまり、一日でスクラムを使えるようになると思い込んだりする。こうなるとチームは真っ逆さまだ！　チームは新しいやり方を強制され、締め切りはそのままだ。引き起こされる混沌でスケジュールはどんどん遅れ、品質も犠牲になる。僕は、新しいプロジェクトの最初にスクラムを導入するよう勧める。それまでの間、移行のためやらないといけないことをリスト化してバックログを作り、最適なスクラム導入ができるよう準備をしておくとよい。

最後に、継続した学習のための時間も取ること。ふりかえりを時間のムダだと切り捨ててしまうチームがとても多い。ふりかえりをしないチーム、あるいはやったことから何かを学んで

1章　スクラム：シンプルだが簡単ではない

将来のスプリントに活かすということをまったくしないチームは、昔のやり方に戻ってしまう。なぜだろうか？ 学ぶための時間を取っていないせいだ。学習はスクラムの欠かせない側面であり、犠牲にして良いものではない。継続した学習なくして、チームが高い能力を発揮することはない。

　このような技術的・心理学的障害を乗り越えていくときにも、このことは忘れないように。スクラムを学ぶのは、他の新しいことを学ぶのとなにも変わらない。得意な気持ちで舞い上がるときもあれば、ひどいフラストレーションに苛まれるときもある。自分自身を教育し、心を広く持とう。

　もう1つ覚えておいてほしいことがある。NASAが月面に人類を立たせるのに成功したとき、アポロ11に搭載されたコンピュータのメモリは36KBから72KBしかなかった。それが可能だったということは、僕たちだってスクラムを導入できるってことだ！

Part 1
Getting Prepared

第1部
準備

Chapter 2

2章

Getting People On Board
仲間と共に旅立つには

「ひとつの真実がある。私たちの最上の瞬間とは、不愉快、不幸、不満を感じているときにこそあるのだ。そんな瞬間、不快さに駆り立てられて現状を投げ捨て、異なる方法、よりよい方法を探し始めるのだ」とM.スコット・ペックは述べている。

人というのは不満があっても、現状に馴染みすぎているものだ。穴にはまって不幸せだと思っているかもしれないが、少なくともよく知っている状況なわけだ。穴から脱出する方法をスクラムは提供してくれるのだが、新しくて未知の、馴染みのないやり方を迫ることにもなる。既知と未知のどちらかを選ぶ状況では、人は得てして怖じ気づいたり、拒絶したりする。差し迫った状況にならない限り、今の穴にはこれ以上居られないという事態にならない限り、より良い未来へ脱出しようとはしないものなんだ。

スクラムに乗り気にさせるには、ただ「スクラムっていいもんだよ」と売り込むだけではうまくいかない。ほどよい説得、徐々に増すプレッシャー、なにより多大な忍耐が必要になる。

1. 物語

The Story

ライアンはある企業のIT部門に勤めている、熱意あるプロジェクトマネージャだ。これまでは素晴らしい成果を上げて来たが、最近のプロジェクトで大幅なアーキテクチャ変更を余儀なくされ、6ヶ月の遅れを発生させてしまった。プロジェクトが終わったとき、ライアンは今までと違う新しい仕事の仕方を見つけたいという気持ちになっていた。チームが期日通りに高品質なプロダクトを提供できないのが不満だった。同じ不満は同僚たちもみな感じているようだ。だがどうしたら状況を良くできるのか、それがわからないのだ。

ライアンはモンタナの山小屋で、家族と共に2週間の休暇を取る予定でいた。休暇中にプロジェクトマネージャとしての道具箱に新しいツールを加えようと、スーツケースにプロジェクトマネジメントの本を詰め込んだ。荷物を閉めようとしたとき、上司のスティーブから数ヶ月前にもらった『スクラム入門 —— アジャイルプロジェクトマネジメント』(※参2-1)という本が目にとまった。

「これも持っていってみるか」ライアンは考え、スーツケースに放り込んだ。休暇中、ライアンは伝統的なプロジェクトマネジメントの本を読み尽くした。コミュニケーションや計画、リスクマネジメントについての、役に立つ情報がいくつかあった。しかし、前回のプロジェクトで直面したアーキテクチャの問題や、自分のチームで起きた様々な問題を回避したり軽減したりで

きるような手法は見つからなかった。最後にしぶしぶ『スクラム入門』を手に取ると、飲み物を持ってテラスに出た。

期待せずに読み始めたライアンだったが、すぐに興奮してきた。本に書かれている、複雑さと価値を元に仕事をするパターンは、仕事に直接使えそうなものだ。これまで気づかずにいたことにも気づかされた。たとえば、人を個人として扱ってチームを作り上げるべきなのに、あたま数だけ揃えればいいと考えていたのだ。読めば読むほど興味が深まり、午後になって読み終えた頃にはもっと知りたくなっていた。ライアンは部屋に戻るなりアジャイル開発の本を2冊、即日発送で注文した。ライアンはワーカホリックなわけではないが、本から得た情熱に背中を押されたのだ。妻が最新の小説を読み、子供たちが庭でサッカーをする間、ライアンはリーン、アジャイル、XP、カンバン、そしてスクラムの本をじっくり読む時間に当てられた。休暇から帰ってきてすぐ、スクラムの本を渡した張本人の、スティーブに出会った。スティーブは彼の部署の長であり、ライアンの古くからの友人でもある。

「スティーブ、ちょっと聞いてほしいんだ！」ライアンは大声で呼びかけた。「モンタナでいろいろ本を読んできたんだけど、僕のプロジェクトの問題だけじゃなく、部門のプロジェクトの問題をすべて解決できそうなんだ！」

「本を何冊か読んだだけなのに大げさだな」スティーブは笑顔で応えた。「こっちに来て詳しく教えてくれないか」

ライアンとスティーブはそれから3時間、ライアンが読んだ本について話をした。ライアンは1つ質問をしたくてたまらなかった。モンタナから帰ってくる間、ずっと考えていたのだ。

「今度立ち上げるマイケルソンプロジェクトなんだけど……」ライアンが切り出すと、スティーブは興味を示して話を促した。

「このプロジェクトでスクラムをやってもいいだろうか？　人数は増やさず、生産性を50％上げると君はグループに目標を設定しただろう。目標達成にはこの手だと思うんだ。それに君の期待通り、年度内に達成できるとも思うよ」ライアンは一息に話し終えた。

スティーブは黙ったまま少し考え、口を開いた。「ライアン。君は正しいと思う。マイケルソンプロジェクトはスクラムを試すのに向いている。規模を大きくせず効率性を高めるという私のグループ目標も、達成できるだろう」

「よし！　僕が思ったとおりだ！　それじゃあ早速……」ライアンは叫んだ。

だがスティーブは落ち着いていた。「少し待ってくれ。まだそんなに興奮するんじゃない。君に話したことはないと思うが、私がメガコに勤めていたとき、幾つものプロジェクトをスクラムで成功させてきたんだ。そのときも大組織で、チームの効率性を50％以上向上できたから、スクラムが使えるのは間違いない。だが君がスクラムをやるなら、一番難しいのは始め方だ。君がいま思っている以上に難しいし、とりわけ他の人を巻き込むのが大変になる」

「それなら、試してみるのにチームをもらえるかい？」ライアンは聞いた。

「ノー」スティーブは一言で答えた。「プロジェクトは君に任せる。だがチームは君自身で集めてくれ。私は他のマネージャに、君のことを伝えておこう。だが私の承認がほしければ、スクラ

ムをやりたいと思っているチームメンバーをまず君自身で探し、チームを組み立ててくれ。私は君のことを最大限に支援しよう。思うように、自由にやっていい。もちろん常識の範囲内でだがね。私は君の活動のスポンサーとなって、他の上級マネージャに報告をしておこう。忘れないでくれ、君と同じ情熱を誰もが持っているわけではないんだ。だから慎重にな」

「チームのメンバーを集めるよ。だが1つ疑問があるんだ。前から知っていたなら、なぜスクラムやエクストリームプログラミングを開発者たちに紹介しなかったんだい？」

スティーブは少し黙ってから答えた。「私がメガコにいた頃は、君と同じように振る舞っていたよ。熱心で、押しつけがましく、アジャイルをとにかく売り込んだんだ。私はトップダウンでスクラムの導入を推し進め、メガコのメンバーは抵抗した。最終的には、ほとんどがスクラム導入に賛同してくれたんだが、摩擦とトラブルを避けられなかった。このときの経験なんだよ。スクラム導入はボトムアップで進めないといけない。年初に私が言ったゴールを達成するため、誰かがスクラムやXPなどのアジャイルな開発手法に取り組んでくれないかと期待してたんだよ」ライアンとスティーブは座ったまま、今の話を咀嚼した。

「もっともだな。進捗と状況を常に報告するよ」ライアンは言った。

「忘れないでくれ、私は君の味方だ。君の活動のスポンサーとして、大きな問題を取り除いたり、助言をするのが私の職務だ。いつでも、聞きたいことがあったら躊躇しないで来てくれ」スティーブは最後に言った。

ライアンは興奮していたが、自分でチームを作るのが少し不安でもあった。続く数日、ライアンはどうアプローチすべきか考えた。

最初にライアンはダニエルに会うことにした。ダニエルは40代半ば、12年以上会社にいる開発者だ。ダニエルは規律をもって優れた仕事をする。しかし最近では斜に構えてグループの運営に批判的意見をあげることが多かった。

「ダニエル、僕がこれから立ち上げるプロジェクトの話をしたいんだ。マイケルソンプロジェクトといって……」ライアンは話し始めた。

「なぜ僕に話すんだ？」ダニエルは話を遮った。「まず上司に話を通してくれ。僕の管理も、次の仕事を決めるのも彼だから」ライアンはいきなり話を止められて少しうろたえたが、話を進めた。

「アランとは話しておくよ。だけどまず君に話してみて、興味があるようならアランに伝えようと思ってたんだ。スティーブに、チームを組むには直接声をかけろって言われたんだよ。だから……」

「スティーブだって？ グループ長の？」ダニエルは聞き返した。

「そうだよ。このプロジェクトは本当に面白いんだ。プロジェクトマネジメントにはスクラムというフレームワークを使う。エクストリームプログラミングのプラクティスの、テスト駆動開発やペアプログラミングも使うつもりだ」ライアンは興奮気味に言った。

「ペアなんだって？ エクストリームスクラム？ 何の話だ？」ダニエルは顔をしかめた。

「ペアプログラミングだよ。つまり、2人で一緒にコードを書くんだ。スクラムはプロジェクト

管理のフレームワークで、このやり方だと……」ライアンは続けようとしたがまた遮られた。

「ちょっと待ってくれ。君が真剣なのは分かったけど、私向きのやり方ではないよ。スクラムとかいうのには興味ないんだ。特にペアプログラミングやテストとかは無理だ。悪いね」ダニエルは応えました。

「でもダニエル、もう少し聞いてくれないか……」

「ライアン、聞いてくれ。どう言えばわかるんだろうな。僕は興味ないよ。よしてくれ！」ダニエルは大声を上げた。

ライアンはひどく落胆し、その場を離れた。まだ彼にはチャンスがあった。午後1時に、メイガンとミーティングを設定していたのだ。だが時間通りメイガンのオフィスに行ったが、不在だった。彼女はどこにいったのだろう？ ライアンは少しの間彼女を待つことにした。メイガンは15分遅れて現れ、彼がそこに座っているのをみて意外そうな顔をした。

「やあ、メイガン。諦めるところだったよ。これから始める新しいプロジェクトのことを聞いてほしいんだ。スクラムという手法で……」ライアンが話を始めたところでメイガンは遮りました。

「ライアン、白状するけど、ダニエルからあなたの話をきいていたの。ダニエルに忠告されたわ。私もスクラムには興味を持てないの。だから、正直に言えば、私が遅れていけばあなたがもういないかもって期待してたの。頼みを断りたくはないのだけど、でもとても受けられないわ」

ライアンは頭を抱え、ため息をついた。

メイガンはその様子を見て、表情を少し和らげた。「わかったわ。15分だけ話を聞きましょう」

ライアンは単刀直入に話した。熱を込めて、プロジェクトの説明をし、休暇中に啓示を得た話をして、スティーブにチームを作って試すよう言われたと伝えた。とりわけスティーブの全面的支援がある点を強調した。時計は1時半に近づいていた。

メイガンは言った。「悪い話じゃないわね、ライアン。ウェブプロジェクトや、小規模なプロジェクトだったらうまくいきそう。でもマイケルソンプロジェクトは大規模なのよ！ 大がかりなアーキテクチャと設計が必要だし、すべてプロジェクト立ち上げ時に考え抜いておかないと。あなたの提案するやり方でうまくいくとは思えないわ。それにダニエルと同じで、ペアプログラミングも、テストもしたくない」

「テストとは違うんだ。テスト駆動開発といって……」ライアンは説明しようとしたが、メイガンに止められた。

「はっきり言うわね。私はやりません。決してね。私には向かないし、この部署にも向かないわよ。仕事を失くしたくなければ、あなたにも向かないわ。極端なやり方に挑戦したって誰も幸せにならないわよ」メイガンはひとつ息をついた。「ごめんなさい。次のミーティングに行かなくちゃ」メイガンが出て行き、ライアンは彼女のオフィスで一人きりになった。

ライアンは15分ほど頭を抱えたまま、なぜメイガンもダニエルがこんなに抵抗するのか理解しようとした。何がいけなかったんだろうか？ 金曜日までにさらに2人と話してみたが、それ

051

2 章　仲間と共に旅立つには

もうまく行かなかった。その日の午後、進展のなさを相談するためスティーブと会うことにした。

スティーブがまず話を始めた。「ライアン、昨日メイガンとダニエルに簡単に話を聞いたよ。友人としてアドバイスさせてくれ。人に対して無理に押しつけても、うまくいかない。君と同じように、彼らもゆっくり時間をかける必要がある。自分で読んでみて、理解する。考えを整理するのにも時間が必要だ。君が休暇中に読んだ本や資料をみんなに渡すといい。新しいことに挑戦するときは、徐々に移行し、馴染む時間も必要なんだよ」

「そうだった、そうだった。僕のやり方が間違ってたよ。アドバイスに従って、一歩引いてみよう。徐々に、論理的にだな。わかったよ」

それから2週間、ライアンは特に気に入った本や調査論文から一部をコピーし、メイガンとダニエルの机にこっそり置いて回った。コピーにはキーとなる部分に線を引き、なぜ良いと思ったのか、また構築しようとしていたチームにどう適用するのか、メモも添えた。

ある月曜日の朝、メイガンがライアンのオフィスにやってきた。

「わかったわ、ライアン。あなたの言いたいことがわかるようになってきたの。チームに加わってもいいのだけど、1つ条件を聞いて。私は子供もいるし、仕事を失うわけにはいかないの。チームに参加すれば崖っぷちに立つことになるわ。だから、スティーブが責任をもって見てくれると約束して」

ライアンはスティーブから電話させると、メイガンに約束した。ライアンはその日のうちにスティーブのオフィスに立ち寄った。状況を説明し、メイガンが参加に前向きだが、スティーブの保証がないと決心できないでいると伝えた。

「彼女とは話しておく。やっと1人目が見つかったな。他のメンバーはどうやって説得するつもりだ？」

「それなんだけど、調べていたら社内にXPのエキスパートが2人、いるのがわかったんだ。ジムとワードというんだが、2人に頼んで、うちの部署でアジャイルについて話をしてもらおうと思っているところだ」

「いいアイディアだな。何か私にできることはあるかな？」スティーブが尋ねた。

スティーブが賛成したのでライアンは計画を説明することにした。「ミーティングの冒頭は、まず君に話してほしい。部署のゴールの話をして、それから僕がやっていることについて話す。どうだろう？」

「素晴らしい！」スティーブは笑顔を見せた。

翌週、ライアンは会社のあちこちにチラシを貼ってまわり、会場を手配し、ジムとワードとにグループの状況を共有した。メイガンは部署のエンジニアが参加しやすいよう、ランチを無料で提供するよう提案した。「フリーランチは強力よ」

そしてミーティングの日になった。大勢の参加者を見て、ライアンは微笑んだ。部署の90％以上が集まるとは、ライアンの期待以上だった。最初にスティーブが前に立って、到達したいゴールを説明し、ライアンがより良いソフトウェア開発のため活動していると話した。続いて

ワードとジムが登壇した。

　部屋にいるほとんどの人が2人を知っており、その成果も聞いたことがあった。ワードとジムは数時間かけ、エクストリームプログラミングのプラクティスと価値、原則について講演した。参加者は熱心な様子で聞き、質問も数多く出た。講演が済んでランチが終わっても、まだ50人くらい残って話を続け、午後3時になってやっと最後の1人が去った。その間、ワードとジムは喜んで残った人びとの質問に答え、スクラムとXPはソフトウェア開発のやり方に過ぎず、いわば現代的なエンジニアリングプラクティスであると伝え、人びとを安心させた。最後まで残っていたのは、他でもないダニエルだった。ダニエルはスティーブとライアンに話しかけた。

　「2人の話には説得力があるな。まだ完全には納得したわけではないんだが、スティーブが重要だと思っているなら、やってみようと思う。だがひとつ条件がある」

　「ダニエル、どんな条件だ？」

　ダニエルはスティーブの目をじっと見て言った。「もし失敗しても、僕の責任じゃあない」

　「ダニエル、大切なのは、**失敗するかどうか**じゃないんだ。『**いつ**』失敗するか、それがポイントなんだ。スクラムとXPの導入を私が見るときには、失敗していれば成功だと見なす。失敗するのが正解なんだ。失敗したからといって責めるわけがない」

　「よくわからないな。『**いつ**』失敗するかって、どういう意味だ？」

　スティーブは説明した。「アジャイルプロセスがチームに与える一番大きな効果は、失敗を早めるということなんだ。チームがめちゃくちゃな状況になることはある。大事なのは、**いつ**めちゃくちゃになるかだ。もしチームがプロジェクトの終盤になってから失敗すると、いま他のプロジェクトで同じことが起きてるが、これまでの失敗を繰り返すことになる。一方、もしチームが最初の3ヶ月で失敗して、何かを学んでいたら、そのプロジェクトが成功する確率は高くなる。ライアンに聞くといい。プロジェクトがもっと早く失敗してれば、アーキテクチャの問題も明らかになって、立て直す余地もあったしプロジェクト終盤であんなに苦労することもなかっただろう。だから失敗が早くわかることを望むんだ。失敗するかどうかは問題じゃない。最後になって失敗するから問題なんだよ」

　スティーブは続けた。「責任の話だが、障害物があることはわかってるし、新しいやり方を理解して慣れるための時間は認めるつもりだ。だが私は、チーム全員が全力を尽くしてくれると期待している。君のではない。チームとしての成功と失敗だ」

　「こういうことかな。全員でやり遂げるか、誰もしないか。そして失敗すべきだと。なんてこった。正直、イエスと言いそうだよ。考えを整理するのに1ヶ月もらいたいな。まだおっかない気持ちが消えないんだ」

　「僕も同じだよ」ライアンが言った。

　この一言はダニエルの意表を突いた。

　「でもライアン、君がこんなやり方を推し進めてきたんじゃないか？　君も同じってどういう意味だ？」

「当たり前だろう？ 僕はこのやり方が正しいと思っているけれど、だからって怖くないわけじゃない。ビジョンはあるんだ。スクラムならうまくいく、スティーブのゴールを達成できると信じている。それでも、実際に始めてしまったら、スティーブが言うようにチーム全員で成功するか、ダメになるかだ。僕たち次第なんだよ」

スティーブがうなずいた。「その通りだ、ライアン」

「しばらく悩んでみるよ」ダニエルはそう言い残し、帰って行った。

スティーブはライアンのほうを向いた。「今日はなかなかだったのではないかな。ライアン、どんな気分だ？」

「なんとも大変だな。人の考え方を変えていくのは、信じられないくらい根気がいるんだな。今頃にはもうプロジェクトを始めているつもりだったけど、まだこんな調子だろう。もう4週間経ったのに、まだチームもできていないしね。イライラさせられるよ」

「我慢だ。今日は部署にとって素晴らしい機会になった。みんな話を聞きたがっていたじゃないか。君の活動は相当の進歩を見せていると思う。だが、それでも考えを変えようとしない者はいるだろうな。君が何をしようと、何を読ませようとだ。それは気をつけた方がいい」

続く3ヶ月のあいだ、ライアンはメイガンとダニエルと一緒に働き、彼らの恐れをなだめ、味方にしていった。それから三人はさらに他のメンバーに働きかけ、徐々にチームに加えていった。中間管理層のマネージャの抵抗は予想外だった。メンバーの業務管理と業績評価に責任を持っているため、メンバーが機能横断的なチームにいるときどうしたらいいかわからなかっためだ。スティーブはマネージャとのやりとりで強い味方になってくれた。以前にやったときの話をして、問題は自然に解決すると安心させたのだ。4ヶ月後、ついにチームが集まり、プロジェクト開始の準備ができた。

金曜の夜、ライアンとスティーブはビールで乾杯した。「ふう。ついにやり遂げたよ」

「これからが大変だぞ。これからは君が、把握し、実験し、学んでいくんだ」

「ああ、だがこれまでの4ヶ月に比べれば簡単さ」ライアンは答えた。

スティーブは微笑んだ。「そうだな、ライアン。その通りだ……」

2. モデル　　　　　　　　　　　　　　　　　　　　*The Model*

この物語に登場するライアンは、大規模プロジェクトを担当していたが、終盤でのアーキテクチャ変更を余儀なくされてしまった。しかも終わり近くなって初めて失敗が発覚するという傾向が、部署全体に蔓延していたんだ。

彼は答えを見つけようと必死でプロジェクトマネジメントの本を何冊も読んだが、新しい発見は得られなかった。最後に読んだのがスクラムの本だ。これはグループの責任者であるスティーブに渡されたものだった。半信半疑で読み始めたライアンだったが、すぐ引き込まれ、さらにアジャイルプラクティスの本を何冊か読んだ。そして学ぶにつれ、このやり方で前進で

きるという確信を得た。

　ライアンにとっては他人の説得のほうが難しい仕事だった。同僚はライアンの熱中ぶりを見て、恐れたり、怒ったり、疑いを感じていた。最近のプロジェクトがうまくいかなかったのも、ライアンの信頼性を傷つけていた。また熱狂的にスクラムを押しつけようとする態度も障害となっていた。話を聞く前から守りの体制に入ってしまっていたんだ。

　スティーブはライアンのスポンサーとして、取り組みを支援した。スティーブはまず、ライアンの感情的な表現が他の人を遠ざけていると気づかせた。より時間をかけ、事実に基づいて説得するようアドバイスした。ライアンにはじっくり本を読んで2週間考えるという余裕があった。それなのに他の人には、話を聞けばすぐ飛びついてくるだろうと期待している点も、指摘した。

　その結果、ライアンは一旦活動をやめ、時間を十分にかけて説得をするようになった。事実に基づいて書かれた書籍や論文をコピーして配った。スティーブの発言力も利用し、人びとの恐れを和らげ、変化の必要性を理解してもらおうとした。最後に、自身のネットワークを利用して社内の有名人を呼んで、アジャイルの代弁者として話してもらい、彼らからもアドバイスを聞けるようにした。それがすべて済んでも、プロジェクトを開始するまでにまだ数ヶ月を要した。

　人びとをスクラムに巻き込むのは、とりわけボトムアップで進めるのなら、時間、説得、粘り強さが必要だ。

3. 変化には時間がかかる　　　　*Change Takes Time*

　変化というのは大変なものだ。現状維持は悪かもしれないが、少なくとも既知の世界にいられる。未知の世界に飛び込むには勇気がいる。ライアンは従来のやり方を続けても失敗を繰り返すだけだとはっきりとわかっていたから、飛び込めたんだ。スティーブが変化に前向きだったのは、以前に成功した経験があったからだ。

　スティーブは明確なビジョンを提示した。スティーブの期待は部署全体における50％の生産性向上だ。ライアンにだって切迫した事情がある。より多くのプロジェクトを成功させ、自分の業務評価を良くしたいんだ。

　彼らのどちらも、どうすればゴールを達成できるのかはわからなかった。しかし、2人とも、スクラムの実践で道がひらけるのではないか、と考えたのだ。

　1995年の『Harvard Business Review』に、ジョン・コッターによる組織に変化を導入するための8つのステップ(※参2-2)が掲載された。その概要を示す。

2章　仲間と共に旅立つには

1. 危機意識を生み出せ
2. 変革を進めるための連帯
3. ビジョンと戦略を作る
4. ビジョンを周知徹底する
5. 従業員の自発を促す
6. 短期的な成果の重要性
7. 成果を活かしてさらに変革を進める
8. 新しい方法と企業文化

　ライアンとスティーブも、知らず知らずのうちにコッターのやり方を踏襲していた。各ステップを詳しく見ていこう。スクラムでものごとがどう変わるのか心配している人びとの、恐怖感を抑えるやり方がわかってくるはずだ。

3-1. 危機意識を生み出せ

　スティーブの掲げたゴールは、増員せず部署の生産性を50％向上させるというもので、1年以内の達成を掲げていた。スティーブはこのゴールを部署にとっての挑戦と位置づけ、実現方法を見つけるように激励した。これが1つのきっかけとなり、ライアンは自分だけでなく、部署全体のパフォーマンスと納期達成に寄与する方法を考えるようになった。

　新しいことに挑戦するよう人びとを説得するには、なぜ取り組むべきなのか、その理由を伝える必要がある。緊迫感を醸成し、新たな目標を宣言すると、変化が必要とされる理由を理解しやすくなる。気をつけないといけないのは、目標は達成可能であるべきだし、緊迫感も現実に根ざしたものでなければいけない。人は本当の挑戦になら応えようとする。だが不可能だったり嘘だったりしたら、無視するだけだ。

3-2. 変革を進めるための連帯

　スポンサーとは、組織内でプロジェクトの成功に対し最終的な責任を負う人物で、組織の境界や機能不全を壊していける人だ。

　今回の物語ではスティーブがスポンサーだった。スティーブは、部署がアジャイルな原則やプラクティスに取り組むよう望んでいた。同時に、トップダウンのスクラム導入では抵抗があるのもわかっていた。そのため、部門の生産性向上という挑戦を、誰かが受けてくれるのを待つことにしたんだ。草の根から始めるボトムアップのアプローチだ。草の根の活動が動き始めると、スティーブには2つ仕事があった。ライアンのために道を切り開くことと、中間層のマネージャと協力し、彼らの新しい役割を理解させることだ。ライアンがチームを作っている間、スティーブはその裏で人びとに働きかけ、ライアンを全面的にサポートするネットワークを作っ

056

ていた。

　よいスポンサーは組織内の人で、この変化を信じていて、チームを指導する力があり、中間管理者とビジョンを語り合い、なぜこの変化が重要なのか説明し、変化を効果的に起こすスケジュールを立てなければならない。スポンサーは中間マネージャに新しいプロセスでの役割を説明し、実現のため彼らの助力を取り付ける必要もある。さらに、必要となれば反抗しそうな人を見つけて懸念や恐怖を取り除くことまでする。

3-3. ビジョンと戦略を作る

　新しいことに取り組むには、その未来がどのように見え、どのように適合するのか理解しなければならない。ライアンは情熱だけで同僚を巻き込もうとした。だが一歩下がって、別のやり方を探すことになった。彼がやったのは、スティーブのゴールを思い出させ、成果を求められていると気づかせることだった。そしてスクラムとXPという、ゴール達成のための手法を教育し始めたのだ。それに、会社内のネットワークからスクラムとXPで成功した人を探し当てることまでした。ジムとワードという、アジャイルの分野で認められた人物がたまたま会社にいるのを見つけたんだ。ライアンは2人に自分のねらいを簡単に説明し、部署でXPの話をしてもらうよう依頼した。部署の人びとは、講演が終わってももっと話を聞くため部屋に残り、そして新しい手法で自分たちに何が起きるか、思い描き始めたんだ。

3-4. ビジョンを周知徹底する

　アジャイルの原則やプラクティスを人びとに紹介するやり方はたくさんある。まず、本やホワイトペーパー、論文など、優れた文献を紹介しよう。素晴らしい学びの機会を作れる。何が試されてきて、どんな問題があるのか、成功例や失敗例を理解できる。また、あなた自身の感情とデータとが区別されるので、読んだ人は自分自身の結論を導き出せる。もっとも、誰でも本から学べるというわけではないので、ソーシャルな学習方法も検討しよう。読書クラブの設立や、ブラウンバッグミーティング[1] に熱意のある人を呼んでグループで話をしたり、動画配信をしたり、地域のユーザーグループに参加したりするとよい。もちろん、あなたが知っている他のスクラムやXPをしているチームに、次のレビューミーティングや計画づくりミーティングを見学させてもらうのもいい手だ。

　次に、自分自身の人脈を活かそう。会社の中や外部でスクラムに詳しい人がいる可能性は高い。そうした人と会い、純粋な好奇心を持って話してみるといい。彼らがどのように始めたの

---

[1] 訳注：ランチタイムに弁当などをを持ち寄って集まる非公式な勉強会など。サンドイッチやコーヒーを買うと茶色の紙袋に入れてくれることが多いのでこの名前が付いた。『Fearless Change アジャイルに効く アイデアを組織に広めるための48のパターン』（丸善出版）にも「ブラウンバッグ・ミーティング」というパターンがある。

か、成功するためのテクニックは何か、経験談をあなたのグループで語ってもらおう。エキスパートが近くで見つからなくても、外部の人に話してもらうだけでも役に立つ。思い出してほしい。人というのは得てして、知らない人の話を信じがちで、知っている人が同じことを言うと**かえって**疑ったりするものなんだ。

スティーブはライアンの直属の上司であり、ライアンのプロジェクトのスポンサーだ。彼はまたビジョンを創造し、ライアンを支える協力関係を作り出した。そうして彼はライアンに力を与え、やるべきことを成し遂げさせたのだ。スティーブの後ろ盾により、ライアンは保安官のバッジと拳銃を持ったようなものだ。ライアンは新しい手法を試すプロジェクトを自分で探したいと希望し、許可された。ライアンはそして、自ら望んで参加するチームメンバーを探さねばならなかった。スティーブの存在はライアンに信頼性を与え、人にアプローチするきっかけも作れた。だがそこから先は、ライアン自身の影響力でチームを作らねばならなかった。スクラムがいいものだと考えるようになった人ですら、挑戦には二の足を踏みがちだった。メイガンはいろいろな言い訳をしたが、本当に恐れていたのは失敗して職を失うことだ。メイガンは会社からの評価が高く、傷をつけたくなかったのだ。

ダニエルの決断も同様に、成功できるかどうかにかかっていた。スポンサーはメンバーに対して、チームやプロジェクトに起きる問題に自由に対処するよう明確に伝えなければならない。課題解決のために必要なことは何でも、処罰を恐れずにやっていいと安心させよう。

もし、強力な後ろ盾があっても人びとがコミットできないようなら、試行期間でやってみるよう検討しよう。試行期間では、チームは3ヶ月くらいの期限を決め、そのあいだ全力でやってみる。期間が終わったら、スクラムを続けてもいいし、スクラムをやめて、元に戻ってもいい。試すだけだと思えば未知への恐怖をあまり感じなくなるし、結果を心配せず新しいことを試せる安全地帯を作れる。

試行期間によりチームや懐疑論者、組織の他の人びとに対し、新しい手法を証明してみせよう。理論上だけではなく、実践で、自分たちの会社で、現実のプロジェクトで機能すると示せる機会なんだ。また初めてやったときに遭遇する課題の洞察が得られ、どう対処すればいいか見えてくる。試行で得られるデータにより、支援者の連携も向上する。やがて恐怖は自信に変わっていく。

3-5. 短期的な成果の重要性

スクラムは短期間で成功するよう設計されている。スクラムにチームが移行するときは、出荷可能なプロダクトインクリメントの考え方に気をつけよう。あくまでこれから作るものではなく、完成したものに光を当てる考え方なのだ。チームが作り上げ、そして顧客からフィードバックを得るためのものだ。始めのうち、まだ投資額が小さいうちに失敗する方が、後になって投資が大きくなってから失敗するよりも、望ましい。動作するソフトウェアを見せるときは、透明性と正直さを忘れないようにしよう。つまり、プロジェクトの良い点にも悪い点にも率直

になり、変化に対しては前向きになるんだ。短期的な成功により、チームとステークホルダーの間の信頼関係が築かれる。始めのうち、信頼は壊れやすい。たとえ小さくとも動作するソフトウェアを見せれば、チームメンバーとステークホルダーの間に信頼が生まれるのだ。

3-6. 成果を活かしてさらに変革を進める

人びとに、始めてすぐ100％の成果が出るわけではないと理解してもらおう。時間が必要なのだ。ウェイトリフティングの選手だって最初から300ポンド持ち上げられるわけではない。鍛えなければならないんだ。それはチームも同じで、いきなり強くなれるわけじゃない。こうした変化にはトレーニング、練習、そして時間が必要だ。プロジェクトが進むにつれ、新しいプラクティスが習慣になり、仕事も簡単になってくる。同時に、改善は難しく、効果も小さくなってくる。新しい働き方が大きく改善されたと思えたとき、あらたなスクラムのチャンピオンが生まれるのだ。

3-7. 新しい方法と企業文化

新しい手法を制度化するのは、ダイエットやエクササイズに似ていると僕は考えている。最初はつらい。進むにつれ、短期的な成功をつかみ、自分にとって向くやり方を見つけるにつれ、よりよくなってくる。やがて、どうして以前のやり方をやっていたのだろうと思えるほど、新しいやり方が自然になる。アジャイルも変わらない。改善は確立し、あたりまえのものとなり、あなたとチームは昔のやり方を思い返し、どうやってアジャイルを使わず、年1回のリリースでやっていたのだろうかと考えるようになる。そうなったら、そのチャンピオンたちは新しいチームを作る時期だ。組織全体に新しいフレームワークを広めていくのだ。

4. 成功の鍵   *Keys to Success*

すべて正しく行動したとしても、人を説得するのは難しい。ライアンがチームを作るのに4ヶ月を要した。あなたも同じくらい、もしかしたらもっとかかるかもしれない。会社の文化、マネジメント、人びとそのものに影響される問題だ。ボトムアップの活動は、ひろがるのに時間がかかるものだ。最も大事な成功の鍵は、辛抱と情報なんだ。

4-1. 辛抱強く

自分自身が納得していることを、他人が気づくよう仕向けるのは、実に難しい仕事の1つだ。だがスティーブが前の会社で学んだように、解決策を人に押しつけるのも同じくらい困難だ。

059

種をまき、自然に成長させよう。人はそれぞれ違う速度で、違うやり方で学ぶ。あなたが納得したやり方では、他の人は納得しないかもしれない。自分に問いかけよう。「自分がやっていることを、人からやられたらどう感じるだろうか？」答えを考えれば、あなた自身の行動が変わるかもしれない。

　他の人のきっかけを探そう。人の話に耳を傾け、何を理解していないのか、なにを怖がっているのか、なぜ変化をためらうのか、しっかり聴くべきだ。答えを引き出せるような質問をし、隠されている懸念を見つけよう。進歩がないように見えても、そこに焦りを感じないようにしよう。大きな価値を得るには、時間がかかるものだ。

4-2. 情報を提供する

　ライアンは彼の話を理解してもらうため、事例や論文、本にマーカーを入れたコピーを用意し、人びとに渡していた。あなたも、前向きでない同僚に渡せる確かなデータを準備しよう。ライアンはまた、みんなから信頼されている人にアジャイルの成功例を話してもらった。これも真似しよう。トレーニングを受けさせるのも、新しい考え方に馴染めるようになるいい方法だ。

　現在の状況が辛いものであっても、ほとんどの人はそこから動こうとしない。もっといい方法があると本当に確信するまでは、穴から出ようとしないものなんだ。あなたの役割は、新しい提案をわかりやすく伝え、人びとが考えを変えるまで辛抱強く待つだけだ。結局のところ、あなたが自由に操れるのは自分自身だけだ。変化に人びとを巻き込むという苦労の多い仕事だが、元気を出していこう。拒絶されることも多いだろう。ブレないでいこう。ポジティブでいよう。強くあろう。こいつは大変なんだ。

Chapter 3
3章

Using Team Consultants to Optimize Team Performance
チームコンサルタントでチームの生産性を最適化する

　ピーター・センゲは『学習する組織』の中で次のように述べている。「（学習する組織は）人びとが絶えず、心から望んでいる結果を生み出す能力を拡大させる組織であり、新しい発展的な思考パターンが育まれる組織、共に抱く志が解放される組織、共に学習する方法を人びとが継続的に学んでいる組織である(※参3-1)」。ビジネスゴールを達成しながら、同時にスキルを成長させられるようなチームの構造を作るのは、簡単ではない。

　データによれば、最適なチームの大きさは5人から9人で、全員が専任でプロジェクトに集中し、機能横断的に働きながら動作するソフトウェアをスプリントごとに提供する。とはいうものの、たいていの企業ではそんなに優秀な人がいないというのが、実態だ。1チームか2チームは、まあいけるけど、じゃあ会社をすべて機能横断的な専任のチームにできるか？ そうは問屋が卸さない。

　とびきりのスキルを持っているのに、チームメンバーとしてはイマイチな人がいる。あちこちのチームからお呼びがかかって、1プロジェクトずっと専任するわけにはいかない人もいる。現実は厳しい。プロジェクトに専任の、必要なスキルが揃った、メンバー1人ひとりが成長できる、そんなチームをどうやったら構成できるんだろうか？

　これから登場するレベッカも同じ問題を抱えている。レベッカは大企業のプロジェクトマネージャだ。彼女がたどりつく解決方法は、実際に多くの会社で成功している。しかし上手く実現するには、チームというものの新しい見方を受け入れる必要がある。

1. 物語　　　　　　　　　　　　　　　　　　　　　*The Story*

　レベッカはマネージャとして、300人規模のソフトウェア開発会社で働いている。毎週金曜日はリソース計画会議で、今日も彼女は参加していた。今日もいつもの金曜と変わらず、メンバーのアサイン状況と今後のプロジェクトの見込みをレビューしつつ、どうしたらプロジェクトに必要な専門スキルのあるメンバーをうまく当てはめられるか検討していた。今は会議の途中だが、レベッカは退屈してノートに落書きをしている。ぼんやり落書きをしながら会議の議論を聞き流していたレベッカは、急に我に返った。彼女がこれから担当するクーガープロジェクトに、必要なだけのスキルがあるメンバーを**集められない状況**だとわかったのだ。会議に注意を戻すと、心配したとおり、彼女がほしいメンバーを専任でチームに入れるのは無理のようだ。では、どうしよう？ チームが他のプロジェクトと掛け持ちをすることにするか、不十分な

061

メンバーだけで専任チームを作るか、どちらかだ。

「どっちもイマイチだけど、マシなほうを選ぶしかないわね」レベッカは考えた。「掛け持ちの方がいいかな。チームがプロジェクトをいくつか面倒見るくらい、大したことないし。うまくやればスキルがある人を1人ずつ集めて、オールスターチームが作れるはず」

レベッカはこの方向でやる気になってきた。スケジュール表を見ると、ピカイチの開発者とテスターが週20時間は自分のプロジェクトに入れられそうだ。じゃあ今すぐ、2人を確保しよう。そう思って発言しようとしたとき、誰かがアサインを入れ替えて、火を噴いているプロジェクトに1人ヘルプを入れようとしているのに気づいた。レベッカは今担当しているプードルプロジェクトのことを思い出して、考え直した。プードルにはマークとビルの2人が、専任のアサインということになっている。だが**その2人しかできない**という仕事があって、マネージャ間で押し問答をした末、2人は掛け持ちで別のプロジェクトのヘルプに入っている。結局、2人の時間が削られてしまい、プードルプロジェクトは遅れているのだ。「これじゃあダメね」レベッカは考え直した。「優秀な人を集められても、どうせまた他のプロジェクトを立て直すのに時間を取られちゃう。こっちは予算超過、人手不足、品質悪化になるだけだわ」

「ほかにどんな手があるかしら」レベッカは考えながら、フルタイムで確保できそうなメンバーをノートに書き留めた。

- ラリー：データベースに強いがUIがダメで、チームワークが苦手。
- ジョエル：テスト全般に詳しい。開発も多少できる。
- ジョンとランディ：C#が大好きだがSQLは不可。
- スコットとミシェル：データウェアハウスに詳しい。2人一緒じゃないと仕事をしない。

「このメンバーでなら、なかなかいいチームが作れそうね」レベッカは独りごちた。「でもプロジェクトで必要なスキルが足りない。他に誰かいないかしら？」リソース表を見ても、ほしいと思えるメンバーはいなかった。スキルがあって空いている人はいたが、どれもチームプレイヤーではない。チームに入れても、害の方が大きそうだった[1]。レベッカはペンをテーブルに放り出した。どう切り取ってみても、専任のチームではプロジェクトの要求が満たせなさそうだ。

そこで新しいアイデアが頭に浮かんだ。両方ともできたら、いいんじゃない？　レベッカのアイデアは単純だったが、採用している企業はあまりない。レベッカはペンを拾って、まずキーとなるメンバーを大きな円で囲んだ。「これがコアチームね。コアチームは専任で、外部の『チームコンサルタント』要員に支援してもらう」チームコンサルタントは社内のメンバーだが、どのチームにも所属しない。チームに呼ばれたとき、必要に応じて、必要なだけ、時間を提供するのだ。これならうまくいきそうだ。問題は、チームコンサルタントの要員が今はいないことだ。彼女は発言することにした。

[1] 注：21章「文化が衝突したら」で、チームメンバーが有益でなく有害になってしまうときの話をする。

第 1 部　準備

「みんな、割り込んでごめんなさい、でもよくない傾向があると思うの。今まで30分間話している間に、7人のメンバーを今のプロジェクトからアサインし直して、ヘルプが必要な他のプロジェクトに移したわね。なぜかしら？　その理由は、**その人にしかできない仕事がある**からね。それはその通りなんだけど、元々いたプロジェクトはどうなるかしら？　元々いたプロジェクトは、手が足らなくなって、2週間もしたら、ヘルプが必要になるのよ。それに、アサインし直せばプロジェクトは本当に立ち直るの？　わからないわ。私たちマネージャがやってるゲームは、結局、プロジェクトを直すより壊してるのよ」会議室全体がしーんとなって、全員彼女に注目した。

「ほかにどんな手がある？」レベッカのボスのデイブが聞いた。「やらなきゃいけない仕事がある。それをこなすには、上手く人を動かすしかないだろう」

レベッカは自分の落書きを見下ろした。そこにはまだまとまりきっていないアイデアのメモがある。それにデイブの質問はチャンスだ。レベッカはアイデアを正面からぶつける覚悟をして、顔を上げた。

「考えてたんですけど……私が今まで一番うまくいったプロジェクトでは、専任のチームがいて……」

デイブが遮って言った。「そんなの今は無理だぞ」

「わかっています。聞いてください。今までの考え方では、専任チームにはプロジェクトで必要なスキルすべて揃えます。開発者、テスター、デザイナー、アーキテクトなど、全員です。だけどその必要はないんです。まず、専任の**コアチーム**をアサインします。コアチームが基本的には通常の作業をします。特にSQLの専門家やアーキテクトやUIデザイナーが必要になったら、どのプロジェクトにもアサインされていない要員の手を借ります。内部のコンサルタント要員として、プールしておくんです。コンサルタントのプールからは、誰でも……」レベッカは身振りで全員を示した。「**誰でも、必要に応じて利用できます**。彼らはコンサルタントとして、コアチームと付き合います。短期的には、コアチームには難しい専門性の高い作業を、自分でやるか、チームができるよう手伝うかします。長期的には、ペア作業やコーチングを活かせば、コアチームのメンバーが新しいスキルを学んで、自分たちだけでできるようになるはず。組織全体として、ビジネス目標も達成するし、学習する組織という文化的な目標も達成できるんです」

デイブはかぶりを振った。「レベッカ、問題を解決したいという気持ちはありがたいが、私はうまくいかないと思う。我々の組織は非常に複雑だ。プロジェクトで問題が起きたとき対処できるよう、マトリックス組織になっているんだ。君の言うチームコンサルタントがうまくいくとは思えない。彼らの作業時間をどう管理するんだ？　問題が起きなくなると、保証できるのか？」

レベッカは少し考えた。デイブはアイデアに反対しているというより、うまくいくかわからず、どう管理したらいいかもわからないだけのようだ。そこで、誰にでも通じそうなアナロジーを思いついた。

「みんなに1つ質問させてください。家を改築したり、新築したことがある人はいる？」部屋

063

にいる40人のうち半分以上が手を上げた。「それじゃあ、請負業者に100％満足してる人はどのくらいいる？ 時間を守って、約束通りの仕事をしてくれた請負業者に会った人は？」

みんな笑って、1人も手を上げなかった。

「思った通りね。ガッカリじゃない？ じゃあ、そんな目に遭った後で、同じ請負業者を使ったという人はいる？」レベッカはおどけて聞いた。

こんども誰も手を上げなかった。

「いない？ なぜかしら？」

みんな口々に答え始めた。

「信頼できないからだよ」「約束に遅れたり、結局来なかったりするんだ」「電話を返してくれなくて」「縛りつけでもしないと仕事をちゃんとしないね」「言い訳ばっかりで、今日はタイル職人が他の仕事をしていて、とか言うんだ」他にもいろいろな意見が出た。

「そうね。それじゃあ、その後職人や専門家に直接仕事を頼んだことはある？ 請負業者を通じて知り合いになった人とか？」レベッカはさらに続けた。

イアンが答えた。「あるよ。タイル職人だ。彼はいいんだ。約束通りの時間に来てくれるし、すぐ電話をかけ直してくるし、なにより腕がいいんだ。最近独立したよ」

レベッカはイアンに聞いた。「独立したら、より信頼できると思う？」

「もちろんさ。自分自身の評判がかかってるからね。彼は今は、人からの紹介で仕事をしてるんだ。僕も近所じゅうに紹介して、近所の人もすっかり気に入ってるみたいだ」

「その人は自分で自分の時間を管理してるのかしら？」レベッカは聞いた。

「うまくやってるよ。自分でクライアントに約束して、自分でその仕事をしてるんだ。僕は彼の時間管理を信頼するね」イアンが答えた。

「そこが大事なポイントね」レベッカは言った。「人が自分で自分の仕事をすべてこなす、つまり完全にコミットするには、自分自身で約束しないといけないのよ。この会議は**リソース管理**会議だけど、いったい何をしてるのかしら？ 私たちは自分のことでなく、人のコミットメントをいじり回しているのよ。人のことをチェスのポーンみたいに軽々しく考えていて、その人の時間や、これまでのコミットメントや、その人自身の興味のことを考えてないわ。人のスキルだけ見て、そのスキルが必要なプロジェクトに割り当ててるだけ。もっと悪いわね。だって、私たちは彼らには自分で判断できないだろうって決めつけて、まるで信頼してないんだから」

レベッカはあらためて部屋を見渡した。「みんな、私たちは請負業者みたいに振る舞っていて、そのくせ上手くいかなくて不思議がってるの。私たちの顧客は、時間通りに、予算内で、期待通りの品質で完成するように期待しているでしょう。もしその期待を裏切ったら、どうなるのかしら？」

「その顧客を失うことになる」誰かが答えた。

「その通り。顧客を失うのよ！」レベッカは強調した。「顧客を喜ばせたかったら、社員がプロジェクトに責任を持つよう、私たちが仕向けなきゃ。一番いい方法は、メンバーが自分で仕事にサインアップして、自分でスケジュールを管理するようにするのね。私たちは学習する組

織でありたいと言ってきました。社員1人ひとりが権限を持って、お互いに学び合い、仕事に満足を感じるような会社になりたいと言ってるわ。このモデルなら、顧客に期待通りのものを提供して、喜んでもらえる。それに、社員が幸せになって、この会社に長く勤めたいと思うようにもなるのよ」

デイブは見るからにイライラしていた。「レベッカ、冗談のつもりか？ うちのチームは自分でスケジュール管理なんかできないぞ。そのためにリソースマネージャがいるんだ」

「違うと思います。リソースマネージャがいるのは、さきほどおっしゃったとおり、うちがマトリックス組織で、仕事の責任を個人に与えていないせいです。いまの組織構造の中で自分の時間を管理するのは、あまりに複雑だし官僚的になりすぎています。だからリソースマネージャの役職ができたんです。イアンが話したタイル職人は、自分で自分の仕事と時間を管理したいから独立しました。独立して、自分のスケジュールとスキルに合わせてコミットするようになったんです。イアンがタイル職人の人に、窓を取り付ける約束をさせることはないでしょう。どうしてもとなれば、窓の取り付けだってできるかもしれません。だけどタイルが専門で得意分野だから、その商売をしているんです。この会社には、なにをやらせても優秀な人がいます。専門性に優れた人もいます。データベースの専門家や、オブジェクト指向設計の専門家や、インフラ設計の専門家もいます。専門家は、自分の得意分野に集中するのが好きです。問題なのは、私たちマネージャが全員の時間を管理している点です。そうなると、チームは失敗してもマネージャのせいにします。言われたとおりにやって失敗したんだから、指示した側に責任があるというわけです。つまり、チームは自分のプロジェクトに責任が持てないんです。ただ、言われたことをやるだけ。私たちのせいで、チームは最高の仕事ができずにいるんです」

デイブはなんと言っていいかわからないようだった。

レベッカは最後の一押しにいった。「デイブ、聞いてください。クーガープロジェクトで実験させてほしいんです。あなたの許可のもとで、何人かをフルタイムのコアチームとして声をかけさせてください。彼らが一緒に、私のプロジェクトで働くと合意してくれたら、次はチームコンサルタントの候補を探します。新しいチーム構成として、コアメンバーと、プロジェクトを渡り歩くコンサルタントを設けます。あなたがそのやり方を支持してくれていると、全員に説明したいんです。その代わり、この実験の状況は常にあなたに、他のマネージャにもお伝えします」

デイブが反対する前に、マネージャグループの責任者であるジムが答えた。

「レベッカ、私から許可しよう。条件が2つある。顧客を第一に考えることと、これは会社全体のための実験になるということだ」ジムは今度はデイブに向かって話した。「レベッカは正しい。このミーティングは時間がかかりすぎるし、プロジェクトを行き来する人数が多すぎる。この問題はなんとかしなくてはならないし、レベッカの提案はこれまでの中でも最高だ。レベッカ、成功させるのに必要なものがあったら言ってほしい」

こうしてレベッカは、退屈で書いた落書きと切羽詰まって思いついたアイデアからモデルを作り、それを実現する最初の一歩を踏み出した。このモデルについて、詳しく見てみよう。

3章　チームコンサルタントでチームの生産性を最適化する

2. モデル　　　　　　　　　　　　　　　　　　　　　*The Model*

　物語の中で、レベッカは会社へのフラストレーションに対処した。彼女は自分のチームで新しいやり方を成功させ、やがては会社全体へ広めることになる。それがチームコンサルタントなんだ。

　チームコンサルタントは、会社の中にいて、チームとプロジェクトで足らないスキルを直接埋めてくれる。チームコンサルタントはコアチームメンバーではない。チームには属さないと言ってもいい。会社内部の「傭兵」として、自分の専門性をチームに売るというサービスを提供するんだ。チームコンサルタントはたいていは複数のチームと働き、極めて専門性が高い。専門性が高すぎて、チームプレイヤーには不向きなことも多い。だからと言ってチームコンサルタントが知識を独り占めするわけではない。学習する組織の中で、人に教えたり、アドバイスしたり、コーチングをしたりするのがチームコンサルタントだ。チームがスプリントで必要なものを提供してあげるんだ。チームコンサルタント自身も成長する。機能横断チームとどう働けばいいのか、自分の専門知識をどう人と共有すればいいのか、そうしたことを学んでいくのがチームコンサルタントだ。

　チームコンサルタントがプロジェクトにずっと付き合うときもあるけれど、普通は1プロジェクトにフルタイムで入ることはない。プロジェクトの特定の問題を解決するために呼ばれることもあるし、あるスプリントだけ、時間を決めて参加するよう要請される場合もある。いっぽうコアチームは、プロジェクトにフルタイムで参加するメンバーで構成する。コアチームのメンバーはプロダクトの完成に共同して責任を持つ。プロジェクト1つだけにフルタイムでコミットする機能横断チームであり、作業を切り替えたりマルチタスクしたりはしない。

　スクラムチームがプロダクトオーナーの要望をすべて受け入れるわけではないのと同様、チームコンサルタントも希望してくるチームすべてを受け入れるわけではない。ただし、チームコンサルタントが要望に応えるかどうか判断するときには、ビジネス面からの優先度合い、自分の空き時間、専門スキルの種類を考慮すること。

　チームコンサルタントを実現するプロセスは2つに分かれている。チームコンサルタントのプールを作るところと、チームを構築するところだ。試行段階で1チームしかないのなら、前半は飛ばしていい。組織全体に広める段階で、プールを作ることを考えればいい。

2-1. チームコンサルタントのプールを作る

　チームコンサルタント要員を集めてプールを作るのは意外と簡単だ。手順はこんなふうになる。

手順1：移行計画を立て、伝える
手順2：1人ずつ、コアチームメンバーになるかチームコンサルタントになるか選んでもらう

066

□2-1-1. 手順1：移行計画を立て、伝える

最初にやるべきなのが移行計画だ。やり方を変える理由、将来のビジョン、ゴール達成までの過程を盛り込まないといけない。

・普段から組織内で感じる問題を説明する
・学習する組織になるべき理由をビジョンとして描き、伝える
・現在の仕事や役割がなくなってしまうわけではないと理解してもらう。なくなるわけではなく、むしろ拡張されるのだ
・今、かつてないほど、個人とチームのコミットメントが顧客を満足させる力となっており、ひいてはビジネスの成功もコミットメントから導かれるのだという事実を強調する

次に、1人ひとりにチームコンサルタントかコアチームメンバーのどちらかを選んでもらおう。この話は、続く「手順2：1人ずつに選んでもらう」で説明する。

□2-1-2. 手順2：1人ずつに選んでもらう

ある人物がどちらを選ぶべきか一番上手に判断できるのは、その人自身だ。2つの役割の違いをよく説明しよう。表3-1のように、それぞれの利点と欠点を一覧にして見せるのもいい。

チームコンサルタントは複数のプロジェクトに関わるので、自分の時間を自分で管理しなくてはならない。チームコンサルタントを選ぶ人は、自分の得意分野を追求するためにそうすることが多い。これまでも、その分野で頼られてきた人びとだ。

チームコンサルタントになっても、1人で腕前をひたすら磨けるわけではない。むしろその

	向いている人	利点	欠点
チームコンサルタント	●ソフトウェアアーキテクト ●デザイナー、UI ●テクニカルライター ●技術の専門家 ●開発マネージャ ●ソフトウェアリーダー	●1つの領域に専門化 ●一匹狼 ●自分の専門分野で人を助けられる喜び ●その分野でのリーダー的地位 ●自分自身で管理	●プロジェクト完了時に恩恵を受けられない ●新技術習得の機会がほとんどない ●よいサービスを提供できなければただのお荷物になる
コアチームメンバー	●多彩な能力のあるプログラマーやテスター ●スキルを向上したい個人 ●1プロジェクトに専念したい	●プロジェクト初期から完了まで参加 ●機能横断チームでの新スキル修得 ●他メンバーに新しいやり方を教え、成長させる ●プロフェッショナルおよび技術者としての成長	●チームメンバーとして振る舞う必要がある ●プリマドンナには向かない

表3-1　役割の利点と欠点

3章　チームコンサルタントでチームの生産性を最適化する

逆で、組織全体のスキルを向上させるため、チームコンサルタントは時間が許す限り努力しないといけない。これは分野によって、難しかったり簡単だったりする。たとえば、グラフィックデザイナーがインフラ系プロジェクトの10年選手に何か教えるということはないだろう。だがSQLエキスパートなら、ある程度SQLを知っているコアチームメンバーに、プロジェクトに役立つなにかを教えられるはずだ。プロジェクトの進め方を教えてはいけない。それは、チームコンサルタントの仕事じゃないんだ。どの方向に進むべきか、アドバイスをしたり判断に関与して、チームと一緒に働きながらリーダーシップも発揮するのがチームコンサルタントだ。

チームコンサルタントの1週間を見てみよう。技術分野であれば、コーディング、コードレビュー、ドキュメント、チームの技術課題を解決、アーキテクチャの検討、その他チームに頼まれたことは何でも、やりながら過ごすことになる。グラフィックデザイナーやテクニカルライターのような分野のコンサルタントなら、チームやプロダクトオーナーと時間を過ごしながら、必要に応じていろいろな成果をレビューして過ごす。特にテクニカルライターは、チームの「完成の定義」に気をつけて、必要なドキュメントがスプリントごとに作れるようチームを助けないといけない。

チームのほうでは、チームコンサルタントのスケジュールを確保し、コンサルタントが来たときにやるべき仕事を用意しておこう。チームコンサルタントが関わるプロジェクトが多すぎて回らなくなったら、解決するのはコンサルタント自身の責任だ。チームコンサルタントにとっては、自分の専門スキルに注力しながら他の人に教え、結果的に会社全体の平均レベルを高めていけるのがメリットだと言える。

こんどはコアチームを選ぶ人を考えてみよう。コアチームメンバーは、幅広いスキルを持つ人だ。エキスパートと専門家ではないので、機能横断的にバランスよくスキルが揃うようにチームを構成することになる。自分の時間を自分で管理するのはチームコンサルタントと同じだが、コアチームメンバーはすべての時間を1つのプロジェクトだけに使う。プロジェクトの始まりから終わりまで専任として付き合い、他のチームメンバーやチームコンサルタントと一緒に仕事をしながら新しいスキルを身に着けていく。

1つのチームで、1つのプロジェクトに専念できるという利点を軽く扱ってはいけない。僕が世界中の企業から聞いた不満のなかでも、次の2つが最も多い。

・1つのことに集中できない
・新しいことを覚えられない

それで結局、もっといい会社を探すことになるわけだ。

機能横断的なスクラムチームでは、コアチームメンバーは常に新しいスキルを学びながら、1つのプロジェクトに集中できる。そのおかげで、学び続ける安定した人員を維持して、ビジネスの競争力を維持しながら変化にも対応できるようになるんだ。

068

2-2. 自分のチームを作る

　小規模に試行する場合でも、会社全体のプールを構築する場合でも、まずプロジェクトに
必要なスキルを把握するところから始めよう。技術に詳しくないなら、プロジェクトのことを
知っている同僚に助けてもらうといい。技術的スキルがわかったら、次にソフトスキルにも目
を向けよう。コミュニケーション、柔軟さ、チームプレイが得意か、などだ。こうしたスキルを見
分けるのは難しいが、成功のために重要でもある。結果として図3-1のようなリストができる。

　スキルや能力を一覧にして、いま何が求められているか明らかにしたら、次は人材を1人ず
つ調べ、スキルの一覧に記入していこう。人材に空き時間があるか、プロジェクトに来てもら
う余裕があるかも併記する。スキルごとに、星1つ〜5つで評価しよう。厳密に定量化するの
は無理なので、あくまで主観でいい。ここでも他の人に手伝ってもらい、セカンドオピニオンを
聞くのもいい。最終的には図3-2のような表が完成する。結果はあなたの要望と人材によって

能力	スキル	空き状況
チームプレイ	C#	
コミュニケーション	SQL	
顧客志向	Ajax	
衝突への対応力		
柔軟さ（学ぶ意欲）		

図3-1　能力、スキル、空き状況のリスト（例）

会社での立場	テリー 開発	ジョン 開発	ランディ テスト	スコット テスト	ミシェル 開発	デイビッド 開発	マイケル アーキ テクチャ	ステファン アーキ テクチャ
能力								
チームプレイ	***	*****	***	*****	*****	*	*	*****
コミュニケーション	**	*****	*	***	**	**	****	*****
顧客志向		**	*			*****	**	*****
衝突への対応力	***	**	*	**	**	**	*****	**
柔軟さ（学ぶ意欲）	*****		*	*****	*****	**	***	**
スキル								
C#	**	****	*****		**	**	*****	**
SQL	*****	**		*****	*****	*****	**	*****
Ajax		***						****
UIデザイン			***	**	***	*****	*	***
アーキテクチャ	*	*****		*	**	***	*****	*****
データモデリング、ETL				**	*****	***	*	***
空き状況	***	*****	*	***	*****	**	**	**

図3-2　チームメンバーのプロジェクト適応の分析

変わってくる。ここで示したのは、物語の中でレベッカが走り書きした表を、清書したものとなる。

□2-2-1. コアチーム

レベッカが図3-2のような表を作ったとしよう。図3-2を見ると、ジョンとミシェルが空いていて、2人合わせて必要なスキルを3つ埋められることがわかる。アーキテクチャ、SQL、データモデリングのスキルが確保できるわけだ。また2人ともチームプレイが得意だともわかる。レベッカは、マイケル1人ではプロジェクトのSQLまわりを見きれないだろうと判断した。そこでSQLが得意なラリーとスコットにも印を付けた。2人はあまり空いていないものの、なんとかフルタイムのメンバーになってもらえるだろう。

結果として、レベッカが希望するコアチームは、ジョン、ミシェル、ラリー、スコットの4名となる。これを図3-3に示した。

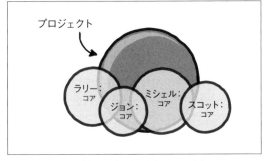

図3-3　コアチームだけではプロジェクトをカバーできない

□2-2-2. チームコンサルタント

図3-3から明らかなように、コアチームだけではスキルが足らない。コアチームが決まったら、全員集まって、チームの強み、弱点を話し合い、プロジェクトになにが足らないか判断しよう。足らない部分がわかったら、次はチームコンサルタントを探すんだ。

チームとして、必要なスキルがあって、チームと一緒に働いてくれるチームコンサルタントを探そう。会社にチームコンサルタントのグループがいればいいし、そうでなければ組織全体から探すことになる。レベッカのチームを見てみよう。まず、C#スキルがあるマイケルに、コンサルタントとして手伝ってもらう約束を取り付ける。C#のコードレビューと、チームがよく知らないAPIについてはペア作業をしてくれることになった。デビッドとステファンはUIとAjaxについて手伝ってくれる。これを図にすると、図3-4のようになる。コアチームに足らない部分をチームコ

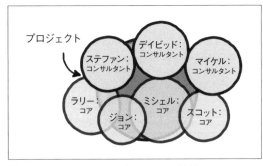

図3-4　チームコンサルタントがプロジェクトの不足を埋める

ンサルタントが埋めてくれて、プロジェクトの体制が完成した状態だ。

□ 2-2-3. 人数は重要

　チームの人数が少ない方が早く進めると、誰でもわかっている。人を追加すると、立ち上がりの時間がかかるためだ。『人月の神話』でフレッド・ブルックスは次のように述べている。「遅れているソフトウェアプロジェクトへの要員追加は、さらにプロジェクトを遅らせるだけだ(※参3-2)」。本当にそうなんだろうか？

　スティーブ・マコネルは1999年の論文で、次のように述べている。「コントロールされたプロジェクトは混乱したプロジェクトより、ブルックスの法則の影響を受けにくい」。その理由は、トラッキング、ドキュメント、デザインがしっかりしていれば、人を追加しやすいというものだ(※参3-3)。一方でマコネルは、プロジェクトにはそれぞれ、それ以上人を追加すると生産性が悪化するという人数があるとも述べている。それじゃあ、いったい、コアチームは何人がいいんだろう？　チームコンサルタントは何人がいいんだろうか？

　ローレンス・H・パトナムとウェア・マイヤーズは、チームのサイズについて1998年に研究をおこない、カッターコンソーシアムで発表した(※参3-4)。2人は中規模のプロジェクトを491個調査した。中規模というのは、「新規または変更されたソースコードの行数」が3万5千から9万5千としている。いずれも、1995年から1998年の間に完了した情報システムだ。

　調査の結果、5人から7人の小さなチームはより短時間で完了しているのに対し(図3-5)、9人以上になると工数が大幅に増えることがわかった(図3-6)。

　チームコンサルタントを導入するなら、コアチームは4人から6人とするのがよさそうだ。そうすれば、コンサルタントが1人から3人入ると、ちょうどいいチームサイズにできる。コンサルタントは入れ替わるがコアチームメンバーはずっと変わらないのを忘れずに。

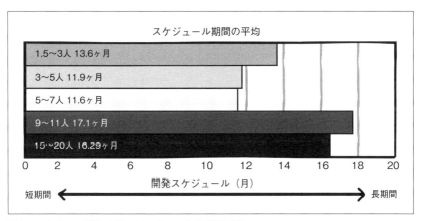

図3-5　スケジュール期間の平均。小さいチームのほうが期間が短い

3章 チームコンサルタントでチームの生産性を最適化する

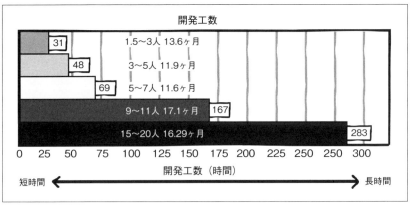

図3-6 チームサイズが8人を超えると工数が指数関数的に増加する

☐ 2-2-4. コアチームとチームコンサルタントが共同して働く

コアメンバーとコンサルタントの顔ぶれが決まったら、チームがチームとして機能するようチームワークのガイドラインを定めよう。ガイドラインは組織ごとに大きく変わるが、以下の項目は必ず含めよう。

- スプリント期間中、コアチームとチームコンサルタントは等しく、約束通りのものを完成する責任を共有する
- チームコンサルタントは約束通りの時間に来ること。可能な限りデイリースタンドアップにも参加する。少なくともスプリント期間中は、チームの一員として振る舞おう
- チームコンサルタントは特定の分野のエキスパートだが、他の点ではコアチームメンバーと変わらない。上下関係はない
- タスクを進める障害があったら、デイリースタンドアップで明らかにし、ただちに対応する

大事なことをひとつ。コンサルタントだけでコアチームの代わりにすることはできない。チームの大半は、プロジェクトの始めから終わりまで専任でなければならない。

☐ 2-2-5. チームコンサルタントとミーティング

経済的に現実的で物理的に可能であれば、チームコンサルタントはスプリント期間中、スクラムのミーティングにすべて出席すべきだ。コンサルタントはれっきとした理由があってチームに来ているのだ。決してあふれたタスクをやっつけに来ているだけじゃない。コンサルタントは自分のタスクを引き受けて、自分でやるか、他のメンバーを手助けするかすることになっている。だから毎日のミーティングで進捗を話すべきだし、計画づくりやレビューでも発言すべきなんだ。

- **計画ミーティング**——計画ミーティングにコンサルタントがいると、新たな専門的知識が得られる。チームが詳しくない分野について見積もるときには、チームコンサルタントが役に立つ。
- **デイリースクラムミーティング**——コンサルタントが同席すると全体として認識共有がよりよくできるし、コンサルタントもプロジェクトの状況がわかるようになる。
- **スプリントレビューとふりかえり**——レビューにコンサルタントが同席すると、顧客にチーム全員の顔を見せられることになる。ふりかえりにコンサルタントが参加すれば、チームのダイナミズムが把握できる。ただし、コンサルタントがふりかえりに参加している時間は、他チームに使えるかもしれない時間を奪っていると意識すること。

　予算や時間の制約でスプリントミーティングにコンサルタントが参加できないこともあるだろう。そうなったら、コンサルタントの時間をどこで使うのがベストか、チームとプロダクトオーナーで決めなくてはいけない。たとえばコンサルタントが今スプリントでは8時間しか参加できないとしよう。チームとプロダクトオーナーにとっては、コンサルタントには作業に集中してもらって、ミーティングには出ないことにするのが最善の場合もある。いっぽう、コンサルタントのタスクを減らしてでも、日々のミーティングに出てもらう方がいいという場合もあるはずだ。ミーティングについてどうするにせよ、チームコンサルタントとコアチームがどういう約束をし、どうすることに決めたのかは、全員が——コアチーム、スクラムマスター、コンサルタント、プロダクトオーナーすべて——認識していないといけない。

3. 成功の鍵　　　　　　　　　　　　　　*Keys to Success*

　チームコンサルタントを導入するメリットは、スキル不足を埋められるだけではない。個人の仕事の成果が、その人の職の安定に直結するという環境を生み出せるのもメリットだ。紹介した物語でレベッカは、チームがコンサルタントを雇ったり雇わなかったりする様子を、家の持ち主が修理を請け負う業者を選ぶ様子になぞらえた。専門技術のある人の方がいい仕事をしてくれそうだと家の持ち主は考えるし、請け負う方はリピートや紹介で仕事が広がるよう発注者を満足させるべく努力するわけだ。チームコンサルタントの存在は、チームにそうした能力を与えるんだ。

3-1. 責任感

　責任感とは奇妙なものだ。責任感を強制したり管理したりすることはできないのに、僕たちはそうしがちだ。物語に登場したデイブは、個々人が自己組織化できないようなマトリックス型組織で管理していた。一方レベッカの個々人が自分の時間を管理するようなアイデアを提示した。スクラムでは仕事をする人が自分で見積もりをする。それと同じ考え方で、ここで

は仕事をする人が仕事にコミットするんだ。それはチームコンサルタントもコアチームメンバーも同じことだ。チームコンサルタントは、一緒に仕事をする人に対して責任を持つ。コアチームメンバーは、メンバー同士と、コンサルタントに対しても責任を持っている。

　この手法がうまくいくには、自分をモニタリングし責任感のバランスを取ることが欠かせない。想像してみてほしい。能力が足らなかったり、ちゃんと仕事をしないコンサルタントはどうなるだろうか？　ラリーというチームコンサルタントがいるとしよう。ラリーはチームに約束しても、期限を守らなかったり、品質の悪い成果を渡してばかりいる。やがてラリーに仕事を頼むチームはほとんどいなくなる——悪評が広まったり、一度ラリーに頼んで懲りたりするためだ。ラリーのような社員がいつまでも会社にいると、他のコンサルタントのモチベーションは下がるし、ラリーに頼まざるを得ないチームもやる気を失う。為すべきことは明らかだ。ラリーが不要なオーバーヘッドとなってしまったと認め、チームに呼ぶのをやめるべきなんだ。

　仕事を十分にこなせない人が明らかになれば、痛みが伴うにせよ、なんらかの手を打てる。仕事のないコンサルタントは自分の能力を向上するか、会社を辞めるか、そうでなければマネジメントが強制的に配置換えをするかクビにする。チームコンサルタントは自分の価値を守って仕事を維持するために、自分の仕事ぶりや提供できている価値をチームからフィードバックしてもらう。会社全体がより効果的に、生産的になろうと努力しているなら、オーバーヘッドや余分な脂肪を落とすのは良いことなんだ。

3-2. 試行

　このモデルがうまくいくには、マネジメントの賛同と支援が欠かせない。支援というからには、中間マネージャも上級マネージャもそろって、効果的な組織を追求するために勇気を持って行動しなければならないんだ。マネジメントとメンバーとに実感してもらうのに、小規模な試行をするといい。レベッカがやったのと同じように、自分のコアチームを選び、どんな専門家が必要か判断するんだ。全員の同意を得て、専門技術がいつごろ必要になるか伝えておこう。いざ彼らのスキルが必要となったとき、他の仕事をアサインされていて動けないということもありがちだ。そうした事態が起きたら、問題を解決するようマネジメントに介入してもらおう。組織全体がチームコンサルタントを導入する過程では、こうした事態がよく起きる。ゆくゆくはスクラムマスターがこうした障害を取り除いていくのだが、試行段階ではスクラムマスターにそこまでの権限や影響力がない場合もある。

3-3. 過負荷に注意

　僕がこのモデルをいろいろな会社に導入するときに気づいたのだが、最初のうちはコンサルタントがオーバーコミットしてしまうことが多い。要は楽観的になってしまうんだ。1人で4つ以上のプロジェクトに関わっていると、過負荷となっている場合が多いようだ。3つまでは

大丈夫。4つでは多すぎだ。コンサルタントが4つ目のプロジェクトに関わろうとしていたら、現在のプロジェクトのために時間と余裕を持っておいたほうがいいと教えてあげよう。チームがつまづいたり、助言が必要になることがある。そんなとき、そのチームのコンサルタントが手一杯で次スプリントまで待たないといけないようでは、最悪だ。スクラムマスターはこのような、進捗を止めてしまう障害物に対処しなくてはいけない。

3-4. 手が空いてしまうのに備えよう

プロジェクトの状況によっては、チームコンサルタントとコアチームメンバーの手が空いてしまうかもしれない。僕たちは100％稼働することに慣れてしまっているので、空きができるとマネジメントがチームをバラバラにして他チームのコンサルタントにしたがるかもしれない。もっとひどいのは、プロジェクトに一時的に入って専門的作業をやり、また次のプロジェクトで作業をするという、以前のやり方に戻ってしまうかもしれない。こんなことをしてはダメだ。家の修理の業者を思い出してみよう。空き時間ができたときに備えて、小さなプロジェクトを隠し持とう。優先度が低く、他に大事な仕事がある限り決して手がつけられないようなプロジェクトをいくつか用意しておくんだ。手が空いてきたら、チームとチームコンサルタントはそのプロジェクトの作業をする。そうして、もっと大事な仕事が発生するまで続ければいい。

3-5. チームコンサルタントは専任チームの代わりにはならない

スクラムでは専任の機能横断チームが必要だと言っている。ここで紹介しているモデルは、それに反したり、回避するものではない。スクラムが要求する専任の機能横断チームを実現しつつ、**必要に応じて専門家をチームが招聘できる**という柔軟性を、会社組織全体で実現するためのモデルなんだ。「必要」を判断するのはチーム自身だ。リソース管理者や経営者が適当に人を割り当てるのとはわけがちがう。それじゃあうまくいかない。チームのメンバーが、自分たちで、自分たちのスケジュールを責任もって管理しなくちゃいけないんだ。チームがコンサルタントだらけで、コアチームメンバーが1人か2人しかいなかったら、もはや機能横断チームではあり得ない。そんなチームを発見したら、ビジネス側にコアチームメンバーの重要さを伝え、仕切り直そう。

必要なスキルがすべてそろった専任のチームは理想的だ。現実には、たいていのチームが少なくとも一度は「詳しい人がいてくれたらなあ」と思うハメになる。こんなとき、一時的に不足を埋められる人が社内にいるなら、プロジェクトに入ってもらおう。社内には必要なチームコンサルタントがいないなら、外部のコンサルタントを期間限定で呼ぶという手もある。チームコンサルタントがいるかいないかが、スキル不足に悩むプロジェクトの成否を左右することだってある。

Chapter 4
4章

Determining Team Velocity
ベロシティの測定

　経済性を効率の観点から測定できるという点で、自動車とチームは少し似ている。自動車は、一定のガソリンでどれだけ走れるかという、燃費の観点で効率を測定する。一方、チームは、一定の期間で完成できた作業がどれくらいあるのか、という観点で効率を測る。この測定法はベロシティ（速度）として知られている。ストーリーポイントを使って表現することが多いが、簡単に言えば、チームであらかじめDone（完成）の基準を定義しておき、スプリントごとに完了したストーリーポイントの平均値を計算し、これをチームのベロシティとする（完成の定義は7章「完成を知る」を参照）。

　もっとも、**自動車とチームの共通点はそれだけだ**。チームには、メーカーが保証するベロシティなどない。そのためチームは、未来のベロシティがどれくらいになるか、なにがしかアテにできる予測をしなければならない。さらに、車同士は簡単に燃費を比較できるが、チームだとそうはいかない。燃費の数字は客観的な、標準化した方法で測定できる。いっぽうチームのベロシティは、チーム自身の主観に基づいた見積りに基づいている。そのため、同じ会社の中では、別のチームのベロシティを新チーム立ち上げ時の参考にすることはあっても、チーム同士の能力の違いをベロシティの値で比較することはできない。見積りはチームによって違うためだ。

　ベロシティの予測は難しい。あなたも身に覚えがあるかもしれない。新しく結成したチームで、しかもアジャイルなやり方に慣れていないような場合は、なおさらだ。さて、そんなチームがこの複雑な課題をどう扱うかを見ていこう。

1. 物語　　　　　　　　　　　　　　　　　　　　　　　　*The Story*

　ウェンディは新しいチームのスクラムマスターで、チームは初めてのスクラムにワクワクしている。もっとも、今はプロジェクトの見積りをマネジメントに――どのくらいできるか、いつまでにできるか――どう伝えたらいいのか、見当がつかないでいるところだ。

　ウェンディはチームに相談した。まずチームメンバーのポールが、イライラした様子で言った。「まだ最初のスプリントを始めてもいないのに、ベロシティの見積りなんてどうしたらいいんだ？　いったいどうしろっていうんだ？　目をつむってプロダクトバックログの適当なところを指して、ここまで実現できるって言えばいいのか？　それは無責任に過ぎる。勘で適当に見積もる手もあるけど、それでこれまでたくさんひどい目にあってきたんだ。スクラムは違うん

076

だろう？」

「その通りだ、ポール。でも見積もりできないと伝えたら、どうなると思う？　見積もりができるようになったらお知らせしますって？」チームメンバーのフレディが尋ねた。「こうなるのさ。こっちから数字を出さなかったら、向こうから出してくるんだ。『ここが君たちのゴールだ。がんばってくれたまえ』って。僕らはこれまでと同じ道をたどるだろうね」

「過去のデータがあればいいんですね」イグナシオは考えながらつぶやいた。「スクラムプロジェクトをやってる友人と話しました。彼のチームでは新しいプロジェクトを始めるとき、別のプロジェクトの過去のベロシティを探してきてそれを使っています。彼のチームのデータをうちでも使えるか考えてみましたけど、無理だと思います。彼のプロジェクトと似ているところもありますけど、全然違うところも多いです。私たちチームは新しく、スクラムをやってきたわけではありません。それから、このプロジェクトにはいくつか複雑な因子があります。どうしてこれらの違いを計算したらいいのかわかりません」

彼らは皆ウェンディを見た。

「これから僕らは何をしたらいいんだい？」ポールは尋ねた。

ウェンディはホワイトボードに近づき、提案されて却下されたアイデアを3つ書いた。

過去のデータを使う (同一チームもしくは他チーム)	わからないなりに見積もる (憶測する)	様子を見る (あとで伝える)

「わかってるわ、フレディ。見積りができたときに知らせる、『あとで伝える』というアイデアは半分冗談だと思うんだけど、でも私は可能性があると思うの」ウェンディは説明した。

「だからこの3つの選択肢から始めることにするわ。どれも問題がありそうだけど、この中から選ぶしかなさそうだから。この中から検討してみましょう」ウェンディは提案した。「みんなでブレインストーミングしてメリットとデメリットを出したら、一番いい解決策が見えてくるかもしれないわ。まずは過去のデータについて話してみましょう。有利な点と不利な点を言ってみて」

全員でしばらくブレインストーミングした後、ウェンディが結果をホワイトボードにまとめた。

「いいわ、過去のデータを使う方法についてもう少しディスカッションしてから、次の話題に移ることにしましょう」ウェンディは言った。

過去のデータを使う（同一チームもしくは他チーム）	
利点	欠点
・開始時のポイントがわかる ・他のチームで使われている	・新規チームである ・私たち自身のデータがない ・何らかの新たな技術を扱う ・実際のベロシティと同じになるとは限らない

　まずイグナシオが発言した。「私からでいいかな。私たちは新しいチームですので、自分のデータはありません。理想的には、私たちと同じようなチームが社内にいればいいですが、でも私は知りません」

　「そうだね、手本として使えそうなチームは僕も思いつかないな。スクラムを実践してるチームはほとんどないからね。実践しているチームでも、僕らのように始めたばかりだったり、僕らのチームとは全然違うプロジェクトだから」ポールは賛成した。

　「私の友人のチームがスクラムをやってますけど、でも、彼は別の会社だからちょっと無理があります」

　「僕はこの選択肢は合わないと思う。長い間一緒に働いてきていて、過去のデータを使えるのならいいよ。でもどこかのチームの数字を集めて僕らの見積りとして使うのは怖いな」フレディが言い、他のメンバーも同意した。

　「みんな過去のデータを使うことには否定的みたいね。次の選択肢に移りましょう。わからないなりに見積もるのはどうかしら」ウェンディは言いながら、ホワイトボードマーカーを手に取った。

　チームは手早く見積りの利点と欠点をまとめた。

わからないなりに見積もる（憶測する）	
利点	欠点
・どれだけできるか伝えられる ・マネジメントは好む ・開始時の基準点を提供する	・見積りがコミットメントになる ・間違った安心感 ・できると信じていることを誇張/制限してしまう ・間違った基準となる

第1部 準備

「よくまとまったわね。もう少し話してみましょう。**見積りがコミットメントとして扱われ**
るって書いたのは誰？」

ポールが答えた。「僕だよ。ベロシティを見積もってしまうと、プロジェクトの間ずっとその
ベロシティを維持しないといけなくなるんじゃないか。もし最初の見積りが楽観的過ぎたらど
うなる？ バッファや安全マージンがいくらか必要だ。見積りから5ぐらい引くのかな」

「確認させて。もし最初のベロシティの見積りが高すぎると、毎回のスプリントでその数値を
目指そうとして燃え尽きてしまう、そういう意味かしら？」ウェンディは尋ねた。

「その通り！」

フレディが口を挟んだ。「ちょっといいかな、ポール。もし僕らの見積りが低すぎたとしても
よくないよ。経営層は『チームが全力でやっても各スプリントでこれだけの仕事しかできない
というのか？ 空いた時間はなにしてるんだ？』って考えて、プロジェクトがはじまる前に大騒
ぎになるだろう。ベロシティを増やすために人を追加しようと言い出すかもしれないね。そう
なればまたイチからやり直しだ」

「前にもそういうことがあったですね」イグナシオは同意した。

「フレディ、正しく理解できているか確認させて。マネジメントはもっと成果が出るよう、ベ
ロシティを高く見積もるよう言ってくるか、あるいは人数を増やしてプロジェクトが終わるよ
うに手を打つだろうと、そういう心配をしているの？」そうウェンディが尋ねると、全員うな
ずいた。

「フレディの言うとおりだわ。この選択肢を選ばなくても、マネジメントとベロシティの話を
するときには気をつけないとね。マネジメントにベロシティとは何か、何ではないのか、正確に
理解してほしいから。忘れないようにメモしておくわ」ウェンディはそう言って、ホワイトボー
ドに「マネジメントにベロシティについて教える」いうアクションアイテムを書いた。

「いいわ、ほかの欠点も見ていきましょう。**間違った基準となる**とはどういう意味？」

フレディが手を上げた。「僕が書いたんだ。もし僕らが乱暴な推測で基準を作って始めてし
まうと、結果が期待よりもよければ、改善できたと周りの人に言うだろう。期待より悪ければ、
周りの人たちは心配して悪化の理由を考え出すんだ。あくまで憶測だったといくら言ったとこ
ろで、数字が一人歩きして、間違った基準になって、それと比べられてしまうんだよ」

「あなたの言いたいことはよくわかるわ。経営層と話すときには、そういった傾向を懸念とし
て伝えるようにするわ」

「マネジメントが理解してくれたとしても、結局のところ当てにできない憶測には変わりな
いじゃないか。アジャイルにやっていくなら、全員が原則を理解してそれに従ってほしいよ。
なにもないところから数字をひねり出して、その通りリリースしますって約束すれば、そのと
きはみんな気分がいいだろうけど、すぐにおかしくなるよ。空約束だし、スクラムをちゃんと
やるには害になるんじゃないかな」ポールが興奮気味に言った。

「ポールの言うことはもっともですね。だけど、今回だけはやらないといけないのかもしれ
ないです。次のプロジェクトからは、私たち自身のデータの履歴が使えるはずです」イグナシオ

079

がそう言うと、みんなしぶしぶながら同意した。

　ウェンディが話を先に進めた。「わからないなりにも、見積りを少しでも正確にするやり方がいくつかあるわ。だけど見積もりを始める前に、**様子見**について話したいの。私は実はこれが一押しなのよ。マネジメントに対して、丁寧に、断固として、今は見積もりができないと宣言するのね。そのかわり、3スプリント終わってデータが出たところでもっと正確な数字を出すと約束するの。私の考えを利点のほうに書くわね」

　ウェンディはホワイトボードに有利な点を3つ書いた。「では、これが上手くいかない理由をいってちょうだい」

　チームはすぐに欠点を挙げた。

様子を見る

利点	欠点
・現実のデータを使えばより良いリリース計画ができる	・マネジメントが許さない（先に教えるよう強いプレッシャーをかけてくる）
・推測からではなく、事実に基づいて予想できる	・リリース計画を作成するために十分なデータを得るために少なくとも3スプリント使う
・私たちが実際に何ができるのか明らかになる	・データを更新し続けないと意味がない
	・新しいチームのため、初期のベロシティはたぶん低い

　「何か意見はない？」ウェンディは尋ねた。

　「**様子見**はいいね。でも現実的ではないと思います。見積りを得るため、経営陣が3スプリントも待ったりしないでしょうから」イグナシオは言った。

　「それに、現実のデータがあればより正確で信頼できるリリース計画になるとはいえ、僕らは新しいチームなんだよね。スピードを上げるには時間がかかるよ。最初の3スプリントで実際のベロシティがどれくらいになるか心配だなあ。本当に低かったらどうしたらいい？」フレディも付け加えた。

　「それはリスクね。だけど、成功するためにはこれが一番いい選択肢だと私は思うの。大したことないわよ、マネジメントを説得するだけだもの」ウェンディは笑って言った。最後の一言は明らかに冗談として。

　「マネジメントがそんな話を呑むわけないじゃないか！　絶対、**最初からデータを出せって言うに決まってるさ**。他のやり方を考えなきゃダメだ」

　「ここまで議論してきたアイディアよりもいい他のやり方があれば、喜んで聞くわ」ウェンディはみんなの顔を見ながら言った。

誰も答えなかった。

「選択肢をひと通り見てきたわね。有り体に言えば、ベロシティがいくつになるか、いくらかでも信頼できる数字を出すには、とにかく今は十分な情報がないわ。マネジメントに数字を見せるのは可能だけど、憶測になってしまう。それなら、大胆になってみましょう。マネジメントに、今と同じ話をするのよ。選択肢を見せて、1つずつ利点と欠点を紹介するの。そして私たちが、このプロジェクトをちゃんと終わらせるためのやり方を、**最初から始めたい**と説明するのよ。透明性と正直さでね」

チームはためらいの目を彼女に向けた。

「そのかわり、ここが大事なんだけど、マネジメントに約束します。十分なデータが取れたら数字を出すの。3スプリント後には十分に正確なベロシティを出して、チームとしてのベロシティの幅を見積もってマネジメントに伝えて、それを元にリリース計画を作れるようにするのよ」

ウェンディは「様子見」やり方がどう働くか、詳細に説明を続けた。チームは同意し、実際にやってみることにした。そしてマネージャの中でも一番反対していた人まで説得して、現実のデータを待ってもらうことにした。

第1スプリントのはじめに、チームは、みんなが見える場所にチームの状況がわかるものを貼りだし、朝会のたびにそれを更新した。3つのスプリントの最後に、チームは見積もったベロシティの幅をマネジメントに伝え、それを元にしてどのくらいの機能が実現できそうか説明した。プロダクトオーナーはチームから提供されたベロシティの幅に基づいて、悲観的な場合と楽観的な場合のリリース計画を作った。

チームは最終的に、予想したベロシティ幅の下端までしか達成できなかったが、見積りは正確だった。その結果、リリースされた製品には誰も驚かずにすんだ。プロダクトオーナーが期待した必須機能はすべて入っていたし、顧客に約束したすべての機能も入っていた（そして、最初のリリースで見送るべき機能について、悩まされることもなかった）。最終的に、辛抱して現実のデータを取る、教育する、透明性を確保する、そうした考え方をすべてうまく組み合わせた結果、一番よい解決策になったのだ。その点には全員が合意した。

2. モデル   *The Model*

ウェンディとチームは、スプリントごとに完成できる分量についてプロダクトオーナーにどうやって伝えるかで苦心していた。簡単なブレインストーミングの後、3つの解決案があがった。過去のデータ、わからないなりの見積り、そして様子見だ。ウェンディのチームは最終的に様子見を選んだ。なぜ彼らは過去のデータと見積りを選ばなかったんだろうか？

4章　ベロシティの測定

2-1. 過去のデータの問題

　過去のデータが使えるのは、以前にそのチームが一緒に活動をしたことがある場合だ。物語のチームは新たに結成されたチームだったので、却下したわけだ。過去のデータを利用するには、他の企業のチームのものなど、他のチームのデータを持ってくるしかない。他のチームのパフォーマンスを基に数値を出すことも可能ではあるが、下記のような変数が全く異なるため、僕は薦めない。

- **・チームと構成の新しさ度合い**
- **・政治的な環境**
- **・プロジェクトの大きさや複雑度**
- **・プロダクトオーナーと顧客**

　最初に検討すべき変数は、チームがどのくらい新しいかだ。新しいチームのベロシティは、既存のチームのベロシティとは異なる。少なくともチームが一体化するまでのあいだ、ベロシティはそうは上がらないからだ。チームメンバーはお互いの強みや弱み、どうやったらより良く働けるか、学ばなければならない。それ以上に、新しいチームは理想的に構成されていないかもしれない。従来のやり方からまだ抜け出せなくて、テスト専任者だけ、開発者だけで2つのチームが構成されていたりするかもしれない。こうした単機能チームでは、本物の機能横断なチームが当初から見せる多大なパフォーマンス改善は期待できない。

　次の変数は、政治的な環境だ。会社というのは時間の経過と共に構造を変えたり、方向性を変えたりする。一年前のゴールが、いまは通用しないこともあるわけだ。有能なマネージャのポジションが変わって、環境に変化が起きたかもしれない。政治的な変更が明らかなときもあるが、たいていはもっと些細で、かろうじて感じ取れる程度のものだったりする。チームが過去のデータを使うときにはそうした微妙な違いを考慮するべきではあるけれど、実際のところ非常に難しい。

　3番目の変数がプロジェクトの大きさ、複雑さだ。新しいチームでも実績あるチームでも、異なった技術を使うプロジェクトだったり、複雑度が違っていたりすれば、過去のデータはそのままでは信頼できない。ジェフ・サザーランドがPatientkeeperのCTOだった頃、変化に迅速に対応できたために競合に勝てたのだと、よく僕に言った。彼のチームが変化に迅速に対応できたのは、ずっと同じチームで、同じように仕事をしたからだ。彼らはレガシーなC++のアプリケーションからJavaのWebアプリケーションに移るようなことはしなかった。学習曲線で減速せずにすんだわけだ。

　最後の変数はプロダクトオーナーと顧客だ。変数として考えるのは不思議に思うかもしれないが、実は大きな影響がある。チームがそのままでプロダクトオーナーだけ入れ替わったとしよう。プロダクトオーナーだって人間で、前任者とまったく同じようにいくわけはない。当然

ベロシティにも影響がある。チームと新たなプロダクトオーナーの関係は、新たなメンバーを
チームに加えたときと同様、時間をかけて育てていかなければならない。同じ話が顧客にも言
える。顧客が変われば調整することが出てきて、それがベロシティにも影響する。

　過去のデータ利用を考えているなら、**こうした変数に注意を払うこと**。他のチームのベロシ
ティを統計用のデータとして使うのは構わない。しかし、他チームから持ってきたベロシティ
をそのまま自分のチームに当てはめてしまうのは、極めて危険だ。自己責任でおこなってほし
い。

2-2. わからないなりに見積もるときのヒント

　チームとしてまだ作業をしてない段階で見積りを出さなければならない場合は、わからな
いながらも、できる範囲で見積もるのが最善の策だ。でたらめに数字を選ぶわけではなく、ベ
ロシティをできるだけ正しく推測できるよう、事前にできることがいくつかある。

　この「わからないなりにわかる」見積もりのテクニックを示そう。

- ・プロダクトバックログを見積もる
- ・リファレンスストーリーを分割する
- ・理想時間で概算する
- ・チームの稼動時間を見定める
- ・チームのベロシティを見積もる
- ・幅をもたせたベロシティで話をする

　より現実的な見積もりができるようになったら、ここで出した数字は捨ててしまうこと。こ
のやり方で出した数字は作り物で、とりあえず動けるようになるための松葉杖のようなもの
だ。おまけに、アジャイルでやっちゃいけないとされる、ストーリーポイントと時間の対応付け
までしているんだ。決して、僕がこういうやり方を一般論として勧めているとは勘違いしない
でほしい。どうしても何かしらの数字を見積もらざるを得ないという状況で、役に立つかもし
れないという手法だ。わからない状況で見積もった数字は、実データを手に入れたら直ちに置
き換えよう。1スプリントか2スプリントのデータでも構わない。時間とポイントの対応付けも、
直ちに破棄して忘れること。例外は許されないよ。

□2-2-1. プロダクトバックログを見積もる

　ここで示すのは理想的ではない手法だが、最初はプロダクトバックログの見積もりから始め
る。プロダクトバックログをポイントで見積もってあるなら、このステップは飛ばしてよい。ま
だなら、ポイントを使ってバックログアイテムを見積もっていこう。チーム全員でバックログを
眺めて、2ポイントのストーリーを1つ決めよう。このストーリーを基準とする（基準のストー

4章　ベロシティの測定

リーを2ポイントにする理由は、もっと小さいストーリーが後から見つかったときに都合がいいからだ）。2ポイントの基準ストーリーを決めたら、バックログの残りのストーリーを1つずつ基準と比べながら、チーム全体でポイントをつけていく。僕はプランニングポーカー（※参4-1）を使うが、どんなやり方でも構わない。とにかく、プロダクトバックログのすべてのアイテムを、ポイントで見積もろう（プロダクトバックログの見積りについて詳しく知るには29章「巨大なバックログの見積りと優先度付け」を読んでほしい）。

□2-2-2. 基準ストーリーを分解する

　プロダクトバックログのポイント見積もりがすんだら、ポイントと時間の対応付けをしよう。そのために基準とするストーリーを1つ分解することになる。まずチームと一緒に、基準とする2ポイントのストーリーを選ぼう（ここではステップ1の基準ストーリーと違うものを選んでも構わない）。次に、そのストーリーを完成させるために必要なタスクをすべて洗い出す。タスクの洗い出しに、僕はブレインストーミングを使うことが多い。参加者同士が協力しておこなうプロセスで、全員が参加すると効果が高い。ブレインストーミングについては7章で詳しい進め方を紹介している。

　選んだストーリーのタスクをすべて洗い出せたら、タスクの見積りだ。それぞれのタスクにどのくらいかかるか、時間単位で見積もっていく。ここでもプランニングポーカーが、**数字を時間**と読み替えて使える。僕は1タスクが13時間を越えるような見積りは許さないことにしているので、プランニングポーカーから大きな数字は取り除いておこう。13も除いてしまってもよい。カードの数字より大きいタスクは、小さなタスクに分割してもらう。また、あくまでプランニングポーカーにあるフィボナッチ数列の数字にこだわるほうがいい。つまり、使える数字は1、2、3、5、8、13の6種類だけだ。4時間だと見積もったときでも、自分で3か5のどちらかを選ぶ。これは精度を不適切に高めることなく、妥当な正確さを維持するためだ。

□2-2-3. ポイントと時間の近似式

　今回基準にしたストーリーのタスク時間見積りをすべて合計したら、14時間だったとする。さて、これを元に推定していこう。プロダクトバックログにある全ての2ポイントのストーリーは、チームが**だいたい**14時間かければ完成できると考える。もちろん実際に開発してみれば、同じ2ポイントのストーリーであっても、2時間で終わるものもあれば、8時間や16時間かかるものもある。ここでやっているのは概算の見積りだ。わからないながらも見積もりたいという目的であれば、許容範囲としておこう。

　これで1ポイント当たりの時間の近似値がわかった。これを元に、プロジェクト全体が何時間かかるのか、ごく大雑把に近似できる。バックログ全体で200ポイントあり、普通の2ポイントのストーリーに14時間かかるのであれば、プロジェクト全体は1400時間で終わると推定できる。

084

第1部 準備

$$14時間 \div 2ポイント = 1ポイント当たり7時間$$
$$7時間 \times 200ポイント = 1,400時間$$

　繰り返しになるが、プロジェクトが実際に1400時間で完了するとは、一瞬でも思ってはいけない(人に言うのはさらにダメだ!)。この点については、くれぐれも僕の言うことを聞いてほしい。まだこの時点で、プロジェクトのことも、チームのことも、開発の現実のこともわからないのだから、具体的な数字を頭に入れてはいけないんだ。1ポイント当たり時間の近似値はあくまで初期の見積りに使うだけで、その役目がすんだら捨ててしまおう。

□2-2-4. チームの稼動時間

　次に、チームがどれだけプロジェクトに時間を使えるのか、つまり稼動可能な時間を決めなきゃならない。これを計算するには、毎スプリント、**チームがプロジェクトにどれだけの時間参加できるのか決める**(個人の時間ではなくチームの時間だ)。この数字は個人レベルでデータを集めないと計算できないのだけれど、最終的に報告するのは**チームの時間**であり、個々人の時間ではない点には注意してほしい。

　チームメンバーに1人ずつ、このプロジェクトに1週間当たりどれくらいの時間を使えるか書いてもらおう。40時間と書いてはいけない。誰にでもプロジェクト以外にやることが何かしらあって、プロジェクトの時間に影響するものだ。そうしたオーバーヘッドを、プロジェクトのタスクに個々人が使える時間から引くわけだ。使える時間を2通り、最善の場合(大きい数字)と最悪の場合(小さい数字)の予想で書いてもらおう。

　最悪の場合の数字を全員ぶん合計し、スプリントの週の数を掛ける。これがチームの稼動時間の下限となる。最善の場合の数字の合計にスプリントの週数を掛ければ上限が得られる。表4-1に例を示した。

　週ごとの稼動時間の下限を合計してスプリントの週数(2)を掛けると、176時間になる。稼動時間の上限を合計してスプリントごとの週数(2)を掛ければ236時間だ。実際にチームが使える時間は、上限ちょうどにも下限ピッタリにもならず、中間のどこかになるはずだ。この範囲内になるだろうとチームは自信を持って言える。

名前	1週の時間 (最悪の場合)	1週の時間 (最善の場合)
ジョン	25	32
ジェーン	15	25
ミカエル	28	36
フレディ	20	25
1週当たりのチームの能力	88	118
	低	高
2週間スプリントの合計	176	236

表4-1　チームの能力の見積り

085

4章　ベロシティの測定

□2-2-5. チームのベロシティを見積もる

ここまでで、以下の数字が計算できた。

- ・プロダクトバックログには200ポイントある
- ・2ポイントのストーリーは大雑把に14時間かかると見積もる。1ポイントあたり7時間
- ・プロダクトバックログを完了させるまで、だいたい1400時間かかる（7時間×200ポイント）
- ・チームは1スプリントあたり176時間から236時間ぶん作業できる

これでチームのベロシティを見積もるのに十分なデータが揃った。表4-2のように、チームの能力の最善と最悪をそれぞれポイント当たり時間で割って**切り捨て**すれば、ベロシティの最高と最低が計算できる。

ベロシティの見積りは25から33ポイントとなった。11章「リリースプランニング」では、この数字を元にして、プロジェクト初期においてリリース計画を作る方法を見ていく。

名前	時間	ポイント当たりの時間	見積もったベロシティ
ベロシティ(最悪の場合)	176	7	25
ベロシティ(最善の場合)	236	7	33

表4-2　ベロシティの見積り

□2-2-6. このやり方の信頼性を上げるには

基準とするストーリーが1つだけならば、バックログ全体の見積りは非常に粗くなるが、時間はそれほどかからない。見積りをもう少し正確にしたければ基準ストーリーを複数にするとよい。ストーリーは3つ選ぶ。小さいもの（2ポイント）、中くらいのもの（5ポイント）、大きいもの（13ポイント）だ。そしてそれぞれをタスクに分解する。5ポイントのものが90時間で、13ポイントのものが225時間になったとしよう。さっきはポイント当たりの時間を計算したが、ここでは単純な置き換えをする。2ポイントのストーリーはすべて14時間、5ポイントのものはすべて90時間、13ポイントのものは225時間と見積もるんだ。3ポイントや8ポイントのものは、近いポイントの時間を元に計算する。たとえば、3ポイントは14時間×1.5=21時間、8ポイントは90時間×1.5=135時間とすればいい。基準ストーリーを増やせば、それだけ見積りが正確になる可能性もなくはない。とはいえ見積もりの作業量が大幅に増えてしまうし、もともとのポイント見積りが不十分だと意味がなくなってしまう。時間をかけたから見積りも正確になっただろうと、間違った安心感を持ってしまう危険もある。

基準をいくつ取ろうが、見積もりをしているこの時点ではチームは1つもタスクをこなしていない。したがって、実際にタスクを完了するのにどのくらい時間がかかるか、確かなことは言えない。基準ストーリーが1つでも3つでも、見積りの結果が正しいとは期待できないし、実際にスプリントをこなしていく中で数字は変わっていく。この点をチームにもステークホル

ダーにもしっかり伝えて理解してもらっておこう。

2-3. 様子見(現実のデータを使う)

ウェンディとチームは様子見を使うことにした。数スプリントぶんの実績でベロシティ平均を出してから初期見積りをするよう選んだわけだ。スプリントを3回実施し、それぞれのベロシティを測定する。僕は実績を測定するこのやり方が一番いいと思う。測定は、プロジェクトが始まらなければできないことだ。

過去のデータやわからないなりの見積もりをしないといけない場合であっても、実績を測定できるようになり次第、実際のデータで見積りを見直そう。そもそもプロジェクトが終わるまで継続してベロシティを取り続け、見積りも見直し続けるんだ(リリース計画をどのようにメンテナンスするのか、詳細について11章「リリースプランニング」を参照してほしい)。

様子見には、まさに同じチームが現在のプロジェクトで得たデータが使えるという価値がある。現実に基づいた見積りなら、想像ではないリアルが反映できる。しかし実施に当たっては障害もある。データが揃う前であっても、マネジメントに数字を要求されるだろう。そのときはマネジメントにも、様子見する意義を理解してもらい、数字を出せるまでの計画を伝えて、待つことの価値を納得してもらわないといけない。

現実のデータを使うには以下の手順を用いる。

1. 少なくとも3スプリントのベロシティの実測値を集め、グラフを描く
2. ベロシティの平均を出す。ただし人には幅で伝える
3. プロダクトバックログにベロシティの幅を当てはめる
4. 個々のスプリント終了後にベロシティと幅を更新する

□2-3-1. 現実のデータを集め、グラフを描く

最初のステップはチームのデータ収集だ。3スプリントのベロシティを記録し、グラフを描き、チームの作業場に貼りだす。3スプリント終わった時点で、図4-1のような図が描ける。

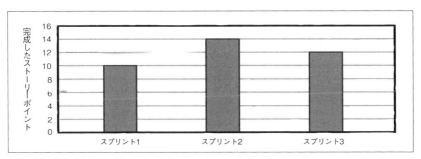

図4-1 スプリントぶん計測したベロシティのサンプル

□ 2-3-2. ベロシティの平均を出すが、人には幅で伝える

3スプリントぶんの実績が出たら、ベロシティの平均値を計算しよう。この数字はまだ人に伝えてはいけない。なぜだろうか？ まず、新しいチームなので初期データは不安定かもしれない。長期的な予測に使うには信頼性が足らないんだ。次に、固定化された数字は誤解を招きがちだからだ。たとえば、僕がこの章を書いているとき、妻からいつ夕食にするか聞かれ、30分くらいだと答えた。僕が言いたかったのは、**だいたい30分前後**、20分～40分くらいの範囲で書き終えられるということだ。ところが妻に聞こえたのは「**30分**」だ。29分でも31分でもない。妻は数字を固定化し、それを僕に突きつけてきた。

そんなわけで、ピッタリ30分後に妻は僕に宣言した。「30分たったわよ。もう終わりにして。すぐ食べないと冷めちゃうわ」。僕は「でもまだ終わってないんだ。**30分くらい**って言っただろう。もう10分か15分かかるよ」と返事をしたのだが、うまい言い方ではなかったみたいだ。それで妻はカンカンに怒ってしまった。僕は20分から40分以内に終えられる可能性が95％あると考えていたんだけど、そういうふうには伝えなかった。30分という数字だけが伝わってしまったわけだ。僕の意図は概算だったのに、妻は30分をコミットメントだと受け取ってしまった。

もし僕が最初から幅で伝えていたら（「95％の確率で、20分から40分以内に終わる」）、彼女は最悪ケースの40分後に合わせて食事の支度をするだろう。うまくすれば僕が早めに終わらせて、テーブルやワインの準備を手伝えると期待するかもしれない。30分と言ってしまったせいで、あり得る幅の中間に過ぎない数字を、確かな情報であるかのように伝えてしまったことになる。

マネジメントがカンカンになったり顧客がガッカリするのは避けたい。もし1つの数字でベロシティを言ってしまえば、マネジメントや顧客側の業務計画が、その数字を元に立案されていってしまう。いっぽう、ベロシティを幅で伝えれば、最善のシナリオと最悪のシナリオを意識してもらえる。幅を伝えつつ、まだあまり自信がないと付け加えれば、シナリオがさらに柔軟になるもしれない。これはすべてコミュニケーションの問題だ。誤解を避ける努力をすれば、ゆくゆくは顧客に満足してもらえるんだ。

そういうわけで、**ベロシティの平均値が出せてもそのまま人に伝えてはいけない。**ベロシティの変動の幅と、どのくらい自信があるかの2つの情報を使って話そう。図4-1が実際の3スプリント分のベロシティだったとしよう。ベロシティの平均は12だ（10+14+12÷3）。ベロシティの幅は、最低と最高を取って10から14になる。自信はどうだろうか。まだ新しいチームで形成と混乱の最中なので、将来のベロシティが10～14の幅に収まる可能性は、たとえば75％くらいかもしれない（形成期、混乱期については20章「**新しいチームメンバー**」を参照）。

自信の度合いは主観的で定量的なものだ。主観的な自信の度合いを測定する方法もあるが、絶対的な意味合いで測るのはやめておいたほうがいい。僕の経験では、そういった手法を使うと手間は増えるが、得られる効果は小さい。

チーム全体の自信の程度を知るには、1人ずつ自信を数字にして紙に書いてもらう。数字は

1人ずつ別々に書き、全員書き終えたらいっせいに見せ合う。このやりかたでは、誰かの意見が他の人に影響してしまうのを避けられる（全員同時に数字を言うというやり方もある。チームが慣れていればこちらでもよい）。自信の度合いを低くする特別な理由がある場合もあるだろう。新しいテクノロジーをしばらく研究して将来のベロシティを向上させるつもりだとか、ペア作業に慣れるまでしばらくゆっくり進む予定だとか、そういう事情があれば、そのことも伝えよう。

2-4. データの集合を丸める

　チームが3スプリント分実施してからデータを出したいと言っても、もっと早くデータを出すよう要求されることがある。プロダクトオーナーがリリース計画をマネジメント、顧客、ステークホルダーに知らせるためだ。こうなるとデータが不足で、現実的な幅を伝えるのが難しくなる。

　こういう状況で使える方法が2つある。1つめは、マイク・コーンの係数表だ。係数表を使えば、ありうるベロシティ幅を算出して、後から得られる実際のデータの代わりにできる。『アジャイルな見積りと計画づくり』^{（※参4-2）}でこの係数表の使い方を紹介している。チームのベロシティがあったとき、表4-3の係数を使えば将来のベロシティの幅を計算できるのだ。1スプリントしか実施していないときならば、ベロシティに高い係数として1.6倍、低い係数として0.6をかければ幅を計算できる。

　僕がはじめの頃関わったプロジェクトでは、マイク・コーンの係数表（表4-3）を使ったが、とても有用だった。その後、様々な背景やテクノロジーを持つ数多くのチームと仕事をした経験から、僕は発展させた表を作った。それが表4-4だ。僕の表ではスプリントの数ではなく、チームとプロジェクトの状況で係数を求める。僕は新しいチームと仕事をすることも多いが、そうしたチームは4スプリント過ぎても、まだマイク・コーンの表の第1スプリントにいるのに近い

完了したイテレーション	低い係数	高い係数
1	0.6	1.6
2	0.8	1.25
3	0.85	1.15
4 以上	0.9	1.1

表4-3　マイク・コーンの観察によるチームベロシティの係数表

カテゴリ	チーム/プロジェクトの構成	低い係数	高い係数
1	立ち上がったチーム	0.85	1.20
2	新しいチーム	0.60	1.60

表4-4　新しいベロシティの係数表

4章　ベロシティの測定

ということがある。そういう状況に対応するため、チームの状態をもとに係数を選ぶようにしたんだ。

例として、スーパーバニーチームを考えてみよう。プロジェクトのための集められた新しいチームで、メンバーはお互い一緒に働くのは初めてだ。

スーパーバニーは第1スプリントを終えて、図4-1のチームと同様、ベロシティは10だったとしよう。この時点でベロシティの幅を出すなら、カテゴリ2の新しいチームの係数を使う。

僕はしばらく新しい係数表を使っていたが、よく現れるまた別の要因に気づいた。チームが相手にしているテクノロジーとプロジェクトのタイプだ。そこで僕はこう自問するようにした。「このプロジェクトで使うテクノロジーは、チームの誰もよく知らないものか（未知のテクノロジー）、大多数が経験あるものか（既知のテクノロジー）？」この観点は重要だ。未知のテクノロジーには不確実性とリスクがあるので、経験あるテクノロジーだけ使うプロジェクトと較べて、そうした要素を勘案しないといけない。

そうして僕は係数表に、プロジェクトやテクノロジーに慣れているかという新しいフィルターを追加した（表4-5）。プロジェクトの初期段階でベロシティを人に伝える場面では重要な要素となる。もちろん、未知か既知かというのは主観的な判断だ。

チームのベロシティの不安定さは、構成とプロジェクトのタイプによる。安定したチームは、係数表を使うのを1〜2ヶ月でやめられる（スプリントの長さによるが、2〜4スプリントだ）。新しいチームはもう少しかかり、3ヶ月（3〜6スプリント）くらいは係数表を使ったほうがいい。3ヶ月が過ぎたら係数表はやめて、自分たちの実績を元にベロシティの幅を決めるようにしよう。

カテゴリ	チーム/プロジェクトの構成	未知のテクノロジー			
		既知のテクノロジー			
		低い係数	低い係数	高い係数	高い係数
1	立ち上がったチーム	0.85	0.9	1.1	1.2
2	新しいチーム	0.6	0.8	1.4	1.6

表4-5　プロジェクト/テクノロジーの経験を考慮したベロシティの係数表

3. 成功の鍵　　　　　　　　　　　　　　　*Keys to Success*

チームのベロシティを決めるのは、必ずしも難しいわけではない。この章では3つの手法を紹介した。いずれもベロシティを決め、今後に繋げるのに役立つはずだ。

よく、どのやり方がお薦めかと聞かれるが、それぞれに使うべきタイミングと場面があるし、メリットとデメリットがある。表4-6に僕の案を示そう。

実際のチームによる、実測したベロシティを待つのが一番いい。このやり方ではプロジェクト開始時点でリリース計画が作れないため、マネジメントや顧客が不満に思いがちだ（特にスクラムに慣れていない場合）。結果としてステークホルダーとの信頼関係が弱まり、チームへの

	過去のデータ※	様子見※	わからないが 見積もる※
既存のチームでよく知ったテクノロジー	**第1候補**	第2候補	第3候補
既存のチームでよく知らないテクノロジー	第2候補	**第1候補**	第3候補
新しいチームでよく知ったテクノロジー	第3候補	**第1候補**	第2候補
新しいチームでよく知らないテクノロジー	第3候補	**第1候補**	第2候補

表4-6　ベロシティを見積もるアプローチの選び方　　　　　　　　　　　※選択肢

プレッシャーが強まってしまうかもしれない。その上、最初のスプリントのベロシティが期待
より低かったら、プロジェクトが始まる前からチームは深刻なトラブルに巻き込まれてしまう。
実測を待つというやり方を有効に使うには、スクラムマスターがプロダクトオーナーと一緒に
なって、期待マネジメントと進捗の伝え方を上手にやる必要がある。ステークホルダーとの繋
がりを保つ方法として、スプリントレビューに参加してもらったり、デイリースタンドアップを
見学してもらったり、場合によってはスプリント途中で簡単な状況報告会をしてもよい。

　過去のデータを使うのは、過去に似たような環境で一緒に働いたことのあるチームにとっ
ては素晴らしい選択肢だ。だが環境や状況の差異が多いと、このやり方も難しくなってくる。
チームの構成の変化、異なるテクノロジー、新しい顧客やプロダクトオーナーなどのせいで、
過去のデータに頼れなくなってしまう。

　わからないなりに見積もるというやり方を使えばプロジェクト開始前にリリース計画が描
けて、チーム、顧客、マネジメントがひとまずは安心できる。だがそこにはワナがある。チーム
が作った初期のリリース計画が、純粋に計算上のベロシティを使っているにも関わらず、コ
ミットメントになってしまうという例があまりにも多い。ここでもスクラムマスターがプロダ
クトオーナーや顧客と協力して、適切に期待をマネジメントしないといけない。この段階で計
算したベロシティは純粋に初期計画のための推測に過ぎないと、関係者が全員しっかり認識
しておく必要がある。それはスクラムマスターの責任だ。計算したベロシティは直ちに実際の
データで置き換えるものだと、すべての関係者にしっかり理解させること。

　どのやり方であれ、出てきたベロシティは良くて概算に過ぎないと忘れずに。実際にスプ
リントを走らせたら、測定したベロシティを元にベロシティの幅を求めて、以降はその幅を使
うこと。プロジェクトが進んでいけば、ベロシティの幅についてより自信が持てるようになる。
データを集め続けながら、常に古いものを捨てて新しいデータで置き換えよう。一番大事なの
は、顧客やステークホルダーに正直に伝えて、その時点の自信の度合いを理解してもらうこと
だ。初期、中間、終盤、いずれの場面でも同じだ。人に伝えるときにはいつでも、ベロシティの
幅と自信の度合いを組み合わせるようにしよう。そうすれば、見積りをどのくらい信じていい
のか、各々が判断できる。

Chapter 5

5章

Implementing the Scrum Roles
スクラムの役割

　新たにスクラムを導入するチームは、従来とは異なる役割と考え方に直面する。まず、スクラムマスターを見つけないといけない。プロセスがスムーズに流れるよう、自分では解決策を提示せず、解決するよう仕向けるのがスクラムマスターの仕事だ。プロダクトオーナーも必要だ。ビジネス価値を元にしてチームを最適な方向へ向けるのがプロダクトオーナーの仕事だ。チームメンバーも今までとは違う。機能横断的に働き、新たなスキルを身に付けて、未知のタスクをこなしていくんだ。

　既存のチームメンバーをスクラムの役割に当てはめるのは、なかなか難しい。それに、カテゴリにピッタリ当てはまらない人もいるものだ。なんでもこなせる開発者は、リーダーのスキルも得意だったりする。いままでチームリーダーをやってきた人が実は凄腕のプログラマで、しかも市場の知識が豊富ということもあるだろう。そんなときには1人で複数の役割を担当した方が、チームの役に立つんじゃないだろうか? 1人の人間がスクラムの役割の帽子を複数かぶったとき、どんな利点と欠点を期待できるだろうか? 予想外の問題が起きるんだろうか?

---

1. 物語　　　　　　　　　　　　　　　　　　　　　　　*The Story*

　マーカスは新たにスクラムチームを立ち上げて、社内の基幹業務システムを開発するよう命じられた。マーカスも新たなチームの誰もがスクラム未経験だが、スクラムを学ぶための支援をマネジメントから受けることになっていた。

　まず、チームの体制を考えなければならない。チームは集まって話し合った。以前のチームではミゲルとジョセは開発者、ヒューゴとドミニクはテスターだった。この4人はチームメンバーの役割がいいとすぐに決まった。チームメンバーはビジネスのビジョンを実現する責任を持つ。ビジョンを持っているのはプロダクトオーナーで、プロダクトバックログを通じてチームに伝えられる。

　だがマーカスの役割を決めるのは難航した。マーカスはこれまでプロジェクトマネージャだった。だが開発の経験もあって、マーカスがなにをすれば一番チームのためになるか、意見がまとまらなかったのだ。コアチームメンバーになってスプリントバックログを進めるのがいいか? スクラムマスターになって今までのリーダーシップを活かすか? プロダクトオーナーとしてプロジェクトの舵取りをするのがいいか? マーカスがやらないなら、誰がプロダクトオーナーとスクラムマスターをやればいいのか? 彼ほどスクラムにも、市場にも詳しい人はチーム

にいなかったのだ。

　コンサルタントを呼ぶ許可はもらえなかったので[1]、チーム内で解決するために最善と思える方法を考えついた。マーカスが3つの役割を、時間を分けて引き受けるのだ。チームの想定では、プロダクトオーナーとスクラムマスターの仕事はそんなにたくさんないはずで、マーカス1人で両方できそうだ。さらに、マーカスが「管理っぽい」仕事をしていない間は、メンバーとしてチームの仕事をすればいいじゃないかという話になった。会社の中を見ても、マネージャが開発の仕事もやっているというのは珍しくない。そうして役割が決まった。

　はじめのうちはうまくいった。毎日のデイリースクラムではマーカスも他のメンバーと一緒に報告した。障害はないし、サインアップしたタスクは順調にボード上を動いている。

　1ヶ月スプリントの第1週が終わるまでに、マーカスはステークホルダーと話してプロダクトバックログを整理し、ミーティングのファシリテータをこなし、40時間分のタスクにサインアップした。マーカスの計算では、毎週10時間分のタスクをスプリントバックログから取れるはずだった。だが第1週目が終わって、タスクに使えた時間はゼロだった。もっともマーカスを含め誰もまだ心配していなかった。スクラムマスターとプロダクトオーナーの仕事は落ち着いたので、残りの3週間でサインアップしたタスクを十分にこなせるはずだと考えていた。

　2週目には、このチーム初のスクラムによる改善があった。同時に、問題となる兆候も見られた。マーカスは週の前半、スプリントバックログを眺めて傾向をつかもうとした。スクラムマスターがやるべき仕事だが、第1週にはできなかったことだ。バックログを見ていると、ヒューゴが担当したタスクがいずれも、チームの見積りより50%ほど長くかかっているのに気づいた。他のメンバーは長くても20%超過で、差異は明らかだ。マーカスがデイリースクラムでこの話を提起すると、ヒューゴは仕事をこなすのに苦労していると認めた。話し合った結果、経験豊富な開発者のジョセがヒューゴとペアを組んで、2人でタスクを進めることになった。マーカスは、スクラムを始めてたった2週間で、問題を発見して対応できたことに興奮していた。スクラムでなければ、気づくにしてもずっと後になっていたはずだ。

　チームも改善できたのに喜んでいたが、マーカスのタスクがまったく進んでいないのを気にかけていた。チームメンバーの方から、マーカスがサインアップしたタスクを任せておいて平気か、それともなにか手を打った方がいいかと聞いてきた。マーカスは、そろそろチームメンバーとしての役割に戻るべきだと感じていたし、翌週はタスクに集中すると約束した。

　第3週もあっという間に過ぎた。マーカスは精一杯努力していたが、相変わらずスプリントのタスクに手をつけられずにいた。実のところ、大事件が起きてその対応に追われていたのだ。15人のステークホルダーが突然現れ、これまでのミーティングに呼ばれなかったとマーカスを責め、プロダクトバックログの上の方に自分たちのストーリーを入れるよう要求してきた。マーカスはその対応をし、バックログの優先順位付けをやり直し、他のステークホルダーたちと調整し、あちこちの火消しをして回るハメになっていた。マーカスも他のチームメンバーも、プロ

---

[1] 注：3章「チームコンサルタントでチームの生産性を最適化する」を参照。

ダクトオーナーの仕事がこんなに時間がかかるとは思っていなかった。スクラムマスターの仕事だって、想像した以上だった。

マーカスは手詰まりになった。チームメンバーとしてコミットし、他のチームメンバーから頼られているのはわかっていた。しかしプロダクトオーナーとして、ステークホルダーの要望を適切に扱ってチームに伝えないといけないし、スクラムマスターとしてチームの健康に気を配らなければいけない。どれかを諦めるしかない。

4週目に入り、マーカスはスプリントバックログのタスクに集中することにした。メールを停止し、自分のオフィスのブラインドを下ろしドアには鍵をかけ、閉じこもったのだ。ところがサインアップしたタスクは、当初チームの誰もが考えたよりも難しく、時間がかかることがわかった。

第4週の水曜日、夕方になってついに、マーカスもスプリント中にタスクが完了できないと認めざるを得なかった。マーカスは自分のオフィスで頭を抱え、自分の失敗をチームになんと言って伝えればいいか考え込んだ。突然マーカスは顔を上げた。あるアイデアを思いついたのだ――マーカスはチームメンバーであると同時に、プロダクトオーナーとスクラムマスターなんじゃないか！

追い詰められ疲れ果てて、プロダクトオーナー・マーカスは妄想気味にスクラムマスター・マーカスとチームメンバー・マーカスに話をすることに決めた。1人で3役というのはなんと便利なことか！ 3人のマーカスは、マーカスが担当するタスクを延期し、将来のスプリントで対応できるようプロダクトバックログに入れておくことに同意した。チームメンバー・マーカスはスプリントバックログを変更し、プロダクトオーナー・マーカスが確認した（スクラムマスター・マーカスはその様子を見て、問題ないと2人に伝えた）。これで大丈夫。問題解決だ。インチキもしていない。マーカスは3つの役割をぜんぶ脱ぎ捨てると、額をぬぐってため息をついた。一安心だ！

翌日のデイリースクラムで、マーカスはいつもと同じようにその日のバーンダウンチャートをチームに見せた。今日のバーンダウンチャートは、遅れが突然予定通りに戻っている。チームはなにかおかしいのに気づいた。最初にミゲルが口を開いた。

「マーカス、この急に線が落ちているのは、どういうこと？」（バーンダウンチャートは図5-1参照）

「あ、それね」マーカスは応えた。「僕が担当していたタスクをいくつか消したんだ。大丈夫。プロダクトオーナーとして、これは次のスプリントでやればいいと判断したんだ」

部屋はしーんと静まりかえった。全員マーカスの顔を見つめた。

「なんだって？」ドミニクは声を荒げた。「自分の仕事をなしにしたのか？」

マーカスがドミニクに答える前に、ヒューゴも言った。「こんなことするのはマズイですね。なにを考えてるんです？」

チームはマーカスを追求し、説明を求めた。マーカスは、ひどく深い落とし穴に落ち込んでしまったんだと気づいた。

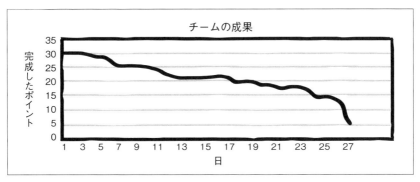

図5-1 スプリントバーンダウンチャート

「みんなすまない！ 僕が悪かった！」マーカスは音を上げた。「問題になるとは思わなかったんだ！」

「問題ですよ！」ジョセが返した。

マーカスは心底落ち込んだ。チームをガッカリさせたことと、今更ながら、自分が過ちを犯したのだと気づいたのだ。

「マーカス、こんなことは二度と繰り返さないでください」ヒューゴが言った。

ドミニクも言った。「このプロジェクトでなにをするのか、決めないとダメだな。**スクラムマスターとプロダクトオーナーを時間で分けて、さらにスプリントバックログのタスクをやるというのは、どう見てもダメ**だ。チームの問題だって残ってるんだ。君にチームの動きを見て、足らないところを教えてほしいんだ！ なのにずっと顧客の方に時間を取られていて、チームを見てないじゃないか」

マーカスも過ちを認めた。

「みんな、すまなかった。スクラムマスターやプロダクトオーナーの仕事がこんなに大変だとは思わなかったんだ。このスプリントは、プロダクトオーナーの仕事でほとんど時間を使ってしまったし、それが変わるとも思えない。チームを放っておくつもりはないんだけど、スクラムマスターとしての仕事も不十分だった。おまけにチームメンバーは……まったくダメだったよ」マーカスは肩を落とした。

「マーカス、考えてほしいんですが」ヒューゴが言った。「あなたが一番苦しいんですよね。ですが、チームとしてはあなたに集中してほしいと願ってます。どの役割がいいですか？」

マーカスは選択肢を考えてみた。スクラムマスターとして、悪くない仕事ができた。プロダクトオーナーの仕事は気に入っているし、うまくこなせるだろう。といって、開発の仕事も捨てがたい。

「さあ、マーカス！ 5分たちましたよ。決めてください」ヒューゴが言った。

「プロダクトオーナーをやるよ。今まで、一番やってきたしね。スクラムマスターはどうしようか？」

5章　スクラムの役割

「あなたはプロダクトオーナーをやるだろうと思ってました」ヒューゴが言うと、他のメンバーもうなずいた。「私たちは、フィリッパにスクラムマスターをやってもらえないか、話をしたんです。彼女はやってみると言ってました。フィリッパがスクラムマスターをやるに当たって、あなたに話を聞くこともあると思います。ですがスクラムマスターはフィリッパの仕事です。あなたはもう、スクラムマスター役はしなくていいんです」

その言葉を聞いて、マーカスは肩の荷が降りた気がした。

「みんな、ありがとう。本当にありがとう。こんなアクロバットをもう1スプリントやるなんて無理だね！」マーカスは強調した。「自分で自分の落とし穴を掘っていたんだと、やっと気づいたよ。スクラムチームでは、だれも、複数の役割をやってはいけないんだ。チームがいくら小さくてもだよ！」

2. モデル　　　　　　　　　　　　　　　　　　　　　*The Model*

物語ではマーカスもチームのメンバーも、マーカスの役割に悩まされた。マーカスは開発の経験があり、プロジェクトマネージャとしても過去数年うまくやってきた。多様なスキルがあるがゆえに、スクラムの役割のどれか1つに絞るのに苦心した。スクラムを初めて導入するチームでは、よく同じような苦労をすることになる。従来の社内の役割をそのままスクラムの役割に対応づけようと試みたり、役割を混同したり、スクラムの役割それぞれが割くべき時間やスキル要件を勘違いしたりするんだ。

スクラムの役割を1つずつ見てみよう。まず**プロダクトオーナー**からだ。プロダクトオーナーは顧客の代表であり、ビジョンをチームが具体的に実現可能なプロダクトバックログへと変換する。プロダクトやサービスの投資効果とビジネス価値を管理するのもプロダクトオーナーの仕事だ。提供すべきプロダクトのビジョンを明確にし、顧客やステークホルダーと協力して要求の一覧を作る。要求の一覧が**プロダクトバックログ**になる。プロダクトバックログには、ビジョンを実現するために必要なすべてを含める。プロジェクト期間の中でチームが時間を費やすべきすべて、**最終成果に価値をもたらすすべて**のことだ。プロダクトバックログに含めるものは、たとえばストーリーや機能、税、スパイク、前提条件などだ（詳しくは25章「価値の測定と最適化」を参照してほしい）。プロダクトオーナーはチームに効率と技量を要求してしかるべきだし、チーム自身が最大の価値を生み出すように仕向けるべきだ。

スクラムマスターの役割はいくつもの側面がある。第一に、高効率のチームを作り、維持するのがスクラムマスターの仕事だ。この仕事は見た目は簡単そうに見える。デイリースタンドアップをやり、チームから状況を聞き、ミーティングやタスクを調整する。だけど本当のところ、スクラムマスターに簡単なところはひとつもない。スクラムマスターはチームのマネージャでもリーダーでもない。スクラムマスターは潤滑油のようなもので、チームのギヤが最高の効率で回転できるようにするんだ。チームが集中し、やるべきことをできるようにするのがスクラ

096

ムマスターだ。そのため、スクラムマスターは木を見て森を見なければいけない。全体像を把握した上で、チームが改善できる箇所を見つけるのだ。

第二に、スクラムマスターはプロダクトオーナーに協力しつつ、プロダクトオーナーの意図をチェックしバランスをとらなければいけない。プロダクトオーナーはチームのベロシティを高くしたいと思っている。スクラムマスターは、ベロシティ向上を実現しつつ、チームの健康さも維持するんだ。よいスクラムマスターがベロシティを向上させるときには、障害を取り除き、チームの健康状態をモニタする。そしてチームがスプリントゴールに向かってどう進んでいるか、チームに理解させる。

スクラムマスターの最後の仕事は、組織を変えるチェンジエージェントだ。よいスクラムマスターは、チームを変えるだけでなく、会社全体の変化まで視野に入れている。スクラムマスターは学習する組織を作る機会を探し、ランチ勉強会などの草の根的な教育の機会を作ったり、新しいスクラムチームに助言するなど、会社全体へのスクラム普及に向けた活動や支援をおこなう。スクラムマスターの巧妙なサーバントリーダーシップにより、会社全体に計り知れない影響を及ぼすことができるのだ。

コアチームメンバーは、プロダクトオーナーが管理する優先順位付きのプロダクトバックログに基づいて、機能を実装するために必要な作業を行い、ビジョンを実現する。効果的に仕事を進められるかどうかは、スクラムマスターとプロダクトオーナーが雑音をうまく処理し、チームメンバーが手持ちの仕事だけに集中できる状況を作れるかどうかにかかっている。

スクラムでは、役割間の重複を最低限にしており、衝突が起きるよう意図的にしてある。プロダクトオーナーはビジネスのビジョンをチームが実現できるよう推し進め、ビジネス価値をステークホルダーや顧客に届ける。いっぽうスクラムマスターはチームが健康で、プロダクトオーナーのビジョンを最高の効率で実現できるよう全力を傾ける。そしてチームは結果を出すことに集中する。プロダクトオーナーがいなければ、チームが狙いを外してしまうリスクがある。スクラムマスターがいないと、チームは燃え尽きてしまうリスクがある。チームメンバーがいなければ、プロジェクトそのものがリスクにさらされる。

2-1. 役割の決め方

スクラムの役割を理解したところで、誰をどの役割にするか決める方法を考えよう。役割を決めるにあたって、最初に覚えておくことがある。いままでの肩書きや役職は無視すること。会社での肩書きや役職は、スクラムの役割と対応しない。肝心なのはスキルだ。役割にどんな能力がほしいか考え、それに合った人を選ぼう。

表5-1に、スクラムの3つの役割で重要となる能力をまとめた。この表は反対から見てもいい。そのほうが便利かもしれない。あなたの組織においてプロジェクトマネージャがやる仕事を書き出してみよう。その内容とスクラムの役割に必要な能力を比べてみるとよい。表5-2では、例として、よくあるプロジェクトマネージャの仕事をスクラムの役割に対応づけてみた。

5章　スクラムの役割

役割	特徴
スクラムマスター	・信頼を醸成する ・問題に気づくよう促す ・影響力を通じてリーダーシップを発揮する ・人を相手にした仕事を好む ・プレッシャーの中でも穏やかでいる
プロダクトオーナー	・顧客の要望を聞いて、何が本当に求められているか 　判別できる ・ステークホルダーや顧客と機能について合意できる ・プロダクトマネジメントに熟練している ・基礎的な財務会計の経験がある ・開発中のアプリケーションが対象とする業界の経験がある
チームメンバー	・オープンなマインドの持ち主である ・改善したり人の改善を助けたりしたい ・チーム指向である ・尊敬される ・謙虚である

表5-1　スクラムの役割と能力

PMの仕事	スクラムマスター	プロダクトオーナー	チーム
顧客とコミュニケーションする		主	副
要求を管理する		主	副
予算を管理する		主	
チームのモチベーションを上げる	主		
プロジェクトのドキュメントを作る			主
問題や課題を解決する	主		主

表5-2　プロジェクトマネージャの仕事とスクラムの役割の対応

　この表を使えば、肩書きのことを忘れてスキルで考える役には立つはずだ。しかし人に適した仕事を選ぶのはいつだってややこしい問題だ。これまでプロジェクトマネージャだった人がスクラムマスターになったら、スプリントバックログのタスクに直接関わりたくなるかもしれない。テスターの人が実はファシリテーターの才能があって、スクラムマスターの役割をやりたくなるかもしれない。その人に向いた役割を自分で自由に選べるようにしよう。どう呼ばれるかより、何をするかがスクラムでは大切なんだ。

098

2-2. 役割を混ぜることについて

　役割を混ぜるというのは、1人の人間が複数の役割を担当するという意味だ。チームメンバーがスクラムマスターをやる、スクラムマスターとプロダクトオーナーを兼任する、プロダクトオーナーがチームメンバーでもある、そういう具合だ。マーカスの例で見たように、1人で3つの役割をすべて同時にやってしまうという場合もあり得る。

　1人で複数の役割を、時間を区切ってやれば、とても効率が良さそうに見えるだろう。なにしろみんな、ずっとそういうやり方で仕事をしてきているわけだ。僕自身、いろいろな役割を混ぜてみたことがある。マーカスと同様、僕ならどれもこなせるだろうと思っていたんだ。そしてマーカスと同様に大失敗をした。僕はすべての組み合わせを、少なくとも3回ずつは試してみたが、一度だってうまくいかなかった。僕は自信を持って、役割を混ぜてはいけないと言える。とはいえ自分で試してみないと納得できない人もいるだろう。だけど僕が止めたってことは忘れないでほしいな。

　役割を混ぜてなにがいけないのか、よく質問される。そういう質問をする人は、それぞれ役割が実際に何をするのか、役割どうしでどんなやりとりをするのか、ちゃんと理解していないことが多い。

　プロダクトオーナーとスクラムの組み合わせは、頭が2つあるドラゴンのようなものだ。どちらかがもう一方を食ってしまう。プロダクトオーナーとスクラムマスターが衝突するよう、スクラムは作られているんだ。一方はチームの尻を叩く役目で、もう一方はチームを守るのが任務だ。あなたがプロダクトオーナーだとしよう。顧客はあなたに、もっとチームを頑張らせるよう厳しく要求してくる。チームをモニタする仕掛け（スクラムマスター）がいなかったら、多くの場合、チームは限界を超えるプレッシャーを受けることになる。一時的に生産性が上がるだろうが、顧客はずっとそのペースを維持できると勘違いする。しかし、チームはそんなペースを持続できないのだ。やがて生産性は低下し、メンバーは燃え尽き、士気が低下する。そうなっても、プロダクトオーナーは顧客が求める期限を守って要求をとりあえず満たしさえすれば、チームの士気を保てるかどうか気にしないし、品質の悪化すら気にかけないかもしれない。

　スクラムマスターがいてプロダクトオーナー不在でも、同じくらいダメだ。プロダクトオーナーは緊張感をもたらすので、プロダクトオーナーがいないとチームの動きが遅くなってしまう。価値の提供にチームをフォーカスさせるプロダクトオーナーがいなくては、チームは自分たちの好みに走ってしまったり、必要とされていない機能を作ってしまうかもしれない。顧客ではなくチームがプロダクトのビジョンを握ってしまうようになるんだ。そうなると、顧客はプロダクトが本当に提供されるのか不安になるし、チームがもっと成果を出せるんじゃないかと疑い始めるし、どうして欲しくない機能にお金を払わなきゃいけないのかと考えるだろう。やがてチームへの信頼は失われる。

　1人でプロダクトオーナーとスクラムマスターを受け持っていて、押しの強い顧客を相手にしていると、1人だけでどちらの役割が「勝つ」か決めるハメになる。スクラムマスターが勝てば、

チームを守る代わりに顧客を満足させられない。プロダクトオーナーが勝てば、顧客は満足するがチームにダメージを与えることになる。

こうした葛藤はどんなプロジェクトにもある。だからこそ、役割を混ぜてはいけないんだ。

このようにスクラムマスターとプロダクトオーナーを一緒にこなすのは問題がある。チームメンバーとスクラムマスターを混ぜるのなら、無害にみえるが、それでも課題はあり、理想的と言えないのには変わりない。前に述べたように、スクラムマスターの仕事は高効率のチームを作り、維持することだ。これとチームメンバーの仕事を比べてみよう。チームメンバーはプロダクトオーナーのビジョンを受け取って形にするという責任を負っている。この責任はスクラムマスターと衝突する運命にある。スクラムマスターは、言ってみれば「木を見て森を見る」のに、チームメンバーは森に入っていって、1本の木(機能やユーザーストーリー)をずっと、スプリントの間じゅう見つめることになる。したがって、この2つの役割を混ぜると、スクラムマスターは大きな問題をチームと同じ視点で捉えるようになってしまい、チーム全体を高みへ持ち上げるという仕事ができなくなってしまう。

プロダクトオーナーとチームメンバーを混ぜるのはだいたい不可能だ。プロダクトオーナーの仕事はノイズが多すぎるためだ。どのプロジェクトでも、初期段階ではプロダクトオーナーは極めて忙しい。顧客やステークホルダーと調整し、プロダクトバックログを作り、ビジョンを深く理解しなくてはならない。それにチームの進みが速ければ速いほど、プロダクトオーナーはチームのためにストーリーを書いたり、詳細を伝えたり、確認したりするのに忙しくなる。

この組み合わせにはいいところが1つだけある。プロダクトオーナーがいつもチームと一緒にいてくれるんだ。だがそれでも、プロダクトオーナーが時間を区切ってチームの仕事をしていては、チーム全体が何をしているのか正しく把握するのは難しくなる。

それでは、エクストリームプログラミングが掲げている「顧客と同席する」という、僕も大賛成だがめったに見たことがないプラクティスはどうだろうか? 顧客とプロダクトオーナーを混ぜるとうまくいくだろうか? 答えは、うまくいくときもあるだ。

まず考えてほしい点は、プロダクトオーナーが顧客だとすると、お金を握っていることになる。「金を払ってるんだから言うことを聞け」と言われるのは、やりにくいものだ。特にスクラムマスターはチームを守る仕事がやりにくくなる。

次に、顧客にも仕事がある点を考えてほしい。例として僕の同僚がやっているスクラムプロジェクトの話をしよう。開発しているのがZDevという会社で、顧客はWiCoだとしよう。WiCoからプロダクトオーナーが1人、ZDevに派遣されて来た。プロダクトオーナーは自分の希望でなったわけではなく、WiCoのマネージャから製品知識が豊富ということで指名された。そこでZDevのスクラムチームのところに来て、プロダクトオーナーとして働くことになったのだ。ZDev側にプロダクトオーナーを立てると、WiCoがそのぶん余計に支払わないといけなくなるという事情もあった。

始めのうちは順調にいき、プロダクトオーナーはチームの要求に答えていた。しかし時間が経つにつれ、顧客・プロダクトオーナーはあまり訪れなくなり、とうとうデモにしか参加しな

くなった。それも積極的とは言えなかった。ZDevはこの様子に気づいて、プロジェクトを止めた。WiCoのお偉方は顔を真っ赤にしてZDevに詰め寄ったが、ZDev側は状況を説明した。プロダクトオーナーがスクラムに積極的に参加しておらず、こうした状態では間違ったものを開発してしまうよりは、何も作るべきではないと。

WiCo側でも調査をして、プロダクトオーナーがなぜプロジェクトを放置したのか判明した。顧客・プロダクトオーナーの人にはもともと抱えている重要な仕事があるのに、たまたま知識が豊かというだけでプロダクトオーナーという新しい仕事を増やされていた。プロダクトオーナー自身がWiCoで受ける期末評価を考えたとき、元の仕事のほうが重要で、ZDevは犠牲にするべきと判断したというのだ。WiCoはプロダクトオーナーの仕事もZDevに任せるほうが結果的に安く付くと気がつき、ZDevに任せる形でプロジェクトを再始動することになった。

3つの役割をすべて混ぜるのは、僕は死の三連星と呼んでるんだけど、とにかくやってはいけない。利点は1つも思いつかない。とはいえ僕も、試してみたいと思ったことはあるし、みなさんもそうだろう。チームが1人か2人しかいないなら、うまくいくかもしれないが、期待はしないほうがいい。役割を3つ混ぜたくなる状況そのものが、もっと大きな問題から発生している可能性がある。大きな問題とは、そもそもプロジェクトを始めるべきではないような問題かもしれない。

2-3. それでも役割を混ぜるというとき気をつけること

これまでの説明で、役割を混ぜるべきではない理由をお伝えできたと思う。とはいえそれでも、試してみる人が多いんじゃないかとも思う。やってみるならば、おすすめはスクラムマスターとチームメンバーの組み合わせだ。一番被害の少ない組み合わせだし、スクラムマスターが常にチームと一緒にいるという利点もある。マネジメントがスクラムに反対していて、その理由がスクラムではスクラムマスターを新たに追加しないといけないというものだったら、うってつけでもある。やるとなったら、気をつけよう。チーム全員が最初から状況を共有しているよう気を配ること。スクラムマスターをフルタイムで参加させるべく説得するには第8章「専任スクラムマスターの利点」を参考にしてほしい。

3. 成功の鍵　*Keys to Success*

マーカスの物語は極端な例だったかもしれない。だが僕がいろいろなチームで働いた経験から、役割を混ぜたいという状況は多い。スクラムマスターがチームメンバーを兼ねるというのはよくあるし、スクラムマスターとプロダクトオーナーを1人でやっているチームも珍しくない。どんな組み合わせであれ、顧客とチームにとって最高の結果は出せない。

小さなチームであっても、スクラムの「レシピ」から外れないほうがいい。特に最初のうちは

5 章　スクラムの役割

そうだ。最終的にチームの能力を最大限に発揮するよう、チームの中によい緊張関係を構築するために時間をかけるべきだ。緊張関係は、チームの中に3つの役割が別々にあるところから生まれる。予算や人員の制限があるなら、スクラムマスターやプロダクトオーナーを他チームと共有するようにしよう。パートタイムの専任スクラムマスターがいれば、3つの役割のバランスを取りやすくなり、チーム内で兼任するよりもずっといい。他チームと共有するなら、プロダクトオーナーよりスクラムマスターのほうがやりやすい。プロダクトオーナーがパートタイムだと、チームの要求に応えるのが大変になりがちだ。

　あなた自身がチームメンバーで、しかしリーダーの仕事もやりたいと感じているなら、チーム内でリーダーとして活動する方法を探すのがいい。改善活動を立ち上げよう。地域のユーザーグループを作るか、すでにあるなら拡大しよう。会社のスクラム専門家となって、メンターや、ランチ勉強会などの機会を作ろう。パートタイムのスクラムマスターとして、他チームを手伝ってもいい。これなら自分のチームでメンバーとして持っている責任と衝突せずにすむ。

　工夫しよう。粘り強くいこう。どうしてスクラムでは3つの役割を分けなければいけないのか、説明できるようにしておこう。

　スクラムマスターの役割を、チームメンバーが交代で受け持つようにして成功したというチームの話もある。僕自身は試したことがないし、うまくいっているのを見たこともない。スクラムマスターが長期にわたる観点を持てないと、ただの管理者に成り下がってしまう。スクラムマスターに必要なスキルは特殊だし、とても重要な役割でもある。キャンプファイヤーで回し飲みするボトルのように考えてはならない。

　僕はチームが一緒にいる限り、同じ人がスクラムマスターを務めるのがよいと考えている。いっぽう、チームが選ぶなら、チームが信任して能力もあり、プロダクトオーナーに立ち向かえる人物を新たにスクラムマスターとするのもいいことだ。

　現実は厳しく、理想通りにいかないことが多いと僕も知っている。それでも、役割を混ぜると、プレッシャーが強まったときは結局どれか1つの役割を選ぶことになってしまうんだと忘れずに、いろいろな判断をしてほしい。チームメンバーとスクラムマスターを混ぜたなら、どちらかを選び、もう片方を犠牲にするという瞬間が必ず来る。残念だが避けられないんだ。どうしても仕方ないときは、このコストを頭に入れて、役割を混ぜたチームを作ろう。

Chapter 6

6 章

Determining Sprint Length
スプリントの長さを決める

どんなチームにでもピッタリ合う魔法のようなスプリントの長さはない。最初のスクラムはスプリントを1ヶ月としていた。しかし、最近は多くのチームが1週間、または2週間でうまくやっている。

選択肢はたくさんあるが、あなたのチーム、あなたのプロジェクトでうまくいくスプリントの長さを選ぶにはどうしたらいいだろう？ 1ヶ月以上のスプリントを設定してもいいのか？ チームに1週間スプリントを導入すべき理由なんてあるのだろうか？ 正しいスプリントの長さを選ぶには、どんな要素を考慮したらいいだろうか？ 新しいプロジェクトだったらどうか？

続く物語の中で、スプリントの長さに対する概念と回答とを見ていこう。その後で、あなたのチームに合うスプリントの長さをどうしたら決められるか議論する。

1. 物語

The Story

ジェイとレイチェルは注文追跡システムの開発を依頼された。顧客はテグラという、個人所有ジェット機向け航空機の製造メーカーだ。ジェイとレイチェルはちょうど、スプリントの長さと要求について話し合っているところだ。

「レイチェル、僕はここ何日か要求仕様書に目を通しているけど、どうも困ったよ。この仕事をするには厳しい制約がある。テグラは新しい注文追跡システムを欲しがっているんだけど、この会社では年内に予算を執行しないといけないんだ。つまり、半年以内に迅速かつ正確に作らないといけない。来年になってしまったら、もう修正するための予算はないからね。それと、テグラのステークホルダーは要求をあまり明確にできていない。彼らはただ、現行システムの延長ではなく、まったく新しいシステムで置き換えたいってぼんやり思ってるだけみたいだ」

「まあ！」とレイチェルは言った。「それは漠然としてるわね」

「さらに悪いことに、要求ドキュメントは少し古そうなんだ。誰かが書き起こした新しい画面設計のドキュメントはある。UI要素と振る舞い、システムとのインタラクションも書き込んであるから、まずはとっかかりにはなるかな。現行システムも参考になるし、現状のユースケースも整理されたものがある。残りは、進めながら作っていくしかないよ」とジェイは返答した。

「そうね。問題を分割して1つずつ、対処できるかどうか考えましょう。ジェイ、コアチームにどんな人が必要か考えてもらえる？ 私のほうはテグラに行って、どんなプロジェクト構成が

6章　スプリントの長さを決める

いいか相談してくるわ」とレイチェルが答えた。

数日後、レイチェルとジェイはミーティングを持った。

「このプロジェクトはとてもスクラムに合うと思うわ。コアチームのメンバーはスクラムに慣れてるの？」

ジェイは考えてきたメンバーについて説明した。「スクラムで何度かプロジェクトを一緒にやってきたメンバーなんだ。テスト駆動開発や継続的インテグレーションなんかの技術的スキルもある。かなり心強いよ」

「いいわね。私はテグラのステークホルダーに会って、うちから提案できるプロジェクトのスタイルをいろいろ紹介したのだけど、スクラムを一番気に入ってもらえたわ。スクラムのやり方も説明して、受け入れてもらえたの。だけどスプリントの長さはまだ話していなくて、それを相談したいの。ここまでをまとめるわね」

レイチェルはホワイトボードに図6-1のように箇条書きした。

図6-1　状況

ジェイはホワイトボードを眺めながら言った。「良いまとめだね、レイチェル。一番大きな課題は、締め切りが12月31日で、要求が曖昧ってことだと思う。彼らが求めるものがはっきりわからないし、彼ら自身でもわかっていない。このチーム、厳しい締め切り、曖昧な要求を考え合わせれば、フィードバックサイクルは短くしないと。1週間スプリントがいいと思うな」

「私もそう思うわ。このプロジェクトの極めて重要な変数はテグラよ。たぶん、ステークホルダーの使える時間では1週間スプリントの要請に応えられないと思うの。1週間スプリントでうまくやるには相当の熱意と時間がないといけないけれど、それが可能か、そうする気があるかもわからないわね。物理的には、全員同じオフィスにいるし行き来できる距離だから不可能じゃないわ。それでも、彼らは他に仕事があってかなり忙しいしね。いままでの案件で、テグラにそこまでのコミットメントを求めたことはないと思う」

「いままでのテグラ案件では、要求はもっとちゃんと定義されていたよね。だからそこまでコミットメントを求めたこともないんだ。そうだな、よし、ミーティングしよう。テグラ側がこ

のプロジェクトにどのくらい時間を使えるのか、探ってみたほうがいい。それに1週間スプリントの案を説明して、反応を見てみたい。聞くだけ聞いてみようか、ね？」

ミーティングは予想外にすぐ開催された上、5人の関係者が全員出席してくれた。ジェイはミーティングの狙いから話を始めた。「こんにちは。本日みなさまにお集まりいただいたのは、ご要望の期間でシステムを構築するのに必要な協力体制と作業の進め方について話し合うためです」

「我々はうまくいくと思われる手法で計画を立てました。ですがうまくいくには、皆様の時間とコミットメントが欠かせません。この手法では頻繁にシステムを皆様にレビューしていただきます。できれば1週間ごとと考えています。毎週、次の週に何を作るのか一緒に検討します。コードは出荷可能な状態で提供いたしますので、本番環境に導入しても運用上問題はありません」

顧客はこれを聞いて目を見開いた。「毎週リリースしてフィードバックができる？ すばらしいね。何か裏でもあるんじゃないだろうね？」顧客の1人が質問した。

「はい。毎週金曜日にリリースするには、皆様は時間をかなり割いて、プロジェクトを正しい方向に導いていただかなくてはなりません。1名の方には毎週20時間か30時間くらい、他の方はそこまでではありません。プロダクトバックログを見直して、ストーリーがすべて満足いく状態か確認したり、次スプリントに向けて優先順位を付けたり、あるいは障害のレビューとトリアージや、そもそも障害の記録をするための時間になります。また、他にも……」

ジェイは顧客の目に疑念が浮かぶのを見て、途中で話を止めた。中の1人が質問した。「我々にも仕事がある。そんな時間をどうやって作るんだ？」

「確かに、やることは相当になります」ジェイは答えた。

レイチェルは同意し、うなずいた。

ジェイは続けた。「このやり方なら22回、方向転換のチャンスがあります。6ヶ月間毎週やれば、それだけプロジェクトが軌道修正できるんです。今年の終わりに、皆様が望むものを確実に手に入れるには、このやり方がベストです」

「ベストかもしれないけれど、それだけ時間を取るのは私には無理だ。もう少し引き延ばせないだろうか？ 毎週ではなく月1回にしたらどうだろう？」

替わってレイチェルが答えた。「ジェイと事前に検討しましたが、たいていのプロジェクトは月1回でも問題ありません。ですがこのプロジェクトでは問題があります。課題となるのは要求なんです。要求が曖昧すぎていて、年末の納期を考え合わせると、間違ったシステムを作ってしまい、誰も欲しくないものが出来上がってしまうというリスクがたいへん高くなります。1ヶ月のスプリントではフィードバックの機会が5回しかありません。6スプリント目が終わったら、もう納期なんですから」

「これは刺激反応時間の問題です。自分の指を切ってしまったとき、怪我に脳が反応するまでの望ましい時間はどれだけでしょうか？ 直ちに、ですね。我々が機能を作っているとき、システム全体の健康を保つには、変化に直ちに反応する方が望ましい。そこで、様々な刺激反応

のサイクルを組み込みたいわけです。それには皆様の側からも投資していただかなくてはなりません。投資によって、正しいシステムを作れる確実性が高まるんです」ジェイが引き継いで話した。

「1ヶ月スプリントを望まれる気持ちもわかりますが、プロジェクトの期間を考えますと、必要なフィードバックは決して得られないと思います。それでは、2週間スプリントはいかがですか？　1週間には劣りますが、そこまで厳しくもありませんし、妥当な範囲の刺激反応時間が期待できます」

顧客チームは計算は得意だ。6ヶ月の期間に対して、2週間スプリントなら10〜12回フィードバックのチャンスがあり、プロジェクトを軌道修正できる。顧客はまた、正しいシステムを年内中に完成させるのが必須だとも心得ている。さもなければ予算は消えてしまい、半分しか完成していないシステムか、完成しているが使い物にならないシステムでやっていかなくてはならなくなるのだ。

顧客の責任者が口を開いた。「2週間のスプリントで進められるように考えよう。半年分のスケジュールを調整すればいい話だ。お二人にも手伝ってもらうよ。スクラムは初めてなので、ガイド役をお願いしたい。まだ完全に納得したわけではないが、よい議論だった。2週間のスプリントで進め、このプロジェクトを成功させよう」

2. モデル　　　　　　　　　　　　　　　　　　　　　　*The Model*

適正なスプリントの長さを選ぶことは、すなわち、適切な刺激反応サイクルを見つけることと同じだ。この物語では、チームと顧客は厳しい納期に直面した。ソフトウェア開発プロジェクトではありがちな話だ。レイチェルとジェイは顧客に対して、締め切りと曖昧な要求を考慮すればプロジェクトの刺激反応時間をできるだけ短くすべきだと説明した。

スプリントの最初に顧客がストーリーに優先順位を設定すると、刺激が発生する。刺激に対する反応として、チームは動作するソフトウェアを構築する。動作するソフトウェアの構築は、顧客に対する刺激となる。顧客は反応としてフィードバックを返す。フィードバックは即時的であるほど、顧客が本当に欲しいものをリリースできる確率が高まる。本当に欲しいものが、最初に言ったとおりとは限らない。こうした刺激と反応のサイクルはプロジェクト終了まで続く。

レイチェルとジェイは1週間スプリントを推奨した。2人が検討した要素は以下のようなものだ。

・想定されるプロジェクトの期間
・顧客 / ステークホルダー
　　── どれくらいの頻度でフィードバックと助言を提供できるか
　　── スクラムとの親和性

—— 企業内、あるいはステークホルダーや顧客のグループにある文化的な壁

—— 環境的な要因

・スクラムチーム

—— スクラムの経験（自動受け入れテストやTDD、リリースの自動化などの）技術的な能力

—— 作業を分割する能力

これらの要素はどんなチームにとっても重要だ。スプリントの長さを1週間、ないしは2、3、4週間と選ぶ上で、すべての要素を考慮すべきだ。それぞれの要素について詳しく見ていこう。

2-1. プロジェクトの期間

スプリントの期間はプロジェクトの期間を基に選択すべきだ。しかしながら、スプリントの長さは4週間を**超えてはいけない**。3ヶ月のプロジェクトを考えてみよう。スプリントの長さが4週間では、ステークホルダーはリリースまでに2回しかデモを見られない。これではリスクを十分軽減できるほどフィードバックが得られない。もっと短くしなくてはだめだ。

では、1年続くプロジェクトではどうか？ 4週間のスプリントは大体1ヶ月なので、デモの機会は11回ある（その後は最終リリースになる）。ステークホルダーが開発中に11回製品を見られると考えれば、現実的な選択肢と言える。もちろん他の要素も考慮しなくてはいけない。

3ヶ月と1年の間のプロジェクトはどうだろうか。今回見てきた物語では、6ヶ月のプロジェクトを扱った。6ヶ月のプロジェクトを4週間のスプリントで進めると、チームがフィードバックを得られるの5回だけだ。6回目のスプリントには、フィードバックの機会はない（プロジェクトが終了してしまう）。正しい製品を提供するのに、5回のフィードバックで十分か？ それは場合による。3ヶ月以上1年未満のプロジェクトであれば、プロジェクトの長さを反映するといい。僕からひとつアドバイスしよう。プロジェクトが短ければ、スプリントも**短く**（1-2週間）し、プロジェクトが長ければスプリントの長さも2週間から4週間にする。繰り返しになるが、決して4週間（1ヶ月）を超えるスプリントを選んではいけない。この点は忘れないでほしい。現に僕は、自分が携わるプロジェクトでは**ほとんどの場合**2週間のスプリントを採用している。2週間が、ちょうどいい刺激と反応が得られるようだ。

プロジェクトの長さが1年以上かかりそうな場合は、プロジェクト自体を考えなおそう。複数年のプロジェクトは大きすぎる。短いリリースに分割する方法を考えよう。2ヶ月スプリントと同じく、2年プロジェクトも望ましくない。4ヶ月や半年のプロジェクトに分割すべきだ。プロジェクトを小さく分割する方法が見つけられないなら、あなたの会社には文化的な問題がある。スクラム以前に、その問題に取り組もう。

図6-2はこれを別の視点から見たものだ。短いスプリントはグラフの明るい側で、より明瞭になり、正しいものを作れる見込みが高くなる。スプリントが長くなるとグラフの暗い側に移動するが、不明瞭になり、顧客の参加が薄まり、間違ったものを作ってしまうリスクが高まる。

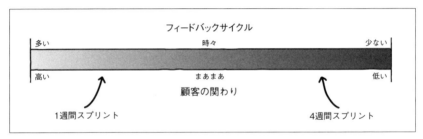

図6-2　フィードバックの量と顧客の関わり

2-2. 顧客とステークホルダー

顧客と一緒にスプリントの長さを検討するに当たっては、次の3つの要因が重要だ。

- グループとしての顧客
- 企業文化
- 顧客の状況

最初にグループとしての顧客を見てみよう。顧客のニーズとチームのニーズのバランスをなにより重要視しよう。1週間のスプリントでは、チーム側の問題を解決できるかもしれないが、顧客との関係性に悪影響を与えてしまう可能性もある。レイチェルとジェイをお手本に、顧客グループと話し合おう。顧客が時間を割くことがプロジェクトの成功に大切である理由を説明し、結果としてどんな利点があるのか説明しよう。忘れないでほしい。初めてスクラムに取り組む顧客は、スクラムで求められるようなコミュニケーションをしたことがない。今までのやり方では、プロジェクトの最初に要求を与えたら、あとはプロジェクト終了時にできあがった製品を受け取るだけだ。スプリントの長さがいくつであれ、顧客を教育するのはあなたの責任だ。開発プロセスにおけるフィードバックの価値と、彼らの関与が重要である点について、しっかり理解してもらうんだ。

続いて、顧客の企業文化を観察する。その企業と文化にとって、スクラムチームと働くのはこれが初めてか？　もしかするとパイロットプロジェクトではないか？　その場合にスプリントが短すぎると、スクラムを誤解して、チームから顧客へ過剰にプレッシャーをかけるものだと受け止めるかもしれない。企業の価値観と、ステークホルダーとスクラムチームの価値観をすり合わせる方法を探ろう。2週間か4週間ごとに動作するソフトウェアを作るという点にステークホルダーとスクラムチーム双方が価値を見出していても、企業が包括的なプロジェクト計画を重視するようでは、スプリントの長さにかかわらず苦労の多いプロジェクトになるだろう。ここでも教育が大事になる。顧客側企業内に賛同して協力してくれるスポンサーがいると、チームを雑音から守れる。それと同時に、チームが多くの結果を出していけば、企業も考えを

変え、多くのイテレーションが包括的計画より価値があると認めるかもしれない。

　顧客がビジネスをおこなう環境もプロジェクトに影響する可能性がある。コンプライアンスや規制などの環境要素は見落としがちだが、僕の経験ではチームが提供する内容と時期に影響する場合が多い。規制が多いならスプリントの長さを2週間以上にしたほうがよい(3週間、4週間のほうが望ましい)。スプリント完了時に出荷可能と判定するためのコンプライアンスの評価や監査が馬鹿にならないためだ。

2-3. スクラムチーム

スクラムチーム自体もスプリントの長さを決定する要因になる。以下を考慮しよう。

・**スクラムの経験**
・**技術的な能力(テスト駆動開発、継続的インテグレーション、ペアプログラミングなど)**
・**作業を分解できる能力**

　今回の物語では、チームメンバーはスクラムとXPの経験があった。メンバーはお互いによく知っており、一から始めずにすむ。スクラムのフレームワークで働くのにも馴染んでいる。「このコードは私のもの」という思考の人は1人もいなかった。ジェイとレイチェルもそうした状況を承知しており、1週間のスプリントでうまくいく自信があった。一般に、不慣れなスクラムチームは2週間か4週間のスプリントを守るのがよい。1週間のスプリントはより経験を積み、良い関係で仕事ができるようになったチームが選ぶべきだ。

　スプリントの長さを1週間にするには、短期間で結果を出すためのエンジニアリングスキルを既に修得済みでなければならない(身についていなかったら、すぐに学ばなければならない)。よいエンジニアリングプラクティスは長めのスプリントでも重要だが、4週間スプリントに比べたら1週間のほうがエンジニアリングの不足が痛烈に響く。1週間スプリントを効果的に実施するには、継続的インテグレーションサーバーの構築と維持運用が欠かせないし、チームとしてエンジニアリングプラクティスを実施しなければならない(テスト駆動開発やペアプログラミングなどだ)。テスティングの負債も恐ろしいほど急激に増えるため、受け入れテストの自動化フレームワークも必須だ。統合テスト用フレームワークであるFit(Framework for Integrated Test)などがある。目的がこうしたツールの修得にあるなら、1週間のスプリントも筋が通る。そうでなければ、必要なスキルを身につけるまでは、1週間のスプリントは考えないほうがいい。

　チームのタスク分解能力は短いスプリントでは不可欠だし、長いスプリントでもとても重要だ。タスク分解はそれ自体が芸術である。クリティカル・シンキングと明晰な頭脳、問題の深層を見抜く力が求められる。もしチームが上手にタスク分解できるなら(もしくは急いで上手になりたいなら)、1、2週間の短いスプリントでも機能する可能性がある。チームがまだタスク

6章 スプリントの長さを決める

分割を学んでいる最中であれば、より長い2週間から4週間のスプリントから始めるべきだ。タスク分割のやり方と改善については12章「ストーリーやタスクを分割する」で詳しく説明する。

2-4. スプリントの長さを決定する

あなたはこう思っているかもしれない。「よくわかったし素晴らしい考え方だな。でも今日の終わりまでに**私のチームの**スプリントの長さを決めないといけないんだけど！」

僕はプロジェクトの開始時に関わるとき、いつも同じような一連の質問をしている。ちょうどジェイとレイチェルがしたのと同じだ。スプリントの長さを決める役には立つが、決定的ではないし、ルールというよりガイドラインと考えてほしい。僕は自分の質問を、よく雑誌で見かけるようなクイズの形にまとめてみた。質問に対する回答の選択肢があり、回答には点数が付いている。質問にすべて回答したら、表を使って理想的なスプリントの長さを見つけるんだ。これも他の道具と同じで、賢く使うこと。結果が間違っているように感じたら、別の長さを選べばいい。

まずは以下のクイズに答えて欲しい。あなたの状況に合う答えを選択肢から選ぼう。

1. プロジェクトの 期間	プロジェクトの期間は？	A. プロジェクトの期間は3ヶ月以内 B. プロジェクトの期間は3〜6ヶ月 C. プロジェクトの期間は6〜9ヶ月 D. プロジェクトの期間は9〜12ヶ月 E. プロジェクトの期間は12ヶ月以上
2.3.4.5. 顧客	顧客やステークホルダーはフィードバックやアドバイスをどの程度できるか？	A. フィードバックやアドバイスをかなりできる B. フィードバックやアドバイスをあまりできない C. フィードバックやアドバイスは全くできない
	顧客やステークホルダーはスクラムをどれくらい知っているか	A. よく知っている B. いくらか知っている C. 全く知らない
	文化の壁がどれくらいあるように見えるか？	A. 文化の壁が全くない、もしくは少しだけ壁がある B. 文化の壁が多少はある C. 文化の壁がたくさんある
	規制をどう評価するか？	A. 全く規制はない、もしくは少しだけ規制がある B. いくつか規制がある C. たくさんの規制がある
6.7.8. チーム	スクラムチームはどのくらい経験を積んでいるか？	A .10以上のプロジェクトで、数年以上スクラムの経験がある B. 4つ〜9つのプロジェクトで、いくらかスクラムの経験がある C. 3つ以下のプロジェクト、またはスクラムを経験していない
	スクラムチームの技術的なスキルはどのくらいか？	A. 技術的なスキルはかなり高い B. 技術的なスキルは平均的 C. 技術的なスキルは低い
	スクラムチームのある期間におけるストーリー/タスク分割のスキルはどのくらいか？	A. タスク分割のスキルはかなり高い B. タスク分割のスキルは平均的 C. タスク分割のスキルは低い

質問にすべて答えたら、表6-1の点数表を使って各質問の回答に点数を付ける。表にある数字は3種類だけで、1＝よくない選択、3＝可能、5＝理想的という意味だ。回答に対応する4つの数字をすべて、表6-2に持っていこう。

ジェイとレイチェルの物語では、スケジュールは半年だった。最初の質問「プロジェクトの期間は？」の点数を出してみよう。この例では「C. 6～9ヶ月」となる。あなたのプロジェクトもこの例と同じなら、同様に6～9ヶ月の点数を選ぶことになる。そして、表6-2のようにコピーしよう。

スプリントの長さ

		1週間	2週間	3週間	4週間
1. プロジェクトの 期間	A. プロジェクトの期間は3ヶ月以内	5	5	1	1
	B. プロジェクトの期間は3～6ヶ月	5	5	5	1
	C. プロジェクトの期間は6～9ヶ月	3	5	5	3
	D. プロジェクトの期間は9～12ヶ月	3	5	5	3
	E. プロジェクトの期間は12ヶ月以上*	1	5	5	3
2.3.4.5. 顧客	A. フィードバックやアドバイスをかなりできる	5	5	3	1
	B. フィードバックやアドバイスをあまりできない	3	5	5	5
	C. フィードバックやアドバイスは全くできない*	1	1	1	1
	A. よく知っている	5	5	1	1
	B. いくらか知っている	1	5	5	5
	C. 全く知らない*	1	1	3	3
	A. 文化の壁が全くない、もしくは少しだけ壁がある	5	5	5	5
	B. 文化の壁が多少はある	1	3	3	3
	C. 文化の壁がたくさんある*	1	1	1	1
	A. 全く規制はない、もしくは少しだけ規制がある	5	3	3	1
	B. いくつか規制がある	3	5	5	3
	C. たくさんの規制がある*	1	3	5	5
6.7.8. チーム	A .10以上のプロジェクトで、 　数年以上スクラムの経験がある	5	5	3	1
	B. 4つ～9つのプロジェクトで、 　いくらかスクラムの経験がある	3	5	5	3
	C. 3つ以下のプロジェクト、 　またはスクラムを経験していない*	1	3	1	5
	A. 技術的なスキルはかなり高い	5	5	3	1
	B. 技術的なスキルは平均的	3	3	3	3
	C. 技術的なスキルは低い*	1	3	5	5
	A. タスク分割のスキルはかなり高い	5	5	1	1
	B. タスク分割のスキルは平均的	3	5	5	3
	C. タスク分割のスキルは低い*	1	1	3	5

表6-1　点数表　　　　回答に*がついたものは警告を示している。あなたが選んだ回答に1つでも*がついていたら、スクラムを使いはじめる前にそうした問題に取り組まねばならない

6章　スプリントの長さを決める

	1週間	2週間	3週間	4週間
プロジェクトの期間は6〜9ヶ月	3	5	5	3

表6-2　スプリントの長さの計算式によるプロジェクトの期間分割方法

　質問に答えるたびに、表6-1のスプリントの長さの計算表からポイントをモデルに書き写し、次の質問へ進む。すべての質問に答えたら終わりだ。

　たとえば、あなたが質問2から質問5をすべてBと答えているとする。これらの質問は顧客についてだ。そして質問6から質問8は "B"、"A"、"A" と答えているとしよう。あなたのモデルは表6-3のようになる。

	1週間	2週間	3週間	4週間
1. プロジェクトの期間は6〜9ヶ月	3	5	5	3
2. 顧客はいくらかは参加可能	3	5	5	5
3. 顧客はスクラムについていくらかは知っている	1	5	5	5
4. 文化の壁が多少ある	1	3	3	3
5. いくつか規制がある	3	5	5	3
6. チームは多少スクラムの経験がある	3	5	5	3
7. 技術的なスキルはかなり高い	5	5	3	1
8. タスク分割のスキルはかなり高い	5	5	1	1
平均点	3	4.75	4	3

表6-3　選択したスプリントの長さ

　最後の行は「3、4.75、4、3」となっているが、これは平均値だ。すべての回答のポイントを足しあわせ、8で割っている。これを基にして、あなたのプロジェクトには2週間スプリントがベストだと言える。僅差で3週間が続き、1週間と4週間は最下位だ。

2-5. 注意事項

　設問の回答の中に、僕がお勧めしないとした選択肢があるのに気づいただろうか。たとえばプロジェクト期間として12ヶ月を超えるという回答がある。こうした選択肢は、実は**警告サイ
ン**となっている。" * " が付いている選択肢が、警告サインだ。警告サインの回答を1個でも選んでいたら、次のような警告を受けたと思ってほしい。あなたの会社には重大な問題があり、スプリントの長さを考えている場合ではない。そうした問題を解決するまで、**スクラムに手を出さない方がよい。**問題を残したままでスクラムを試してみてもきっと上手くいかないし、失敗したチームはスクラムのせいだと感じる。スクラム自体が、初めてやるのは大変なものだ。さ

112

らに警告サインを無視してしまえば、失敗は不可避だ。

2-6. クイズを終えて

クイズのやり方に慣れるとスプリントの長さをうまく選べるようになる。ジェイとレイチェルは分析と議論、そして直感で選んだが、それと同じだ。

スプリントを実施した経験がないと、いろいろなスプリントの長さを試したくなるかもしれない。だが顧客にとっては混乱の元になる上、チームを弱らせかねない。僕が働いたある企業では、自分たちに最適なスプリントの長さを決めるため、すべての長さを実験したがった。モデルからも直感からも、明らかに2週間スプリントが最適だったにもかかわらずだ。最初は3週間スプリント、次に2週間、そして1週間、こんどは4週間スプリントにして、その後2週間に戻り、最後は3週間のスプリントを実施した。結局2週間のスプリントに落ち着いたものの、チームは自動車事故に遭ったような気分になってしまった(しかもシートベルトなしで!)。

初めてスクラムに取り組むときは一般的な2週間か4週間から始め、しばらくは変えないようにしよう。しばらくやってみて、問題を抱えていると感じたら、それこそがスクラムによって問題を表面化できたということだ。スプリントの長さやスクラム自体の問題ということは、ないはずだ。

3. 成功の鍵　　　　　　　　　　　　　　*Keys to Success*

スプリントの長さを決めるのに大変な苦労をするわけではないが、軽々しく決めてもいけない。

スプリントの長さを決めるときは以下の事柄が重要だ。いずれも忘れないようにしよう。

- ・プロジェクトの期間
- ・リスクを取れる量
- ・チームの能力
- ・顧客の忍耐

項目それぞれに、刺激反応時間を最優先に考えよう。フィードバックが多ければ、リスクも多めに取れる。スプリントが短ければ隠れたリスクをすぐ見つけられるが、顧客とのコミュニケーションコストが増え、チームへの割り込みも増える。スプリントが長くなると、リスクの発見には時間がかかるが、コミュニケーションの時間や手を止めるタイミングを減らせる。コミュニケーションと割り込みのバランスを取りながら上手にフィードバックできるように、チームと顧客で協力していこう。最初は難しいが、一緒に上達していくんだ。

6章　スプリントの長さを決める

　本章では質問と点数表を紹介した。時と場合によって、そのままでは使えないこともあるだろう。クイズはあくまでスタート地点だと考えること。モデルの質問と答えの重みにとらわれすぎないでほしい。そんな重みより、あなたの顧客とチームのことに集中してスプリントの長さを考えよう。最後に、1週間から4週間という短いサイクルの意義を忘れないこと。顧客のフィードバックを集め、動作するソフトウェアによりプロジェクトの進捗を伝え、リリース可能なプロジェクトの成果を定期的に届ける。これが理由だ。スプリントの長さを正しく設定すれば顧客からフィードバックしてほしいという気持ちと、チームがフィードバックに反応しつつ開発を進める能力をうまくバランスさせられる。

3-1. 4週間以上のスプリント

　ケン・シュウェイバーが書いた『アジャイルソフトウェア開発スクラム』[※参6-1]にはこう書かれている。「スプリントは休日を含む30日間のタイムボックスで行われます。……また、プロセスをサポートするための成果物や文書を必要とするほど多くの作業をチームに行わせないために割り当てる最大の日数です。さらに、ステークホルダのほとんどが、チームの進捗に対する関心と、チームが自分たちに対して有意義なことを行っているという信念を失わずに待つことができるという最大の日数でもあります」

　これは重要だ。スプリントの長さを30日以下にする理由はすべてフィードバックループのためだからだ。チームが正しい道を進んでいるかどうか確認するためなんだ。また別の考え方もある。スプリントの開始時にチームが聞くのは、プロダクトオーナー（とステークホルダー）の要求だ。スプリントの終わりに、チームは自分たちが聞いたものを、実際に見せる。こうして「言ったつもり」症候群を回避できる。「確かにそう言ったかもしれないが、そういう意味じゃないんだ」という言い合いに、あなたも覚えがあるだろう。だったらどうしてフィードバックループを短くしないんだ？

3-2. スプリントの長さの延長

　「もしスプリント内に作業が終わらないなら、バックログがすべて片付くようスプリントの長さを延長するべきだろうか？」僕はこの質問を年がら年中聞かれる。これは危険なことだ。ロン・ジェフリーズがかつて僕に教えてくれた。「3週間か4週間で作業を終わらせられないのに、どうして5週間や6週間、8週間なら終わらせられると思うんだい？」そのとき、彼はどうアドバイスしたかって？　1週間のスプリントに切り替えろ、と言ったのさ。なぜって？　簡単なことだ。その週の終わりまでに何が必要か、月曜日に見通せるからだ。明確で単純だ。さらに、ストーリーとタスクを小さくしないといけなくなるし、チームが自分たちを振り返って課題を見直す機会も増やせる。言い換えれば、刺激反応時間を短くするわけだ。

Chapter 7
7章

How Do We Know When We Are Done?
完成を知る

　「もう終わった？」という一見無邪気な質問が、あらゆるソフトウェアプロジェクトで数え切れないくらい投げかけられている。これに答えるほうは無邪気ではいられない。「終わりました」と言えば、仕事を増やされかねない。「終わってません」と言ったら、ロクに仕事も終わらせられないヤツだと思われてしまう。チーム内で答えがバラバラだと、ステークホルダーの信頼を損なってしまう。

　事前に「完成（Done）」とはなにか共有すれば、チームもビジネスも時間を節約できる。過剰な進捗確認や、曖昧さ、見落としなどを防げるからだ。この章では「完成の定義」とはどんなもので、どういう意義があり、ステークホルダーにどう役立つのか見ていく。また、自分たちで完成の定義を作り、維持するためのやり方も紹介する。

　物語に登場するメアリーはプロダクトオーナーだ。メアリーは顧客やステークホルダーを集めてストーリー収集ワークショップをおこなっているところだ。

1. 物語　　　　　　　　　　　　　　　　　　　　　The Story

　メアリーはプロダクトバックログを作るためのストーリー収集ワークショップの真っ最中だ。大規模なバックオフィス系インフラのプロジェクトで、20名ほどの関係者が参加している。運用エンジニア、ゼネラルマネージャ、開発者、マーケティング、プロダクトマネージャ、営業などだ。参加者はそれぞれ、プロジェクトに期待するものも関わり具合も様々で、最初に作るべきと考えている機能もバラバラだ。これだけ多様なグループでワークショップをやるのが大変なのは、メアリーもよく承知だ。できるだけ雑音を排除し、本当に必要なストーリーだけに集中しないといけない。

　メアリーと彼女のチームは、完成の定義を準備しておいたが、いったん隠してミーティングを始めていた。最初に見せなかったのは、ひとつにはその内容で議論が偏るのを避けたかったためだ。もう1つの理由は、完成の定義を検討事項だと思わせないためだった。チーム外の意見で左右できるものではないと、ハッキリしておきたかったのだ。

　ミーティングが始まってすでに2時間。全部で200近くのストーリーを書き出せたので、ここまでは大成功だった。しかしストーリーを実現する順番の議論が行き詰まっていた。運用エンジニアは監視機能とセキュリティを優先したいし、ハードウェアとネットワークを最初にすべて構築すべきと考えている。マーケティング担当はリリース日だけ知りたがっている。開発

115

者とテスターは個々のストーリーの詳細の話に入り込みがちだ。

　ここでメアリーは、チームが作った完成の定義を取り出した。完成の定義は、ストーリー、ス
プリント、結合環境へのリリース、本番環境へのリリースの4つについて、それぞれ「完成」と
見なすために必要な項目を一覧にしたものだ。

　メアリーがミーティングで見せた完成の定義は、抜粋を図7-1で見られる。

チームの「完成」の定義

ストーリーについて	スプリントについて
• すべてのコード（テストと機能）が 　チェックイン済み • すべてのユニットテストが通る • 受け入れテストがすべて設計済みで、 　記述済みで、通る • ヘルプファイルが自動生成されている • 機能テストが通る	ストーリーの条件に加えて： • プロダクトバックアップを更新してある • パフォーマンステストを実施する • パッケージ、クラス、アーキテクチャ図を 　更新してある • バグはすべて、対応済か延期済みである • ユニットテストのコードカバレッジが80%

結合環境へのリリースについて	本番環境へのリリースについて
スプリントの条件に加えて： • インストーラがビルドされている • MOMパッケージができている • 運用ガイドを更新してある • トラブルシューティングマニュアルを更新してある • ディザスタリカバリプランを更新してある • すべてテストスイートが通る	結合の条件に加えて： • 負荷テストを実施する • パフォーマンスチューニングを実施する • ネットワーク構造図を更新してある • セキュリティ確認を受けている • 脅威モデル分析の確認を受けている • ディザスタリカバリプランをテスト済み

図7-1　完成の定義の例

　関係者は一様に驚いた。今まで、これほど詳細に、リリースの品質を約束するのをみたこと
がなかったのだ。ビルが感心した様子で言った。

　「メアリー、ずいぶんとしっかりしているね。スプリントごとにパフォーマンステストをするっ
て書いてあるけど、本当かい？」

　メアリーが答えた。「本当です。それ以外にも、出荷するのに必要なことはすべて、開発しな
がら進める予定です。開発の終盤に回すわけではないんです」

　ビルは続けて聞いた。「環境構築は？　ここには入ってないね」

　メアリーは微笑んで答えた。「完成の定義を使うのは、プロジェクトの間じゅう維持し続ける
ものに対してなんです。たとえば、トラブルシューティングマニュアルはストーリーごとに書き
加えていきます。プロジェクト終盤に『ドキュメント期間』を設けてまとめて書くわけではあり
ません。システムを提供するのに必要なことはすべて、スプリントごとに実施するんです」

　ビルはうなずいた。「つまりこの完成の定義は、プロジェクトの間ずっと続けていく内容だっ
てことか。一回だけやるんじゃないと。環境構築なんかは、タスクやストーリーになるという

ことかな？」

「その通りです」メアリーは答えた。「私たちが完成の定義を作ったのは、プロフェッショナルとして高いレベルの仕事をするためです。クリスマスプレゼントが『完成』になるのは、リボンをかけてクリスマスツリーの下に置いたときですよね。同じように、私たちの完成の定義は、タスク、ストーリー、スプリント、リリースなどが『完成』と見なせる条件です。スプリントごとに条件を満たしたかテストし、レビューミーティングでデモもします」

運用エンジニアも、チームが作った完成の定義に満足だった。彼らに必要な部分が、ストーリー、スプリント、リリースそれぞれできちんと満たされているおかげだった。セキュリティチームも、アーキテクチャ、ドキュメント、脅威モデル分析が適切に含まれているので歓迎した。営業、マーケティング、ゼネラルマネージャは大喜びだった。チームが1つ1つの仕事をスプリントごとにここまで詳細に確認していれば、各人がほしい機能もきちんとできてくると期待できるためだ。

2. モデル　　　　　　　　　　　　　　　　　　　　　　　The Model

チームが「完成の定義」を持っているのは、チームが最高の仕事でもってビジネスと顧客に期待に応えようとしている現れで、そのことがステークホルダーにもはっきり伝わる。チームが完成の定義を使い始めれば、ただのチェックリストではなく日々の仕事の欠かせない一部となる。最高の仕事への決意が、完成の定義に現れているんだ。

完成の定義はコミュニケーションでも有用だ。チームが「終わった」と言うとき、どういう意味なのか誰の目にも明らかなので、「あれは終わった？　どこまで終わった？」のような質問はなくなって、「ストーリーは終わった？　イテレーションは終わった？　リリースは済んだ？」という質問になる。それに、イエスにせよノーにせよ、誤解の恐れはない。

チームが完成の定義を作ると、チームごとに異なるものができる。会社、プロダクト、状況などによって完成の定義は変わってくる。これから、チームで完成の定義を作るためのやり方を紹介しよう。ここではストーリーの完成の定義を取り上げる。

> 完成の定義を作るに当たって、以下のものを準備してほしい
> 1. チーム（プロダクトオーナーはいなくてもよいが、いれば助かる）
> 2. 多数の付箋紙。いろいろな色があるとよい
> 3. ペン（僕の経験では、先の細いマーカーが一番よい）
> 4. チームが2時間から4時間使える部屋
> 5. オープンマインド
> 6. 割り込みが入らないこと

7章　完成を知る

完成の定義を作るには、4つの段階がある。

1. ブレインストーミング
2. カテゴリ分け
3. 整理
4. 完成の定義の作成と公開

ここで紹介するやり方を使えば最初の完成の定義ができる。「最初の」と言ったのは、定義を作ったきり放っておいてはいけないためだ。チームがふりかえりの中で定期的に完成の定義を見直せるよう、事前に時間を確保しておくべきだ。チームで見直して、チームやステークホルダーの役に立つよう修正したり改善したりするんだ。だが気をつけてほしい。あまり頻繁に定義を変更していると、ステークホルダーが定義そのものに不安を感じてしまうかもしれない。まず時間をしっかりかけて確実なベースラインを作ろう。そしてチームが経験したり学んだりしたことをもとに変更していこう。

2-1. 導入

完成の定義を作るのに誰が参加するのかと、僕はよく聞かれるのだが、質問自体が僕には意外だ。

みんな、今まで仕事をする中で、役職や専門の範囲内のみで働くのにあまりにも慣れすぎている。そのせいで僕の答えにぽかんとする人が多いんだと思う。僕の答えはこうだ。チームの誰もが、専門や経験に関係なく寄与できるし、参加すべきだ。

バックエンドのデータベースシステムや3階層のウェブアプリケーションのプロジェクトでは、他のメンバーより経験も知識も少ないというメンバーが出てくるだろう。だからといって完成の定義を作るのに参加させなかったら、不参加のメンバーができるはずだった貢献をチームから奪ったことになる。チームビルディングの機会もなくしてしまう。

したがって、僕はチーム全員が参加するよう勧める。スキルも、経験も、役割も関係なくだ。プロダクトオーナーの参加も検討しよう。チームに役立つ知識や洞察を提供してくれるはずだ。プロダクトオーナーが高圧的になってしまうこともあるので、そのときは丁寧に、互いに尊重するよう注意しよう。

2-2. ブレインストーミング

アレックス・F・オズボーンはブレインストーミングの父として広く知られている。オズボーンは著書の『創造力を生かす —— アイディアを得る38の方法』[※参7-1] と『Applied Imagination』[※参7-2] で、ブレインストーミング技法の概要を説明している。ブレインストーミ

ングは、頭脳がアイデアを奔流のように生み出して創造的な解決策が作れるよう、設計されている。ブレインストーミング中には、正解も間違いもない。批評もなく、ただアイデアがあるだけだ。オズボーンによるブレインストーミングのルールはシンプルだ。

- ・アイデアを批評しない
- ・アイデアを大量に出す
- ・お互いのアイデアをヒントに新しいアイデアを出す
- ・奇抜で馬鹿げたアイデアを推奨する

ブレインストーミングの冒頭では意識を合わせよう。チームが集まった理由はソフトウェアを出荷するために必要なことをすべて見つけるためだ。これこそが、プロジェクトの進捗を最も正しく測る方法なんだ。

最初にブレインストーミングの方向性を合わせておくのも大事だ。ホワイトボードに質問を書いておこう。完成の定義があれば回答できるようになる、そういう質問だ。どんな質問だろう？ 場合によるのだけれど、一番よくあるのは「チームとして何をすれば、ソフトウェアを顧客やステークホルダーに提供できるか？」だ。

チームが置かれた状況によって質問は変わってくる。それでも狙いは同じだ。質問文をホワイトボードなど、部屋の中のはっきり見えるところに書き留めてから次へ進もう。

全員にペンと付箋を渡す。僕の経験では、付箋が何色かあるほうが喜ばれるようだ。もっとも最終的にはチームメンバーの好みによる。

これでブレインストーミングの準備は整った。質問をあらためて読み上げてスタートしよう。メンバーはそれぞれ、付箋に自分の回答を1枚書き、読み上げ、テーブルの真ん中に貼り、また回答を書いて、というのを繰り返す。回答を1つ書いたら、次を書く前に必ず読み上げるようにすること。回答を共有すると「それはもう私が書いたよ」と言われることもあるだろうが、この段階では重複を気にせずに書いていったほうがいい。重複には後で処理する。

読み上げてもらうのには理由がある。読み上げるようにするとブレインストームが本当に嵐（ストーム）のような力を持つのに、僕は気がついた。誰かがアイデアを読むのを聞いて、僕は追加のアイデアをいくつも思いつく。僕がコーチをしているときにも、メンバーどうしがお互いのアイデアを元に新しいアイデアを出していくのを見てきた。読み上げないようにしてブレインストーミングしたこともあるけれど、活気がなく、成果も上がらずに終わってしまった。読み上げるのは気恥ずかしいし、やりにくいかもしれない。だがやっているうちにチーム全体が熱気を帯び、活発になってくればそういう感覚もすぐに薄れる。

ブレインストーミングはアイデアを出し切るまで続ける。アイデアが出尽くしたかどうかはすぐにわかる。付箋の出方が遅くなってくるし、みんながあたりを見回して、なにか新しいものがないか探し始めたら、それがサインだ。

7章　完成を知る

2-3. カテゴリ分け

　さて、テーブルの上には付箋の山ができているはずだ。これをカテゴリ分けしよう。
まずチームに向かって、どういうカテゴリで分類すればいいか聞いてみよう。
よくある回答は次のようなものだ。

- **開発**
- **テスト**
- **プロジェクトマネジメント**
- **それ以外**

　これは典型的な例だが、役職、職能、専門性などによる分類でもある。これでも分類はできる。今までの働き方がそうした区分の中に閉じていて、機能横断的なチームには慣れていないから、仕方ないとも言える。しかしこのような分類をしてしまうと、チームの中でも仕事を限定してしまい、機能横断的な働き方を阻害することになってしまう。さらに、顧客やステークホルダーは、開発の完了やテストの完了には興味がない。あくまで本番環境へのリリースや、製造向けリリースの完成について知りたいんだ。
　上に挙げたようなカテゴリをチームが答えたら、チームには顧客の価値を考えてみるように伝えよう。イテレーションの終わりにストーリーを結合環境にリリースし、顧客が使ってみられるようになれば、それが顧客の価値だ。もっと価値を高めるために、本番環境までリリースして公式に完成とすることだってできる。
　こうした考え方をチームに紹介すると、チームの答えは以下のように変わる。劇的な変化と言っていい。

- **ストーリーが完成する**
- **イテレーションが完成する**
- **結合環境にリリースする**
- **本番環境にリリースする**

　こうしてカテゴリが決まり、明確になり、チーム全員が理解できたら、部屋の壁に付箋を貼れる空間を準備しよう。カテゴリごとに分けて付箋を貼っていくのだ。
　これもチーム全体の活動だ。1人ずつ、付箋をテーブルから何枚か選ぶ。自分ではなく人が書いたものを選ぶようにするとよい。そして自分で適当だと思うカテゴリに貼り付ける。どのカテゴリにするか決めるのにあまり時間をかけないようにしよう。今はまず付箋を壁に移動するのに集中すべきだ。チーム全体ですべての付箋を壁に貼り出そう。10分か20分で終わらせること。

付箋をすべて壁に移せたら、全員ですこし下がって、壁全体を眺めてみよう。
ずいぶんと大量の付箋じゃないだろうか。

2-4. 整理と集約

付箋をすべて、カテゴリごとに壁に貼りだしたら、次は集約する。ここではマイク・コーン(※参7-3)が広めたのと類似の手法を使う。

これもチーム全体の活動だ。1人ずつ壁の付箋を見て、重複を探す。重複には3種類ある。一致、類似、「こりゃなんだ？」の3つだ。

一致している付箋は図7-2のように、2枚をピッタリ重ねてしまおう。一致と見なしていいのは、同じ内容だと誰の目にも明らかで、後で議論する必要がないときだけだ。

類似については、図7-3のようにずらして、下の付箋も読めるようにして重ねる。こうすれば類似と一致の違いがはっきりわかる。類似になった付箋は、正確な意味合いを明確にするため後でチームで議論する。

図7-4のような意味がわからない付箋は、「その他」のような別カテゴリを作って、そちらの壁に移動しよう。

さて、あらためて壁から少し離れ、全体を全員で眺めよう。相変わらず大量ではあるが、なんとか手に負えそうな気がしてくるはずだ。

集約がすべて終わったら、いよいよ付箋の内容についてチームで議論する準備が整った。

僕のやり方は比較的シンプルだ。ファシリテーターとして付箋を1つ、重なったまま選ぶ（一致のものから始めるとやりやすい）。その付箋をまとめて壁から外し読み上げて、チームに向かって「これはどういう意味？」と聞くんだ。チームが答えられたら、次の付箋に進む。答えないメンバーがいた場合は、直接聞いて認識が合っているか確認しよう。誰かを置いてきぼりにして次へ進んではいけない。ここではタイムボックスを使って進めること。認識にズレがあったり合意できなかったりしたときは、そ

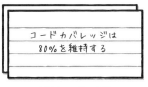

図7-2　一致の付箋

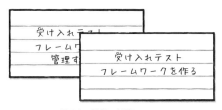

図7-3　類似の付箋

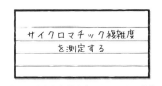

図7-4　とりあえず意味がわからない付箋

7章　完成を知る

の付箋をいったん脇に置いて後回しにするか、少し散歩して気分転換するといい。

　一致した付箋が片付いたら次は類似に行こう。類似のものは進め方が少し変わってくる。重なったものをまとめて壁から外し、読み上げて、「これはどういう意味？」と聞く。チームが答えられたら、回答に一番近いものを付箋から選ぶ。合うものがなければ新しい付箋を書いて、話した内容を記録しよう。

　類似について議論がまとまったら、結論として決まった1枚が残る。残りは捨ててもいいし、一致と同じように重ねておいてもよい。議論の過程で付箋を捨てたり新たに書いたりすることになる。そこが大事だ。

　最後に、1枚だけの付箋か、意味がわからないものが残る。今までと同じように1枚取り、読み上げ、意味を質問する。さらに「これはチームとして完成の定義に含めるか？」と聞こう。全員一致で賛成なら、適切なカテゴリに移動する。全員一致で反対なら捨ててしまう。即答できなかったり悩ましかったら議論しよう。全員賛成になれば残し、そうでなければ捨ててしまえばよい。

　プロダクトオーナーが参加しているなら、なんで捨ててしまうのか疑問に感じるかもしれない。定義を後から増やしても問題はないが、いったん公開した後で定義を減らすのは信頼関係を損なう。プロダクトオーナーにはそう説明して理解してもらおう。

　チームがすべての付箋を見終わって、意味をきちんと理解し、カテゴリ分けも正しいと合意できれば、整理と集約は終了だ。

2-5. 完成の定義の作成

　ここまで来るとチームはだいぶ疲れている。疲れてはいるが得られたものも大きいはずだ。最後の、完成の定義の作成はこれまでで一番簡単に済む。

　壁の付箋をデジカメなどで撮影して画像にし、チーム内で使うウェブサイトで公開する。さらにポスターを作って、誰でも見えるところに貼り出そう。チームが完成の定義を忘れない役に立つし、効果的なコミュニケーションツールにもなる。ステークホルダーに「もう終わった？」と聞かれたら、貼ってある定義を指して「ストーリーは完成して、いまリリースの作業中です」と答えればいい。聞いた人にはチームの答えの意味が正確に伝わるはずだ。

2-6.「未完成」の仕事について

　スプリントが終わろうとしているのに、完成の定義を満たさないものが残っているとしよう。部分的に終わっていると見なすか、それとも未着手と同じように考えてベロシティには数えないほうがいいのだろうか？

　僕はシンプルに対処する。あなたもそうしたほうがいい。ストーリーが完成の定義を満たしていれば、完成。そうでなければ未完成だ。白と黒のごとく明快だ。「ほとんど完成」のような

122

第1部　準備

複雑さを持ち込んで、ベロシティの計算に加えた方がいいという言い訳はすべきではない。未完成のものはプロダクトバックログに戻し、プロダクトオーナーがあらためて優先順位を考える。すぐ次のスプリントで着手することになってもいい。

3. 成功の鍵　　　　　　　　　　　　　　　　　*Keys to Success*

　完成の定義を作って公開するのには3つの意味がある。

　第一に、チームメンバー同士の関係が強まる。完成の定義は「全員一丸となる」という感覚を植え付け、自分のタスクに集中するより、完成のために全員がコミットするという意識を強める。

　第二に、ステークホルダーと明快にコミュニケーションする役に立つ。また技術的負債が先送りになるリスクを削減する仕組みでもある（技術的以外の負債も同様だ）。ステークホルダーがソフトウェアが動くかどうか聞いたとき、チームが「動きますけれど、インストーラがまだなんです」と答えたら、そのコンポーネントが本当は完成していないという意味だ。それは技術的負債を積んだということなんだ。完成の定義と、定義を使った会話から、ステークホルダーも明快に理解できる。チームが本番向けにリリースしているとしたら、そのために必要なことはすべて終わっているんだと一点の曇りもなく伝わる。終わったと言ってもコーディングだけなどということはない。終わったと言えば、完成の定義に書かれたことがすべて終わったという意味なんだ。ステークホルダーはそうしたハイレベルの品質と約束を期待できるんだ。

　第三に、チームが軌道を外れず、集中する助けになる。イテレーションの計画を作るとき、何をすれば終わるのかわかっている。想像や推測をしなくてすむので、「こうなったら、ああなったらどうしよう」と悩まず、完成に向けて集中できるわけだ。約束は既になされ、公開され、守るべきものとなった。ときどき定義を見直して必要に応じて修正し、公開し直そう。完成の定義を正しく使い、チームに共通のビジョンと進むべき道を、イテレーション、リリース、プロジェクトのゴールそれぞれについて与えよう。

123

Chapter 8

8章

The Case for a Full-Time ScrumMaster
専任スクラムマスターの利点

　組織が新たにスクラムやXPといったアジャイルプロセスに移行するときは苦労が多い。「ただの流行だろう」とか「うちの組織には合わない」という言い訳が出なくなっても、これまでの習慣や考え方を捨て去れない人が残っているものだ。一番よくあるのが、専任でフルタイムのスクラムマスターが組織で認められなかったり、コスト面で許可されないというものだ。組織では1人がいくつもの仕事を持っているのが当然で、チームのリーダーが生産的な仕事を一切しないという考え方が理解できないわけだ。

　5章「スクラムの役割」で、スクラムマスターが効果的であるには、チームメンバーやプロダクトオーナーを兼ねない、専任スクラムマスターであるのがよいと書いた。ここでは視点を変えて、スクラムマスターをフルタイムにすると長期的に組織がお金を節約できるという話をしよう。続く物語で、スタインが上司のデイビッドにまさにこの説明をするところを見てみよう。

1. 物語　　　　　　　　　　　　　　　　　　　　　　　*The Story*

　「理解できないんだ」デイビッドはそう言って腕を組んだ。「僕の部下の中で、君は最高の開発者だ。それなのにどうしてスクラムマスター専任になり、コーディングを止めなくちゃいけないんだ？　開発しながらだってコーチングはできるだろう？　僕が見てる限り、スクラムマスターってのは報告の仕事をするだけじゃないか」

　スタインは心の中でため息をついた。デイビッドはスタインの直属の上司で、スクラムを会社全体で始めてしばらくになるが、ことあるごとに難色を示すのだった。

　「私はトレーニングを受けたし、いろんなアジャイルプロセスを導入したチームをいくつも見て、話を聞いてきました。本や論文も読んでます。どこでも結論は同じなんです。スクラムマスターを専任にするのが、スクラムの効果を最大限発揮するのには欠かせないんです」

　「他にもスクラムをやっているチームがあるよな。コレッティのプロジェクトのスクラムマスターは、ミーティングの調整とデータ集めしかしてないじゃないか。それくらいなら週に4時間もあればできるだろう。君は現場に必要なんだよ」

　「それはその通りです。報告するだけなら4時間で済みます。ちょうどいいのでコレッティのプロジェクトの話をもう少ししましょう。あのチーム、なにか改善はありましたか？」

　「最初は良かったんだよ。20％か30％くらい生産性が上がったんだ。でもそれまでだな。コンサルタントが約束したみたいな飛躍的な向上なんてしてないよ」

124

「おっしゃる通りです。コレッティのプロジェクトは最初の段階から、あまり改善してません。なんでだと思います？ 理由のひとつは、スクラムマスターがチームメンバーと兼任で、スクラムマスター本来の仕事をする時間がないせいなんです」

スタインはそう言って、ホワイトボードにスクラムマスターの仕事を書き出した（図8-1参照）。

「スクラムマスターは確かに報告を活用しますが、それはあくまで道具のひとつとして、本当にやるべき仕事に役立てるためです。ここに書いたのはその一部です」スタインはさらに書き加えた（図8-2）。

図8-1　スクラムマスターの重要な働き

図8-2　それ以外のスクラムマスターの重要な働き

「そういうのが大事だってのはわかるけど、それでもお前を開発の作業から外すわけにはいかないな。僕はコストの責任を負ってるんだ」

「まさにその話をしようと思ってました。1分で説明できるので、付き合ってもらえませんか。ベロシティはご存じですよね？」

「わかるよ。仕事の量、ストーリーポイント、そういう、チームがスプリントでこなす分量だろう」

「そうですね。スクラムマスターとして、チームのベロシティを向上するのが私の仕事です。つまり、1ポイント当たりのコストを下げるということです」

「ポイント当たりのコスト？」デイビッドが顔をしかめて問いた。

「そうです。ベロシティは、チームが1スプリントで完成したストーリーポイントの合計です。チームには人件費を積み上げたコストがかかりますね。たとえば、1スプリントあたり1万ドルかかるチームがあるとします。そのチームがスプリントごとに10ポイントこなしたとすると、1ポイント当たりのコストはいくらでしょうか？」

「1ポイント1000ドルだ。それがどうした？」

「このホワイトボードに書いたことを全部やらせてもらえれば、1ポイント1000ドルを500か650ドルまで下げられるんです」

「500ドル？　半分になるのか？　どんな手品を使う気だ？」デイビッドは不審げに言った。

「それがフルタイムでやらないといけない理由です。日々の細々したことから距離を置いて、傾向やパターンや問題を探すんです。チームのスピードを上げるのに邪魔になっているものを見つけるんです。ホースが折れ曲がったまま水を出しても、水は少ししか出てきません。真っ直ぐにしてやれば流れるようになります。私の仕事は折れ曲がりを見つけて、できるだけ早く真っ直ぐにするよう、あなたか、他のチームか、人事か、上級管理職か、とにかくすぐ直せる人と協力することなんです。

私にはもう1つ責任があります。緊密に一体化したチームを作るのも私の責任です。フットボールチームのコーチのようなものです。コーチはボールをパスしたり持って走ったりは、しませんね。じゃあデータを記録して報告するだけでしょうか？　そうじゃありません。コーチはチームを率いて、録画を見て、作戦を考えて、改善すべきポイントを気づかせています。落ち込んでるときは元気づけるし、調子に乗って目的を見失っていたら落ち着かせます。基本と規律を全員が守って、一体として動けるようにするんです」

スタインは続けた。「スクラムマスターの仕事も同じです。私は手を動かし続けます。ただし今までとは違うことをするようになります。チームがプロセスをこなせるよう指導し、補佐しながら、同時にやるべきことを高所から見て探します。障害を取り除き、メンバーが集中できるようにし、改善する方法を探します。すべて、ベロシティを上げるためです。それに、フットボールのコーチと違って、いざとなればコードを書くこともできます。それもチームがどうしても必要なときだけですけれど。本来の仕事とは違いますから。どうでしょうか？」

「いいと思うね。だけどコストが下がる話はどうなったんだ？」デイビッドが聞いた。

「はい。私がうまく仕事をできて、チームが速くなれば、できる量も増えますよね？　障害も少ないし、チームワークは増えるし、パフォーマンスは上がります。私が兼任のスクラムマスターだと、コレッティのチームと同じです。1万ドルのチームは、ベロシティを10ポイントから12か13ポイントまで上げられます。そうすると1ポイント当たりのコストは750か800ドルです。私が専任でフルタイムのスクラムマスターになれば、ベロシティは17から20くらいまで上がります。そうすると、1ポイント1000ドルだったのが……」

「500か600ドルになると。本当に？　スクラムマスターを専任にするだけで、生産性が倍になるのか？」デイビッドが重ねて聞いた。

「いままで調べたり、人から聞いたりした限り、十分に可能だと思います。とはいえ自分でやったわけではないので、約束するのはちょっと難しいですね。調べたところでは、フルタイムでなければ絶対にチームの潜在能力を発揮できません。私はチームにいる限り人件費としてコストがかかってます。もし、私が「現場」にいるよりスクラムマスターとして働いたほうが、少なくともコレッティのチームよりは改善ができるとしたら、コスト削減にフルタイムのスク

ラムマスターの値打ちがあると認めてもらえますか？」

「わかった。僕に結果を見せてくれて、改善の効果も上がって、会社にもフィードバックしてくれるなら、僕はなんでも許可するよ。なにができるのか、見せてくれないか」デイビッドは微笑んで言った。

2. モデル　　　　　　　　　　　　　　　　　　　　　　　　*The Model*

スクラムマスターの仕事の1つが、障害の除去だ。もう1つ、教育と育成もある。スクラムチーム（プロダクトオーナーも含まれる）、ステークホルダー、それ以外の組織にいる人びとを教育し、チーム自身が障害除去する能力を持てるようにする。これも最終的にはチームの効率を上げ、より多くの成果を残せるようになる。良いスクラムマスターとはエンジンオイルのようなものだ。摩擦を減らし、できればなくし、チームがより高いパフォーマンスを出せるようにする。

僕がよく受ける質問に、スクラムマスターがチームや組織に与えた影響を測定する方法や、マネジメントに対してスクラムマスターをフルタイムにするよう許してもらう方法を教えてほしいというのがある。僕の答えはこうだ。改善の度合いを測り、それを金額で表現しよう。

チームによってベロシティも、回してきたイテレーションの数も、残した結果も違うものだが、アジャイルチームが見せる改善の程度というのはどのチームもだいたい同じ傾向がある。ここでは説明のため、架空のチームのデータを使ってその傾向をお見せしよう。数字そのものに捕われないでほしい。大事なのは傾向やパターンで、グラフ上のトレンドの線に現れる。どんな傾向が現れるのか把握できたら、次には現実のグラフをいくつか見ながら、そうした傾向が何度も現れるのを確認しよう。

架空のチームを説明しよう。このチームは2週間のスプリントを、プロジェクト開始以来2ヶ月ほど続けている。4スプリント経過して、スプリント当たり平均10ポイントの成果を出している（図8-3参照）。第3スプリントで初めて、チームはフルタイムのスクラムマスターが必要だと気づいた。

フルタイムのスクラムマスターが参加し、初期段階の改善が見られた。チームは協力してアジャイルなやりかたで働くようになり、スクラムマスターは障害物除去を始めた。第5から第8スプリントで、スプリント当たり12ポイントに向上した（図8-4参照）。

まとめるとこうなる。第1期（第1から第4スプリント）は平均10ポイントで、ここまでフルタイムのスクラムマスターはいない。第2期（第5から第8スプリント9は平均12ポイントで、フルタイムのスクラムマスターが入って20％改善したわけだ。

ここで少し時間を巻き戻して、フルタイムのスクラムマスターが入らなかったとしてみよう。スクラムマスターはいるが兼任で、チームメンバーの仕事もしている。第6スプリントが終わったところでチームのパフォーマンスは頭打ちになる。図8-5で示すように、トレンドの線が平らになり、やがて右下がりになっている。ここでチームのパフォーマンスは限界がきたわけだ。

127

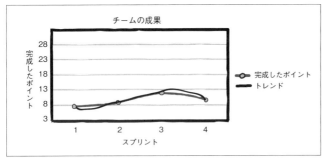

図 8-3　第 4 スプリントまでの傾向

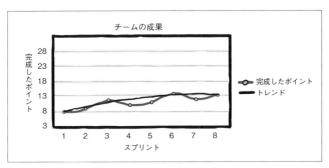

図 8-4　第 8 スプリントまでの傾向

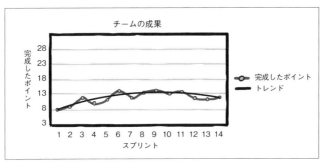

図 8-5　スクラムマスターがいないときの傾向

　チームが失速している様子に注意してほしい。理由ははっきりしない。スクラムマスターがスプリントのタスクに時間を取り過ぎたのかもしれないし、チームが遭遇した障害を解決できなかったのかもしれないし、しっかりしたコアチームがいなくて、みんなバラバラにコードを書いていたのかもしれない。なんにせよ、多くのチームはこうなってしまう。スクラムを始め、少し改善する（10％から 25％程度だ）。そして失速してしまうんだ。もっとできるはずだと感じてイライラするし、従来の開発手法に戻ってしまうこともある。

さて、元の例へ戻って、第3スプリントでスクラムマスターがフルタイムで参加したほうを見てみよう。チームは十分コーチングを受けていて、組織も協力的だ。こちらの場合もチームは一端つまづくが、立て直している。第7スプリントでは一歩後退するものの、その後第11から14スプリントでは図8-6のトレンドのように大きな改善を見せている。

ここでスプリント当たりの平均を見てみよう。第8から第14スプリントでは、15から17ポイントだ。ここまでで元々10ポイントだったチームが、12を越えて、平均16ポイントに達している。60％の改善だ。

これで終わりではない。チームはさらに改善を続け、進めなくなるような障害を取り除き、いろいろなエンジニアリング分野のトレーニングも受けた。チームは高いレベルに到達し、ベストのポイントを見つけてそこにとどまり、継続して高いパフォーマンスを出し続けている（この話は23章「持続可能なペース」でより詳しく取り上げる）。

最後の図が図8-7だ。第15から第23スプリントで平均24ポイントを達成している。さらに平均28ポイントまで、続く5スプリント、第24から第28スプリントで上がっている。トレンドはここで平らになるが、先に見たフルタイムのスクラムマスターがいないチームよりはずっと高い位置だ。

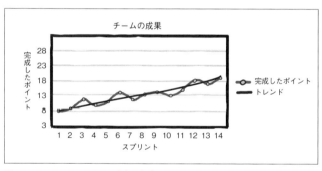

図8-6　スクラムマスターがいるときの傾向

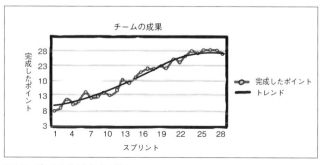

図8-7　ピークに達する場合の傾向

8章　専任スクラムマスターの利点

表8-1に改善の様子をまとめた。

スプリントの ブロック	スプリント	平均ベロシティ	開始時からの改善
1	1〜4	10	
2	5〜8	12	20%
3	9〜14	16	60%
4	15〜23	24	140%
5	24〜28	28	180%

表8-1　改善の様子のまとめ

　ベロシティの上昇はめざましい。これをマネージャに理解してもらうには「ストーリーポイント当たりのコスト」という概念を使おう。

　多くの場合、チームには決まったコストがある。人件費などを総合して積み上げた固定のコストだ。ここで1つの例を見てみよう。数字は丸めてあるが、実在する会社から取ったものだ（表8-2）。

　これを見るとわかるように、従業員のコストを積み上げると給与の倍くらいになる。さて、従業員1人当たりの総コストが約20万ドルだとしよう。1年に47週間働けると考えると（1年は52週だが、有給休暇が3週間、祝日が2週間ある）、1880時間の勤務時間となる。総コストが20万ドルなので、1時間当たり約107ドルのコストを会社が負担するわけだ（ところで面白い話をしよう。会社は利益を上げないといけないので、特にコンサルティング会社は、クライアントに対して1時間当たり150ドルから225ドルくらいの金額を従業員のスキルに応じて請求する。だが今はかかるコストを使って話を進めよう）。

従業員の総コスト	金額
支払う給与	$100,000
有給休暇（3週間=15日間）	$5,500
退職金積み立て、401kなど	$4,000
従業員教育	$3,000
人事などの間接費	$1,000
雇用者の税などの負担（健康保険など）	$7,000
会社運営の諸経費（光熱費、電話など）	$10,000
福利厚生	$25,000
給与支払手数料など	$10,000
営業、事務、労務管理にかかる費用（従業員1人当たり）	$35,000
会社が負担する従業員1人当たりの総コスト	$200,500

計算の前提：従業員100人、VP4人、ディレクター8人、営業5人

表8-2　従業員の総コスト

ポイント当たりのコストに話を戻そう。1時間当たりのコストがわかったので、チームの総コストが1時間440ドルとしよう（4人のメンバーで、1人当たり110ドルだ）。スプリントの総コストは35,200ドルとなる（2週間スプリントで、440ドル×80時間だ）。このチームはスプリントで10ポイントの成果を出せる。なお前提として、チームが1つのプロジェクトに専任しており、プロジェクト外の作業もプロジェクトのコストとして計算するように考えている。

チームはスプリント当たり35,200ドルのコストがかかる。これを表8-1に当てはめたのが表8-3となる。フルタイムのスクラムマスターがいて十分にコーチしてもらっているチームでは、8スプリント（4ヶ月）のうちにポイント当たりのコストが17％減った。14スプリント（7ヶ月）の期間で見るとポイント当たりコストは38％削減、ベロシティは60％の改善となる。28スプリント（14ヶ月）で見れば、チームのポイント当たりコストは64％も減少し、最初から比べて180％改善したことになる。

スプリントのブロック	スプリント	平均ベロシティ	直近の改善	第1スプリントからの改善	ポイント当たりのコスト	第1スプリントからの削減	改善率
1	1〜4	10			$3,520		
2	5〜8	12	20%	20%	$2,933	$587	17%
3	9〜14	16	33%	60%	$2,220	$1,320	38%
4	15〜23	24	50%	140%	$1,467	$2,053	58%
5	24〜28	28	17%	180%	$1,257	$2,263	64%

表8-3　改善の様子のまとめ

これまでは全体的な傾向とパターンを説明するため、架空の数字を使ってきた。実際のチームでも同じような改善ができるんだろうか？　もちろんだ。フルタイムのスクラムマスターがチームとマネジメントとステークホルダーを熱心にコーチし、積極的に障害を取り除く、実際に存在するチームのグラフは驚くほど同じパターンが見られる。実際のチームの実際のデータを見てみよう。僕はいつも10スプリント分のデータを記録している。10スプリント経過すれば、チームが成功するか失敗するかだいたいわかるためだ。

最初の例を図8-8に示す。

数字そのものは違っても、パターンはこれまで見てきた例とよく似ているのがわかるだろうか。

次に図8-9の例を見てほしい。

こちらの図も、異なるチームなのにパターンは同じだ。いずれのチームでも失敗したスプリントがあるのに注目してほしい。

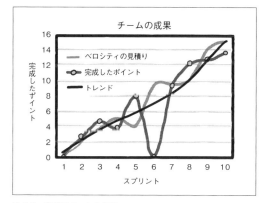

図8-8　実際のチームの傾向

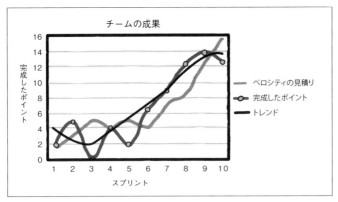

図8-9　また別のチームの傾向

　図8-10のチームは、最初のスプリントを失敗し、その後も第6スプリントまで苦しんだが、そこから劇的に改善した。

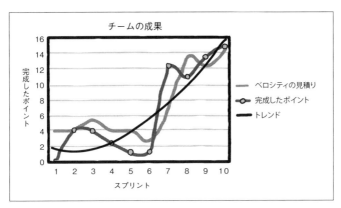

図8-10　苦労したチーム

　ここで紹介した実在のチームは最初のポイントも、途中のベロシティも異なるが、最初にぱっと上がり、続いてどっと下がり（このときチームは失速の危険がある）、再び大きく上がってそこからは徐々に伸びつつ、やがて高いポイントで安定するのがわかる。

　では、この3つのチームが著しい改善をしているのに、他のチームが失速してしまうのはなぜだろうか？　成長できない理由は、アジャイルチームの数だけ存在する。エンジニアリングのプラクティスを導入できなかったチームもある。本当の機能横断チームとして働けなかったチームもある。組織の壁にぶつかってしまうチームもある。成功したチームがどうして成功できたのか、確かなことはわからない。僕に言えるのは、どのチームにもフルタイムのスクラムマスターがいて、障害の除去とチームの効率の最大化に専念していたということだけだ。

第 1 部　準備

スクラムマスターの活動を邪魔してはならない。スクラムマスターが自分自身の本当の役割に気づくには、フルタイムで当たる必要がある。同時に、チームがポテンシャルを最大に発揮できるチャンスを与えることにもなるんだ。

3. 成功の鍵　　　　　　　　　　　　　　　　*Keys to Success*

スクラムマスターの仕事は本物だ。これまで見たように、コストへ与える影響は大きい。会社のお金を節約できるわけだ。だがスクラムマスターはフルタイムでどんなことに時間を使うのだろうか？　以下にスクラムマスターがやることを示す。だいたい網羅しているが、すべてではない。

- ・障害を取り除く、問題を解消する
- ・争いや言い合いを収める
- ・チームのママ役になる
- ・チームのデータを報告する
- ・ファシリテーター役をする
- ・必要になったら手を動かして手伝う
- ・組織全体を教育する
- ・組織的変化を主導する

マイケル・ジェームズが2007年に素晴らしいチェックリストを公開した[※参8-1]。URLにアクセスできない場合は、「Scrum Master Checklist Michael James」で検索してみてほしい。

3-1. 障害物を取り除く、問題を解消する

障害を取り除き問題に対処するのは、いつでも一番の優先事項だ。特にプロジェクトの始めのうちはチームの内にも外にもたくさんの問題がある。この本にはもっぱら、障害を取り除くことについて書いた。デイリースタンドアップの進め方、誰も遅刻しないようにする方法などがそうだ。だが問題はチームの中だけではない。大きな組織にいるチームはいろいろな問題に遭遇する。他チームの対応が遅かったり、あるインターフェースを調査しようとしたら作った人がもういないという状況であったり、メンバーが1名、病気でしばらく休んでしまう事態だったりする。マネジメントうまくやっていくというのも課題だ。アジャイルプロセスが有意義だと説得することに始まり、スクラムマスターの仕事がフルタイムだと忘れないでいてもらうことや、個人の成果ではなくチーム全体の成果でボーナスを査定するよう働きかけることまで、様々だ。さらに、チームの問題をチームが自分たちで解決できるよう育てるのも、スクラム

マスターの役目だ。よいスクラムマスターは失業するために努力しているようなものだ。効率よいチームが実現すれば、スクラムマスターの仕事はなくなる。それが実現できるかは場合によるが、ゴールとして常に抱いていなくてはいけない。

3-2. 喧嘩をおさめる／チームのママ役になる

人とは人間的なものだ。なんとなく気持ちが落ち着かなかったり、コーヒーが足らなかったり、よく眠れなかったり、たまたま気分が悪くなるものを目にしてしまったりもする。6歳になる僕の娘の話だが、ある日の朝、着ていくスカートを決められなくて、どの服を見てもイヤだと言った――かんしゃくを起こしたんだ。僕は妻と一緒になだめて、落ち着かせなければならなかった。

やはり僕の経験だが、とても理性的なチームメンバーがある日、アイデアを否定されてかんしゃくを起こした。そうなってしまった人をなだめるには、辛抱とヒューマンスキルを要する。よいスクラムマスターはソフトスキルを身に着けて、必要なとき仲裁に入ったり、あるいは放っておくべきタイミングを見分けられるよう、感情についての知識まで必要になる。

3-3. チームのパフォーマンスを報告する

チームが改善できるよう手伝うのがスクラムマスターだ。そこで報告が役に立つ。よいスクラムマスターはチームをトラッキングする。ベロシティの履歴、バーンダウンの速度、その他さまざまなプロジェクトのメトリクスを活用するんだ。これはスクラムマスターが自分のチームで見積りを改善したりベロシティを安定させたりする役に立つし、さらに他のチーム（特に新しいチーム）のためでもある。

報告にあたって、気をつけてほしいことがある。**チームのデータ**はチームやマネジメントに見せるものだが、決してチームに対して言質を取るためにデータを集めているわけではない。データを収集するのは、チームが自分たちの状況をつかめるよう可視化して、改善へ寄与するためなんだ。

3-4. ファシリテーターになる、必要とされたら手伝う

物事をやりやすくするのがファシリテートだ。語源はフランス語の**facile**で、物事を簡単にするという意味がある。スクラムマスターとして、チームがスプリントゴールを達成するという仕事を簡単にするためファシリテーターとして働く、すなわちファシリテートするんだ。

多くのスクラムマスターは、作業をするのがファシリテートだと勘違いしている。ファシリテートは人の問題を解決したり、人の仕事をやってあげるのとは違う。物事がもっとスムーズに進むようにするのがファシリテートだ。チームがシステムや目下の問題を分析してよりよく

理解するのを、ファシリテーターとして助けるということを、ゴールとして意識しなくてはならない。

答えを与えるのもスクラムマスターの仕事ではない。人が自分の中で実は知っている答えに、たどり着けるよう助けるのが仕事だ。人に釣りを教えれば自分で食べていけるが、魚を食べさせてあげるだけでは自力で生きていけないという話と同じだ。よいスクラムマスターのファシリテーター的なコーチングの手法を、**サーバントリーダーシップ**と呼ぶ。ジーン・タベイカの『Collaboration Explained』によい解説があるので紹介しよう。

簡単に言えば、サーバントリーダーとはグループに奉仕する（サーブする、サービスする）のを通じてリーダーシップを発揮する。サーバントリーダーのリーダーシップは、力を行使する方向でわかる。サーバントリーダーは、チームにサービスするために自分の権限や権力を最大限に活かす。この考え方は、技術リーダー、チームリーダー、プロジェクトマネージャなど、チームをコントロールするために権限を使ってきた人びとにとっては正反対で、自分の役割に反すると感じる。だがアジャイルなソフトウェア開発で見られるように、サーバントリーダーシップの考え方が最終的には大きな成果に繋がることがわかっている(※参8-2)。

ときには、あるタスクを完了させるためスクラムマスターが手伝って手を動かすかもしれない。たまに手伝うのは構わないが、そういうことをしているとスクラムマスター本来の仕事に手が回らなくなってしまうのを忘れてはいけない。これまでの章で述べてきたように、スクラムマスターは木だけではなく森を見る。チームメンバーは、目の前の木だけを見ている。スクラムマスターがストーリーやタスクの手伝いをすれば、やはり木を見ることになってしまい、全体像を見失ったり、チーム全体に影響する障害を見逃したりしかねないんだ。

もし手伝うことにしても（きっとそうするだろうから）、あくまで例外だと忘れずに。チームメンバーはもっと手伝ってほしいと訴えるだろうが、**手伝わないのはチームのため**だと理解させよう（スクラムマスター自身の再確認もかねて）。あまりスクラムマスターに頼りすぎると、スクラムマスター自身がベロシティに影響を与えてしまう。つまり、ベロシティを作為的に大きくしてしまい、結局はチームが不利益を被るのだ。チームを手伝ってプラスになるかマイナスになるかは、判断が難しいところだ。たとえばチームがオーバーコミットしているとしよう。スクラムマスターがタスクを手伝ったおかげで、プロダクトオーナーにコミットした分をすべて完成できたなら、チームを傷つけたことになる。チームは、**なぜオーバーコミットしてしまったのか**理解せず、同じことを繰り返すだろう。チームの尻を拭くのはスクラムマスターの役目ではない。チームの学びこそをゴールに置こう。

135

3-5. 組織を教育する、組織的変化を主導する

「敵を作りたければ、なにか変えればよい」この言葉は元合衆国大統領ウッドロウ・ウィルソンのものだと言われているが、ここでとりあげるスクラムマスターの2つの仕事にまさに当てはまる。新しいことを人にやらせるのは難しい。変化は恐ろしいものだからだ。僕の経験では、なにか新しいコンセプト、ポリシー、方法論などを組織に導入しようとしたとき、最初の反応は「自分にどう影響する？」という疑問だ。仕事がなくならないだろうか？ これからも家族を養えるだろうか？ 中には、表だって反対する人もいる。現状がいかに悪かろうが、未知のものよりはマシだと思えるからだ。

よいスクラムマスターは人のシステムにショックを与えずに新しいアイデアや変化を導入する方法を知っている。例として、地域の教育委員に立候補した友だちの話を紹介しよう。委員は選挙で選ばれるのだが、なんの活動もせず選挙当日にいきなり「投票してください」と言うようなやり方はしない。彼のやり方はこうだ。まず選挙活動を手伝うために人を募集する（僕もその1人だ）。選挙活動では、有権者に彼自身と彼のアイデアを知ってもらい、時間をかけて、彼が一番適任だと納得してもらうようにしている。

スクラムマスターは組織を教育するための戦略的な活動をおこなう。活動開始までのタイムラインを考えよう。いつ、どこにいるべきか、メッセージを広めるため誰にどう手伝ってもらうか。なお、メッセージはいくつかのフォーマットで広めるのがいい。メッセージを広められたら、考えに同調してくれる人を集められるようになる。そうすれば、どんな働きなのか、なにを達成しようとしているのか、素直に理解してもらいやすくなる。突き詰めれば、スクラムマスターの仕事は2つあるということだ。チーム構築の手伝いと、組織全体が成功する手伝いだ。人と組織を巻き込んでスクラムを導入する方法については、2章「仲間と共に旅立つには」を読んでほしい。

3-6. まとめ

自分の仕事の存在意義を正当化するのは難しい。初めてやることならなおさらだ。スクラムマスターであるあなたが、マネージャにフルタイムで働けるよう話をもちかけるときには、頭は冷静に保ち、隠し球をたっぷり用意しておこう。

隠し球として、できるだけたくさんの事例やデータを準備しよう。あなた自身の組織のチームが出した改善の成果を持って行こう。組織のデータがなければ、他の組織のデータを探そう。改善はポイント当たりコストで説明しよう。

どうしてそもそもアジャイルプロセスを導入しているのか、マネジメントに思い出させるよう準備しよう。コスト削減、リスクの低減、従業員満足度、顧客満足度、変化へ対応する速度などがあるはずだ。

Part 2
Field Basics

第2部
現場の基本

Chapter 9 / 9章

Why Engineering Practices Are Important in Scrum
エンジニアリングプラクティスのスクラムにおける重要性

　スクラムはエンジニアリングプラクティスについて論じない。そのため、ジェダイ・マスターのように**フォースを使い**、スプリントが始まれば魔法のように作業が完成するものだろうと期待されているかもしれない。だがそんなマスターも魔法使いもいない。ではスクラムに何ができるのかというと、チームがアジャイルなやり方を始めるとすぐに、高パフォーマンスを出すためには良いエンジニアリングプラクティスが必要不可欠だと、チームに気づかせてくれる。エンジニアリングプラクティスは魔法であり、フォースであり、空を飛べるピクシーダストだ。言い換えればエンジニアリングプラクティスこそが結果を出すための秘訣なのだ。本書では、スクラムプロジェクトで実践するすべてのエンジニアリングプラクティスを伝授するわけではない。そのための本は他にある。この章で伝えたいのは、**なぜエンジニアリングプラクティスが必要で**、開発チームが障害を乗り越えるのにいかに役に立つか、ということだ。ここでは、新しい会社に転職した直後から、プロジェクト管理の仕事をすることになった、パトリックというある開発者の物語を見ていこう。

1. 物語 / *The Story*

　パトリックはヘリックスへの転職が決まり、ワクワクしていた。ヘリックスは評判の、素晴らしい製品をいくつも出している、パトリックが長い間あこがれてきた企業だ。パトリックは既存のスクラムチームを引き継ぎ、スクラムマスターを務めることになっていた。パトリックは新しい仕事が楽しみだった。チームを引き継ぐことになるものの、スクラムを実施してきたチームと聞かされていて、パトリック自身スクラムとXPの組み合わせをマネージャと開発者の両方の立場で経験がある。そして、これまでスクラムをやってきたチームならば、かなり優秀なチームに違いないと思っていた。

　パトリックはひどく幻滅することになる。

　仕事についた初日、パトリックはチームメンバーがどのように働いているか観察するため、1人ひとりの隣に座った。最初に座ったのがナイアルのところだ。ナイアルはチームの中で一番のプログラマーとして敬意を集めていた。

　「ナイアル、君の仕事ぶりを少し見させてもらったよ。みんなが言う通りの優秀なプログラマーだね。ただ意外だったのが、テスト駆動開発を使っていないようだね。なぜだい？」パトリックは言った。

「準備に時間がかかりすぎるし、コードも無駄になりますからね」ナイアルは無造作に答えた。「リリースまでに6ヶ月しかないし、時間のムダです」ナイアルは壁一杯のインデックスカードを指さした。

「確かに。TDDは余計に時間がかかることもある。コードも余分になるけれど、できあがってくる設計はもっと綺麗になるし、バグやエラーに出会ったときも……」パトリックが言いかけたところを、ナイアルは遮った。

「デバッガがあるし、機能横断チームなのでテスターもいます。見つけたバグはすべて次のスプリントに追加して、随時修正します。設計だって、前もってたくさん設計会議をしてきました。だから問題ないんです」ナイアルは言った。

「つまり、TDDは余分な時間がかかるのが問題だと、そういうことかな？」パトリックは尋ねた。

「そう。TDDをやる時間はないんです。コーディングしなきゃいけないんですよ！」ナイアルは強調した。

「バグはどう扱っているんだろう？ 調べる箇所はどうやって判断してるのかな？」パトリックは尋ねた。

「デバッガで見つけるんですよ」

「デバッガを使っているあいだ、何を考えてるんだろう？ それはムダな時間ではない？」

「うーん、たぶん。そんな風に考えてませんでした」ナイアルは認めた。

パトリックはうなずいた。「もう1つ聞きたいんだが、さっきドロップダウンを作るためにコードを書いていたよね。その作業では、どの受け入れ条件を達成しようとしていたんだい？」

ナイアルはニヤリと笑った「**誰もまだ要望してないんですよ**。でもこのクールな動きを見れば、本当に気に入ってくれると思いますよ。顧客には、想定以上のちょっとしたオマケを届けたいんですよ。そうすれば最終製品への期待が高まります」

「その考え方自体は正しいけれど、やっていることは間違いだよ。我々はストーリーを完成するのに過不足ないコードを書かないといけないんだ。それ以上でも、以下でもない。どうもみんな、ソフトウェアに飾り付けをしようとして、時間をかけすぎているようだね。その時間があれば、いま話したTDDはどうなるだろう。考えてみてくれないか。またあとで話そう」パトリックは言った。

パトリックはクレアの所に移動した。彼女は仕事を終わらせるのが早いと評判の経験豊かなチームメンバーだ。

「今日の朝会で1822のストーリーが完成したと言っていたよね？」

「ええ」クレアは答えた。

「では、1822が完成したことを証明してほしいと言ったら、なにをする？」パトリックは尋ねた。

「ほら、動いていますよね？」クレアパトリックに簡単にデモして見せた。

9章　エンジニアリングプラクティスのスクラムにおける重要性

「たしかに。でも私が見られない部分は？ もうチェックインはしてあるのかな？」

「いいえ。あとでするつもりです。今は私の環境で動かしてるんです」

「どのくらいの頻度でコードをチェックインしているんだろう？」

「1日に1回はチェックインするよう心がけていますが、現実は週に2回か3回くらいですね」

「それだと、自分のコードが他の場所を壊していないか、どうやって確認するんだい？」パトリックは聞いた。

「そうね。チェックインのときに確認して、直しますね。そんなに問題にはなってません」

「他のチームメンバーも週に2回か3回しかチェックインしてないんだろうか？」

「はい」クレアは答えた。

「そうすると、いまストーリーが完成できているかわからないことになるね。しかも、これからチェックインしても、他の人がチェックインしていない以上、本当に完成したかわからない。違うかな？」パトリックは聞いた。

「ちゃんと書いたし、動作しているわ」クレアは返答した。

「それと、ここにはCI（Continuous Integration、継続的インテグレーション）サーバーもないようだし、それにメンバーどうしであまりコードを共有してなさそうだ」

「CIサーバーを立てたいんですが、時間も予算もないんです。CIサーバーや、他のエンジニアリングプラクティスの重要性も理解していますけど、締め切りに追われてるんです。マネジメントがプレッシャーをかけてくるせいで、やるべきことができないんです！」

チームの中心的メンバーがエンジニアリングプラクティスに見せる態度に、パトリックは心配になってきた。パトリック自身は、そうしたプラクティス、TDDや静的コード解析、コードの共同所有、継続的インテグレーションなどは必須と考えていた。パトリックはそれから3日間かけて、バックログとバーンダウンチャートを眺め、コードを覗き、何か他の兆候がないかと探った。チームが実装した受け入れテストフレームワークがあったが、このスプリントではまったく触られていなかった。チェックイン1つで1000行以上あるのが普通のようだった。スプリントのたびに、ストーリーを1つか2つ、未完成で残しているのにも気づいた。バーンダウンからは、スプリント終盤まで作業中のタスクが大量に残る傾向も読み取れた。最悪なのは、コーディングの良いプラクティスがまったく見あたらないことだ。コーディングスタイルはバラバラで、コメントはほとんどなく、設計も全体に貧弱だった。

パトリックはショックだった。基本的なエンジニアリングプラクティスをほとんど実践しておらず、スプリントのたびに少なからぬバグが発生している。こうなると、高品質なプロダクトを期日通りに、重大な変更なしに達成できるかどうか、心配になってきた。パトリックは前の職場を思い出した。同僚たちが関わっていたプロジェクトがいくつも、終盤で重大なアーキテクチャの問題が見つかり、何ヶ月もの遅れを出していたのだ。ここのチームには、エンジニアリングプラクティスの必要性を理解させなければならない。しばらく考え、パトリックは作戦を立てた。

スプリントが終わり、デモも終え、スプリントふりかえりのため会議室にチームメンバーが集

まっていた。パトリックはそっと、模造紙を2枚部屋に貼り付けておいた。ふりかえりが始まった。チームのふりかえりは、1人ずつ順に、うまくいったことと、どうすればもっとうまくできるかを話すというスタイルで進めることになっていた。パトリックは、良し、と思い、メンバーが話したことをいくつか模造紙に書き留めた。その模造紙には「うまくいかなかったこと」とタイトルを書いた（図9-1）。

チームが話し終えたころ、パトリックは次の模造紙に「直すためにできること」とタイトルを書いた。

「さてと。私は1人ひとりに話を聞いてきたし、コードも見てみた。こういう問題はこれまでのスプリントでも出ていたのではないかな？」

「確かに。でも問題は起きるものだし、そのことに文句を言ってもしかたないですよ」ナイアルが言った。

「文句を言ってるんじゃないんだ。ただ、不思議なんだよ。なにかできることはあるんじゃないだろうか？」パトリックは言った。

「今のペースを続けるのなら無理でしょう」クレアが言った。

「それは面白い。ペースについて少し話してみよう」パトリックは模造紙に書きだされた課題全体を手で示した。「私が見るところ、こうした問題は再発していて、それがスピードを落とす原因になっているようだね。バグ、装飾、問題のあるコードを見つけては『いつか誰かが直す』と放置する。我々には締め切りがあるんだ。あえて言わせてもらおう。このままでは間に合わない。時間を投資して、上手になり、スピードを上げなきゃならない」

パトリックはチームが理解できるよう、数秒間待った。

「では我々は何に投資するべきだろうか？」とパトリックは尋ねると腰を下ろし、沈黙を増した重苦しい空気のなか、チームの反応を待った。

「毎日、時間があれば直したいような箇所が出てきます。スプリントごとにリファクタリングする時間を取るのはどうでしょうか」チームメンバーの1人が言った。

「いいね。他には？」パトリックは言い、シートに書き留めた。

「テスト駆動開発」とナイアルは低く、諦めたような声でいった。「TDDが正しいやり方だと思います。でもスピードは落ちてしまう」。

パトリックはうなずき、とにかく書き留めた。「最初のうちはね。だけどバグは減ってくるし、バグがあったときには調査や対応の時間を短縮できて、結果的には今よりよくなるよ」

「継続的インテグレーション。それに頻繁にコードもチェックインすれば相乗効果があります。一旦CIサーバーがセットアップされれば、あとはそんなに時間を取られないし。今は習慣になっていなくて、ツールもないだけだわ」

パトリックは書き留めた。「まったくだ。ツールは習慣より簡単だね。習慣を変えるのは大変なことだから」

> ### うまくいかなかったこと
> - ストーリー1823、1842、1832のバグ —— 次のスプリントで修正
> - バグを見つけたが、調査する時間がなかった
> - ゴミコードを誰かがリポジトリにチェックインしたのでビルドが壊れた
> - APIをデバッガで1行ずつ追いかけて、2日間かかった
> - 間違っているコードを見かけたが、サラが書いたものだったので、直すようにメモを残しておいた
> - 最後の最後に結合でバグが見つかったため、1833のストーリーを完成できなかった。次のスプリントでやる
> - ドロップダウンボックスにバグが多く、ストーリー1825を完成できなかった

図9-1　パトリックの書き留めた一覧

　チームの話題はペアプログラミングに移った。
　「ペアプログラミングとTDDをやると、必要なものだけを作る助けになるんだ。必要なものだけを作れば、最終的にベロシティも向上する。だけど、そうすべきだとわかっていたんだよね。なぜやらなかったんだろう？」パトリックは問いかけた。
　チームはエンジニアリングプラクティスを採用する上で障害になることを挙げ、一覧にまとめた。この一覧には、知識の不足や知らないことへの恐怖も挙がっていた。チームはそれぞれの障害について議論し、パトリックは取り組むべき理由を述べた。最後に、チームは新しい完成の定義に合意した。いくつかのエンジニアリングプラクティスを必須としたのだ。
　チームは他の新しいプラクティスも、1つずつこれからのスプリントで実践することにした。パトリックの方はこれを受けて、新たな方針をマネジメントに説明すると約束した。新しいプラクティスに時間を投資する結果、2、3スプリントはチームのベロシティが下がるかもしれない。だがそれは最終的に速度を上げるためなのだと、マネジメントに納得させるのがパトリックの仕事だ。
　「現状からスタートして、そこまでたどり着くのは大変だ」パトリックは最後に言った。「だけどいったん始めたら、元に戻りたいとは思わないはずだ。それは私が約束するよ。まずみんなには、お互いに声をかけて、証明しろって言ってほしいんだ。テストしたと証明しろ、ビルドが壊れないと証明しろ、完成したと証明しろ、こういう具合だ。我々のゴールに向けて進み始める、これが最初の一歩になるんだよ」

第2部　現場の基本

2. プラクティス　　　　　　　　　　　　　　*Practices*

　物語で起きたことは、スクラムに新たに挑戦するチームには珍しくない。チームがスクラム
の実践に集中しすぎてエンジニアリングプラクティスを見過ごしてしまう。だが、本当に高い
パフォーマンスを出せるチームになるにはエンジニアリングプラクティスが欠かせないんだ。パ
トリックは事態を打開するためチームと一緒になって、足らないところを見えるようにし、な
ぜ速度が落ちているのか説明した。その上で、ベストプラクティスに投資すれば今ある課題も
解決できるし、ベロシティも向上できると説得したわけだ。チームはパトリックと一緒に、キー
となるエンジニアリングプラクティスを実践すると合意した。

・テスト駆動開発
・リファクタリング
・継続的インテグレーションと頻繁なチェックイン
・ペアプログラミング
・統合と自動化された受け入れテスト

　こうしたエンジニアリングプラクティスを導入すると、事前作業も増えてしまう。投資した
時間は効率化や品質の向上、コードの安定性により、後で回収できる。だが、これらのプラク
ティスは決して銀の弾丸ではない。それは忘れないようにしよう。1つ、もしくはすべて実践し
たからといって成功が約束されるものではない。それでも、努力と規律をもって実践すれば、
それだけ失敗を遠ざけられる。

2-1. テスト駆動開発の実践

　名前から受ける印象とは違って、TDDはテストプロセスではない。短いサイクルでコードを
開発していくソフトウェア設計のテクニックだ。TDDにはレッド（Red）、グリーン（Green）、
リファクタリング（Refactor）のステップがある。最初のステップでは、ユニットテストを書く。
このステップではテストをパスするためのコードは書かない。当然だが、テストを実行すれば
失敗する。この状態をレッドと呼ぶ。次のステップではユニットテストが通るのに必要十分な
コードを書く。テストが通ればグリーンとなり、コードは正しく動作していることになる。最後
のステップは、何度かおこなうことになる、リファクタリングだ。次の節ではリファクタリング
について詳しく述べるが、TDDでは特に「コードの臭い」を取り除くためにリファクタリング
を実施する。臭うコードとは、最適でなかったり、設計が不十分だったり、変更が困難なコー
ドを示す言葉だ。設計の変更がリファクタリング中に起きることもある。テスト駆動設計とも
呼ばれる。リファクタリングでコードを変更しても、テストは常にグリーンで、成功する状態を
維持しなくてはならない。リファクタリングが済めば、最初に戻って新たにテストを書き、コー

143

ドを書いて、またリファクタリングする。これをストーリーが完成するまで繰り返す。

　ここでTDDを教えるのは止めておこう。参考になる書籍がたくさんあり、参照文献で紹介しているので見てほしい。ここでは、TDDがスクラムチームの助けになる理由を知っておいてほしい。また、あなたがチームを説得して、ベロシティ向上というゴールにはTDDが最適だと納得してもらう方法を見ていく。

　テスト駆動開発は網を編むようなものだ。自動化したテストどうしは繋がりあって、セーフティーネットとなる。サーカスの綱渡りを想像してみよう。地面から30メートルの高さで、細い綱の上をバランスを取りながら歩いている。そうしたリスクが取れるのは、仮に落ちたとしてもセーフティネットがあるとわかっているからだ。チームはもしかしたら、セーフティネットなしで綱渡りをしようとするかもしれない。もし落ちれば、回復には数日、もしかしたら数週間かかるかもしれない。たしかに、テストの自動化でコードを書く量は増える。たしかに、無駄になるコードも出てくる。だがたいていの場合は、デバッグ時間を節約でき、トータルの開発時間は短縮される。

　2008年にマイクロソフト、IBM、ノースキャロライナ州立大学が公開した論文には、チームにおけるTDDの価値が考察されている。マイクロソフトから3チーム（そのうちの1つは偶然僕が参加していた）、IBMから1チームが調査された。調査した結果, どのチームも欠陥密度[1]が低下した。低下はIBMのチームでは40％、マイクロソフトのチームでは60％から90％だった。同時にプロジェクトではTDDによる作業時間の増加も見られ、15％から35の範囲だった。当初はベロシティが低下したが、コードの保守性や安定性の向上により、相殺された。

　TDDを実践すると、重要なステークホルダーや顧客からの変更要求を受けても、それほど心配せずにすむようになる。プロジェクト終盤では特に違いが顕著だ。こういった土壇場の変更はしばしばリスクが高すぎるとみなされる。なぜならチームにはコード変更の影響が予想しきれないし（コードの結合度に起因する）、起きうる副作用をすべてテストする時間もない。TDDによるセーフティーネットがあれば、そうしたリスクは大幅に低減する。そのため、チームはプロジェクト期間を通じていつでも変更要求を受け入れられるようになる。バージョン管理の良いプラクティスもまた自信を強められる。もしリファクタリングがうまくいかなかったり、多数のテストを壊してしまったりしても、正常だった状態へすぐに戻せる。

　個人的な経験でも、僕が参加したりコーチしたチームではこんな効果があった。TDDによってコードの無駄が減ったり、分析麻痺を避けられたりしたし、またデバッグに時間を使いすぎるなどの課題の対処に役立った。またチームに心の平安をもたらすという、かけがえのない影響もあった。こうした理由から、高パフォーマンスを目指すスクラムチームにTDDは欠かせない。コンパイラはコードの文法が正しいか教えてくれるだけだが、テストは動作が正しいと証明し

---

[1]注：論文（※参9-1）では次のように定義されている。「ソフトウェア開発において人がエラーを起こすと、結果としてソフトウェア中にフォルト（欠陥）ができる。この箇所が実行されると、欠陥が原因となってソフトウェアやシステム全体が間違っている状態になることがある。間違っている状態によって引き起こされる、外部から観測できるような異常を故障と呼ぶ」

てくれるのだ。

2-2. リファクタリング

リファクタリングとはコードの意図や振る舞いを変える事なく、さらに設計を良くしたり改善する活動だ。リファクタリングでは、外部から見える振る舞いを変えず、内部を整理する。

リファクタリングはいつするのだろうか？ それはコードから臭いがし始めたときだ。ベックおばあちゃんのルール、『臭ったら、替えるのよ』[※参9-2]に従うのが一番だろう。彼女のコメントはおむつに関するものだが、コードにも通用する。コードの臭いとはぱっと見は小さな問題だが、実は大きな問題の兆候を示しているものだ。ジェフ・アトウッドは2006年にブログ上で、一般的に見られるコードの不吉な臭いを、クラス内のものとクラス間のものに分類し、公開した[※参9-3]。

表9-1はアトウッドの一覧の中で僕が気に入ったものをまとめたものだ。

兆候	問題
コメント	コメントにはわかりやすいものも曖昧なものもあるが、その違いは紙一重だ。そのコメントは必要か？ 「何をしているか」ではなく「なぜそうするか」を説明しているか。コードをリファクタリングしたらコメントを不要にできないか？ コメントは人のために書くものだ。機械のためではない。
長いメソッド	短いメソッドは読みやすく、理解しやすく、障害時にも対処しやすい。長いメソッドをできるだけ短いメソッドにリファクタリングしよう。
矛盾した名前	標準的な用語集を定め、常にその言葉でメソッド名をつけよう。たとえば、メソッドにopen()という名前をつけたのなら、たぶんclose()というメソッドがあるべきだ。

表9-1　ジェフ・アトウッドのコードの臭いの抜粋

これらは基本的なコーディング標準だが、なおざりにされがちだ。

いつリファクタリングをすべきだろうか？ リファクタリングはシステムのライフサイクルの中で、いつでも実践できる。レガシーコードをさわっているときでも、改善の余地があるコードを発見したときでも、システムの挙動が怪しいときでも、バグが頻発するコードがあるときでもいい。誰であれ、不吉な臭いを感じたらリファクタリングするんだ。

リファクタリングはコードの書き直しではないと念頭においてほしい。その逆で、リファクタリングとは、コードの意図を変えることなくコードを最適化することだ。ボブ・マーティン[※参9-4]はクラス設計における5つの原則の接頭辞をとったSOLIDを提唱している（表9-2）。

なぜリファクタリングすべきなのだろうか？ 端的に言えば、コードに対する投資だ。家の中を清潔に保つよう毎日少しずつ掃除するのに似ている。もしいつも汚い靴で家の中を歩きまわっていたら家の中はどんどん汚くなるだろう。もし急いでいるからといって、包装紙をゴミ

箱に入れずに机の上に放り出していたら、数日のうちに机の上が散らかって片付けないといけなくなる。リファクタリングは毎日少しずつ掃除をするのに似ている。時にはもっと綺麗にしたいと思ったり、これくらいでいいだろうと手を抜いたりするが、大事なのは習慣的な掃除だ。溜めこんだり、誰かがやってくれるまで放置したりしてはいけない。

原則	解説
SRP：単一責務原則	クラスはただひとつの理由から変更されるべき
OCP：開放閉鎖の原則	クラスの振る舞いはそれ自体を変更することなく拡張できるべき
LSP：リスコフの置換原則	派生クラスはそのベースになったクラスと置換できなければならない
ISP：インタフェース分離の原則	クライアントに合わせた小さな粒度のインタフェースを作る
DIP：依存性逆転の原則	具象クラスに対して依存するのではなく、抽象クラスに対し依存する

表9-2　ロバート・マーチンによるオブジェクト指向クラス設計におけるSOLID原則

2-3. 継続的インテグレーションによりシステムの状況を常に把握する

　規律をもって継続的インテグレーションを導入すると、スクラムチームはそこそこ良いチームから素晴らしいチームへ移行できる。マーチン・ファウラーは継続的インテグレーションをこう定義する(※参9-5)。

> 継続的インテグレーションとは、チームの各メンバーが自分の成果を頻繁にインテグレーションするプラクティスのことだ。全員が少なくとも1日に1回コードをインテグレーションすることで、毎日複数のインテグレーションが起きる。インテグレーションは毎回、ビルドした後、自動テストによって検証し、エラーを可能な限り早期に発見する。

　継続的インテグレーションによりコードから素早いフィードバックループが得られる。1000行を超えるコードを一度にチェックインするのではなく、一度に100行程度のコードをチェックインするようになる。主要なブランチを変更するときは前もってローカル環境でビルドする。ローカルのビルドも主要なブランチのビルドも完全に自動化されているべきだ。ビルドを開始したら、あとはビルドマシンが受け入れテストもユニットテストも自動で実行し、人の介在を必要としてはいけない。ビルドには静的解析や、ユニットテストのカバレッジ計測等を含めても良い。ローカルのビルドが問題なく終われば、CIサーバーが変更点をすべてブランチに取り込み、さらに大規模なテストを実行する。チェックインする単位が小さいので、フィードバック

ループも速くなる。ビルドが壊れたときも、どこがなぜ壊れたか、簡単に見つけられる。

こうしたことをなぜ気にかけるべきなのだろうか？　日常生活になぞらえて考えてみよう。

- **ヘッドライト** ── なぜ夜間運転するときにヘッドライトをつけるのだろうか？　進行方向を見られるし、他の車や人がこちらを見つけられる。ヘッドライトは事故のリスクを減らすのだ。継続的インテグレーションも同じだ。コード開発の道筋を照らし、何かにぶつかる前に気がつける。ビルドを実行すれば、なにか問題があればすぐに警告してくれる。

- **洗濯機** ── 洗濯機の何がいいのだろうか？　洗濯機が登場したことで、服の手洗いという何度も繰り返さねばならない手作業から開放された。同様に継続的インテグレーションはすべての（あるいはほとんどの）手作業のプロセスをなくす。これは時間やリソースが浮くだけではなく、品質向上にもつながる。手作業でやっていたときは毎回の作業に差異が生じる可能性がある。それが自動化すれば、毎回まったく同じテストを実行できるようになる。自動化によって、チームメンバーは本当に大事な問題、開発するシステムそのものの問題に集中できるようになるんだ。

- **GPS** ── 車にGPSがあればいつでもどこに向かっているのかわかる。継続的インテグレーションも同様だ。開発中のシステムが現在どこにいるのか、またどこに向かっているのか教えてくれる。おかげでチームとプロダクトオーナーはリアルタイムに反応できる。さらに品質基準を設けたり、ユニットテストのカバレッジなどによるチェックを導入すれば、コードのパターンやトレンドがわかる。進行方向を変えるときでも、すぐに正しい方向へ向かえる。

スクラムでは、スプリントの終わりにすべてのコードが出荷可能でなければならないが、多くのチームは実現に苦労している。継続的インテグレーションによってチームはいつでもビルドし、リリースできるようになる。具体的に何が起きるのだろうか？　顧客レビュー中に、ビルドサーバーから最新版をダウンロードしてインストールできる。手動テストも人による検証も不要で、システムを心から信頼できる。この信頼はどこからくるのだろう？　チームが良いエンジニアリングプラクティスを実践しているのであれば、開発プロセスの信頼度も増していく。TDDはセーフティーネットを提供し、どこにエラーがあるか示す。一方、継続的インテグレーションはコードの変更が及ぼす影響を伝えてくれる。この戦略により、コードの変更による影響が十分に理解できる。ビルドが通る状態を維持しよう。ビルドが壊れたまま家に帰ったりしてはならない。もしビルドが壊れたら、帰る前に変更点を戻して壊れていない状態にすること。翌朝あらためて直せばいい。

継続的インテグレーションについて学べるオススメの本は、ポール・M・デュバルによる『継続的インテグレーション入門』（※参9-6）だ。前述したとおり、本書ではソフトウェアの設計もハードコアなエンジニアリングも詳しく説明していない。ポールの本を買い、継続的インテグレーションを始めるにはどうしたらよいか学ぼう。その他にオススメしたいものに、Agile2008でプレゼンテーションが行われたエイド・ミラーによる論文『継続的インテグレー

9章　エンジニアリングプラクティスのスクラムにおける重要性

ションによる 100 日間』[※参9-7]を推薦する。

2-4. ペアプログラミング

　プロジェクトのメンバーが入れ替わるときには、情報も一緒に入れ替わってしまう。ストーリー実装の知識や、設計判断など、あらゆる情報だ。だが、**チームの全員がコードの動きを把握できるようになる**テクニックがある。ペアプログラミングだ。

　ペアプログラミングはコードの共同所有を推し進め、チームメンバーが共有する知識を増やす。ペアプログラミングは本質的には、チームメンバー 2 人で 1 つの作業を遂行するものだ。1 人はドライバー、もう 1 人はナビゲータになる（ペアプログラミングを円滑に進めるためのテクニックについては、19 章「ペアプログラミング」で詳しく触れる）。ペアを頻繁に交代していると、チームメンバーの間で情報が交換され、全員がコードベース全体を扱えるようになる。ペアプログラミングでは会話を通じてコードを書きすすめ、絶えずお互いに何をしているのか質問する。またペアプログラミングによりコーディング標準も徹底できる。

　ペアプログラミングを実践しても、必ずしも同じ作業に 2 倍工数がかかるわけではない。ユタ州立大学のローリー・ウィリアムズはペアプログラミングでは 2 人のプログラマが個別に作業をおこなった場合と比べ、15 ％作業が遅くなるが、バグが入り込む確率も 15 ％少ないと発見した[※参9-8]。これもまた、エンジニアリングプラクティスを厳しい規律をもって導入するチームで、始めのうちは投資によりスピードが落ちるが、やがて効果が上がってくるとリスク低減、予測性向上、欠陥率減少などの結果が得られる例の一つだ。

　ペアプログラミングには、ノイズを減らすという利点もある。ここでいうノイズとは、電話やメール、チャット、不要なミーティング等々、注意を逸らすものと定義しよう。2 人で作業している最中にメールをチェックしたり電話を取ったりするのは、まあマナーが悪いと言っていいだろう。ペアを組んでいると、マナーを守るだけでやるべき作業に集中できるわけだ。集中できれば、仕事が早く進むというメリットまである。

　僕はペアプログラミングを「リアルタイム・コードレビュー」と考えている。つまり、コードのレビューと更新と手入れを同時に、リアルタイムでやっているんだ。良いペアは常に自分たちの作業を見直す。その結果、メンバー 1 人ずつの成果をチェックイン前にレビューするような会議は不要となる。バグが減少するので、バグのトリアージのためのミーティングも少なくなる。これもまたノイズ削減であって、チームの作業時間を最適化できる。

　リモート作業をしているチームのペア作業も、難しくはあるが可能だ。画面共有とウェブカメラ、あとはペア相手につながる回線があればリモートでのペア作業を実現できる。同じタイムゾーンどうしの方が、当然だがやりやすい。リモート作業するつもりであれば、東西方向ではなく南北に離れている相手を探した方がよい。

　ペアプログラミングをうまくやるには、まずグラウンドルールと、教育から始めるといい。チームメンバーに、新たな挑戦がいつもそうであるように、ペアプログラミングを始めたばかり

のときはちょっとぎこちなく、居心地も悪いものだという心構えをしてもらおう。チーム全体で一緒に乗り越えていくのだから、オープンなマインドで勇気を持っていこう。新たな挑戦に立ち向かえるよう励まそう。チームが本気で取り組み、目標に向かって前進すべく支援するんだ。必要であれば、トレーニングに投資し、コーディング標準も忘れずに定めよう。

ペアプログラミングについて書かれた素晴らしい本や論文もある。古い順に紹介する。ローリー・ウィリアムズとロバート・ケスラーが書いた『ペアプログラミング――エンジニアとしての指南書』(※参9-9)だ。続いてジェームズ・ショアが書いた『アート・オブ・アジャイルデベロップメント』(※参9-10)も良い参考書だ。ペア作業のコスト的なメリットを知りたいのであれば、ハカン・エルドグマスとローリー・ウイリアムズの『The Economics of Software Development by Pair Programmers』がいいだろう。

2-5. 受け入れテストと統合テストの自動化

ユニットテストと同様、統合テストや受け入れテストも自動化できる。この2つは図9-2に示す通り、テスト自動化のピラミッドの頂点に君臨する。ユニットテストはその基盤になる。

統合テストはシステムに存在する様々な統合箇所をテストするよう設計されている。APIやデータフォーマット、そしてインタフェースがすべて期待するように動作するか、開発中に確認できるようになる。自動統合テストは受け入れテストの自動化より簡単なことが多いが、自動統合テストもなおメンテナンスのコストが高い。特に100人、1000人という体制で単一コードベースを開発するプロジェクトでは顕著だ。

受け入れテストはユーザーの行動をエミュレートするように設計されている。UIがあるシステムを開発しているのであれば、受け入れテストではユーザーの操作を真似て、クリック等をするテストスクリプトが作成される。こうしたテストはインターフェースや顧客要望の変化を受け壊れやすい。また、偽陽性[2]を示しがちなため、メンテナンスコストも高いが、専任のチームメンバーを雇うよりはましだろう。様々なツールがあり、ステークホルダーや顧客がエン

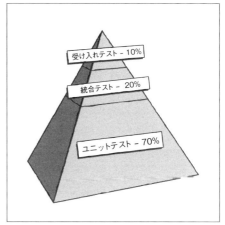

図9-2　テスト自動化のピラミッド

---

[2]訳注：偽陽性とは、本来は陰性なのに誤って陽性と判定されるもののこと。ここでは、問題がないのにテストが失敗することを指す。

9章 エンジニアリングプラクティスのスクラムにおける重要性

ドユーザー環境での動作を保証するようなテストを簡単に書けるようになっている。

作業やメンテナンスコストは増えるが、統合テストと受け入れテストの自動化はスクラムチームが正しいものを作るよう保証する手法として、最善の選択だ。まず、どちらもチームに継続的なフィードバックループをもたらす。ユニットテストと継続的インテグレーションがもたらすものに似ているが、リリースやスプリントの終わりに時間のかかるテスト期間を設けずにすむ。

次に、問題を見つけたらすぐに修正するほうが、数スプリント先で対応するよりがコストが掛からない。加えて、バグをすぐに修正していればコードベースを綺麗に保てる。最初は大量のバグ修正がスプリント中に発生してスピードダウンするように感じるかもしれないが、続けていれば綺麗な、洗練されたコードベースに到達できる。

さらに、統合テストを自動化しておくと、外部システムとの接続箇所が期待通り、正しく動作し、将来も動作し続けているか確認できるようになる。僕はこう聞いてみる。「みんなが帰ったあと、マシンはなにもしてないの？」マシンを遊ばせず、チームのために働いてもらおう。開発しているシステムの弱点を見つけさせ、翌朝には直せるよう準備しておいてもらうんだ。

最後に、受け入れテストの自動化により、システムのUIなどのインターフェースの動作が期待通りであるかどうか確認できる。受け入れテストはビルドごとに実行するべきだし、受け入れテスト自体も時間とともに成長し充実させていくべきだ。ユニットテストでセーフティーネットを少しずつ増やしていくのと同じことだ。したがって受入テストはスプリントが始まる前に書いておかねばならない。プロダクトオーナーがスプリントプランニングに現れたら、チームは何を「証明」するのかすぐわかることになる。顧客とステークホルダーに何を証明するのか、ユーザーインターフェース観点から記してあるわけだ。自動化に投資しないと、スプリントのたびにテストの負債が増えていき、手作業のテスト工数も増大していく。そうした負債と工数は、やがて管理不能なまでに膨張してしまう（図9-3参照）。

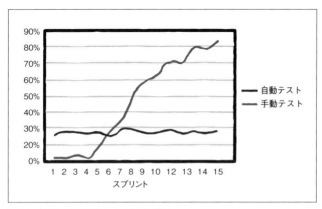

図9-3　自動テストと手動テストで必要な時間

第2部　現場の基本

3. 成功の鍵　　　　　　　　　　　　　*Keys to Success*

　この章で見てきたようなエンジニアリングプラクティスをすべて無視してもスクラムは成立するし、最初はそれで上手くいくかもしれない。だがそのうち、「なんで**思ったほど改善しないんだろう？**」と自問するハメになる。答えはソフトウェア開発の方法そのものにある。エンジニアリングプラクティスを変えずにスクラムを導入しても、苦労するだけだ。

　僕の願いは、あなたが考え方を変化させることだ。何かをするときは、**何故か**を考えてほしい。いずれにせよ、新しいことを導入する作業は必要になるし（TDD、ペア作業、CIの立ち上げ、自動テスティングフレームワークの構築など）、将来的に手戻りが減ってコスト減に繋がるように計算して投資しなくてはならない。バグが減りインテグレーションの問題もなくなれば、コストを減らせるはずだ。

3-1. 銀の弾丸ではない

　いくら強調しても言い足りないポイントがある。スクラムや様々なプラクティスを使ったところで、魔法が起きるわけではない。勝手に品質が上がったり、頻繁にリリースできるようになったり、顧客の望むものが自然と出来上がったりはしないのだ。もっとも、**プラクティスを使わなかったらきっと失敗するよ**とは自信を持って言える。最高級の自転車でツール・ド・フランスに出場しても優勝できるとは限らないが、三輪車では勝負にならない。それと同じことだ。

　この章で紹介したプラクティスは銀の弾丸ではない。プラクティスは、最終ゴールへ向かってスタートするための道路標識のようなものだ。顧客の要求に素早く、**品質高く応えられる**チームというゴールに向けた足がかりだ。

3-2. 一歩を踏み出す

　エンジニアリングプラクティスを取り入れる最初の一歩は大変そうに見えるが、そうとも限らない。僕が見てきたチームでは2つの異なるやり方が見られた。ゆっくり、プラクティスに1つずつ取り組むやり方と、すべて一気に取り入れるやり方がある。どちらのやり方であれ、導入過程ではつまづくものだと覚悟しておこう。つまづいても気に病まなくていい。大事なのは、規律を持つこと、集中すること、必要なとき助けを求めることだ。

3-3. チームをその気にさせる

　物語の中でパトリックはチームを説得するとき、**理由について最初から説明**していた。「このやり方でやれ」と頭ごなしに言っても良かったかもしれない。だが僕の経験でも、変化しな

151

くてはならない理由をチームが理解していると上手くいく。パトリックは自分のビジョンを共有し、なにが必要なのか理解させ、どうやったらいいか指導し、なにより何故重要なのか理由を与えた。チームの中に反対派がいると、妨害行為が起きかねない。全員が納得できるよう、一方的な命令を避け、理由を理解してもらえるよう注力しよう。

3-4. 完成の定義

7章「完成を知る」では、チームで完成の定義を話し合ってチェックリストをつくる方法を紹介した。物語の終わりで、パトリックは同様のワークショップをチームと実施した。完成の条件は設計図と同じだ。本章で取り扱ったプラクティスは設計図をもとに実現するためのツールだ。完成の定義がなければ、何をすべきかわからなくなる。

3-5. ビルドの改善活動をプロダクトバックログに載せる

エンジニアリングプラクティスをチームの力とするにはプロダクトオーナーの協力も欠かせない。プロダクトオーナーはプラクティスを理解し、チームに長期的投資をする判断をする。そのためエンジニアリングプラクティスの導入や改善につながるストーリーやタスクをプロダクトバックログに含めよう。チームの努力と改善の成果をプロダクトオーナーにも見えるようにするんだ。

3-6. トレーニングとコーチング

チームメンバーに「やればできる」とは期待しないほうがいい。やり方も教えないといけない。社外からコーチを雇ったり、社内から経験者を呼んだり、本を買ったり、トレーニングを受けさせたりしよう。費用が問題になるかもしれないが、最新のエンジニアリングプラクティス教育へ投資すれば、会社全体で長期的に得られるメリットは投資額をはるかに上回る。

3-7. ひとつに合わせる

よいエンジニアリングプラクティスでは、ものごとを小さく分割する。ユニットテストもチェックインも、小さくすれば問題解決の時間も短くなる。方向転換するときも、作業単位が小さく素早く対応できれば、顧客の信頼を得られる。結果としてリスクを全体的に減らせるんだ。チームがプロジェクトを通じて自動化ユニットテストを積み上げてきていれば、問題が発生しても直ちに発見できるし、どこに問題があるかもすぐ判明する。「1日中デバッガで過ごす」なんてことはもうなくなる。またペアプログラミングもコードの透明性を高めてくれる。「これは私のコード」という考え方をしなくなり、共同所有が自然にできるようになるんだ。こうし

たことの組み合わせが障害率の低下と品質向上に繋がる。顧客はよりチームを信頼できるようになるし、チームは自分たちがスプリントごとに確実に成果を届ける能力に、自信を持てるようになる。

　これらのプラクティスは簡単に実践できるわけではないと、肝に銘じておこう。集中、専念と粘り強さが必要だ。それぞれに時間を投資しなくてはならないため、どうしても遠ざける力が働いてしまう。TDDにはトレーニング（あるいは経験者）がおそらく必要になるし、始めのうちは開発速度が遅くなる。CIサーバーでも同様だ。構築は1時間くらいで終わるかもしれないが、必要に応じてカスタマイズしたり、ビジネスの要望に合わせて運用できるようになるまでには時間が必要だ。リファクタリングやペアプログラミングも慣れるまでの時間がかかる。全体で考えてみると、この章で紹介したプラクティスを理解し、身に着け、実践できるようになり、従来の開発手法から完全に切り替わるまでに、僕の経験では3ヶ月から6ヶ月はかかっている。

　最終的に、いま投資した結果は、品質が高く、安定し、顧客の要望に応えた着実なリリースとして返ってくる。

Chapter 10

10章

Core Hours
チームのコアタイム

　スクラムチームは可能な限り一緒に働く。同じ場所に全員いるのが望ましい。コミュニケーションの効率も、協力や連携も、コードの共同所有も実現しやすくなる。だがメンバーの中に朝7時に来る人と11時まで来ない人がいたら、どうだろうか。1日の作業予定やランチタイムはどうなるんだろう?

　些細な問題に見えるかもしれないが、些細なことでは済まないチームも実は多い。コアタイムのような小さい、大したことのなさそうな問題のせいでチーム全体が駄目になってしまうこともある。この章で紹介する物語でもそういった事態が起きそうになる。年長の開発者が、年若の開発者のやる気のなさをとがめて、チームが分裂しそうになる話だ。

1. 物語

The Story

　ラスは新卒5年目の若い開発者だ。ラスが好きなものはゲーム、自転車、クラシックカーいじり。シアトルのスタートアップで何年か過ごしてきたが、チームワークより個人の才能が評価される職場だった。今の会社に来てまだ日は浅いものの、難しい仕事をこなせる人材として認められていた。ラス自身も、最高のコードが書けるのはワークライフバランスを取っているためだと自負していた。よく自転車で通勤していて、特に夏場はワシントン湖畔を回り道するのが好きだった。そして夜は仕事仲間とオンラインゲームに打ち込むのだ。

　同じ会社にジェイコブというCRMの専門家がいる。CRMソリューションを20年以上やっていて、どんなシステムでも裏側まで知り尽くしていた。ジェイコブは社交家ではなく、仕事に集中したい性格だ。休みの日には子供とレゴのロボットを組み立てている。彼のソリューションは極めて品質が良く、どの顧客もメンテナンス性を高評価していた。ジェイコブは自分で設定した日々のルーチンを大事にして、安定したスケジュールを楽しんでいる。

　これからやってくる変化と、変化に伴うストレスに、ラスとジェイコブの2人もさらされようとしていた。2人とも新しいCRMツールにアサインされたのだ。困難が予想されるプロジェクトで、ジェイコブの経験すべて、ラスのコーディング力すべてが必要とされていた。

　はじめのうちはうまくいっていた。ラスとジェイコブはコアチームを集め、チームコンサルタントも何人か依頼した(チームコンサルタントについては3章「チームコンサルタントでチームの生産性を最適化する」を参照)。プロジェクトは2週間後の7月15日開始と決まった。プロダクトオーナーは一心不乱にバックログを準備し、その間ラスとジェイコブは他のメンバーと一

緒にエンジニアリングプラクティスを定め、機器や環境を準備し、チームのルールも決めた。スクラムマスターにはレティシアがなり、ミーティングの調整をしていた。最初のスプリントプランニング、デイリースタンドアップミーティング、顧客レビューミーティングなどだ。第1スプリントに臨む心構えはチームの誰もが十分にできていた。

7月15日になり第1スプリントが始まった。1日目のスプリントプランニングは滞りなく進んだものの、2日目の朝にはトラブルの芽が生まれていた。

スプリント2日目の朝、メンバーは作業スペースで仕事を始めていたものの、ラスの姿が見えなかった。ジェイコブは朝早く来てラスと相談するつもりでいたので、苛立っていた。時計は8：30、皆働いている時間だ。「ラスはリーダーなのに、どういうつもりだ？」ジェイコブは仕方なく、他のメンバーと作業を始め、没頭した。デイリースタンドアップを始めようという10時になって、ラスが部屋に飛び込んできた。自転車でロングライドをした後、シャワーで汗を流してきたのだ。

「さあデイリースタンドアップの時間だ！」ラスは部屋に入るなり声を上げた。

「間に合って良かったよ。今日は休みなんじゃないかと心配してたんだ」ジェイコブは皮肉を込めて言った。

「いや、仕事の前に朝の自転車をやってきただけですよ」ラスは皮肉に気づかず答えた。

スクラムマスターのレティシアはジェイコブが込めた嫌みに気がついたが、今は見逃すことにした。デイリースタンドアップは15分ちょうどで終わった。初めてにしては上出来だ。

それから数週間、同じ光景が続いた。ジェイコブは朝7：30に来て、他の朝型メンバーと仕事を始める。ラスは10時前に飛び込んでくる。

ある日とうとう、ジェイコブが我慢の限界にきた。ラスがいつもどおり現れたところで、ジェイコブは言い放った。「もう1日の半分が終わったぞ」

「半分始まったとも言えますね！ これから山登りだってできる気分ですよ。今朝は5時に起きてジムで100kmバイクをしたんです。今日は最高だ！ じゃあ僕から始めるぞ」ラスはそう言うとジェイコブを放ってデイリースタンドアップを始めた。

ジェイコブの番になった。「昨日はタスク18の『ストアドプロシージャ作成』が完了した。今日はアセンブラをラスと一緒に進めたいんだが、**ちゃんと**仕事をするつもりで、早退なんかしないでくれるといいんだがな」

ラスはジェイコブがなにかの冗談を言ったと判断して笑い声を上げた。「いいですよ、一緒にやりましょう！」

レティシアはラスとジェイコブが作業する様子を観察していた。ラスが10時直前まで来ないのをジェイコブが快く思っていないのは明白だ。実際のところ、ジェイコブはチームが全員、自分と同じ7：30には職場に揃っているべきだと思っていた。年齢でも経験でもチームで一番上の人間らしく、チームのリーダーとしてルールを設定すべきだと感じていたのだ。レティシアは今にも揉め事が起きそうだと感じていたが、果たしてジェイコブがラスをののしり始めた。

10 章　チームのコアタイム

「ラス！　なぜこんなふうにインターフェースを呼び出すんだ？　君はバカじゃないのに、コードはバカみたいじゃないか。これじゃあ全部書き直しだぞ！」ジェイコブはそう言いながら、鉛筆を画面に投げつけた。

ラスは驚いた。「ジェイコブ、落ち着いてください。どうしたんですか？　僕に怒鳴っても何にもなりませんよ」

「これは手抜きだ。明々白々だろう。君みたいなヤツなら当然だ。よく今まで仕事してこられたな」ジェイコブは怒鳴りながら両手を振り回した。

レティシアは急いでやってきた。

「ジェイコブ、個人的な攻撃が聞こえたのだけど、何があったの？」

「ラスは怠慢でいい加減なんだ。このコードを見てくれ！　こんなコードは御免だ」

「ジェイコブ、いいかしら？　ちょっと散歩しましょう。それから話を聞かせてちょうだい」レティシアは近所のコーヒーショップにジェイコブを連れて行った。ジェイコブが何に怒っているのか見当は付くものの、彼自身の口から聞く必要があった。それには2人きりにならないといけない。

「ジェイコブ。本当は何が問題なの？　プロジェクトが始まるときには、あなたはとてもやる気があるように感じたのだけど、最近はなにかにイライラしてるように見えるわ」レティシアはジェイコブの手を指さした。手は震えていた。

「ラスのせいだ。彼と一緒には働けない。あいつはプロジェクトにコミットしていない。私1人で全部やるのは無理だし、どうしたらいいかわからないんだ」

「コミットしてないと思ったのはどうして？」

「最悪なのは、来るのが遅いところだ。10時だぞ！　私は毎朝7時半に来てるのにあいつは10時？　どういうことだ？　来たかと思えばすぐ昼飯だ。『補給しなくちゃ』とか言って。チームにとって悪い見本じゃないか。それに今日のコードを見てわかったんだが、どう見てもやっつけ仕事なんだ。さっさと帰ってパーティーかなにかに行ったんだろう。いったいいつ仕事してるっていうんだ？」

ジェイコブの話は、レティシアが気に留めていた問題そのものだった。（正直に言ってもらえてよかった）とレティシアは思った。

「ジェイコブ、あなたは勘違いしてると思うの。ラスは確かに10時まで来ないけれど、夜は毎日7時過ぎまで働いてるわ。あなたや他のメンバーより遅くまでよ。スケジュールはあなたと違うかもしれないけれど、彼は彼の時間で仕事をしているの。そうは言っても、問題なしってわけじゃないわね。あなただけではなく、他のチームメンバーにとってもね」

「じゃあラスにもっと早く来るよう言ってもらえるかい？」ジェイコブはあくまで自分の方針にこだわっていた。

「そうじゃないの。前にプロジェクトでも同じような問題があって、そのときはチームのコアタイムを決めて解決したわ」

「チームのコアタイム？」

「そう。チームが全員、作業スペースにそろう時間を決めるの。そうすれば、誰かとペア作業する予定を立てたり、相談する予定を入れたりできるわ。あなたが同意してくれるなら、これからチームに提案してみましょう。時間や貢献のことが気がかりな人は、他にもいるかもしれない。そういう懸念も解消できると思うの」

ジェイコブは考えた。「やってみよう。だけど1つ頼みたいことがある。ラスから目を離さないでほしい。彼が本当にプロジェクトにコミットしてるとは、まだ納得できないんだ」

「いいわ、ジェイコブ。**私も**頼みがあるわ。彼にチャンスをあげてほしいの。それに、時間帯がずれても一緒に働けないかどうか、それも試してみてほしいわ。きっと驚くわよ」

2. モデル　　　　　　　　　　　　　　　　　　　　　　*The Model*

レティシアは本物のスクラムマスターだ。ジェイコブの様子にはすぐ気づいたのに、行動は起こさなかった。誰の目にも問題が明らかになり、レティシアが解決に動くのを周囲が受け入れられるタイミングまで、じっと待っていたんだ。

2-1. 同席しているチーム

メンバーのスケジュールに差があったり、分散しているチームにはコアタイムがお勧めだ。コアタイムを使えばバランスと一体感を取り戻せる。まずホワイトボードを使って、全員の名前を書き出そう。ここでは例として、本章の物語の登場人物の名前を使う。左側には「始業時間」「ランチ始まり」「ランチ終わり」「終業時間」と書く。表10-1のような表ができる。

	ラス	ジェイコブ	ミカエラ	サム	ロッキー
始業時間					
ランチ始まり					
ランチ終わり					
終業時間					

表10-1　空のコアタイム表

そうしたらメンバー1人ひとりに、始業、ランチ、終業の時間を教えてもらおう。やり方は2つある。1つめは、単純にそのままホワイトボードに書いてもらうというものだ。簡単だが、1つ欠点がある。他の人の時間を見て、自分の時間を自主的に調節してしまう人がいるかもしれない。2つめのやり方では、メンバー1人ずつ紙に書いてもらい、人には見せずスクラムマスターに渡してもらう。全員ぶん集まったら、スクラムマスターがホワイトボードに書き写す。いずれのやり方でも、書き込むと表10-2のようになる。

10 章　チームのコアタイム

	ラス	ジェイコブ	ミカエラ	サム	ロッキー
始業時間	10：00	7：30	8：30	7：30	9：30
ランチ始まり	11：30	12：00	12：00	11：30	12：00
ランチ終わり	12：30	12：30	1：00	12：30	1：00
終業時間	7：30	4：30	6：00	5：00	6：30

表10-2　表を埋めた状態

　表が埋まったらチームのコアタイムがわかる。全員いる時間がコアタイムだ。ホワイトボードに書いておこう。表10-2の例であれば、コアタイムは次のようになる。

- **午前**　　10：00〜11：30（1.5時間が共通）
- **ランチ**　11：30〜　1：00
- **午後**　　 1：00〜　4：30（3.5時間が共通）

　チームには合計5時間分、共通の時間がある。次に、調整の余地がないかチームに聞いてみよう。この例ではランチは1.5時間だが、ラスとサムが始まりを30分遅らせれば、チーム共通の時間を増やせる。調節の結果、表10-3のようになり、コアタイムは以下の通りだ。

- **午前**　　10：00〜12：00（2時間が共通）
- **ランチ**　12：00〜　1：00
- **午後**　　 1：00〜　4：30（3.5時間が共通）

　調整の結果、**チーム共通の時間**は5.5時間になった。
　チームのコアタイムが決まったら、目に触れるようにしよう。壁に貼り出したり、モニタの横に貼れるよう小さく印刷したり、グループのカレンダーに追加すると良い。1人の作業はコアタイム以外にやればいい。ペア作業や共同作業はチームのコアタイムにおこなう。

	ラス	ジェイコブ	ミカエラ	サム	ロッキー
始業時間	10：00	7：30	8：30	7：30	9：30
ランチ始まり	12：00	12：00	12：00	12：00	12：00
ランチ終わり	1：00	12：30	1：00	1：00	1：00
終業時間	7：30	4：30	6：00	5：00	6：30

表10-3　さらに調整した状態

第2部　現場の基本

2-2. 分散チーム、パートタイムのチーム

フルタイムで全員同席というわけにはいかないチームもある。そういう状態を目指していて
も、理想的とは言えない形で働かざるを得ないこともある。以下ではそういった状況で使える
方法を紹介する。メンバーの分散しているチームや、パートタイムのメンバーがいるチームで
役に立つはずだ。

□2-2-1. 分散チーム

分散チームでも、上で説明したのと同様に、リモートで時間を集めよう。スクラムマスターと
してオンラインカンファレンスを開催し、個々人の時間はメールで教えてもらう。集まった時
間をスプレッドシートに入力して、カンファレンス上で共有しよう。基準のタイムゾーンを決め
るといい。表10-4の例ではCST（中部標準時）を使っている。メンバーごとに、その人がいる
場所のタイムゾーンと、基準のタイムゾーンの時間を記入する。[1]

表10-4に全員の時間を基準タイムゾーンも含めて記入した。この表を見ると、かなり大きな
ズレがあるのがわかる。まず始業時間を見てみよう。ロッキーは朝9：30から仕事をしたいが、
CST（基準タイムゾーン）では11：30になってしまう。同じくサムも、朝8：30から始めても
CSTでは10：30だ。残りのメンバーは1時間半の範囲に収まっている。終業時間も同じよう
な状況だ。コアタイムを分析してみよう。

- **午前**　　午前中にチーム全員集まれる時間はない。ラス、ジェイコブ、ミカエラは9：00から
　　　　　10：30（CST）まで一緒に作業できる。サムとロッキーは11：30から1：30（CST）
　　　　　が共通だが、他のメンバーはほとんどがランチ中だ。
- **ランチ**　　10：30〜3：00
- **午後**　　　3：00〜4：30

		ラス（EST）		ジェイコブ(CST)		ミカエラ（CST）		サム（PST）		ロッキー（PST）	
		CST	EST	CST	CST	CST	CST	CST	PST	CST	PST
始業時間		9:00	10:00		7:30		8:30	10:30	8:30	11:30	9:30
ランチ始まり		10:30	11:30		12:00		12:00	1:30	11:30	2:00	12:00
ランチ終わり		11:30	12:30		12:30		1:00	2:00	12:00	3:00	1:00
終業時間		6:30	7:30		4:30		6:00	7:00	5:00	8:30	6:30

表10-4　時間の対応表

[1] 訳注：CST（中部標準時）、EST（東部標準時）、PST（太平洋標準時）はいずれも北米大陸を含むタイムゾーン。
　　　CSTで10：00だとESTでは11：00、PSTで8：00となる。

159

これでは、チームには1.5時間しか共通の時間がない。十分とは言えない。完全な解決にはならないものの、サムとロッキーが午前に共同作業し、午後の1時間半は全員参加の活動とすれば、なんとかなるかもしれない。

　だがチームが地球上に散らばっていたらどうするんだろう！ ここで示したモデルによって、分散チームで起きる問題がはっきり目に見えるようになる。チームが一緒に働きたいと思っているなら、状況は深刻だ。コアタイムがまったく作れない状況では、地域ごとに小さなチームを作るという対処方法がある。そうすれば人数は限られるものの、2人以上でコアタイムを持てるようになる。

□2-2-2. パートタイムのメンバー

　メンバーがパートタイムでプロジェクトに参加している場合は、表の左側に始業・終業時間の代わりに曜日を書く（表10-5参照）。スプリントのたびに時間が変わるのでなければ、この表はプロジェクトの最初に作り、以降は変わった部分だけ書き直せばいい。表が埋まったら、曜日ごとにコアタイムを決めていく。たとえば、月曜日にはコアタイムはない。ジェイコブは午後だけ、サムは午前だけしか働けないからだ。

	ラス		ジェイコブ		ミカエラ		サム		ロッキー	
	時間	時刻	時間	時刻	時間	時刻	時間	時刻	時間	時刻
月	6	10-12 1-5	3	2-5	8	9-5	4	9-1	3	2-5
火	6	10-12 1-5	3	2-5	8	9-5	0		3	2-5
水	0		3	2-5	8	9-5	4	1-5	3	2-5
木	4	10-12 1-3	3	2-5	8	9-5	0		5	9-2
金	3	1-4	3	2-5	8	9-5	4	9-1	5	9-2
月	6	10-12 1-5	4	1-5	8	9-5	4	1-5	3	2-5
火	6	10-12 1-5	4	9-1	8	9-5	0		3	2-5
水	0		4	1-5	8	9-5	4	9-1	3	2-5
木	4	10-12 1-3	4	9-1	8	9-5	0		5	12-5
金	3	1-4	4	1-5	8	9-5	4	1-5	5	12-5

表10-5　パートタイムの場合の時間対応表

第2部　現場の基本

3. 成功の鍵　　　　　　　　　　　　*Keys to Success*

　この物語では、ジェイコブにはラスが怠けているように見えていた。ジェイコブは強い不満を抱えていて、レティシアが問題を解決できなければチームは分裂していたかもしれない。たかが始業時間の問題だけでだ。こうした些細に見える問題に気を配れると、将来の大きな問題を防げるかもしれない。チームのコアタイムを決めるに当たっては、いくつか気をつけてほしいことがある。

　第一に、チーム全員がコアタイムの意義を理解していること。メンバーそれぞれが働きやすい時間を、全員で合意しているという点も、しっかり理解してほしい点だ。チームが同席していても分散していても、毎日一緒に作業すれば、色々な確認も容易だし、コミュニケーションが潤沢になる。一緒に仕事をすれば、お互いの態度、スキル、パターンから学べる。個人として、またプロフェッショナルとして相手を理解していくにつれ、全体がチームとして一体化する。またプロジェクト全体についての学びも促進できる。自分では直接担当しないような部分まで目にする機会が増えるからだ。

　第二に、コアタイムはプロジェクトの最初に設定し、その後も常に見直すこと。ラスの仕事のスタイルを最初から知っていれば、ジェイコブもあんなに怒らずに済んだはずだ。ラスは少なくとも夏のあいだ朝が遅いが、夜も遅くまで残っている。こうしたスタイルはプロジェクトの途中でも、学校、仕事、天候、休暇などに影響され変わることがある。そんなときに備えて、メンバーの作業予定時間に変化があったら、すぐ伝えてもらえるようにしておこう。分散チーム、パートタイムのチームでは、メンバーの予定が頻繁に変わるようならスプリントごとに作り直した方がいいかもしれない。

　第三に、コアタイムが絶対ではないとチームに伝え状況に応じて対応できるようにしよう。誰もがスケジュール通り正確に動けるとは限らない。共同作業には個人の習慣よりはるかに価値があると、しっかり認識させよう。

　ちょっとの手間をかけてコアタイムを設定すると、後でチームの効率に大きな差が生まれるかもしれない。同席で何時間一緒に働いているか計算して、コアタイムの価値を最大化しつつ、個人の自由度も確保しよう。コアタイムは簡単だが強力なツールで、高効率のチームを作る助けとなる。

161

Chapter 11

11章

Release Planning
リリースプランニング

　どんなプロジェクトでも、一番よく聞かれる質問は「いつ終わる？」「この日までにできる？」じゃないだろうか。誰でも、プロジェクトが予想通りに進まずひどい目にあった経験があるはずだ。スクラムはもっと適応力のある計画づくりを約束する。スクラムの計画は変更を受け入れる。むしろ、変更するつもりで最初から考えるんだ。だが、その約束によれば、リリース計画は不要、または不可能ということになるのだろうか？

　これからブライアンとスティーブンの物語を紹介する。2人ともスクラムの経験は浅く、スクラムに対する見方にも差異がある。スクラムのリリース計画を2人がどう扱うか、見ていこう。

1. 物語   *The Story*

　ブライアンは長年プロジェクトマネージャをやってきたが、今回初めてスクラムプロジェクトに関わることになった。役割はスクラムマスターだ。ブライアンはチームと一緒にスクラム導入のワークショップを受講し、スクラムの基本と最初のステップについて十分に学んだ。目の前に新たな可能性が開け、胸が高鳴る気分だった。

　ところが上級マネージャのスティーブンが通りがかったせいで、そんな気分も消し飛んでしまう。スティーブンは歩きながらブライアンに声をかけた。

　「そうそう、ブライアン、あのプロジェクトだけど、すぐにリリース計画を見せてくれ」

　（リリース計画なんて、ウォーターフォールの遺物じゃないのか。スクラムなら、ガントチャートもリリース計画も、守られない約束やいい加減な引き継ぎもろともなくせると思ってたのに）ブライアンは内心そう思ったが、マネージャに向かってはこう言った。

　「ですが、私たちはスクラムで進めます。いつ完了するか、正確にはわかりません。それがスクラムの肝心なところですよ」

　スティーブンはぴたりと足を止めると、つかつかとやってきてブライアンの隣に座った。「どういうことだ、スクラムならリリース計画を作らないというのは？」

　ブライアンは表情に自信を込めて身を乗り出した。この質問には答えられる。「簡単です。今まで私が携わったプロジェクトでは、いつも途中までは順調だと思っていて、終盤で突然間に合わなさそうだと気づくんです。急にみんな心配になり、締め切りに向かって一生懸命になるんですが、そうすると品質は悪くなるしメンバーのモチベーションも下がります。スクラムでは、目標に届かなくても、ただ完成してないというだけです。それが優先順位で並べるメリッ

162

第2部　現場の基本

トなんです」

「本当にそうかな？」

「この間のプロジェクト、覚えていますか。私も関わってましたが、ひどいものでした。私もメンバーもよく働きましたが、それでも終盤になって、ぜんぜん間に合わないとわかったんです。私はそこでやっと気づきました。計画はあてになりません。マイルストーンや日付や、いろいろないい加減な話の寄せ集めで、最初は人を安心させますけれど、結局のところ嘘のかたまりなんです」

スティーブンはうなずいた。「その点には同意するよ。だからと言って、スクラムならリリース計画がいらないという話にはならない。僕はボスに、いつできるのか伝えないとならない。僕にはリリース計画が必要なんだ」

「スティーブン、いいですか。プロダクトバックログをすべて完成できる日付は言えます。でもそんな日付、まったく正確じゃないのはおわかりですよね。ええと、なんと言ったらいいんだろう。少しスクラムについて説明させてください」

スティーブンは微笑んでブライアンを遮った。「僕もおなじ研修を受けたんだよ。あのトレーナーを会社に呼んで研修をやってもらったのは、僕なんだ」

「すごい。ならスプリントごとに動作するソフトウェアを完成させることとか、フレームワークの全体像もご存じですよね。だったら、すべて終わる日付を決めてしまうのが無責任だというのもおわかりのはずです」

スティーブンはあくまで挑戦的態度を崩さなかった。「無責任というなら、スクラムだからといって作りたいものを作りたいときに作ればいいというのも無責任だ。僕はCEOと経営陣に対して責任がある。それにマーケットに出すタイミングに合わせた計画も必要だ」

「スティーブンの言う通りですわ」横から声がして、キャロルがやってきた。キャロルはスクラムコンサルタントとして、会社のスクラム導入のため雇われている。「申し訳ありません。立ち聞きするつもりではありませんでした。ですが話の内容がたいへん面白かったもので」

キャロルは続けた。「スクラムでもリリース計画は作れますし、作るべきです。ですがブライアンの言う通り、スクラムのリリースプランニングは今までと異なります」

キャロルは近くにあったホワイトボードに描き始めた。

「お二人ともベロシティはご存じですね。ベロシティはチームがある期間でこなせる量です。一般的にストーリーポイントで表します。

車の走行距離計と比較してみましょう。ベロシティはスプリントの走行距離計です。どれだけの距離を走ったか、1日か1スプリントごとに測ります。単位はストーリーポイントです。したがって、3スプリントの走行距離が1000km、900km、1100kmだとしたら、平均すれば1スプリント当たり1000kmになります。言い換えますと、2週間スプリントであれば1日100km走れます。ここまではよろしいかしら？」

「大丈夫」ブライアンとスティーブンは口を揃えた。

「だが、この話と締め切りの話がどうつながるのかわからないな」スティーブンが聞いた。

163

11章　リリースプランニング

「ご安心ください。無意味に思えるかもしれませんが、ちゃんと意味がありますわ。ベロシティについてはいいですね。ドライブでは他に何が使えるかしら？　周りの景色です。ドライブ中、ときどき窓の外を見て確認しますね。スプリントでも同じです。スプリントでは、毎日デイリースタンドアップをして、仕事の状況、あるいは周囲の状況を確認します。そうして、上手くいっているかチェックするのです」

ブライアンとスティーブンはうなずいた。

「そうしますと、2週間で1000km走りつつ、正しい方向へ進めているかデイリースタンドアップで毎日確認します。レビューとふりかえりではより大局的に確認できます。さて、最後にバーンダウンチャートです。バーンダウンチャートの傾きが速度計になります」キャロルは話しながらホワイトボードに書き加えた。

「バーンダウンチャートを見ますと、平均速度がわかります。本当に1000km走りきれますでしょうか？　1日ちょうど100km走れるとは限りませんね？　平均して1日100kmであれば、2週間で1000kmに到達するはずなのです」

キャロルは2人の表情を見て手を上げた。「リリース計画でしたわね。リリース計画はロードマップです。ロードマップにはどこを経由するかも示しています」

キャロルがホワイトボードに書いた例えは、図11-1のようなものだった。

「では、ブライアン、ドライブの例えで考えてください。カリフォルニア州サンディエゴからフロリダ州ジャクソンビルまで行きたいとしましょう。お手元のPCで距離を調べてもらえますか？」

「どこを経由するかによるけど、最短距離は3598kmです。ファレスを通ることになるけど、こんなにメキシコ国境のほうまで行きたくないな。アルバカーキを通れば3883kmになって、もっと人口の多いところを通れます。フェニックス、アルバカーキ、アマリロ、ダラス、それにヒューストンですね」

「つまり、僕らが2週間に1000km進めば、ジャクソンビルに着くまで4スプリント、8週間かかるってことだな。これがリリース計画だよ」スティーブンが言った。「『現在の速度でこのルートを通ったら、安全に目的地に着くのはいつになるか？』これに答えればいいわけだ。逆

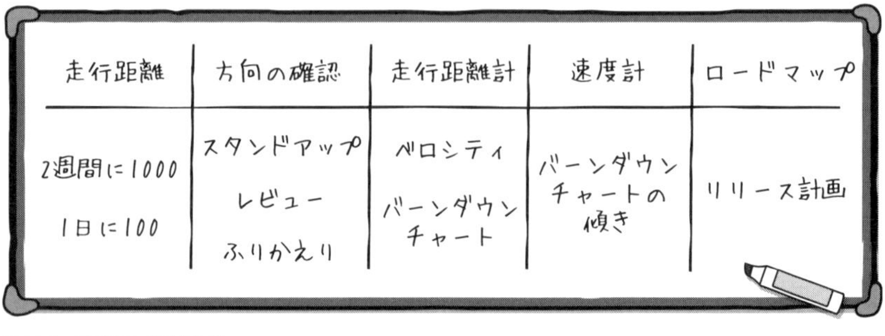

走行距離	方向の確認	走行距離計	速度計	ロードマップ
2週間に1000 1日に100	スタンドアップ レビュー ふりかえり	ベロシティ バーンダウン チャート	バーンダウン チャートの 傾き	リリース計画

図11-1　車でドライブする例

第2部　現場の基本

に、ジャクソンビルに決まった日までに着きたければ、それも計算できる。1日の運転時間は延びるだろうが、可能かどうか検討することもできるし、いいやり方を議論することもできる。スクラムでもリリース計画が作れると言っただろう」

ブライアンは顔をしかめた。「目的地が決まっていれば問題ありませんが、今回のプロジェクトでは行き先も確実ではないし、距離も正確にはわかりません。正確にわかったとしても、道路工事のような事態があるかもしれない。悪天候で迂回を余儀なくされるかもしれません。それに、寄り道したい場所が途中で見つかるかもしれません。たとえばセントルイスに回り道するとか。そうすると、完璧に見えるロードマップも役立たずになりますよ」

キャロルが口を挟んだ。「お二人とも、どちらも正しいことを言っています。リリース計画は初期のロードマップとして有用です。どの方角へ向かうか、どのくらいかかるのか、まったくわからないまま出発するわけにはゆきません。ですがブライアンの言い分も、もっともです。計画は計画に過ぎないと、関係者の皆様が理解していないといけません。**計画は変わるのです**。私たちは最善を尽くしてプロダクトバックログを見積もりますが、それでもプロジェクト完了までの実際の距離が予想より増えたり、減ったりいたします。ベロシティも、最善を尽くして見積もりますが、問題が起きて期待より下がってしまうことがあります。最悪の事態に備えたシナリオを準備しておくのもよろしいですね。もしセントルイスで金鉱が見つかったら、言い換えますと、まったく新しいストーリーが見つかってプロダクトバックログに加わったら、どうしますか？　ロードマップに新しい目的地を増やしますね。ですが、それには時間やお金というコストもかかります。

方向の確認のお話をいたしましたが、デイリースタンドアップ、レビュー、ふりかえりが対応します。チームが道を間違えていないか確認するためです。ジャクソンビルまでたどり着いた後で、そもそも目的地を間違えていたと気づくのはごめんですわね。セントルイスやルイスビルに行きたくなったら、行けばよろしい。ですが顧客に伝える必要はあります。どんなリスクがあるのかや、いざルートを変えたら元々の予定通りにジャクソンビルに着くことはあり得ないと、きちんと理解していただかねばなりません。かかった時間のぶんだけ、スケジュールも変わるのですから」

「よくわかった。丁度いいタイミングで割り込んでもらえて助かったよ」スティーブンが言った。

ブライアンとスティーブンはランチタイムが過ぎるまで話し合いを続けた。スティーブンにとっては計画が必要なのだと、ブライアンは納得した。その上でブライアンはこう説明した。プロジェクトを進めながらいろいろなレベルの機能が見つかると予想されるので、先にならなければどの機能を盛り込むべきか最終的な判断はできない。そのため、現時点で完全な機能一覧と完成の日付を**両方とも決めてしまう**のは無責任だ。最終的に、スティーブンは自分の戦略的判断ができるだけの情報を得られたし、チームは最前線で日々の仕事に集中できるようになった。

ブライアンがスティーブンになにを提示したのか、詳しく見てみよう。

165

11章　リリースプランニング

2. モデル　　　　　　　　　　　　　　　　　　　　　　*The Model*

　物語の中で、スティーブンとブライアンは同じスクラムの研修を受けたにも関わらず、リリース計画について異なる理解をしていた。スティーブンはスクラムでもリリース計画はこれまでと変わらないと思い、ブライアンはスクラムの柔軟性のおかげで非現実的な締め切りとは縁が切れると思っていた。2人とも、それぞれの意味合いで正しい。

　これまで、リリース計画は伝統的にプロジェクトの立ち上げ時の成果物とされ(※参11-1)、ガントチャートの形でよく表現される。極めて精度の高いものだ。だがスクラムのプロジェクトでは大きく異なる。ガントチャートはなく、何月何日にどのタスクが終わるかという表現もしない。アジャイルにおけるリリース計画は、より高レベルな戦略的視点から、ある時点で提供する機能を幅の形で表現する。リリース計画は第1スプリント開始前に作っておくべきだ。そしてプロジェクト中、常に見直され、優先順位や実現性をもとに変更するんだ。

　アジャイルなリリース計画に必ず含めるのは、最善と最悪の場合のリリース日だけだ。それ以外に、途中の小さなリリース、スプリントごとのリリースや四半期のリリースなどを書くことも多い。僕が本番システムのメンテナンスチームと仕事をしたときは、毎日リリースするようスケジュールを作ったこともある。あなた自身のリリース計画になにを含めるかは、あなたのプロジェクトや状況に応じて考えなくてはいけない。

　リリース計画を作るのがリリースプランニングだ。僕は非常にシステマチックなやり方で進める。

1. 初期のロードマップを描く
2. 自信の程度を加える
3. 日付を入れ、必要なら調整する
4. スプリントごとに計画を更新する

2-1. 初期のロードマップを描く

　アジャイルなリリース計画に必要なインプットは3つだ。

1. 見積り、順序づけ、優先順位ができているプロダクトバックログ
2. チームのベロシティ
3. スプリントのタイムライン

　プロダクトバックログはA地点からB地点へ向かうのに何が必要か、詳細に記したものだ。プロジェクトの期間を通じてバックログを更新し、本当に必要なもの、相対的優先順位、個々の項目を完成するのにどれくらいかかるか、常に更新しておこう。リリースプランニングに着

第2部　現場の基本

手していいのは、チームとプロダクトオーナーとがバックログを見積もり、順序づけをし、優先順位も決めてからだ。この段階ではストーリーを細かく分割しておく必要はないし、見積りや優先順位が今後変わりそうでも構わない。大まかなストーリーポイント見積りと優先順位が決まっていなくては、リリースプランニングを始められない。見積りと順序はプロジェクトの初期から必要になる。

　プロダクトバックログの順序づけと見積りができたら、次はチームのベロシティだ。チームが一定の期間でどれくらい仕事を進められるか、過去のデータや見積りから推定する（詳しくは第4章「ベロシティの測定」を参照してほしい）。

　最後に、スプリントの予定が必要だ。つまり、それぞれのスプリントがいつ始まり、いつ終わるかだ。間隔は1週間、2週間、3週間、4週間のいずれかになるはずだ。長さがいくつであれ、いったん決めたら変えないようにしよう（6章「スプリントの長さを決める」でスプリントの長さの決め方を解説している）。スプリントの長さから、個々のスプリントがいつ終わるか、それぞれの日付がわかる。

　例で考えてみよう。プロダクトバックログ全体で200ポイントあるとする。チームのベロシティは、計算の結果15から22になりそうだとしよう。スプリントの長さは2週間だ。ここから、まず最悪のベロシティのロードマップを描く。プロダクトバックログの先頭から15ポイントぶん数え、15ポイント以内と残りを分けるように線を引く。同様に15ポイントずつ、バックログの末尾に向かって数えながら線を引いていく。4スプリントか5スプリントぶんまでやればよい。また、途中で15ポイントより大きいバックログアイテムが現れたら、そこで止める。

　次にベロシティが最高だった場合のロードマップを作ろう。先ほどと同じようにバックログの先頭から、今度は22ポイントずつ数えながら線を引いていく。やはり先ほどと同様、バックログに22ポイント以上のストーリーが現れるまで続ける。図11-2に、最悪と最高のベロシティで作ったロードマップの例を挙げた。この図からわかるように、ベロシティが22であればスプリントごとにこなせるプロダクトバックログアイテムが、15のときより多く、結果としてより多くの機能を提供できる。

　現実には、ベロシティも期日までに完成できるバックログも、最善と最悪の間のどこかになる見込みが大きい。ベロシティが想定した最悪よりも下がってしまう可能性もある。特にプロジェクトを始めたばかりだとそうなることが多い。ここで作ったロードマップは、あくまで初期のスケッチであって、だいたいこのくらいになるだろうという見込みに過ぎない。ベロシティの見積りがリリース計画にどう関係するかは、本章の後半で詳しく説明する。その前に確実度、自信の度合いについて考えよう。バックログのストーリーやベロシティ見積りの正確さに基づくと、ここで描いた想定にどのくらい自信が持てるだろうか？

167

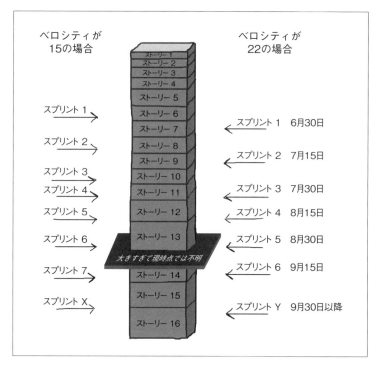

図11-2　ベロシティをプロダクトバックログに当てはめる

2-2. 自信の度合いを加える

　引き続き、例で考えよう。今回のチームはスクラムに慣れていて、一緒に働いた経験も豊富だとする。それならベロシティにはかなり自信が持てる。次にストーリ全体を見てみる。内容は明確か？　どれくらい正確に見積もれるだろうか？　ロードマップとプロダクトバックログから、先頭から3スプリントないし4スプリント分のストーリーはかなり自信を持てると判断した。内容は明確で、大きさも小さく適切だ。しかし残りのストーリーは大きく内容も不明確なので、見積りも曖昧となる。後のほうのストーリーでは見積りに自信が持てないので、4スプリント目以降でこなせる量についても自信が持てない。

　そうなるとこの段階でリリース計画を人に見せるときには、2つの点をしっかり伝える必要がある。1つ目に、ベロシティの幅には自信がある。2つ目は、最初の3～4スプリントはストーリーが比較的明確で見積りも正確だが、それ以降のスプリントでは事情が違うという点だ。最初の数スプリント分を予定通り完成できる可能性はかなり高い（80～100％だ）。その後、ストーリーが大きく、曖昧で優先度も低くなっていくにつれ、見積りに持てる自信も減っていく。今のリリース計画の最後のほうではストーリーの内容も必要な作業もほとんど想像できな

くなってくるので、完成までにどのくらいかかるかもわからない。したがって最後のほうについては自信をほとんど持てず、計画通りに終わる可能性は10～25％程度だろう。

初期のリリース計画は、よく考えた上でした予想のようなものだ。プロダクト、プロジェクト、チームについて発見と学習を積み重ねながら、見直していかなければならない。

2-3. 日付を加えて調整する

初期のロードマップを描き、自信の度合いもわかった。これで、初期段階でのリリース予定日を、優先するストーリーについては言えるようになった。もちろんプロジェクトが進んで実際のベロシティがわかり、プロダクトについての理解が進めば、ここで出す日付も変わっていく。

先ほどの通り、最初の3スプリントか4スプリントで60ポイント分のストーリーが完成できる自信はかなり強い。したがって60ポイント分を2ヶ月以内には完成できると、人に伝えられる。優先順位の変更や、新しい要求、またレビューミーティングなどを見込んでも、自信がある。そこでプロダクトバックログに日付を書き加えよう。

さて、プロダクトバックログの残りの部分についても、いつ頃までにできるか知りたい。ここでも、手持ちの情報で可能な予測をしよう。ここまでの計算では、第5スプリント以降、最悪のベロシティでは9スプリントあれば、残りのバックログがすべて完成できる。最善のベロシティであれば、あと2スプリントだけですべて完成できる。それでは算数の時間だ。図11-3を見てほしい。

いまわかっている情報を基に計算すると、現時点でのプロダクトバックログをすべて完成するのに最短で9スプリント（4.5ヶ月）、最長で13スプリント（6.5ヶ月）となる。

```
最悪のベロシティ = 15
バックログを見積った合計 = 200ポイント
最初の60ポイントを完成するのにかかる時間 = 4スプリント
                              (15ポイント×4スプリント)
残りのポイント = 200-60 = 140
140÷15 = 9スプリント (9.3を小数点以下切り捨て)

最善のベロシティ = 22
バックログを見積った合計 = 200ポイント
最初の60ポイントを完成するのにかかる時間 = 3スプリント (66ポイント完成)
                              (22ポイント×3スプリント)
残りのポイント = 200-66 = 134
134÷22 = 6スプリント (6.09を小数点以下切り捨て)
```

図11-3　将来のスプリントをベロシティの幅を基に計算する

11章　リリースプランニング

これで2つの日付、プロダクトバックログをすべて完成できる最善の日と最悪の日がわかった。だが現実には別の制約がある。時間（締め切り）または予算が尽きたところで、それまでに完成した部分だけをリリースすることになるわけだ。この情報を伝えるため、初期ロードマップに新たな項目を加える。最高水位と最低水位だ。

ここでは予算の制約があるとして考えてみよう。プロダクトバックログには200ポイントあり、予算は20万ドルだとする。この予算を使い切ったら、プロジェクトは終了。今のチームを維持するのに1スプリント当たり2万ドル必要とすると、だいたい10スプリントで予算が終わってしまうことになる。

最高水位により、ベロシティが最悪のときにプロダクトバックログのどこまで完成できるかを示せる。最悪の場合、予算が尽きるまでにどこまで進めるかだ。今の例では150ポイントの部分に最高水位の線を引くことになる。

最低水位はベロシティが最善だった場合、プロダクトバックログのどこまで完成できるかを示す。今の例では220ポイントのあたりに最低水位の線が引ける（10スプリント×22ポイント）。つまり、現時点の見積りが正しく、なにも問題が起きなければ、予算がなくなる前にプロダクトバックログをすべて完成できるということになる。

ところで、最高水位と最低水位にも自信の度合いがあるのを忘れないでほしい。最高水位には自信が持てても、最低水位はそれほどでもないはずだ。すべて予算内に完成できるという可能性は、今の時点ではあまり高くない。

最高水位と最低水位の情報から、ステークホルダーやマーケティングなどのプロジェクト関係者も何が手に入りそうか見当を付けられる。最高水位より上にあるものは、たぶん大丈夫だ。最高水位から最低水位の間は、手に入るかもしれないが出来ないかもしれない。最低水位より下のものはまず無理だとわかる。

以上で、初期のリリース計画が出来上がった（図11-4）。各スプリントの日付と、最高水位、最低水位を書き加えてある。だが計画として完成したと思うのは早計だ。リリース計画はあくまで流動的なのだ。固定できるものではないし、個々のスプリントの計画はこれからだ。あくまで、一定のベロシティの幅で、重大な出来事がなにもなかったときに（これが自信の度合いと関係する）、リリースがどうなるかという想像図でしかない。ドライブのロードマップと同じで、リリース計画の最大の目的はマネジメントにA地点からB地点へ行くのにだいたいどれくらいかかるか把握してもらうことにある。また、ステークホルダーはリリース計画を見ればストーリーの優先順位とリリース日の関係がすぐにわかる。さらに日付の情報は、展示会や競合製品のリリースなどの重要なイベントやマーケティングを検討する役にも立つ。

初期リリース計画を見て、一部のストーリーをどうしてももっと早く完成したいと思うかもしれない。プロジェクト開始前でも、チームとプロダクトオーナーは協力して、そのストーリーをもっと早いスプリントに入れられるよう準備できる。ストーリーの入れ替えや優先順位の見直しでリリース計画も変わってしまうが、気にしなくていい。リリース計画は公開後もプロジェクト期間を通じて常に変わり続けるものだし、現実を反映できるように作ってあるんだ。

170

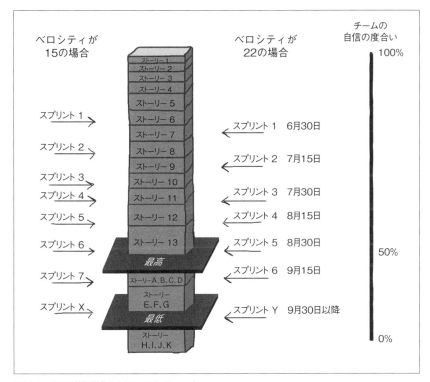

図11-4 時間の情報を含めたリリースロードマップ

2-4. リリース計画はプロジェクト中ずっとメンテナンスする

　言うまでもなく、スクラムではA地点からB地点へ真っ直ぐ、寄り道もせず事件も起きず一定のスピードを守って進むようなプロジェクトは滅多にない。したがって現実に合わせて、リリース計画はスプリントが終わるたびに更新する。現時点での将来の見通しがわかるように、今までの**実際のベロシティの平均**や、動作するソフトウェアを作る中で獲得した知識やフィードバックを反映するんだ。

　新たに集められたスクラムチームを例にして考えてみよう。初期リリースロードマップでは、ベロシティが15から22だと予想(または推測、計算)した。同時にこのベロシティの幅はあまり自信がないとも伝えているはずだ。最初のスプリントを終えたところで、ベロシティの実績は11ポイントだった。予想した15〜22の幅からは外れているが、新米チームなので無理もない。チームとプロダクトオーナーは新たなベロシティの値でリリースロードマップを更新する。

　このチームは最初のスプリントで、プロダクトバックログの見直しにも時間をかけたとしよう。見直しの結果、新しいストーリーが追加になり、またいくつかのストーリーを分割した。こ

11 章 リリースプランニング

うした変更もリリースロードマップに反映しよう。結果として、図11-5のようなリリースロードマップになる。更新後の計画ではベロシティの範囲を10から15にしている。新しい範囲は係数として0.8と1.4を掛けて出したものだ（詳しくは第4章「ベロシティの測定」の表4-5を参照）。また新しいストーリーを加えたのと、最初の想定より速度が落ちたため、スプリントごとにこなせるストーリーは減っている。プロジェクト全体で完成できる量も減ってしまっている。この状況は、チームの速度が向上すればまた変化する。

最高水位と最低水位の間は以前と同様できるかどうかわからない部分だ。バックログの最高水位までの部分は、完成できる自信がある。最高水位と最低水位の間は50％程度の自信で、最低水位より先はほとんどできる自信がない。

次のスプリントが終わればまたリリース計画を更新して、2つのスプリントのベロシティを平均して変更する。プロダクトバックログにストーリーの増減があったり、見積りが変化していれば、それも反映しよう。第3スプリントが終わればまた更新だ。以降スプリントごとに繰り返す。やがてベロシティとプロダクトバックログは安定し、リリース計画もはっきりしてくる。

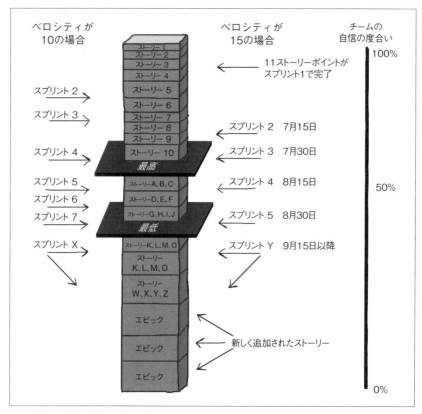

図11-5　現状を反映したリリース計画

2-5. エンドゲームを決める

アジャイルなソフトウェア開発では顧客に価値を早く提供する。現実には、プロジェクトを予定より早く終わらせる場合もあれば、最初に計画したものをすべて提供できる場合もある。しかし最初の数スプリントが過ぎたところで、プロジェクト終了までにストーリー全部は完成できないとわかることもある。いずれの場合でも、スクラムの枠組みの中で、アジャイルなリリース計画で対応できる。

関係者すべての期待を満足する形でプロジェクトを、予算内かつ締め切り前に終えてリリースできればそれに越したことはない。実現するには、ビジネス目標に必要な最低限のものを作ることだ。余計な飾りや不要な機能を作っている余裕はない。30章「契約の記述」では、ソフトウェアを期限内、予算内にリリースする方法について説明する。

だが多くの場合、優秀なチームでは最高水位と最低水位の間のリリースとなることが多い。ビジネス観点から十分な機能を、プロジェクトの期間か予算が終わるタイミングでリリースできる。まさに的の真ん中を射抜くわけだ。これでみんな幸せになれる。

もう1つ、僕がよく目にするケースがある。リリース計画上で、ストーリーをすべて完成する前に予算がなくなってしまう状態になるのだ。ステークホルダーはそのリリース計画を見て、最低水位とビジネス上顧客がどうしても必要なものとに、埋めがたい距離があるのに気づく。この状況には、いくつかの対応方法がある。

- チームをより効果的にして、ベロシティを向上する。チームの邪魔をする障害があるかもしれないし、効果的な技術的プラクティスがあるかもしれない。
- 予算を増やせれば、バックログ上のストーリーをもっと多く開発できる。
- 予定していた機能を一部ドロップする。本当に必要なものと、あったほうが良い（なくてもなんとかなる）ものを改めて区別し直そう。他より優先順位の低いものには、それなりの理由があるはずだ。リリースから外すことになる機能も、**将来のリリースに取り込める**可能性はある。

リリースが早くても、予定通りでも、最悪の想定すら達しない場合でも、スクラムであれば顧客をプロジェクト初日から巻き込んでいる。プロジェクトが進行すると、大きなストーリーが明確になって見積もりも正確になってくる。これを受けてプロダクトオーナーはステークホルダーと一緒に何が不要か、どんなトレードオフをするか、スケジュールを延ばしてでも機能を増やすか、検討できるようになる。こうした検討をするとき実際に動くソフトウェアが目の前にあるのが、スクラムの大きなメリットだ。おまけにそのソフトウェアは、顧客やステークホルダーのフィードバックを取り込んでいる（理想的には）。動作するソフトウェアがあれば、締め切り間際に不具合や結合の問題が発生する見込みはずっと小さくなる。

リリース計画がまだ曖昧なうちからトレードオフを検討してしまうのも、関係者によりよいプロダクトやサービスを提供するひとつの方法だ。関係者はスプリントのたびに動作するソフ

11章　リリースプランニング

トウェアを目にして、自分たち側の調整ができる。スプリントのたびにリリース計画が更新されるのを見て、プロジェクトの進捗もリアルタイムで把握できる。トレードオフがあれば状況を把握できるし、おそらく検討を手伝ってもくれているはずだ。結果として、いつでも最適なコースを辿りながら、関係者すべての予想通りにプロジェクトを終了できる。

3. 成功の鍵　　　　　　　　　　　　　　　　　　　*Keys to Success*

　リリース計画とリリースプランニングは「いつできるのか?」という疑問に答えるためのものだ。1機能の完成でも、プロジェクト全体の終了でもそれは同じだ。目標そのものも変化するが、アジャイルなリリースプランニングは変化を前提として計画を更新する。アジャイルなリリース計画を効果的に使うには、以下の5つに気をつけてほしい。

- ・包括的で頻繁なコミュニケーション
- ・スプリントごとのリリース計画更新
- ・優先順位最高のものから
- ・大きなものは再見積り
- ・各スプリントの動作するソフトウェア提供

3-1. 包括的で頻繁なコミュニケーション

　僕は手痛い思いをしながら、いかなるマネージャもリーダーも驚かされるのを嫌うと学んだ。たとえ善意からでもだ。リリース計画がいつでも話題になっているように仕向けよう。誰でも質問していいし、質問に対して防御的になってはいけない。リリース計画を誰でも見える場所に掲示するといい。変更があるたびに貼り直そう。

3-2. スプリントごとのリリース計画更新

　スクラムのすべては変化へ対応するためにある。リリース計画は頻繁に変化する。スプリントごとに変わってもおかしくない。バックログの順序を変えたかもしれないし、見積もり直したかもしれない。スプリントごとにリリース計画を更新するのは重要なことだ。ステークホルダーにとっても、スプリントレビューのときにフィードバックしたことがいつ、どのように反映されるか見当を付けられる。

3-3. 優先順位最高のものから

　優先順位が最高のものから手をつけるのは当然に聞こえるかもしれないが、忘れられがちでもある。可能な限りいつでも、チームはバックログの先頭にあるものを取り出してスプリントに持ち込むこと。チームがどうしても手をつけたいと感じているものが、一番優先ではないという場合もあるだろう。それでも重大な理由がない限り（依存関係、サイズ、理解不足など）、優先順位が高いものから着手すること。

3-4. 大きなものは再見積り

　プロダクトバックログ中のアイテムが先頭近くに上がってきたら、注意して扱おう。スプリントに収まるくらいのサイズになっていないといけない。そのため、グルーミングを毎スプリント、プロダクトオーナーとチームが一緒におこなう。これは先を見越したミーティングで、次のスプリントに現れそうなストーリーを分割し、見積もる。見積りが変化していそうなストーリーがあれば、再見積りもする。

3-5. 各スプリントの動作するソフトウェア提供

　リリース計画やガントチャートでは、動作するソフトウェアの現状はどうやっても表現できない。動作するソフトウェアこそが、リリース直前に起きる問題に対する保険なんだ。リリース計画、ガントチャート、タスクボードがどうなっていようとも、プロジェクトの進捗を真に表すのは動作するソフトウェアだ。このことは忘れないでほしい。

3-6. スクラムとリリース計画

　スクラムプロジェクトでもリリース計画はなくなったりしない。だがアプローチが異なるわけだ。見積りを幅で表現して自信の度合いも加えるおかげで、アジャイルなリリース計画には従来手法の計画より情報量が多くなる。リリース計画は変化を受け入れるというよりむしろ変更するために作ってあるので、ステークホルダーも、マネージャも、プロジェクトの状況が透明になり、向かう方向も、途中で何が起きるかも把握できる。

Chapter 12

12章

Decomposing Stories and Tasks
ストーリーやタスクを分割する

適切な大きさのストーリーやタスクを書けるかどうかがスクラムの成否を左右する。それほど重大な問題だ。困ったことに、不適切な大きさが原因として起きる症状は、まったく関係ないように見えるところに現れるんだ。

この章で紹介する物語は、僕の初期のプロジェクトで起きた、実話だ。当時僕たちはどうやっても、スプリント内でやるべきことを終えられないでいた。最初のうち、僕たちはスプリントの長さが問題だと考えていた。スプリントの長さを大きくすれば解決するだろうと。だが偶然の出会いを通じて、大きさが間違っているのはスプリントではなく、ストーリーとタスクだと気づいたんだ。

1. 物語
The Story

2005年、僕のチームは必死になりながら、どうしてスプリントバックログをすべてこなせないのか、理由を探っていた。これまでの3スプリント、毎回いくつかのアイテムをプロダクトバックログに**戻さざるを得なかった**のだ。議論を重ねたものの正解は見当も付かなかった。毎回、あと1週間あれば片付けられそうだと感じていたので、スプリントを5週間にすれば解決しそうではあった。だが4週間を超えるスプリントというのは聞いたことがなかったので、5週間にしていいのか自信がなかった。

運のいいことにアジャイルアライアンス主催のアジャイルカンファレンスの時期が近かった。現状の問題についてマネジメントに説明すれば、参加させてもらえそうだった。数週間後、僕はチームメンバーと一緒に搭乗券とスプリントバックログを握りしめてカンファレンスに向かっていた。問題はいくつもあったが、スプリントの長さについての答えがなにより欲しかった。

カンファレンスの初日、コーヒーの列に並んでいるとロン・ジェフリーズが隣にいるのに気づいた。僕は自己紹介をして、チームと一緒にランチしてくれないかと頼んだ。ロンは快諾してくれ、僕はチームのメンバーに知らせて回った。みんな大喜びだった。その日の昼休み、僕たちはロンと食事をしながらいろいろディスカッションをした。なによりスプリントの長さが大事なトピックだ。

お互いに自己紹介をして、食事も来てから、僕はロンに状況を簡単に話した。チームのこと、プロジェクトのこと、そして問題のこと。相談したい問題の一覧を見せ、1番目の項目であるスプリントの長さの問題を説明した。30日間のスプリントで仕事をこなしきれず、1週間伸ば

そうかと考えていると。

「ロン、僕たちは30日では仕事がどうしても終わらないんです。いくつかのストーリーが未完成で残ってしまう。そこでスプリントを長くしようと思うんですが、本には最大でも4週間だと書いてあります。どうしたらいいと思いますか?」

「スプリントを短くした方がいいと思うよ」ロンは素っ気なく言った。

チーム一同ぽかんとなったのに、ロンも気づいたと思う。いろいろな答えを考えていたが、こんなことを言われるとは思いもよらなかった。マイクがおずおずと言った。

「あのう、ロン、聞き違えた気がするんですけど、**スプリントを短くしろ**って言いました?」

「そうだ」

僕はフォローしないといけないと思った。「説明が悪かったかもしれないです。僕たちの問題は、いま現在スプリントが短すぎるってことなんです。いまの時間では仕事を終わらせられないんです」

「大丈夫、それはわかってる。だが、教えてくれ。45日や60日にすれば終わらせられるとどうして思うんだ?」

「単純ですよ。時間が足らないんですから」ジョンが答えた。

ロンは最近のスプリントバックログを見せるように言った。僕は直近のバックログを見せた。図12-1にその一部を載せている。

ロンは「ConfigurationSettingsのSingletonクラスを作る」というタスクの見積りを指さした。

「ジョン、どうしてこのタスクに8時間かかるんだ?」

「それだけかかるんです」

「ジョン、これくらい私だったら数分でできる。それがどうして8時間なんだ?」

ジョンはどう答えるかしばらく考えた。タスクを完了するのにやるべきことを挙げようと思ったが、多すぎて説明はできなさそうだった。

拡張DLL担当見積り	担当	見積り
受け入れテストを設計する	ミッチ	12
エンドツーエンドの自動受け入れテストを実装する	ミッチ	12
自動受け入れテストを実行する	マイク	6
コンフィグレーションファイル		
ConfigurationSettingsのSingletonクラスを作る	ジョン	8
設定をコンフィグレーションファイルから読み取る	ジョン	24
設定をget_メソッドで公開する	ジョン	20
拡張をリファクタリングして利用するDLLをテストする	マイク	20
コンフィグレーションファイルとクラスをユニットテストする	バート	8

図 12-1 ロン・ジェフリーズに見せたバックログ

12章　ストーリーやタスクを分割する

「僕には 8 時間必要なんです。なんで僕に絡むんですか？」

ロンは平然としたまま答えた。「私なら 5 分でできるタスクになぜ 8 時間かかるのか知りたいだけだ。5 分で終わるのに何時間もかかるタスクが、他にどれだけある？　スプリントの時間が足らないと思うのも無理はないね。簡単なタスクに何時間もかけてるんだからな！」

ジョンの顔がみるみる赤くなった。

「ロン、僕はこれでもソフトウェアを 20 年以上書いてましてね。僕が 8 時間かかるって言ったら、そんだけかかるんですよ」

ジョンが興奮しているのを見てロンは微笑んだ。ジョンの反応はロンの狙い通りだったんだ。

「オーケー、君の言う通りだ。そうしたら、このタスクの中身を教えてもらえるか？　タスクの完了まで、どんなことをするんだ？」

ロンに促され、ジョンは作業を書き並べ始めた。タスクに関連する、クラスの実装や完成の定義を満たす作業などもあったが、関係なさそうな作業も出てきた。そうした作業はスプリントバックログにはまったく上がっていなかった。ジョンが書き出した作業は 10 以上になった。そのうち 1 つしかスプリントバックログに上がっていなかったんだ。

「ジョン、どうだい。なにが問題がわかったかな？　いま書いたタスクは、10 個以上出てきたが、すべて最初からスプリントバックログに載せて見積もらないといけなかったんだ。それを 1 つのタスクに隠してしまっていたんだ。一見簡単そうな 8 時間タスクに埋め込んでいたわけだ」

全員の顔つきが変わった。ピンと来たんだ。

僕は聞いてみた。「この DLL のタスクは、どれだけやることがあるか考えていたんだけど。どのくらいのタスクに、中に隠れたタスクがあるんだろう？」

「たくさんだ」マイクが低い声で言った。

ロンが全員の顔を見ながら言った。「どうかな。問題はスプリントの長さではなかったのではないかな。もっと上手にタスク分割できるようにならなくてはいけない」

僕たちがとうとう真実を目にしたところで、ロンはもっと衝撃的なことを言った。

「君たちが問題を解決するには、スプリントを短くしないといけない。私が思ったとおりだ。そうすれば、自分たちの仕事を批判的に思考して、小さい単位に分割せざるを得なくなる。1 週間のスプリントを試してみるといい」

「1 しゅう……ええっ？」ジョンが全員の驚愕を声にした。

ロンは微笑んで繰り返した。「1 週間だ。私を信じろ」

ランチが終わる頃には僕たちは説得されていた。カンファレンスが終わり、ロンのアドバイスに従って 1 週間スプリントを導入して、強制的にタスク分割することにした。最初は 1 週間スプリントに苦労した。だがしばらくすると、スプリントを短くしたおかげでタスクを分割するだけではなく、新しい見方もできるようになってきた。やがて、僕たち自身が想像もしなかったほど、多くのことを短い時間で実現できるようになったんだ。

第2部　現場の基本

2. モデル　　　　　　　　　　　　　　　　　　　　　*The Model*

　よくある話だ。スクラムチームは痛みを感じると、すぐスクラムを疑い始める。この物語では、僕たちはストーリーを完成できなかったので、スプリントの長さを伸ばそうと考えた。だが実際にはいろいろな作業を、シンプルに見えるタスクの中に押し込めていたんだ。そのせいで見積りは外れるし、スタンドアップミーティングはうまくいかず、スプリントの期間が短すぎのような気がして、大きなプレッシャーを生んでしまった。僕たちのスプリントの長さは問題ではなかった。作業を分解する能力が問題だったんだ。

2-1. 前準備

　分解についてよく理解できるよう、まずは分解すべき作業の種類について見ておこう。プロダクトバックログ上にはユーザーストーリーがある。ユーザーストーリーは3つに区分できる。エピック、テーマ、ストーリーだ。スプリントプランニングでは、ストーリーはタスクに分解し、出てきたタスクをスプリントバックログに入れる。

- **エピックとは長編、指輪物語**[1] **のような壮大な物語のことだ。エピックのスコープは巨大だ。「ドキュメントエディタのユーザーインターフェイスを再構築する」はエピックだ。**
- **テーマとは大きなエピックに含まれる中心的なアイデアだ。「ドキュメントエディタのメニューバーを再構築する」はテーマであり、エピック「ユーザーインターフェイスを再構築する」の一部となる。**
- **ストーリーはテーマの中の1つのイベントだ。「編集メニューを再構築する」ストーリーは「メニューバーを再構築するの」テーマに含まれ、このテーマは「ユーザーインターフェイスを再構築する」エピックに含まれる**（※参12-1）。
- **タスクはストーリーを実現するのに必要なアクションだ。個々のタスクをすべて実施すれば、ストーリーが完成し、出荷可能になる。**

　ストーリーとタスクの関連と、スプリントやリリースとどう対応するか、図12-2に示している。ストーリーは複数のタスクで構成される。スプリントには複数のストーリーが含まれる。リリースは複数のスプリントを含むかもしれない。かもしれないというのは、スプリントのたびにはリリースしないチームが多いとはいうものの、実際に毎スプリントリリースしているチームもあるからだ。完成したストーリーを**出荷「可能」**と呼ぶのはこのためだ。ストーリーはスプリントごとにリリース可能だが、経済性を考えて実際には複数スプリント分まとめてリリースするかもしれない。

---

[1] 訳注：映画「ロード・オブ・ザ・リング」の原作の小説。文庫本で全9巻。

179

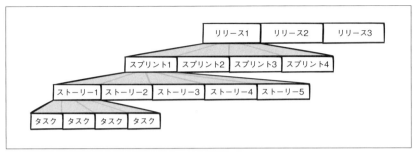

図12-2　タスク、ストーリー、スプリント、リリース

　テーマは1スプリントで終えられないほど大きく、複数のスプリントにまたがる。エピックは複数のスプリントで進めるものだし、一回のリリースが1エピックに対応する場合もある。
　物語の中で、僕のチームは**タスク**を細かくしておらず、関連するタスクをいくつも隠してしまっていた。だが多くの場合、大きすぎるのは**ストーリー**で、大量の中身を隠し持っている。仕事や作業の分解にまつわる問題は、ストーリーでも起きるし、タスクのレベルでも発生する。大きすぎと細かすぎの丁度いいバランスを見つけるのは難しい。どこでも使えるフリーサイズなんてものはない。チームごと、それぞれに適切なバランスをみつけなければいけないんだ。

2-2. ストーリーの分割

　実際に分割をやってみよう。ここでは例として、Big'nHuge（BnH）というオンラインショップのアカウント管理ページのストーリーを書くことにする（図12-3）。このページではどんなことができるのだろうか？
　まず、アカウントにはいろいろな管理要素がある。これでストーリーが1つ書ける。「BnHの客として、自分のアカウントを管理できる」ちゃんとしたストーリーになっているが、図12-3の画面を見る限り、これでは範囲が広すぎてあまり意味がない。このストーリーはエピックだ。それに、答えよりも疑問がたくさん頭に浮かんでくる。

- アカウント管理ではなにができるのか？
- クレジットカードを変更できるか？
- アドレス帳は管理できるのか？

　こうした疑問はまだまだ出てくる。そこでストーリーを分割して、もっと意味あるものにしよう（図12-4）。引き続き図12-3にあるイメージを利用する。これで、「アカウントを管理できる」という大きなエピックから3つのストーリーが生まれた。だがこのストーリーもまだ大きいし、まだまだ疑問のほうが多い。さらに分割を進めよう（図12-5）。

第2部 現場の基本

注文履歴	それ以外の注文機能
・未発送の注文を見る ・デジタル注文を見る ・注文レポートをダウンロードする	・注文やギフトを返品する ・定期購読を管理する ・出品者にフィードバックする ・梱包に関するフィードバックをする
支払い方法	**ギフトカード**
・支払いオプションを管理する ・クレジットカード、デビットカードを追加する ・ポイントカード	・支払いオプションを管理する ・クレジットカード、デビットカードを追加する ・ポイントカード
アカウント設定	**アドレス帳**
・アカウント設定を変更する ・パスワードを忘れましたか？ ・SMSアラートを管理する	・アドレス帳を管理する ・アドレスを追加する
デジタル管理	**デジタルコンテンツ**
・MP3設定 ・ゲームとソフトウェア ・アプリと端末	・MP3ダウンロード ・eBooks ・コレクション

図12-3　"Big'nHuge"のアカウントページ

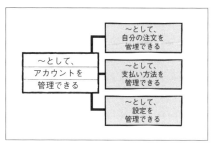

図12-4　ストーリー分割

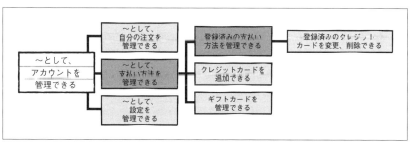

図12-5　ストーリー分割（続き）

181

12 章　ストーリーやタスクを分割する

　ここでは、「支払い方法を管理する」というストーリーを 4 つに分割した。4 つとも元のストーリーに入っており、さらに大元の「アカウントを管理できる」ストーリーに入っているわけだ。

・登録済みの支払い方法を管理できる
・登録済みのクレジットカードを変更、削除できる
・クレジットカードを追加できる
・ギフトカードを管理できる

　3 つの大きなストーリーはそれぞれがテーマと考えられる（自分の注文を管理できる、支払い方法を管理できる、設定を管理できる）。テーマは小さな機能を足し合わせたものだ。プロダクトロードマップ上ではテーマを単位として、それぞれいつリリースできるのか検討することが多い。1 つのテーマだけをリリースすることもあれば、大きなリリースでいくつかのテーマをリリースすることもある。

　さて、テーマ「支払い方法を管理できる」の分割を続けよう。だいぶ進んでは来たが、まだうまく分割できたとは言えない。「登録済みのクレジットカードを変更、削除できる」も分割すべきだ。ここには 2 つのストーリーが含まれている。密接に関連してはいるが、別々のものだ（図 12-6）。

　さらに「設定を管理できる」も分割しよう（図 12-7）。

　この中で「名前を変更する」「アドレス帳を管理する」の 2 つのストーリーは分割した方がよさそうだ。ここでは「アドレス帳を管理する」を例として取り上げる。このサイトではアドレスを編集できるし、削除もできる。そこでストーリーとして「BnH の客として、アドレス帳にすでに存在する住所を編集できる」と書こう。これならテスト可能だし小さいので、よい分割だと言える。さらに分割することも可能ではあるが、問題は分割したいと思うかどうかだ。図 12-8 の分割を見てほしい。

　プロダクトバックログに載せるストーリーとしては、これではやりすぎだ。ユーザーは住所の番地だけを変えたり、都道府県だけを変えたりはしない。ほとんどの場合、住所全体を書き換えるはずだ。したがってストーリーとしての適切な分割は、住所全体の変更までだと言える。都道府県、市町村や番地などの細かい要素まで分解するのは行き過ぎになる。

　ここで疑問が湧く。ストーリーをプロダクトバックログに載せるのに、どのくらいの大きさにすればいいんだろうか？　僕の目安は、**ユーザーがやりたいと思うアクションの最小のもの、あるいはビジネス価値がある最小の機能というものだ**。絶対のルールというわけではないが、ストーリーの大きさを考える役に立つ。

第 2 部　現場の基本

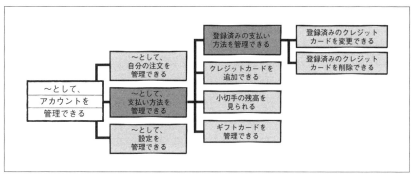

図12-6　ストーリー「登録済みのクレジットカードを変更、削除できる」の分割

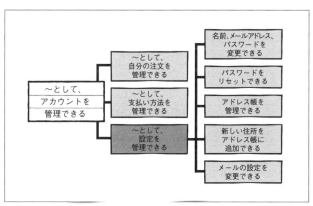

図12-7　ストーリー「設定を管理する」の分割

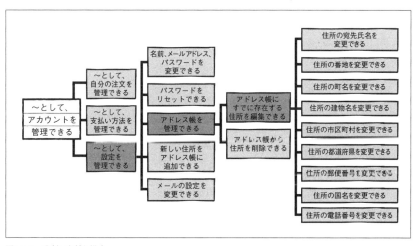

図12-8　分割しすぎた場合

183

2-3. タスクの分割

本章の物語でチームが苦労していたのは、ストーリーではなくタスクの分割だ。僕が2005年にいたチームがBig'nHugeのアカウント管理ページを検討しているとしよう。スプリントプランニングで「BnHの客として、アドレス帳にすでに存在する住所を編集できる」というストーリーの見積りを考える（図12-9）。

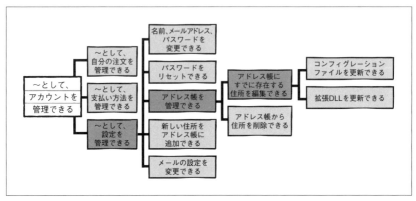

図12-9　ストーリー「アドレス帳にすでに存在する住所を編集できる」の分割

チームはストーリーから2つのタスクを出した。「コンフィグレーションファイルを更新する」と「拡張DLLを更新する」の2つだ（図2-10）。

チームでタスクを見積もると、「拡張DLLを更新する」は50時間、「コンフィグレーションファイルを更新する」は80時間となった。僕のチームでも、これでは大きすぎると気づくはずだ。

そこで僕たちはタスク分割を続ける（図12-11）。

分割できたら、新しいタスクを見積もる（図12-12）。

この数字のほうが良さそうだ。まだ大きすぎるだろうか？　それはチーム次第だ。第1のルールとして、いかなるタスクも2日以内に終わるようにしよう。チームに4名いて、次のスプリントでは1日16時間ぶんの仕事ができるとする（4人×4時間ぶんの仕事だ）。そうすると、チームにとって最大のタスクは8時間となる（1人4時間×2日）。チームが1日6時間ぶん仕事ができるなら、タスクの最大サイズは12時間だ。

最初は妥当な大きさに見えたタスクが、後になって大きすぎだとわかる場合もある。たとえば、スプリントプランニングで「顧客の受け入れテストを設計する」は12時間と見積もったとしよう。しかし実際に着手してみたら、他にもやらないといけない作業が隠れていたと気づいたとする。チームはそこで作業の手を止め、タスクをさらに分割する。

第2部 現場の基本

タスク	担当	見積り
拡張DLLを更新する	ジョン	50
DLL用のコンフィグレーションファイルを更新する	マイク	80

図12-10 ストーリー「アドレス帳にすでに存在する住所を編集できる」をタスクに分解する

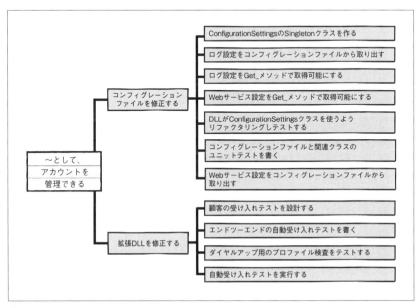

図12-11 ユーザーストーリーからタスクに分解する例

拡張DLL	担当	見積り
顧客の受け入れテストを設計する	ミッチ	12
エンドツーエンドの自動受け入れテストを書く	ミッチ	12
ダイヤルアップ用のプロファイル検査をテストする	ジョン	12
自動受け入れテストを実行する	マイク	6
コンフィグレーションファイル		
ConfigurationSettingsのSingletonクラスを作る	ジョン	8
ログ設定をコンフィグレーションファイルから取り出す	ジョン	12
Webサービス設定をコンフィグレーションファイルから取り出す	ジョン	20
ログ設定をGet_メソッドで取得可能にする	ジョン	20
Webサービス設定をGet_メソッドで取得可能にする	ジョン	8
DLLがConfigurationSettingsクラスを使うようリファクタリングしテストする	マイク	20
コンフィグレーションファイルと関連クラスのユニットテストを書く	バート	8

図12-12 タスクの見積り

- ブレインストーミングをして受け入れテストをドキュメント化する：2時間
- ステークホルダーと一緒に受け入れテストをレビューする：3時間
- 足らないテストをステークホルダーとブレインストーミングする：2時間
- チームで受け入れテストをレビューする：1時間
- 受け入れテストをテスト自動化フレームワークに組み込む：3時間
- 受け入れテスト用のデータを追加する：2時間
- プロファイラを設定して新しいテストに対応する：2時間
- 新しいテストをビルド用サーバーに追加する：1時間

タスクが小さすぎるように感じるかもしれない。だが多くのチーム、特にスクラムを始めたばかりのチームや、スプリント内で完成できないでいるチームにとっては最適のサイズだ。小さく、理解するのも取り扱うのも容易で、正確なんだ。

僕から最高のアドバイスを送ろう。なんでも質問しよう！　過去の似たようなタスクを調べ、過去の実績と現在の見積りを比べてみよう。100％正確な見積りを求めているわけではない。それは不可能な話だ。目指すべきは、チームが安心できる程度の正確さ、プロダクトオーナーがリリースロードマップを描くのに十分なだけの正確さだ。

3. 成功の鍵　*Keys to Success*

ストーリーやタスクを分割するのは簡単ではないが、現実的な見積りや効果的なチームのために欠かせない。ストーリーやタスクの大きさが適切か、判断する一番の方法は質問だ。分割の程度が適切か、たくさんの質問をしてみよう。以下に大事な要素を挙げておく。科学的ではないし、同じチームは2つとないものだが、あなた自信にとって適切な大きさを見つける役に立つと思う。

チームはプロダクトバックログをストーリーポイントで見積もれるか？（「ストーリーポイントって何？」という反応であれば、答えはノーだろう）ストーリーポイントで見積もれれば、よいスタートだと言える。

・ストーリーは明確か？

プロダクトバックログを見積もるのに、数十の仮定、場合によっては数百も仮定をしないと見積もれないというチームもある。わからないことがあるのに、質問する代わりに仮定を置いて「対処」しているわけだ。ストーリーを理解できないと感じたら、それは赤信号だ。大きすぎで分割が必要というサインなんだ。

・ストーリーはどのくらい詳細か？

どのくらい詳細であればいいのだろうか？　僕も正解は持ち合わせていないが、以下のような
質問をしてみるといい。

―― テスト可能か？

―― 小さいか？

・自分自身でできるくらいストーリーを理解しているか？

これは明確さと詳細さ両方がからんでくる。自分自身が理解できていないとしたら、明確さか
詳細さが欠けているかもしれない。

ストーリーやタスクが細かすぎる場合もある。アカウント管理の例で、住所の入力をフィール
ドごとに分割したときにそういう状況になった。だがチームによっては、それくらいで丁度
いいかもしれない。僕からのアドバイスとして、最初は細かすぎる、小さすぎると感じるくら
いまで分割してみるといい。そうした実験を通じて、丁度いい大きさを見つけるんだ。小さす
ぎると感じても、実際にやってみたら丁度いいかもしれない。上手くいかなくても、次のスプ
リントではもう少し大きめでやってみればいいのだから。

ストーリーが小さすぎる兆候として、見積りがゼロや0.5になっているケースがある。ストー
リーをいくつか集めて1ポイントぶんになり、しかも個々のストーリーが0.5ポイントである
なら、たぶん小さすぎる。タスクも同様で、1つ1つが15分で、合わせて2時間になるようで
あれば、タスク分割のしすぎだろう。

他の基準として、個人個人が同じくらいに見積もるストーリーやタスクは、適切な大きさに
なっていると考えていい。ストーリーやタスクに余分な仕事が隠れていると、1人ひとりの見
積りはバラバラになりがちだ。プランニングポーカーを使えばそうしたバラツキがよくわかる
（※参12-2）。

本章の物語で見てきたように、僕のチームはみんな仕事を隠すのが上手だった。タスクの中
に他のタスクを隠しておきながら、自覚していなかったんだ。あなたのチームがこうした罠に
はまらないよう、見積りを疑おう。否定するのではなく、チームがどうやって今の見積りを出
したのか、情報を得るんだ。全員で見積もろう。暗黙の仮定を見つけよう。自分自身でこなせ
るくらい理解しよう。なによりも、馴染みあるいつものやり方から逸脱してみよう。結果に驚
かされるかもしれない。

Chapter 13

13章

Keeping Defects in Check
欠陥を抑制する

　出荷可能。聞き覚えがあるはずだし、これからも何度も聞くことになる。ところで欠陥はどうするのか？　欠陥、不具合、障害、バグ、そういったものが残っていたら、スプリント終了時にストーリーは出荷可能なのか？　そうなると、プロジェクト終盤で欠陥を直すためのスプリントが必要になりはしないか？　機能を凍結してコードを安定させるんだろうか？　結局のところ**コーディングが完了**してから欠陥を直すしかないのか？

　欠陥マネジメントはアジャイルプロジェクトで見過ごされやすい。欠陥修正をプロジェクト終盤に実施するという、今までのやり方に慣れすぎているのだ。しかし、開発を進めながら欠陥にも対処していかないと、プロダクトの品質は悪くなる。結果として、「品質を作り込む」ための期間や専用のスプリントを設けることになる。

　では、チームは欠陥にどう対応していけばいいのか？　たくさんの書籍や手法があるけれど、僕はとてもうまくいく僕なりの作戦を持っている。プロジェクトが大きくても小さくても、新規でもレガシーシステムでも、ほとんどの場合に効果的な作戦だ。詳しく説明する前に、まず物語を見ていこう。

1. 物語

The Story

　ミゲルのチームは初めてのスクラムに取り組んでいる。ミゲルはプロダクトオーナーも初体験で、発奮して学習と実践に打ち込んでいる。だがミゲルには心配もあった。チームが決まってわずか1週間後にプロジェクトがスタートしたおかげで、十分な学習時間を取れなかったのだ。

　最初のスプリントも半ばを過ぎたころ、チームがミゲルに欠陥をどうしたらいいか尋ねた。

　「ミゲル、4週間スプリントのちょうど2週間が過ぎたところで、いま欠陥が20個くらいあります。どうしたらいいでしょうか。今は置いておいて、欠陥つぶしのスプリントで対応しますか？　それともスプリントとスプリントの間に時間を取ります？」

　ミゲルは困惑した。スクラムについて学んだことからは「欠陥つぶし」だけのスプリントは間違いだ。とはいえどうしたらいいのか、ミゲルにもわからなかった。これまでの経験では、プロジェクト終盤に欠陥に対応する期間を設けるというやり方しか知らない。

　「ひとまずそのままにして、様子を見よう」そうミゲルは答えた。その後スプリントが終わる頃には、欠陥はさらに増えていた。あまりに問題が多いので顧客レビューもキャンセルになった。

チームはふりかえりにミゲルを招いた。ふりかえりが始まり、みんなが壁に書き出した中で「欠陥が多すぎる」が際立っていた。

スクラムマスターのラウルがこの課題を重要なものとして取り上げた。「欠陥にはどう対応すべきだろう？」

チームは意見を言い始めた。「欠陥つぶしスプリントをやりましょう」

「スプリントごとに、最後の1日か2日、時間を決めて対応したら？」

「欠陥はプロダクトバックログに追加するって読んだことがあります。やってみたらどうでしょう」

ラウルは意見をホワイトボードに書き留めていった。

ミゲルが口を開いた。「その場で直すのはどうだろう？」

チームは呆れた顔をしてミゲルを見つめた。

「その場で？　見つけたらすぐに直すってことですか？」

「そういうことなんだけど、そうすればコストを低く保てるんじゃないかな。他のアイデアはみんな、後回しにするってことだよね。後回しにしてると、バグのあるコードに機能を追加せざるを得ない。そうなると、たとえばバグがあるAPIを使ってコードを書いたら、新しいコードにバグがあっても見つけられない。そうじゃないかな？」

チームは黙ってしまった。その中で別のメンバーが聞いた。

「2番目のアイデアはどうです？　各スプリントの最後に時間を取るのは？」

ミゲルが答えた。「それも考えてたんだけど、欠陥がいくつあるかわからない以上、時間を確保しておくのは難しくないかな。欠陥が多すぎて時間が足らなくなったら？　今と状況は変わらなくなってしまう。最後の手段として使えるかもしれないけれど、まずはその場で直すのを試してみたいんだ」

チームはしばらく考えていたが、みんなうなずいた。「その場で直すのをやってみましょう。でも、どんな欠陥でも直すんですか？　優先度の低いものは？」

「致命的な欠陥は極力その場で直さないといけないね。そうでない、優先度が低いものはプロダクトバックログに入れてほしい。そうすれば僕が優先順位を考えるから」

「いいですね、それもやりましょう」

ラウルが最後にまとめた。「よし、決まった！　欠陥はその場でやっつけよう。さて、実際どうなるか楽しみだ！」

2. モデル　　　　　　　　　　　　　　　　　　　　　*The Model*

僕は品質の最優先を強く推奨している。**バカげたことにならない範囲**で、だけれど。最高レベルの品質標準に則って書かれたコードも完璧ではない、それも僕は理解している。欠陥とメンテナンスは避けられない。その意味で、欠陥は人生の一部だ。それはしょうがない。だからと

いって、欠陥に対処する方法、とりわけリアルタイムでできる方法があれば、それに越したこ
とはない。

欠陥マネジメントの第一歩として、顧客、プロダクトオーナー、チームにとってなにが重要な
のか正しく認識しよう。顧客はチームに対して、製品としてリリースできる機能を提供するよ
う期待している。欠陥にお金を払うつもりはない。プロダクトオーナーは顧客の要求に応えた
い。欠陥ゼロのコードは、顧客の要求の一部だ。チームはコードに何か問題があったら、チーム
の判断で自由に対処したい。

欠陥マネジメントの次のステップとして、テストを頻繁にすればプロジェクト全体のコス
トと欠陥を減少させられるということを学ぼう[※参13-1]。したがって欠陥は早く対応した方
が低コストになる。どのくらいだろうか？ 業界標準の欠陥対応コストは、1：10：100ルー
ルに従う。チームメンバーが自分の手元で対応するときのコストが1で、ソフトウェアがライ
フサイクルを進むにつれコストが高くなる。またバリー・ベームの『Software Engineering
Economics』のデータによれば、コスト／修正比率は4：1だ[※参13-2]。僕のお気に入りの
データは2002年のもので、ジョハンナ・ロスマンがStickyMindsで記事を公開している
[※参13-3]。この記事では、ロスマンが関わった顧客での調査から、終盤まで欠陥に対応しない
チームは、即時またはそれに準じるタイミングで対応するチームに比べ、欠陥対応に400％の
コストをかけている。さらに、リリース後に欠陥に対応するとコストは300％高く、時間も3
倍かかる。

こうしたデータから、僕は欠陥はその場で即時対応するのがベストだと信じている。そこで
僕はシンプルなモデルを作った。チームが致命的な欠陥を即時に直せる自由を与えつつ、それ
以外の欠陥はプロダクトオーナーが優先順位を決めるというモデルだ。簡単な話、欠陥に0か
ら3の優先度を付けるだけだ。0と1は致命的、2と3は致命的ではない。0と1の欠陥につい
ては、チームは独断ですぐに対応できる。2と3はプロダクトバックログに移し、レビューと優
先順位付けをする。

さて、0〜3の優先度をどうやって決めるのか説明しよう。優先度の判断次第で、チームが
欠陥を自由に直していいかどうかが決まる。表13-1に判断の基準を示した。もちろん、僕の
ルールに従う必要はない。自分のプロジェクトにあてはめ、必要に応じて変えてほしい。チー
ム全体で話し合って、自分たちの環境でうまくいく基準を決めるのがいい。

優先度	
P0	破滅的：システムの主要機能が動かない。回避する方法もない。
P1	高：システムの主要機能が動かない。回避する方法はある。
P2	中：システムの利用に不都合がある。
P3	低：影響が小さい。見た目の問題や、不便を感じる程度の欠陥で、本番稼働後でも対応できる。

表13-1　欠陥判断基準

チームで優先度の基準を決めたら、実際にスプリントの中で使おう。新しい欠陥が見つかったら、見つけた当人(ペアでもいい)がその場で直ちに優先度を決めてトリアージするんだ。優先度が2か3だったら、やはりその場で詳細を記述したり、関係するファイルを保存したりして欠陥を記録し、プロダクトバックログに追加する。欠陥をトラッキングするシステムがあるなら、欠陥番号をプロダクトバックログに載せることになる。プロダクトオーナーは後で、他のアイテムと同様に、レビューして優先順位を決める。

もし優先度が0か1だと判断したら、同じメンバーまたはペアは以下のタスクを実施する。ただし使っていい時間は**1時間**までだ。

- いまやっている作業を中断する
- 欠陥の真の原因を突き止める
- 真の原因を直す
- テストをすべて修正する(ユニットテスト、インテグレーション、受け入れテスト)
- ビルドベリフィケーションテスト(BVT)を作る、または修正する
- テストがすべて通るか確認する(受け入れテスト、ユニットテストなど)
- コードをチェックインする
- 少なくともインテグレーション環境までデプロイする

ここまで1時間以内に終われば、欠陥トラッキングシステムに記録しなくてよい。だが1時間で終わらなければ、以下のステップに従わなければいけない

1. 1時間経ったところで手を止める
2. 欠陥をトラッキングシステムに記録する
3. 引き続き欠陥を直す。上述の条件をすべて満たせるまで続ける
4. 修正が終わったら、修正するためにやったすべての作業を記録し、欠陥の記録に追記する。その上で欠陥をクローズする
5. スプリントバックログ上に新たに1行加えて、修正した欠陥を書き込む。作業に要した時間も記録する

ステップは以上だ。シンプルではあるが効果的なやり方だ。チームが常に品質に気を配り、欠陥にはその場で自動テストを書いて修正するんだ。そうすればリリースに当たって、いつでも絶対の自信を持てる。

3. 成功の鍵　　　　　　　　　　　　　　　　　　　　　*Keys to Success*

　欠陥マネジメントは常に、どんなソフトウェア開発プロジェクトであっても難しい。多くの人にとって、欠陥は最後に、開発が片付いてから対応するものだ。そのように脳に刻み込まれてしまっている。結果として、アジャイルに移行すると、欠陥はスプリントの最後に対応するものだと思い込んでしまう。頭と脳とを鍛え直そう。

　アジャイルなプロジェクトを成功させる鍵の中でも一番大事なのが、出荷可能なプロダクトインクリメントを提供することだ。スプリント終了時にはコードはテスト済み、技術的負債もわずかであること。実現するためにはしかし、マインドセットを変えなければならない。個人にも、チームにも、会社にとっても高いハードルだ。すりこまれた行動パターンを変えるには、規律と努力が欠かせない。

　レガシーシステムに関わっていると、本章で説明したやり方では上手くいかないと思うかもしれない。それは思い違いだ。おそらく、大量の欠陥が見つかりそうだと心配しているのではないだろうか。その気持ちはよくわかる。僕の友人は、2年間かけて欠陥を取り除いてから、やっと新機能のコードを書けるようになった。いっぽうここで紹介した方法であれば前進を止めることなく、重大な欠陥は修正し、そうでない欠陥は記録していける。それでも、リズムに乗って前進できるようになるまでに何日間、何週間、何ヶ月もかかるかもしれない。それでもいいんだ。レガシーシステムが溜め込んだ巨大な技術的負債を僅かずつであっても返済しながら、新しい機能を追加していける。それこそが大事なんだ。忘れないでほしい。

　新規開発でもレガシーシステムであっても、この方法では技術的負債や欠陥が短時間で明らかになる。始める前に顧客、マネジメント、ステークホルダーにも理解してもらっておこう。どういうやり方で進めるのか、それにどんな価値があるのか。そうした点を説明し、理解を得て、欠陥がチームや会社にとってどんな意味を持つのか、共通認識をつちかおう。次に顧客とステークホルダーに教育を施す。良質な欠陥報告とはなにか、どうやって書けばいいのか、どんな情報を記録すればチームが欠陥を再現できるのか教えよう。仕組みとして機能するようになったら、欠陥の優先度やバックログの状況もオープンにして見てもらおう。

　欠陥マネジメントのプロセスを定義して欠陥が目に見えるようになれば、あなたの会社も、チームも、あなた自身も、ウォーターフォール的な考え方から脱却できるはずだ。

Chapter 14 — 14章

Sustained Engineering and Scrum
サステインドエンジニアリングとスクラム

「急いでくれ、サービスが停止したんだ。すぐ直してくれないと大変なんだ！」こうした状況は、残念ながらソフトウェア業界においては日常的だ。何十年も開発を続け、たいていは管理の方策もなく、天文学的な量のコードを書いてきた。ついにリプレースの開発が始まっても、相変わらずレガシーシステムはメンテナンスしなければならない。スクラムでサステインドエンジニアリング[1] は可能だろうか？ なんとかやってのけようとしているチームの様子を見てみよう。

1. 物語 — The Story

ロヒトはプロダクトオーナーとして、航空券価格調査システムの開発に携わっている。プロジェクトのゴールは既存システムの置き換えだ。既存システムは旅行代理店向けのもので、それを代理店も一般の消費者も使えるように作り直す。 既存システムは歴史があり、IBM S/390 メインフレームと連携している。メインフレームとの連携を把握しているエンジニアがほとんど残っていないため、コードのメンテナンスは困難で、ビジネス全体に悪影響が出ていた。誰もが新システムのリリースを待ち望んでいる。とはいえリリースできるまでは、既存システムも動かし続けなければいけない。

最初のうちは順調に進んだ。ロヒトはデイリースタンドアップに傍観するだけの「壁のハエ」として参加し、チームの様子を聞いた。新システムは見事に動いており、最終的には素晴らしいものが完成しそうだ。だがロヒトには気がかりがあった。チームの作業が、既存システムに割り込まれているのだ。昨日、ロヒトはリリース計画が狂っていく状況をグラフに表してみた。狂いの原因は、見積りがまずいわけでも、ストーリーが増えているわけでも、既存システムに変更があるわけでもない。それでも既存システムに関連する作業が頻繁に、予期できない形で発生していたのだ。ロヒトはグラフをスクラムマスターのケントにメールした。メールには「相談しよう」と書き加えた。

こうした懸念を抱えて、ロヒトは次の日もデイリースタンドアップに参加した。案の定、メンバーのティムが既存システムの話をうったえた。

[1] 訳注：サステインドエンジニアリング（SE）とは本番稼働中のシステムの運用保守や障害対応などを指す。スクラムの用語ではない。

14章　サステインドエンジニアリングとスクラム

「昨日また既存システムが落ちました。運用チームから呼ばれてすぐに直そうとしたんですが、1時間で終わるかと思っていたのに結局丸1日、夜中までかかりました。おかげで昨日はストーリーに着手できてません」

「昨日やろうとしてたのは、『外部の顧客が旅行の前後3日間、値段を見られる』だったかな」ジョージが聞いた。

「そうです。このストーリーはヤバイと思います。昨日帰ったのが夜中過ぎで、今も頭が回んないですよ。今日もどのぐらい役に立つか。すみません」

ジョージはティムの手伝いを買って出た。「今日はペアで作業しよう。ティムのストーリーのほうが私のやっているのより優先順位が高いからね。だが、今日終わらせるつもりだったストーリーは残ってしまうことになるな。おそらく、今スプリントはストーリーを1つ諦めないといけないんじゃないかな」

ロヒトはケントに目配せした。ケントもうなずいた。2人は長く一緒に働いてきて、気心の知れた仲だ。やがてデイリースタンドアップが終わると、2人はコーヒーを持って部屋の角に行った。

まずロヒトが切り出した。「ケント、昨日送ったグラフを見たか？　今までのスプリントのほとんどで予定通りのストーリーを完成できてないんだ。理由はさっきのティムと同じだ。緊急事態が起きて、既存システムのメインフレームのコードを直さざるを得なくなるんだ」

「そうだね。まいったことに、このチームしかメインフレームのコードは直せないみたいなんだよ。代々の秘伝を受け継いじゃっててね。だから他のグループには任せられないなあ。説明しようと思ったら時間がかかりすぎるし、まともなドキュメントもないし。ベロシティが下がっちゃうのを補ってくれるほど既存システムのおもりに価値があると信じるしかないね。いまいる顧客の幸せと新システムの期待をうまくバランスしないと」

ロヒトも秘伝のことはよく知っていた。だからといって手をこまねいているわけにもいかない。プロダクトオーナーとして顧客の期待に応えなければならないし、既存システムが生き残っている限り競合にどんどん差を付けられてしまう。新システムを可能な限り早いタイミングでリリースできるかどうかに、会社の命運がかかっているのだ。

「ケント、このチームしか既存システムのコードを直せないのはよくわかっている。だが集中しなくては。割り込みをなんとかしないと、きっとリリースにたどり着けない。14スプリント中11スプリントで割り込みがあったんだ。なんとかしないと」

「だけどどうすりゃいいんだい？　システムが落ちたら、緊急事態だ。すぐ直さなきゃ」

「たしかに。新システムの開発より、既存システムのダウンが優先なのは間違いない。だがちょっとしたトラブルのたびに開発を止めているわけにもいかない。そうだろう？」

「そうだなあ。だけどティムが言ってたみたいに、ちょっとしたトラブルってわけでもないんだ。いったん落ちたら、復旧までに1時間か、1日か。手をつけるまで、どのくらいかかるかわからないからなあ」

ロヒトは身を乗り出した。「1つアイデアがある。私が前にいた会社では、専任のエンジニア

194

リングチームを作ったんだ。このチームは既存システムの仕事をぜんぶ引き受ける。ここでも上手くいくと思うんだが」

「そのチームには誰が入るんだい？」

「そこが問題だ。他のチームやプロジェクトから1人か2人ずつ連れてこないといけない」

「そりゃ無理だ」ケントが答えた。

「そうだな、無理かもしれない。他にアイデアがないか？」

「僕が前にいたプロジェクトでも同じようなことがあったんだけど、そのときはスプリントの時間から既存対応の時間を取るようにしたなあ。まあ対症療法なんだけどね。既存システムに使う時間を決めて、毎スプリントの作業時間から引くんだ」

「問題がなかったらどうする？」ロヒトが聞いた。

「そうしたら、プロダクトバックログから次にやるものを持ってくるのさ。書いたコードの整理に使ったこともある。やることはなにかしら必ずあるからね」

「よくわからないな。スプリントから時間を減らすんだろう？　結局、チームができるトータルの作業が減ってしまわないか？　いまチームのベロシティは20ポイントだ。そのやり方ではベロシティが下がるのでは？」

「まあ、だいたいそうなるね」ケントは認めた。

「チームのベロシティは下げたくない。他に方法はないのか？」

「時間で話しても、ストーリーポイントで話しても、結局はチームのベロシティが下がっちゃうのに変わりはないよ、ロヒト。チームのベロシティを下げない方法は思いつかないな。君が言うように14スプリント中11スプリントで、チームは自分たちのコミットメントを守れなかった。理由はいつも同じで、既存システムのせいってことさ。そっちに問題がなければ、僕らはすごいベロシティを出せる。チームは一生懸命に、一定のリズムに乗ろうとして頑張っているよ。だから、スプリントレビューにうなだれて向かわざるを得ないと、チームの意気もやる気も下がっちゃうんだ」

「ああ、よくわかる。それは避けたいな。ベロシティを下げたくはないが、意気消沈して落ち込むよりはマシだ。それに私のほうで言えば、ベロシティが安定しないせいで先の見通しを立てられないのも問題なんだ。既存システムのご機嫌次第だ。ベロシティを安定できるなら、リリースの計画も立てられる。よし、なにができるか調べてみるか」

ケントとロヒトは何時間かかけて、過去のスプリントのデータを集めた。スプリントごとに、平均して50時間分の作業をチームは既存システムに取られていた。スプリントによって上下してはいるが、とっかかりとしては十分だ。このデータを元にして2人はビジネスとチームにとって妥当と思える作戦を考えた。

14章　サステインドエンジニアリングとスクラム

2. モデル　　　　　　　　　　　　　　　　　　　　　*The Model*

　サステインドエンジニアリングの手法は色々あり、物語の中でケントとロヒトも2つの手法を議論していた。専任チームを割り当てるモデルも、スプリントから固定時間を割くモデルも、僕がこれまで試してきてとてもうまくいったものだ。それぞれについて見ていこう。

2-1. 時間割り当てモデル

　このモデルでは1つのスクラムチームがプロダクトバックログを先に進めつつ、既存のプロダクトやシステムに関連する作業もこなす。既存システムの作業は、休暇やプロジェクト外作業と同じように扱う。スプリントバックログの作業に使う時間から先に引いておくんだ。スプリントで使える時間は短くなるが、スプリントプランニングは通常通りおこなう。図14-1に例を示そう。

	時間
スプリントでチームが使える時間	300
既存システムに使う時間	50
ストーリーに使える時間	250

図14-1　スプリントバックログから既存システムの対応時間を引く

　どれだけの時間、チームのスプリントから既存システム作業の時間を確保しておけばいいか、データなしで決めるのは難しい。データがないなら、過去に既存システムの保守や緊急対応にどのくらい時間を取られているか推測しよう。なんと言っても対応しているチームの推測なら、それほど外れないはずだ。スプリントを進めながら実データも収集すること。実データがあれば、将来の予測も正確になる（図14-2参照）。

	スプリント1		スプリント2		スプリント3		スプリント4		スプリント5	
	見積り	実績	見積り	実績	見積り	実績	見積り	実績	見積り	実績
スプリントでチームが使える時間	300	310	300	290	300	300	300	300	300	300
既存システムに使う時間	50	90	80	80	80	60	60	55	50	50
ストーリーに使える時間	250	220	220	210	220	240	240	245	250	250

図14-2　見積りを改善するデータ

2-2. 時間をかけてデータを収集する

　図14-2を見ると、チームが5スプリントに渡って収集したデータがわかる。スプリントごとに、既存システムに50時間から90時間、スプリントバックログのタスクには210時間から250時間費やしてきた。これを見れば、プロダクトオーナーにはストーリーを進める作業に使える時間がわかる。最低でも210時間、良いときで250時間、スプリントで使えるわけだ。250時間を超えた部分は既存システムのための時間ともわかる。

　スプリントから時間を割く方法には、以下のような長所がある。

- ・新システムの開発を進めている当人が既存システムに時間を取られるため、同じ問題が再発しないようにするインセンティブが働く
- ・コストが安くつく（場合もある）
- ・既存システムに変更があると、新システムにもすぐに取り込める
- ・専任チームの担当になると「貧乏くじを引いた」と感じてしまう場合もあるが、それが起きない

　一方、欠点もある。

- ・個人レベル、チームレベルでの作業の切り替えコストが高くなる。特に、小さな問題が毎日たくさん起きると影響が大きい。マルチタスクやコンテキストスイッチは生産性を低下させてしまう
- ・新システムの開発と既存システムの障害対応を行ったり来たりしているうちに、フラストレーションを溜めてしまうことがある
- ・割り当てた時間では対応しきれない問題が起きるかもしれない
- ・既存システム側の問題にかかる時間が予測できないと、ベロシティも安定せず、将来の予想もできなくなる

2-3. 専任チームモデル

　物語の中で、既存システムの対応をする専門のチームを別に作るやり方をロヒトが提案した。僕も同様のやり方を、マイクロソフトなどの会社で実践したことがある。カンバンやリーン、スクラムからアイデアを借りた、プルシステムを構築するんだ。

　専任チームもスクラムチームと同じく、仕事をこなすためのスキルをすべて備えていなければならない。バックログをステークホルダーが順序づけし、そこからやるべき作業を取り出していくのも、スクラムと同じだ。ただし専任チームのバックログは開発する機能ではなく、対応すべき問題で構成されている。問題はプロダクトバックログに載せてもいいし、壁やホワイトボードなどに貼ってもいい。そして専任チームにもプロダクトオーナーが必要だ。専任チー

ムのプロダクトオーナーは問題をトリアージし、優先順位を付ける。これもスクラムチームと同じだ。

スプリントの期間は一般的なスクラムより短めになる。状況や問題はリアルタイムに生じていくので、対応も素早くなくてはならない。僕は1日スプリントを勧めている。1日では対応しきれない問題もあるので、少なくとも毎日、ステークホルダーと他のチームに報告することになる。

チームが毎日リリースしていくと、チーム全体の活動（計画づくり、ミーティング、リリース、コミットメント）も迅速になる。朝は短時間で計画づくりをし、夜のうちに新たな問題が発生していないか確認する。問題を修正したら、リリースは随時の場合もあるし、1日分まとめて夕方にリリースする場合もある。リリースのタイミングは企業や組織による。翌朝、チームは前日の達成内容を確認してから計画づくりに移る。

大きな問題があったら、専任チームも1週間単位のゴール計画づくり、デイリースタンドアップ、ステークホルダーとのミーティングをおこなう。

□2-3-1. ゴール計画づくり

1週間の最初の日はチームが集まり、大きな問題の作業キューをレビューして1週間のゴールを決める。たとえば「50000件の受注を処理させる」や「カスタマサポートの時間を10秒短縮する」などだ。チームは現時点の問題バックログを確認し、ゴールと紐付けて、1週間でどこまでできるか判断する。専任チームの宿命として、既存システムがダウンしたり緊急事態が起きれば計画どおりに進まないことはチームとして良く理解しておこう。

□2-3-2. デイリースタンドアップと毎日のリリース

チームは毎日デイリースタンドアップをおこない、1日でどの問題を解決するか決め、コミットする。ゴール計画づくりのある日は、終わり次第デイリースタンドアップをやればいい。現在着手中、リリース待ちの問題の状況も共有する。夕方、1日が終わるところでもチームは集まって、バックログに新しい問題がないか確認した上で、対応が終わったものをデモして、可能であればリリースまでおこなう。チームとしては、ビジネス的に意味がある最短時間でリリースするべきだ。僕のチームは毎日リリースする。同じ組織の別のチームは毎週リリースしている。問題によって緊急性は変わる。新しい問題が週の途中で起きたときには専任チームが対応しなくてはならない。

□2-3-3. ステークホルダーとのミーティング

少なくとも週1回（緊急の問題が起きればもっと頻繁に）チームとステークホルダーはミーティングをして、問題の修正をデモし、新しい問題の優先順位を相談する。ステークホルダーは、どの修正がリリース済か把握しているべきだ。週1回の正式なレビューの目的は、チームが達成感を得るためと、ステークホルダーがチームを賞賛したり、プロセス改善に向けたフィー

第2部　現場の基本

ドバックをするためだ。

専任チームは働きがいを感じるかもしれないし、雑用を押しつけられた気分になるかもしれない。なんにせよ、既存システムの問題に対処する方法として専任チームも有効だ。

専任チームの長所:

- 専任チームは新人をトレーニングする場として向いている。既存システムについて一通り学んだら、新システムの開発を担当できるようになるかもしれない
- 専任チームは新しい問題に直ちに着手できる
- 専任チームは既存システムのエキスパートだ。あるいは、エキスパートになれる
- 専任チームのほうが、一般的な傾向として、新システムチームより短時間で問題を解決できる
- リリースが頻繁になる

専任チームの欠点:

- 仕事が単調になりがち
- メンバーは既存システムの対応に情熱を持てないかもしれない
- 小さな積み重ねの1つ1つを見てもらい、評価してもらえないと、士気が下がる
- 専任チームはコストがかかる。大きな組織では特別なスキルを持った人を育てなくてはならない
- 他のチームは専任チームに仕事を押しつけてるように感じ、良心が痛むかもしれない

3. 成功の鍵　　　　　　　　　　　　　　　*Keys to Success*

ジェフ・サザーランドは、僕にこう言ったことがある。最高のコードとは**コードがないこと**だ。コードがなければ、維持できるし、メンテナンスもできるし、パフォーマンスは良く、コストはゼロだ。残念だが、僕らはシステムを作るのに多少はコードを書かないといけない。すべてのコードは、書かれたらレガシーコードとなる。レガシーコードをサポートするためのユニットテストや自動受け入れテスト、しっかりしたドキュメントがあったり、あるいは最初からきれいに書いてあれば、メンテナンスのコストは下がる。だがメンテナンスコストも対応作業もゼロにはならない。

時間割り当てでも専任チームでも、モデルを導入するとき気をつけてほしいことがある。新しいシステムを作るプロセスと同じように、時間をかけて改善し、チームがうまくいくように少しずつ変化させていこう。

14章　サステインドエンジニアリングとスクラム

3-1. 専任チームのメンバーをローテーションする

　専任チームモデルを使うなら、メンバーを他のチームとローテーションするとよい。新機能を開発するチームと、既存システムの対応するチームで、メンバーを入れ替えていくんだ。理由はいくつかあるが、なによりスキルが特化してしまう問題に対処できる。同じ人間が同じようなタスクを繰り返していると、そのスキルに特化してしまう。人を入れ替えていけば特定の人だけにスキルがつくのを防止できる。また、フラストレーションや退屈も減らせる。専任チームにいる人が新機能チームをうらやましがっているのを、僕はよく目にする。新しいものを作る方が楽しそうだし、自分は他の誰かがずっと以前にやったダメな仕事の後始末をしているように感じてしまうわけだ。こうした状況は、メンバーを入れ替えれば改善できる。

3-2. レガシーコードにテコ入れする

　僕の経験では、時間割り当てモデルでやっているチームがTDDなどのエンジニアリングプラクティスを新規開発のときしか使わないケースが多い。既存システムで問題が見つかると、エンジニアリングプラクティスを忘れてしまうんだ。それは改めよう。時間割り当てモデルを使うなら、レガシーコードに対してユニットテストや受け入れテスト、その他の優れたエンジニアリングプラクティスの時間も確保するべきだ。マイケル・フェザーズの『レガシーコード改善ガイド』[※参14-1]は、レガシーコードに立ち向かうのに最適だ。

3-3. 最後に

　調子の悪いシステムの面倒を見ながら新しい代替システムを作るのは大仕事だ。どういうやり方を取るにせよ、時間か人かどちらかをコミットしなくてはならない。マーチン・ファウラーは2004年、ストラングラーアプリケーションというアプローチを紹介している[※参14-2]。

　彼がオーストラリアに旅行したとき、イチジクの木がツタ（ストラングラーヴァイン、絞め殺しのツタと呼ばれる）で高い枝に巻き付いているのを見た。このツタは取り付いている木を全体に包み込みながら下に降りて来て、地面に根を下ろすと、木のほうを絞め殺してしまう。これと同じことを、既存システムに適用するのだ。新しいストラングラーアプリケーションで、既存システムを絞め殺すのだ。だがすべて完了するまでの間、既存システムを活かしながらストラングラーアプリケーションを作っていくために、リスクを低減し機能を維持する方法として活かしてほしい。

Chapter 15

15章

The Sprint Review
スプリントレビュー

　理想的には、スプリントレビューは自動的に進んで終了してしまうものだ。チームは準備に1時間もかけず、プレゼンテーションは不要で、間に合わなかった機能もなく、本番に近い環境でデモをおこなうだけで完了する。ところが現実のスプリントレビューは、歯の根が合わなくなるほど恐ろしいものだ。想定外の質問を顧客から受けるかもしれない。作ったものが期待通りに機能しないかもしれない。昨日まで動いていた部分が、デモ中に突然クラッシュすることだってある。チームによっては、そうした事故がスプリントレビューのたびに発生し、ステークホルダーとの信頼関係を損なって、スプリントレビューというものが不吉で誰にとっても気分の悪い場になってしまうこともある。

　そういうチームの物語を見てみよう。残念なミーティングを続け、信頼関係を損なってしまい、そこでスプリントレビューのやり方を考え直したチームの話だ。

1. 物語　　　　　　　　　　　　　　　　　　　　　　　　*The Story*

　1人また1人と、チームメンバーは肩を落としうなだれて第3スプリントのレビュー会場から出て来た。

　「こんなミーティングこりごりだよ。**今回も**僕らみんな、能なしにしか見えなかったじゃないか！」マイクが誰となしにつぶやいた。

　マイクはチームのメンバーと一緒にふりかえりの部屋へ向かった。ドアが閉じるやいなや、全員のため息、うめき声、嘆声が部屋に満ちた。

　スクラムマスターのジムが立ち上がった。「さあ、書き出すんだ」ジムはホワイトボードを指さした。

　みんなペンを手に取ると、ホワイトボードの「うまく行かなかったこと」欄に書き始めた。スプリントレビューに関係する問題で、あっという間に欄は埋まってしまった。「毎回、前回よりひどい」「レビューは辛いし恥ずかしい」マイクは太字でこう書いていた。「顧客に醜態をさらすのはもうやめたい」

　問題を書き終えると、メンバーは椅子に戻り、期待を込めた目でジムを見た。

　ジムは笑った。「じゃあ説明してもらおうかな。マイクからどう？」

　マイクはまくしたてた。「どのスクラムの本を読んでも、簡単だって書いてある。準備はしない。ただ会場に行って、新しい機能を見せて、顧客は受け入れる。なのに僕らのスプリントレ

201

15 章　スプリントレビュー

ビューは、大学時代みたいだ。科目ごとに試験があるのに、なにも勉強してこなかった感じだよ！」

　他のメンバーも同じような意見だった。「もっといいやり方があるんじゃないかしら。**準備なしにいきなり**レビューできるなんて、信じられないわ」

　「ほんとにね。私たちが考えてもいなかったような質問ばかりされるし」

　ジムは社内の別チームのアイデアを紹介することにした。「サムのチームを知ってる？　先週、会って話を聞いてきたんだ。スプリントレビューをどうやってるか教えてくれたよ」ジムはそう言って、あらかじめ書いておいたフリップチャートを見せながら、要点を説明し始めた。「サムのチームではスライドのテンプレートを使ってるんだ。スプリントごとに、チームのコミットメント、実際に完成したもの、プロジェクトのメトリクスなんかを書き込むんだよ」

　「それじゃあ『パワーポイントを使わない』ルールに違反するだろう？」マイクが聞いた。

　「その通り。だけど『常識的に考えろ』ルールには反してないね」

　それを聞いてチームは笑った。

　ジムは続けた。「レビューは難しくないはずなんだ。やり方を少し変えてみるといいと思う。プロダクトオーナーをもっと巻き込むのと、コミュニケーションを改善するのはどうだろう。気分的にも、準備できているほうが安心できるしね」

　そこで、スプリントレビューの問題に対策するグループを決め、ふりかえり後すぐ検討を始めることに決まった。2時間後、次のスプリントレビューに向けた計画が出来上がった。スプリント中にステークホルダーとコミュニケーションを取ったり、プロダクトオーナーと連携する方法も計画に含めた。

　そして次の第4スプリントが終わった。チームはスプリントレビューを心待ちにしていた。みんなテンションも高く、自信ありげだ。「すごい変化じゃないか？」マイクはジムに耳打ちした。ジムもうなずいた。

　プロダクトオーナーのダンがミーティングを始めた。「みなさん、お集まりいただきありがとうございます。いつもなら私がデモをするところですが、今回は新しいやり方をチームと相談して来ました。みなさんも参加されたこれまでのレビューは、まあ、**すごかった**と思われませんか？」

　これを聞いて参加者は吹き出した。チームも一緒に笑った。

　「今日はここからミシェルに渡したいと思います。ミシェルはチームメンバーの1人です。ミシェル、いいかな？」ダンはミシェルに場を譲った。

　その場にいる顧客とステークホルダーの顔が曇った。今まではプロダクトオーナーがデモしてきたのに、なぜメンバーのミシェルが？　そう疑問を感じたのだ。

　ミシェルが前に進み出た。「ダン、ありがとうございます。今回はまず、プレゼンテーションがあります。最初は私たちが第4スプリントでコミットしたものについてです。続いて、実際に完成したものと、できなかったものについてです。そしてプロジェクトのメトリクスをお見せしながら、スプリント中に下した判断のお話をします。プレゼンの後はジムがデモをしてく

202

れます。私のプレゼンは10分か15分で終わりますので、デモの時間は十分あります。いかがでしょうか？」

ミシェルはプレゼンを始めた。スプリントのコミットメントを見せ、完成できた分と、完成できなかった分はその原因まで説明し、チームとダンがスプリント中に下した判断を伝えた。

ミシェルはプレゼンを終えた。「以上です、ご質問はありませんか？　ないようでしたら、ジムに代わりたいと思います」

「ミシェル、ありがとう。よいまとめだったよ。さて、これからデモに移りますが、これまでとは違うやり方をしたいと考えています。プロダクトオーナーのダンも同じ考えです。そうだね？」

ダンは強くうなずいた。

ジムはステークホルダーの顔を見渡した。「では、最初のストーリーを確認するのはどなたですか？」

「すまない、どういう意味かわからないんだが？」ステークホルダーの1人が聞き返した。

「そうですね、お願いしたいのはこういうことです。先ほどのスライドで『完成』になっているストーリーを自由に選んでください。そうしたら、そのストーリーを実際に操作していただきたいんです。使ってみて、確認して、適当にいじって……期待通りに動くか、期待していない動きがないか、ご自分で確かめてください」

メヘールがためらいがちにPCの前に座った。メヘールはステークホルダーの中でも中心的存在だ。

メヘールはマウスをつかんだが、心配そうな声で聞いた。「本当に私がやっていいの？　私が書いたストーリーだからどう動くのかはわかってるけれど、壊したりしたくないわ」

マイクが答えた。「心配しないでください。何か壊れたとしても、それは僕たちの責任であって、あなたが悪いわけじゃありません。おかしなところがあれば、早く見つけた方が直すのも早くできます。普通に仕事で使うように使ってください」

チームは息を呑んでマウスの動きを見つめた。メヘールが選んだストーリーは「会計担当として、先月の地域別売上レポートを見たい」だった。まず南西地域を選んでクリックしたが、何も起きない。だが3秒後、レポートが表示された。

マイクは安心してため息をついた。もっと早く表示されると思っていたのだ。マイクはスプリント中、このストーリーはタッチしていなかった。

メヘールはドロップダウンをすべて選び、ビューを一通り切り替え、各地域の詳細レポートをあちこちクリックした。

「素晴らしいレポートね！　少し違うデータを出してほしいのだけど、その確認も私の仕事でしょうね。次のスプリントでは、手伝う時間が取れると思うわ。あ！　ちょっと質問していい？ここをクリックしたらどうなるの？」

クリックしたらどうなるか、チームは想像できた。ミシェルは特によく知っていた。だがミシェルは答えた。「クリックしてみてください」

15 章　スプリントレビュー

　クリックしたのはレポートの中でも完全に開発が終わっていない部分だった。チームはメヘールの操作をつぶさに見ていたが、想定していなかった操作の流れだった。クリックして30秒後、警告ダイアログを出してアプリケーションはクラッシュした。

　「やっぱり。壊しちゃうんじゃないかと思ったわ」メヘールは申し訳なさそうに言った。

　ミシェルが答えた。「壊してくれてよかったんです。今の操作の流れは、考えてませんでした。マイク、記録してくれました？」

　「もちろん。これなら今日中に直せそうだ」

　ダンが口を挟んだ。「ちょっと待ってくれ。今スプリントでそこまで作ることにしてなかったと思うんだが、本当に直した方がいいのか？」

　「ああ、直せるよ。どこが問題かはわかってるから、時間はかからないな」マイクが答えた。

　ジムがうなずいて言った。「いいね。さて、次のストーリーはどなたがやりますか？」

　別のステークホルダーが手を上げた。「だけど、ちょっとわからないんです。なぜ僕たちにやらせるんですか？　作った人が操作して見せた方がずっと早いと思うんですけど。時間のムダじゃないでしょうか。僕たちはどうデザインされたかも知らないんだし」

　スクラムマスターのジムが答えた。「皆さんに操作してもらうのは、最終的に利用するのが皆さんだからです。皆さんの直感に反する部分があれば、我々が直します。それに、皆さんが試しに操作するのを観察させていただいて、通常のユーザーの考え方や操作の流れを把握しているんです。なので時間のムダではないと思います。デザインについても、おっしゃる通りです。僕たちがどうデザインしたか、さわって確かめた上で、受け入れしていただきたいんです」

　ジムは続けた。「今までのスプリントレビューはうまくいってませんでした。我々の能力について、あまり信頼してもらえていなかったと思います。コミュニケーションを増やすのと、システムを実際に体験してもらうために時間を費やせば、我々も改善できますし、実例を基に学べます。いまのデモから、レポート表示が遅いことがわかりましたし、作業のフローについて勘違いしていたこともわかりました。それにメヘールは次のスプリントの手伝いを申し出てくれました。完璧とは言えないにせよ、間違いなく進歩しているんです」ステークホルダーは納得し、レビューは再開された。

　そうして、新しいやり方で数スプリント経過した。チームと顧客はお互いスムーズに進められるようになってきた。パワーポイントのスライドで、以前のスプリント状況レポートを置き換えるようになった。ダンは顧客と協力しながら、一部の機能が不完全ではあるものの受け入れ条件を満たしていると納得してもらい、そこからのフィードバックでプロダクトバックログに手を入れた。やがて機能が期待通りになってきて、チームも、ステークホルダーも、ダンも、新しいプロセスに馴染んできた。お互いの関係も改善し、最終的な製品への自信も高まった。

第2部　現場の基本

2. モデル　　　　　　　　　　　　　　　　　　　　　*The Model*

　新しいチームがスプリントレビューで苦労するところをよく見かける。考えてみれば、多く
の開発者にとって、顧客やステークホルダーの前に立って開発の成果を見せるというのは初
めての経験なわけだ。ましてや、完全ではない機能をデモしたり、1週間前、2週間前には存
在しなかったものを披露するのだから、当たり前かもしれない。それに、チームがストーリー
を完成できなかったときや、思い通りに動かなかったものを見せるとなれば、スプリントレ
ビューは無様で惨めな場となってしまいかねない。

　チームが顧客、ステークホルダーに対してスプリントで達成した成果を見せるのが、スプリン
トレビューの目的だ。インフォーマルな場にするのが理想的だが、多くのビジネスでは公式な、
フォーマルなミーティングとして実施されている。僕のアドバイスとしては、自分の会社の文
化でうまくいくようにしたほうがいい。チームに不要なストレスをかけないことだ。

　スプリントレビューはスプリントの最終日に実施する。かける時間はスプリントの長さによ
るが、1週間スプリントなら30分から1時間がいい。2週間スプリントでは1時間か1時間半だ。
4週間スプリントのチームなら2時間から4時間かけていい。

　ミーティングでは、スプリントの成果を受け入れるだけではなく、顧客との対話やフィード
バック、またそこからプロダクトバックログの追加や変更が起きる。そうした成果もスプリン
トレビューの目的の一部なんだ。

　物語の中ではジムとチームメンバーが、スプリントレビューが思ったようにうまくいかず、
悩んでいた。レビューはなんとかなるだろうと、スプリント期間中になにも準備せず開発に集
中していたんだ。その結果、たくさんの混乱、失敗、誤解が起きてしまったが、これも多くの新
しいチームにはありがちだ。物語のチームはスプリント中に準備の時間を取ることにした。プ
レゼンテーションの形式を定め、必要な情報がきちんと伝わるようにして、ステークホルダー
に実際にソフトウェアを触ってもらうことにした。準備に必要な時間は会社の文化やチームの
経験によって大きく変わってくる。それでは、僕がスプリントレビューのためにどんな準備を
しているのか、説明していこう。

2-1. ミーティングの準備

　最初に言っておくが、僕はスプリントレビューでスライドを使う派だ。チームが自分たちの
考えを整理する役に立つし、ステークホルダーには持ち帰るものができる。

　スプリントレビューでは毎回、以下のテンプレートを使う。箇条書きの1項目でスライド
1ページだ。

205

15 章　スプリントレビュー

- ・スプリントゴール
- ・コミットしたストーリー
- ・完成したストーリー
- ・完成できなかったストーリー
- ・**スプリント中の重要な判断**。技術的なものもあれば、市場起因のもの、要求に関するものなど様々だ。判断を下したのがチームでも、プロダクトオーナーでも、顧客でも、他の誰かでも関係ない
- ・プロジェクトのメトリクス（コードカバレッジなど）
- ・完成したもののデモ
- ・次のスプリントに向けた優先順位のレビュー

　構築するシステムの種類によっては、技術的な面の準備も必要になるだろう。ビルドができているとか、ステージング環境にデプロイ済みであるなどだ。その場合はデモの練習をするといいかもしれない。チームメンバーが、デモするストーリーをいくつか試してみるんだ。データは正しいか？　接続文字列は有効か？　データは環境移行できているか？　こうした細かい部分がミーティング最中の事故につながることもある。

　始めのうちはこうした準備がルール違反に思えるかもしれない。実際やり過ぎればルール違反となる。準備が実際の仕事の邪魔になってはいけない。だが情報収集とレビュー計画に**少し**時間をかければ、長い目で見るとステークホルダーをよりチームが助けられるようになる。ステークホルダーが自分たちの役割を果たせるよう、チームが手助けできるようになっていくんだ。僕は準備の時間を厳しく制限したりはしない。新しいチームが短時間で準備を終えるのは困難なためだ。その前提で、準備に使っていい時間というのはある。僕は準備に丸2日かけるチームを見たことがあるが、さすがにやりすぎだし、原因としてなにか大きな問題があるはずだ。そんなわけで、始めのうちは準備時間が長引きがちになるにせよ、どんなチームでも1時間以内に準備を終えられるよう目指そう。

2-2. ミーティングの実施

　物語では顧客が自分でストーリーを実行していた。このやり方は、スクラムで通常おこなわれる「チームがデモする」というやり方と異なる。僕のチームでは、まずプロダクトオーナーにファシリテーターをやってもらう（スクラムマスターがふりかえりのファシリテーターをやるのと同じだ）。チームがストーリーのハイレベルなレビューをし、顧客とステークホルダーがストーリーのデモ、つまりストーリーを実行する。チームはその様子を観察する。

　僕はまた、可能な場合にはインストールから始めるようにしている。レビューの中で、ビルド環境からインストーラを持ってきてインストールするんだ。僕はいつも新規インストールから始める。レビュー中に、顧客の目の前で、クリーンな環境でインストーラを実行するんだ。

第2部　現場の基本

Windowsアプリケーションのプロジェクトでは、僕がプロダクトオーナーだったのだけど、第1スプリントで最初にデモしたストーリーが、ビルド環境から最新のビルドを取り出してインストールするというものだった。これは受け入れテストとして、以降のスプリントレビューでも毎回実行することになった。最新のビルドは古くとも10分前にビルドしたものだった。あるスプリントレビューで時間節約のためにインストール済みの環境でデモをしようとしたところ、目の前でインストールするのに慣れていた顧客からクレームが入った。僕たちはアプリケーションをアンインストールすると、ビルドマシンのところに行って、新しくインストールしたんだ。それからというもの、僕は必ずスプリントレビューの一環としてインストールを実行するようになった。顧客の信頼感を強められるとわかったし、これほどの透明性を実演するところを顧客はこれまで見たことがないかもしれない。

デモが済んだらチームは顧客に受け入れるかどうかたずねる。顧客は自分自身で機能を使ってみたのだし、チームは出荷可能だと自信を持ってレビューに望んでいるのだから、受け入れ判断は容易なはずだ。

3. 成功の鍵　　　　　　　　　　　　　　　*Keys to Success*

スプリントレビューはチームが公式に自分たちの成果を伝える場だ。小さな子供が、初めて自分でゴミを出したくて両親に「やっていいよ」と言われるのを待っている様子を想像してほしい。スクラムチームもその子供と同じで、顧客やステークホルダーからのポジティブなフィードバックを求めている。

プレッシャーや他の理由に負けてスプリントレビューをキャンセルしてはならない。重要だし、チームも得をする場なんだ。

- 顧客、ステークホルダーとの信頼を築き、維持できる
- プロジェクトの進む方向をリアルタイムで修正できる
- リスクや課題を見つけられる
- フィードバックが得られる
- スプリントレビューが上手くいけば顧客はチームを信頼するようになるし、チームにも自信がつく。レビューが上手くいかないと、物語で見たように、信頼も自信も失われる

とはいえ満場の拍手を受けるためにスプリントレビューをやるわけではない。本当の目的は、いったん立ち止まってプロジェクトを眺め、正しく進んでいるか確認するところにある。チームとプロダクトオーナーは、前回のプロダクトバックログリファインメントのときに知らなかった情報を、レビューの場で得たい。新たに生まれた製品を顧客は使えるだろうか、より価値を高めるにはどんな機能を追加したり変更すればいいだろうか。最高のスプリントレビュー

とは、以降のスプリントに影響を及ぼすものだ。チームは変化によりよく対応できるように
なるし、顧客は最終的な製品を良いものにしようと、壊したり欠点を見つけたりするように
なる。

　正しくレビューを実施すれば継続的な改善の精神を醸成できる。正しいレビューのための
ポイントをいくつか紹介しよう。

3-1. 準備に時間をかける

　肯定的なレビューの経験がなくては、プロジェクトの成功は危うくなる。そこで少し時間を
取ってレビューの計画をしておこう。そうすれば心の準備もできて自信を持てるし、特にスク
ラムの経験がないチームにとってはそうした感覚は大事だ。台本を使ったり、スライドのアウ
トラインに沿って進めたりしてもまったく問題ない。また、デモ環境の準備にも時間を使った
ほうがいい。顧客が直接さわって、新しい機能を体験できるようにしよう。エンドユーザーが
プロダクトを実際に操作する様子からチームは多くのことを学べる。ミーティングでは顧客と
チームがおしゃべりする時間を確保しておこう。僕は、スプリントミーティングとふりかえり
の間に30分時間を空けておいて、チームが参加者と気軽に話せるようにしている。

3-2. 決定事項を記録する

　人間は忘却する生き物だが、とりわけ**忘れちゃまずいこと**を忘れてしまいがちだ。操作の流
れや、選んだ色、ボタンの位置なんかも忘れやすい。なにかしらレビュー中に決定事項ができ
たら、書き留めて保存しておこう。顧客がこんなことを言い出すのを、僕も何度も見てきた。
「そんな決定は記憶にない。お支払いできませんね」

　口頭で合意した内容を記録しておけば、仮に4ヶ月後になにか起きたとしても、記録を見せ
て「この話は去年の9月1日に議論して、こう決まりました」と言えるわけだ。

3-3. その場で受け入れる

　顧客にはスプリントレビューの最中にストーリーを受け入れるよう依頼すれば、レビューが
終わったらすぐにリリースできる。だが顧客が受け入れに時間を要するプロジェクトも多い。
正式な受け入れまで1週間待つプロセスを採用しているチームもある。大事なのは受け入れを
してもらうことだ。かかる時間に関係なく、確実に受け入れをしてもらうこと。

　受け入れが重要な理由のひとつとして、チームが完成の定義をきちんと満たすようプレッ
シャーをかけられる点がある。顧客が安心してその場で受け入れられるには、チームが完成の
定義を守り、レビューの中でも強調し、さらに定義を適宜更新していなくてはならない。もし
それでも顧客がその場で受け入れるのをためらっていたら、チームとしてどんなことをすれば

第2部　現場の基本

安心できそうか聞いてみよう。完成の定義として、その場で受け入れるのに必要な要件を両者で合意するんだ。

3-4. 勇気を出す

　計画や準備をしていてもスプリントレビューは怖いものだ。チームが恐怖に立ち向かえるよう、やるべきことはすべてやったと思い出させてあげよう。どの機能もプロダクトオーナーの説明通りに実装した。疑問があればプロダクトオーナーに助けを求め、手伝ってもらった。完成の定義を満たしているし、定義自体は全員が合意したもので、出荷可能なプロダクトに必要十分なものだ。デモ環境も準備済みだ。スライドも作ってあり、プレゼンにも難しい質問にも対処できる。そうしたことをちゃんとチームがやってきたのだと、思い出させるんだ。

　また、もしレビュー最中に変更点を見つけたり新しいストーリーを発見したりしても、それで当然だし**望ましくもある**んだと、勇気づけよう。変化がなければ、一番最初に書いたプロダクトバックログの通りのプロダクトが出来上がるが、それが顧客の望み通りだった試しはない。レビューと変化を受け入れ、顧客と会うたびに変化が起きるのに慣れれば、チームは本当のゴールに一歩近づく。本当のゴールは、エンドユーザーが喜ぶプロダクトだ。そうした変化ならば歓迎しようじゃないか！

209

Chapter 16　16章

Retrospectives
ふりかえり

　スクラムの要素の中でも、真っ先に省略されがちなのがふりかえりだ。スケジュールが厳しくなると、ふりかえりなんて「贅沢」をしている時間はないとチームが考えても、無理はない。だが、いったんふりかえりを止めてしまうと、事態はどんどん悪化していくんだ。

　続く物語で、苦労しながら第3スプリントを終えたチームの様子を見てみよう。フラストレーションが高まり、規律は弱まっている。そして不慣れなチームにありがちなように、ふりかえりを止めてしまおうとしているところだ。

1. 物語　*The Story*

　ジェミーはチームがバラバラになりそうな危機感を持っていた。ストーリーは遅れ、ビルドは壊れ、ユニットテストも失敗している。プロジェクトがガラガラと崩壊していく音が聞こえそうだった。チームは全員苛立っていたし、ジェミーに直接、他のメンバーやスクラムの文句を言いに来た人までいた。さらに困ったことに、みんなふりかえりを止めたほうがいいと考えていた。「やらなきゃいけないことがある」上に「ふりかえりなんて時間の無駄だ」というのだ。なんとかしないといけない。

　チームにはいろいろな課題があったが、次のふりかえりで取り上げるのがいいタイミングだとジェミーは考えていた。だがチームだけではうまくふりかえりを運営できないだろうとも思っていた。過去2回のふりかえりは失敗だった。ファシリテーターがおらず、だらだらと進行し、1人か2人がずっと話し続けるのを残りが黙って聞くのに終始し、終わった頃にはみんな疲れ切り、意気消沈してしまっていた。そしてなにも変わらなかったのだ。ジェミーは今回は自分が仕切るつもりだった。ふりかえりを成功させる方法を調べ、計画も練ってきた。これからふりかえりが始まるという少し前にジェミーは会議室に入り、まず椅子をすべて片付けてしまった。次にホワイトボードを3枚壁に掛けると、それぞれにラベルを付けた。「うまくいったこと」「改善の必要があること」「不満」の3枚だ。

　やがて会議室にやってきたメンバーは部屋の様子にびっくりした。特にトッドはテンションが上がったようだった。

　「ジェミー、これなあに？　椅子はどうしたの？」トッドが聞いた。

　「片付けたんだ。椅子に座って話し合いをすると、いつも議論が空回りして結論が出ない。だから立ったままやることにしたんだ。デイリースクラムと同じだよ」ジェミーは強く宣言

210

した。

トッドは、今度はホワイトボードを指さした。「これはなに？」

「見ての通りだよ。今回のふりかえりでは、うまくいったこと、改善したいこと、それに不満を話すんだ」

「不満って？」

「不満というのは、良くない状況だけど「改善が必要」には当てはまらないものだ。以前のチームに、ふりかえりのたびに『エアコンの修理』って書くメンバーがいてね。ほんとに部屋が暑かったんだけど。最初はみんな文句を言ってるだけだと思っていたんだが、3スプリント続けて同じことを書いたのを見て、確かに部屋が暑すぎると気づいたんだ。それですぐに直したよ」

ジェミーの説明に、みんなうなずいて聞いていた。

トッドは興奮で身体を揺すっていた。「じゃあ、早く始めようよ！ いつもみたいに、順番に1人ずつ、いいことと悪いことを話せばいいの？ 君が書き取ってくれるんだよね？」

「いいや、書いてもらうよ」 ジェミーはトッドを見ながら答えた。

トッドは後ろを振り返り、向き直って自分の鼻を指さした。**「僕が？」**

「全員さ。みんなペンを持って。それぞれ自由に、なんでも思いついたことをホワイトボードに書いてほしいんだ。良いことと、悪いこと両方ともね。他の人と同じのを書いても構わない。これからやるべきこと、**手を出さない方がいいこと** を見つけるのに、まずはデータ収集をしたいんだ。さあ、どうぞ！」ジェミーのかけ声で、ふりかえりが始まった。

とはいえ、すぐには動かなかった。お互いの様子を見ながら、おずおずとホワイトボードの前まで移動したが、そこでみんな固まってしまった。

トッドはひょこひょこ進み出て、「改善が必要」のところに『テストカバレッジがヒドイ！』と書いた。みんなはちょっとギョッとしたようだった。

「そう、そんな感じだ！」ジェミーが元気づけた。自分自身も進み出ると、「うまくいったこと」として『チームワークと信頼が向上している』と書いた。

それがきっかけとなって7人のメンバーがそれぞれに書き始め、20分もすると50個近い項目が集まった。続いて、データの整理だ。さらに15分かけて書き出したものを整理し、同じ内容はまとめ、全体を一覧にした。

ジェミーはそこで、前の会社で学んだ手法を紹介することにした。「これからこの一覧を、優先順に並べよう。みんな、ポケットに100ドル持ってると思ってみてほしい。だけどこの100ドルは、いまホワイトボードに書いた項目にだけ使えるんだ。すっごく重要な問題だと思ったら、100ドルすべて突っ込んでもいい。5ドルの問題とか、50ドルの問題とかがあってもいい。100ドルぶんを、自分やチームにとって重要だと思う割合で分配してほしい。全員100ドル使い切ったら、項目ごとに合計するんだ。一番金額の高かったものが、チームにとって一番優先すべきものになる。低ければ優先順位も後になる」

トッドが手を上げた。「今ちょうど文なしなんだ。100ドルもらっとくよ」

211

他のメンバーも笑って、そして各自の仮想100ドルを使い始めた。15分後、すべての項目の金額が決まり、優先順位もわかった。議論を進めやすいよう、ジェミーはまだ使っていないホワイトボードに一覧を書き写した。元々が「よかった」ものにはプラス記号を書き加えた。同様に「改善」だったものはマイナス記号、「不満」にはカタカナの「フ」を書いた。

ジェミーが時計を確認すると、90分のふりかえりのうち45分経過していた。一覧をすべて話し合うのは到底無理だ。書き出した内容からして、チームが不慣れなことも考え合わせると、時間を延ばしたほうがいい。ジェミーはそう判断し、この時点で30分延長することにした。

「優先度の高いものだけを取り上げても、残った時間では足らないと思う。計算すれば1項目4分ちょっとしかないから、到底無理だ。ちょっと聞きたいんだけど、いま書いた一覧で良さそうだろうか？ 直感で答えてほしい。この先頭のやつから始めるのでよさそうかな？」

みんな黙ってうなずいた。

「よし、じゃあこういうやり方はどうだろう。1項目の時間を10分で区切れば、75分でだいたい全部話せる。項目ごとに、まず数分かけて内容を確認しよう。そうしたら、次のスプリントで対応するかどうか決めるんだ。対応するなら、チームとしてどんなアクションを取るか決める。良いことなら続けるための対応、改善したいことなら変化させる対応になる。最後に、アクションを誰が担当するか決める」

「担当って？」トッドが聞いた。

「その項目について、チームの誰かが必ず様子を見るんだ。行動の変化やパターンが現れたとき、ちゃんと見つけて共有できるようにね。今日のふりかえりで何かやると決めたら、忘れずに必ずアクションする。そういう規律と集中のためなんだ」

ジェミーの提案に従ってチームは項目ごとに話を進めた。『ペアプログラミングは上手くいかないし無意味だ』というのもあれば、『ふりかえりは時間のムダでミーティングを増やしている』というものもあった。

最終的に、重要な問題をいくつか次スプリントで対応するという計画が決まった。ふりかえりを終えて、誰もが気分が良かった。ふりかえりで先行きが明るく感じたのは、初めてのことだった。文句を言うだけではなく、問題に立ち向かう具体的な計画ができたのだ。みんなそれぞれに担当者として、取ると決めたアクションについて多少の責任を感じ、その感覚はスプリント中ずっと継続した。まだ順風満帆とは言えないものの、これから上手くいきそうだというムードになっていた。

2. プラクティス　　　　　　　　　　　　　*The Practice*

ふりかえりは決して簡単ではない。時間を取られるし、決意も必要だし、勇気が要る。プレッシャーがかかったとき、最初に省略したくなるのがふりかえりだ。プロダクトのリリースが迫っていると、フラストレーションを吐き出すミーティングなんてムダに思えてくる。確か

に、それだけのためにふりかえりをやっているなら、僕だって止めた方がいいと思う。時間を無駄にするだけだ。

僕は決して、ふりかえりを切り捨てていいと言ってるわけではない。その反対だ。もしふりかえりが無意味なミーティングに堕してしまっているなら、そのときこそふりかえりを実施すべきだ。それも正しいやり方でだ。なぜふりかえりが必要なのか？ 正しく効果的なふりかえりの要素は何か？ この2つの質問に答えていこう。

2-1. ふりかえりのための注意義務

ふりかえりこそがチームの「インスペクト＆アダプト（検査と適応）」のカギだ。ふりかえり以外のスプリントの時間はすべて、動作するソフトウェアの提供に費やしている。チームにとって、自分たちの仕事のやり方を見直す機会は、ふりかえりしかないんだ。ふりかえりはチームの学びの時間だ。どう改善するか学び、効率を上げる方法を学び、ベロシティや品質を上げる手段を学ぶ。ふりかえりがあるからこそ、常に改善し進化していくという意識を保てる。チームが立ち止まってしまったら、それは退化を意味するんだ。

ふりかえりはまた、技術的プラクティスの継続にも役立つ。僕が初めて関わったプロジェクトで、作業量が多いという理由でふりかえりを止めてしまった（作業が多いというのは思い込みだったんだけど。後になって、ストーリーやタスクの大きさに問題があるとわかったんだ）。ふりかえりを何回分か飛ばした後で、メンバーの1人が病気で4日間休むことになった。チームの誰も、休んだメンバーが何をしていたかわからなくなっていた。もちろん担当タスクは知っていたけれど、具体的に何をしたか、どこまで進んでいたか、どんな設計を考えていたか、まったくわからなくなってしまったんだ。4日分の仕事がまるまる失われた。どうしてこうなってしまったんだろうか。その理由は、ふりかえりをしなかったせいで、昔のやり方、慣れたやり方に退行してしまっていたためだ。ペア作業をせず、情報や知識の共有もできていなかった。こういうことがあって初めて、僕たちはふりかえりの意義に気づいたんだ。

もっと些細なメリットもある。ふりかえりがチームの文化を変える機会を作ることがある。ふりかえりでは全員が安全な、建設的なフィードバックとして、お互いの行動について意見を言い合える。チーム全体の士気や態度、品質に問題があると知らないうちに悪化したり伝染したり悪化してしまうことが多い。だがそうしたフィードバックがあれば、問題が小さいうちに明るみに出して、早く対処できる。

2-2. 効果的なふりかえりを計画する

ふりかえりが大切だと納得してもらえただろうか。ところが、いざ実施しようとすると、非生産的な文句の言い合いになってしまうことも多い。どうしたら効果的にふりかえりできるだろうか？ ミーティング一般に言えることだが、上手に計画と進行すると、ふりかえりもス

16 章 ふりかえり

ムーズになる。ふりかえりが終わったと言っていいのは、議論した内容に基づく具体的なアクションが挙がっており、アクションを確実に遂行できるコミットメントが得られたときだ。

効果的なふりかえりの計画は、意外と難しい。計画なしで上手くできてしまうチームもあれば、計画を作るのに1日かかるチームもある。ふりかえりに必須のいくつかの要素がある。コミュニケーション、設営、グラウンドルールだ。ふりかえりのファシリテーターは（スクラムマスターでなくとも良い）、こうした要素が抜け落ちないよう事前に確認しておこう。これまでも話してきたように、スクラムだからといって、事前の計画なしに好き勝手していいわけではない。

□2-2-1. コミュニケーション

良いコミュニケーションは参加者の心の準備から始まる。僕はスクラムプロジェクト始めるとき、ミーティングの予定を全員のカレンダーに入れる。メンバーも、顧客もだ。ふりかえりも同じようにカレンダーに登録する。さらに、ふりかえりの前には毎回、全員に招待を送る。招待にはアジェンダも載せておき、ミーティングの目的と重要性、必要な準備を思い出してもらう。ふりかえりのゴールと、進行のおおまかなタイムテーブルも含める。

□2-2-2. 設営

新しいチームはミーティング中に時間を守れなくなりがちだ。そこで僕はジェミーのように、部屋の椅子を片付けてしまう。座らせないのは、その時点時点でやることに集中してもらうため、長々議論しないためだ。参加者が椅子にどっかりと座って延々と話をし続けるというふりかえりが多すぎる。座らないと目的を忘れにくくなるというのが、僕の発見だ。もし椅子を残しておくなら、ふりかえりの各パートの残り時間をタイマーで表示するのもよい。

壁にはスプリントバーンダウンチャート、完成の定義、チームが描いたプロジェクトとスプリントそれぞれのビジョン、前回のふりかえりのメモ（コピーでも良い）を貼っておく。また壁の一画はデータ収集のために空けておく。ホワイトボードかフリップチャートに、前もって話す内容に合わせてラベルを付けておく。物語の中では「良かったこと」「改善したいこと」「不満」というラベルを使った。ダービーとラーセンによる『アジャイルレトロスペクティブズ』[※参16-1]では「喜、怒、哀」というデータ収集の手法を紹介している。どの手法を使うのでも、どんなデータを集めるかはっきりわかるようにしておくとよい。

□2-2-3. グラウンドルール

グラウンドルールがないばかりに脱線するミーティングは数知れない。グラウンドルールは壁に貼っておき、ミーティング開始時には読み上げて内容を確認しよう。基本的なグラウンドルールは以下のようなものだ。

・敬意を払う
・話をさえぎらない

第2部　現場の基本

・ノートPCやスマートフォンは片付ける

・長引く議論は「パーキングロット(駐車場)」に移す

・聞いた内容を言葉に出して、自分の理解を確認する

・ここでの発言は外部に持ち出さない

2-3. ふりかえりを実施する

　スクラムマスターとチームは全員ふりかえりに参加しなくてはいけない。僕はプロダクト
オーナーは参加しない方が良いと思っている。いろいろなチームで、ふりかえりをプロダクト
オーナーが乗っ取ってしまい、一方的に問題点や失敗点、勘違いを指摘するのに終始してし
まっている。たまにプロダクトオーナーを招くのには意味があるかもしれないが、通常はチー
ムとスクラムマスターだけが参加する。

　ファシリテーターはスクラムマスターが勤めるのが一般的だ。ファシリテーターが事前に設
営しているのでメンバーが揃えばすぐに開始できる。ふりかえりの最初の15分はデータ収集
に当てるのがいいだろう。物語のように全員がホワイトボードに書き込んでもいいし、オープ
ンスペースで各自が付箋を書くスタイルでもいいし(書いたら声を出して読み上げる)、書記が
すべて書き留めるスタイルでもいい。僕はどれも使ったことがあるし、どれが向くかはグルー
プの性質による。ファシリテーターは参加者それぞれのやり取りに注目しよう。ホワイトボー
ドや模造紙に書いている間はとても静かになる。このとき、目と耳を働かせて、誰かが賛意や
反対する様子がないか、人の書いたことに反応していないか、よく観察し気づいたことは覚
えておこう。参加していない人、引いた態度を取っている人がいないか探そう。だがミーティ
ング中には何も言わないこと！　議論になったときの反応も注意しておこう。ふりかえりの間
ずっと話さない人がいたら、終わったあと1対1で話をして、なにが原因なのか聞いたほうが
いい。さて、データ収集が済んだら、忘れずにそのままの状態で一度写真を撮っておこう。

　次は優先順位づけだ。いろいろなテクニックがあるが、物語で紹介した「課題お買い物」は
とても効果的だ。やり方はこうだ。全員、仮想のお金を持っている。何を使ってもいい。僕が
見てきた中では、ピンポン球、おもちゃのお金や、ただの「単位」というものもあった。全員が
同じだけ持つようにし、量も**適切**にしておくこと。

　もし重要な問題がたくさんあるのに1人当たり3単位しか持たないと、本当に大事なもの
が埋もれてしまう。1人1000単位あると、逆にあまり大事ではないものまで選ばれてしま
う。5人チームなら25ドルか50ドルから始めてみるといい。人数が多ければ、75ドルや100
ドルが妥当だ。後から金額を増やせば、選ばれたものが少なすぎるときにも対処できる。5ド
ルずつしか使えないというルールにすればさらに減らすこともできる(ルーク・ホーマンの
『Innovation Games』(※参16-2)では、「機能をお買い物」という類似の手法を紹介している。
こちらを利用してもいい)。

　全員がお金を使い切ったら、項目ごとに合計する。これで優先順位付けの出来上がりだ。こ

215

16 章　ふりかえり

こでも写真を撮っておくといい。この時点で参加者に、直感的に正しそうかどうか聞いてみよう。ちゃんとした一覧になっただろうか？　明らかにおかしいような箇所はないか？　常識を使おう。

優先順位が付いたら、上から順にディスカッションをおこない、判断していく。ここは項目ごとにタイムボックスを決めて進める。残り時間を項目の数を勘案しよう。タイムボックスを守るのに、キッチンタイマーを使うと集中しやすくなる。項目の内容を全員が理解した時点で、対応するかどうか質問する。対応しないなら、なぜしないのか議論した上で、次の項目へ進む。僕がファシリテーターをやっているときは、対応しない議論をメモして後でチームのWikiで共有するようにしていた。こうしておけば、後になってチームが「なんで対応してないんだっけ？」と思ったとき、その理由がわかる。おかげで余計な時間を取られないですむんだ。

対応したい項目については計画を作ろう。問題が複雑で簡単な解決策がないものには、対応案や選択肢を検討する人を1人か2人決める。数日以内に案をまとめるようタイムボックスを定めておき、別のミーティングを開いて案を元にアクションを決める。このときには、「**なぜ○○できないのか**」「**どうしたら回避できるか**」などの疑問に答えなければならない。チーム全体で議論することなので、ミーティングには全員参加すべきだ。

物語の中のジェミーと同じく、計画ができたら書き下して、担当として後押ししてくれる人を募ろう。問題になっている行動やパターンが現れないか注意するのが担当の役目だ。発見したら、チーム全体にアラートを上げる。改善したい項目だけに気をつけていても足りない。上手くいっていることについても、そのまま継続できるよう気を配らなくてはならない。あるプロジェクトで、ペアをもっと交代すべきだという話になり、その担当を決めた。次のスプリントではその担当がずいぶん頑張り、状況は改善した。だが僕たちはそこで止めなかった。さらに続くスプリントでペア交代をもっと上手にできるようになっていったが、元々の担当がこんなふうに声をかけてくれた。「あ、いま交代したね！　もう担当なんかいなくていいんじゃない？」こうした肯定的な後押しはとても有効だ。

すべてのアクションが出そろうか、時間が尽きたところでふりかえりのクロージングに入る。僕の好きなやり方は、1点から5点で感想を教えてもらうという簡単な方法だ。「このスプリントはどうだった？」と「次のスプリントはどうなりそう？」という質問をする。1は悪く、5は良い。どういうふうに回答してもらってもいいのだが、僕は回答そのものより個人の様子や態度に注目するようにしている。何かしらの不健康な兆候を見つけ、相談して取り除くためだ。僕は言葉以外の要素に気をつけて、言葉と感情が不一致していないか見ている。何か見つけてもミーティング中には何も言わない。終わったあとでどこかで2人きりになり、僕が気がついた点を説明して、なにか問題がないか単刀直入に聞く。もし何もないと言われたら、その場はそれで収めて、続くスプリントで注意して観察するようにする。

ふりかえりのミーティングが終わったら、スクラムマスターかファシリテーターはドキュメント作業をしなくてはならない。僕は写真を撮って、メモと一緒にWikiに記録するようにしている。僕は人の名前を載せないし、写真も自分専用としている。参加していなかった人が後

で見て誤解するかもしれないし、手書きの文字は誰が書いたかわかってしまうかもしれない。ファシリテーターの大事な仕事として、ふりかえりの中で起きたり話したりしたことが、その場から外へ漏れないよう気を配らなくてはいけない。

3. 成功の鍵　　　　　　　　　　　　　　　　　*Keys to Success*

ダービーとラーセンの『アジャイルレトロスペクティブズ』（※参16-1）に素晴らしいまとめがある。「生産的なチームは結果によってレトロスペクティブ（ふりかえり）を判断する」僕もその通りだと考えている。スクラムの検査と適応のサイクルのため、ふりかえりは欠かせない。ふりかえりによりチームは自分たちのどこが失敗し、どこが成功しているか気づける。ふりかえりは決して簡単でも楽でもないが、肯定的感情で受け取られるべきなんだ。

ふりかえりをすべき理由はたくさんあるのに、チームがプレッシャーを受けてスピードや効率や品質を上げたくなったちょうどそのとき、ふりかえりを止めてしまう。なんとも皮肉なことに、ふりかえりこそがベロシティや品質を上げるための唯一の方法なんだ。もしあなたのチームでもふりかえりを止めたいという話が出てきたら、以下に挙げる理由を説明して考えを改めてもらおう。

3-1. 理由から示す

新しいスクラムチームがふりかえりをやらないのは、なんのためのミーティングなのかわからないため、**理由がない**ためかもしれない。ふりかえりをしないと、重大な事態に陥る。ほんのちょっとした不調、たとえば品質上の問題や、通らないテスト、チームの士気低下、そうした些細なことでも、ふりかえりがないと蔓延し、伝染し、重篤化してしまうんだ。ふりかえりがなければ、チームは自省できない。自省がなければ、チームは自分を見失い、ある日突然、自分たちが変わり果ててしまっているのに気づく。身だしなみと同じことだ。あなたは毎日シャワーを浴びて歯を磨いているだろうか？　そうした習慣を止めてしまうと、いろいろな問題が湧き上がってくるのではないか？　学びながら常に改善する心構えがないと、チームに古い習慣が戻ってきてしまう。そうして、どうも上手くいかないと気づいてから、おかしくなったのはスクラムのせいだと文句を言ったりすることになる。

3-2. 環境をととのえる

ふりかえりを通じて、人は自身の行動を変える。成果を出すためには、みんなに以下の基本的な原則を理解してもらおう。

16 章　ふりかえり

・ふりかえりはチームだけのもの。ふりかえりで出た話を外に漏らしてはいけない
・小さな変化を積み重ねて自信をつける。一度にたくさんやり過ぎるのはフラストレーションの元だ。小さな変化をちゃんと計算しながら実現していけば、自信が生まれる
・変化は自分たちのもの。変化の責任はチーム全体にある。スクラムマスターだけの責任ではない。人びとを巻き込んで変化を促進しよう

3-3. 必要なときに開催する

　ふりかえりはスプリントに限らない。多くのチームで、リリースの後や予期しない問題が起きたときにふりかえりをしている。ふりかえりの理由を思い出してほしい。立ち止まり、状況を見て、適応するためにあるんだ。プロジェクト終了後の反省会では、変えたくてもなにもかも手遅れだ。一方ふりかえりをするのはプロジェクトの真っ最中だ。たとえば、リリースごと（3ヶ月ごと）の大規模なふりかえりや、急な環境変化があったとき（システムダウンが起きたとか、メンバーが大幅に増えるとか）のふりかえりも有用だ。たまには顧客を招いて複数のチームを横断したふりかえりを実施するのもいい。顧客を交えたふりかえりをすれば、チーム間や顧客、プロダクトオーナーまで含めた改善のチャンスが得られる。

3-4. ふりかえりは欠かせない

　ふりかえりの大切さは、僕には一章ぶんでは書き尽くせない。デイリースタンドアップと同じだ。デイリースタンドアップが扱うのは「何を」だが、ふりかえりはもっとメタな視点から「どうやって」を扱う。どちらも問題を見つけて解決するためにある。順調なものとそうでないものを把握し、チームビルディングを進めるためのものと言ってもいい。

　効果を最大限発揮できるようになりたければ、ノーマン・カースの『Project Retrospectives: A handbook for Team Reviews』(※参16-3)と、エスター・ダービーとダイアナ・ラーセンの『アジャイルレトロスペクティブズ』(※参16-1)を読もう。僕がカースの本を初めて読んだときは、プロジェクト反省会に大いに役立った。しかし本当の価値に気づいたのは、スクラムとXPを始めてからだ。

　ふりかえりをスプリントの主要な構成要素としよう。やるべきことをやるんだ。計画を立てよう。チームが望む結果を得られるよう手伝おう。スプリントのガス抜きなんかにしてはいけない。チームがふりかえりの効果と価値を認めれば、止めたいなどと二度と思わないはずだ。

218

Part 3
First Aid

第3部
救急処置

Chapter 17 / 17章

Running a Productive Daily Standup Meeting
生産的なデイリースタンドアップ

デイリースタンドアップはデイリースクラムとも呼ばれており、軽視されがちだ。デイリース
タンドアップを正しく実施すると、日々の成果を全員が正しく認識でき、スプリントゴール目
指して一体になって進む役にも立つ。やり方がマズイとただの進捗共有になったり、お互いに
非難し合う場になってしまうこともある。時間がかかりすぎて、仕事の時間が減ってしまうと
感じるときも多い。多くのチームが遭遇する障害を見てみよう。

- 問題を深掘りすべきか?
- 遅刻者をどうするか?
- ミーティングを仕切ってしまう人への対処は?
- 15分で終えられない。どうすればいい?

こうしたありがちな問題を解決しなくては、生産的なデイリースタンドアップは難しい。こ
こで紹介する物語では、効果のないデイリースタンドアップの様子を見ながら、何が問題でど
う直せばいいのか考えよう。そしてチームがデイリースタンドアップを上手にできるようにな
り、それを維持する方法についても見ていく。

1. 物語 *The Story*

ティアゴはスクラムマスターになったばかりだ。開発者として長年経験を積んできたが、新
たにスクラムを始めたチームに、今回スクラムマスターとして参加することになった。チーム
メンバはシーザー、ペドロ、ヌノ、マルコ、リカルド、マリアナの6名だった。2週間スプリントを
3回終えたが、みんなまだ「スクラムのこと」がよくわからないでいた。

デイリースタンドアップの時間になり、ティアゴはミーティングを始めた。「みんなおはよう。
集まってくれてありがとう」そこでティアゴは辺りを見回した。「誰かシーザーとマルコを知ら
ない?」

「コーヒーを買いに行ってるんだと思う」ペドロが答えた。

「僕は今コーヒーショップから戻ってきたんだけど、2人はまだ並んでたね。今のうちにアー
キテクチャの相談をしてもいい?」

ヌノはそう言って、発見した問題を説明し始めた。ペドロ、リカルド、マリアナは一緒にホワ

220

イトボードのほうへ歩き始めた。

「ちょっと待って。まだミーティングを始めちゃダメだよ。シーザーとマルコが来てないんだから」ティアゴは止めようとした。

ヌノはホワイトボードに書く手を止め、ティアゴをちらっと見て、言った。「2人が戻ってきたら止めるよ」そして4人はアーキテクチャの相談を続けた。

5分後、シーザーとマルコが戻ってきた。

「やあみんな！ 遅れて悪い。昨晩はすごかったんだ！ 大学のそばでピヴィットってバンドの演奏があってさ。最高だったよ！」シーザーが言った。

ティアゴはタイミングを逃さず声をかけた。「よし、みんな、全員揃ったね。ミーティングを始めよう。誰から話す？」

シーザーが1番手だった。「昨日はXMLWebサービスをやったよ。データエレメントが1箇所おかしくて悩んだけど、なんとかなったと思う。今日はペドロに軽く教えてもらって、それで完了だ」

「ありがとう。タスクの残り時間はどのくらい？」ティアゴが聞いた。

「うーん、6時間くらいかな」

「昨日も同じ、6時間くらいって言ってたよね。それなのに、今日もまだ6時間かい？」ティアゴが聞いた。

「そうなんだ。思ったようにいかなくてね」

ペドロが割り込んできた。「シーザー、なんで思うようにいかないかわかるかもしれない。昨日Webインターフェースを調べてたんだが、想定外の動作があるようだ。対応しないといけないんじゃないかと考えてるところだ」

「バグなの？」マリアナが尋ねた。

「バグなんだ。だがね……」ペドロは話しながらホワイトボードに絵を書き始めた。「問題のクラスをこう実装すれば……」

ティアゴはそっとホワイトボードのところに歩いて行き、メモを書き込んだ。『ペドロがシーザーと一緒にWebサービスの問題に対応する』

「オーケー、いま僕がメモしたから、あとはミーティングの後で議論を続けよう。次の人にいこう」

次はペドロだった。「次は私だ！ 昨日はパフォーマンステストをマリアナとやっていて、この問題を見つけたんだが、このせいでシーケンスのサブクラスがデータを流す部分に影響が出ているの可能性があると考えて、2人で調べていたら、どうも大規模なアーキテクチャ上の問題らしいとわかってきた。この問題はシーザーにも影響している可能性があって、彼が説明した症状は現在のクラス変数の使い方だとデータが破壊されるか間違って渡されてしまうのに起因しているように思え、私は引き続きマリアナとテストを担当するつもりだが、この問題は全員で集まってアーキテクチャの関連箇所を直すべきだと思うんだ。リファクタリングだけではなく再設計すべきだと思っていて他のクラスやモジュールと同じようなアプローチが使えそう

17章　生産的なデイリースタンドアップ

なんだが、ちょっと見てくれないか」

　ペドロは再びホワイトボードに向かい、設計案を描き始めた。

　シーザー、マリアナ、ヌノはこの問題が自分に影響するので、すぐ議論に参加した。だがリカルドは退屈しているようだった。ティアゴが見ていると、リカルドはしばらく携帯をいじっていたと思うと、部屋を出て行った。10分後に戻ってきたが、議論が続いているのを見てため息をつき、ティアゴを「なんとかしてくれよ」という顔で見た。

　「オーケー、みんな、進捗をブロックしている障害があるようだ。僕がメモしておくので、ミーティングを続けよう」

　マリアナはホワイトボードの前から動かず、顔だけこちらを向いて話し始めた。「昨日はペドロとパフォーマンステストをしてたの。今日もそれをやるつもりよ。このアーキテクチャ上の問題もやりたいので、そちらにも時間を割くわ。待って、忘れてた！　歯医者の予約があるから、ランチが済んだら帰らなきゃ。明日の朝は息子を歯医者に連れて行くから、遅くなるわ。たぶんお昼くらいね」

　「マリアナ、今日は**何を**するって？」ティアゴは確認した。

　「まだよくわからないわ。アーキテクチャの問題があるから、たぶんこっちね。あとパフォーマンステストもね。それが終われば、後はなにもないわ」

　リカルドが口を挟んだ。「どういう意味？　バックログにはやることが溜まってるのに」

　「そうだけど、テストのタスクは1つもないのよ。だから**私が**やることはないのよ」

　今度はマルコが話した。「僕の番ですね。昨日、以前のプロジェクトに問題が起きたので、そちらの作業をしました。思ったより時間がかかってるんですが、本番障害なのと、他に対応できる人がいないんです。たぶん今週いっぱいかかると思います。すみません。問題はありません」

　「なるほど。次は？」ティアゴが聞いた。

　またペドロが声を上げた。「マルコ、その問題なら知っている。もともと私が発見したんだ。よければ、今日一緒に調査しよう」そしてまた、問題箇所をホワイトボードで説明し始めた。

　「私も手伝うわ」マリアナも手を挙げた。

　ティアゴが気づいたときには、チームの半分がまったく別のプロジェクトの本番障害に対応すると言い出していた。デイリースタンドアップは問題解決の場になってしまっていた。

　「ちょっと待って。みんなこのプロジェクトにコミットしてるよね。ちゃんと集中しなくちゃ。全員でそっちの問題に当たるわけにはいかないよ！」

　「なら僕がやります。他に誰もいないんだから、僕しかないですよね」マルコが言った。

　「マルコ、どうしたらいいかみんなで……」ティアゴは言いかけたが、マルコに遮られた。

　「ティアゴ、話は変わるんですけど、このデイリースタンドアップって毎日やらなきゃいけないんですか？　時間がかかりすぎだし、ムダだと思うんですけど。週に2回にして、1時間くらいずつやればいいんじゃないですか？　そのほうが上手く時間を使えますよね」

　「俺もそう思う」そうシーザーが言ったのでティアゴはショックを受けた。「それに座ってやればいい。立ったままなんて冗談じゃない！」

222

第3部　救急処置

「ちょっと待って。この話はあとでしよう。いまは集中して！ 次はリカルドだね」ティアゴは話を打ち切って、リカルドを促した。

「昨日はCRMウェアハウスのETLをやった。今日はデータ妥当性テストをして、期待通り転送されてるか確認するつもりだ。テスト今日中に終わる予定で、僕のタスクは全部、帰る前にアップデートしておくよ。特に問題はない」

「リカルド、**ありがとう**。ところで、僕らの他のタスクがちょっと気になるんだ。最近バーンダウンを見た人いる？ 線が水平になっちゃってるんだ」

シーザーが答えた。「すまん、俺のせいだ。一昨日から新しいタスクがいくつか出てきたんだが、アップデートしてなかったんだ。だからバーンダウンはちょっとおかしいんだよ。直しておく」

チームは三々五々、ホワイトボードに向かったり、コーヒーを取りに行ったりしてその場を離れた。リカルドは真っ直ぐ自分の席に戻っていった。ティアゴは腕時計を見て、ため息をついた。「45分のデイリースタンドアップね。よくないなあ」

2. モデル　　　　　　　　　　　　　　　　　　　　*The Model*

デイリースクラム、またはデイリースタンドアップとはチームが毎日おこなうミーティングで、全員がそれぞれやったこと、これからやること、課題や障害（インペディメント）をお互いに共有するためのものだ。新しいチームでも、経験あるチームでも上手くやるのは難しい。物語の中でティアゴが遭遇した問題を見ていこう。

- 遅れてくる人がいる
- ミーティングを減らして、週に2回、1時間ずつにしようという意見が出る
- 立って（スタンドアップ）ではなく、座ってやりたくなる
- 理由もなくタスクが大きくなる
- 問題を深掘りして解決しようとする
- 言っていることにまとまりがなく、よくわからない
- チームワークがない
- レガシープロジェクトに時間を取られる
- 透明性がない

こうした問題があれば、デイリースタンドアップが非生産的になるのも当然だ。どんなミーティングでも同じだけれど。スクラムマスターとして、こうした問題を取り除かなくてはならない。難しそうに見えるかもしれないが、実のところどんなチームでも効果的なミーティングはできる。少し工夫すればいいだけなんだ。

223

2-1. 開催時間

「デイリースタンドアップは何時から始めるといいですか？」という質問はお馴染みだ。終業時間前にやる人も、朝やる人もいるし、真ん中辺りにしている人もいる。僕は朝、最初の人が出社して15分か30分後にやることにしている。朝型のチームであれば、たとえば最初の人が8：00に出社するなら、ミーティングは8：15か8：30だ。遅い人が9：30頃になるなら、9：45か10：00をミーティングの時刻にする。僕の経験では、デイリースタンドアップは朝やるのが一番効果的で、チームの行動の調子をうまく合わせられる。気持ちを新たにして1日の計画をし、仕事にかかれるんだ。

2-2. 開始も終了も時間通りに

効果的なミーティングとは時間通りに始まり、時間通りに終わるものだ。6人が5分間、余計に時間を使ってしまったら、30分をムダにしたことになる（6人×5分＝30分）。それを毎日続けたら、1週間あたり2時間半ぶんの仕事を捨てるのと同じだ。ティアゴのチームは時間通りに集まらなかったし、遅れてもペナルティはなかった。その結果、ミーティングは始めから混乱し、さらに悪化していくこととなった。幸いどんなチームでも時間を守れるようになるやり方がある。

□2-2-1. 遅刻

スクラムマスターとして、全員が時間通りに集まるよう強く言おう。言い訳を認めてはいけない。遅れてきた人には、失礼にならない範囲で、その人のせいで他のメンバーが**何分間**ムダにしたのだと指摘しよう。周囲からのプレッシャーが不十分だったら、ペナルティを科す。これは真剣な話だ。わずかな痛みでも、悪い習慣を正すには効果がある。僕が働いたプロジェクトには「金曜日貯金」があった。遅刻者は必ず**寄付する**というルールで、金曜日にはその貯金を持ってみんなでビールを飲みに行くんだ。うまく使えばモチベーション向上の有効なツールとなる。それでも、こういうメンバーが出てくるかもしれない。「20ドルまとめて払うから、あとずっと遅れてもいいだろう」僕が使う他のテクニックに「自分の罰を自分で選ぶ」というのがある。自分に効く罰を自分で選べば、時間を守る原動力になりやすい。実際に導入したとき、僕自身は腕立て29回を設定した。マイクは金曜日貯金に1ドル払い、バートは1日コーヒー禁止という罰にした。実際にバートが遅刻したときはひどいもので、チームのみんなでポット一杯のコーヒーをバートのところに持っていき、どうかこれを飲んで落ち着いて、人に当たり散らすのを止めてくれと頼んだものだ。周囲のプレッシャーもペナルティも効果がなかったら、よく遅刻する人と直接話し合う必要がある。結論：全員**なんとしても**時間通りに集まること。

第3部　救急処置

□2-2-2. アジェンダ、リズム、レイアウト

　スクラムマスターとして、ミーティングを時間通り終わらせよう。毎回、必ずだ。1人で話し続ける人がいる。深掘りしたがる人もいる。他の人はまとまりがない。ミーティングが脱線しないよう抑止するのはスクラムマスターの仕事だ。デイリースタンドアップが習慣づくまでは、リズムがすべてだ。時間に全員が集まったら、毎回欠かさず目的を言う。「今日も集まってくれてありがとう。これから全員、質問に答えます。質問は、前回のミーティング以降なにをしたか、今日これからなにをするつもりか、問題や障害がないか。さて誰から始める？」（第4の質問を使うチームもある。18章「第4の質問」参照）。このように、同じことをマントラのように**毎日繰り返す**んだ。繰り返しは身体に染みついた記憶となる。ミーティングの進め方を身体に染み込ませるのは、ミーティングを効果的にする秘訣だ。最後に、参加者が一列になっていたら、お互いの顔が見えるよう輪になってもらおう。輪になっていれば、順番が決まるので進行がスピーディになる。またメンバーがお互いに向かって話すようになり、スクラムマスターに向かって報告してしまうのを避けられる。

□2-2-3. 割り込み

　努力の甲斐あって、遅刻もなく全員時間通りに揃い、目的と進め方も説明できたとしよう。ここからも、スクラムマスターの仕事はまだまだある。チームメンバーは、特に始めのうちは進め方を無視してしまいがちだ。最初の敵は割り込みだ。全員の集中を保つには、トーキングオブジェクトを使うとよい。最初に話す人にオブジェクトを投げ渡し、終わったら次の人に渡すよう指示する。ルールは簡単だ。オブジェクトを持っていたら、しゃべっていい。持っていないなら話してはいけない。持っていないのにしゃべってしまったら、自分の罰を選んでもらおう。僕はオブジェクトとして、柔らかいフォーム素材のラグビーボールをよく使う。投げ合っていると楽しいし、なにかにぶつけて壊してしまう心配もない。誰かがオブジェクトを持たずに割り込もうとしたら、しゃべっている人（あるいはスクラムマスター）はオブジェクトを指さすか振って見せて、「いま自分の番だ」と自然に示せる。

□2-2-4. 深掘り

　次なる敵は、デイリースタンドアップの質問から逸れ、目前の問題について深入りした議論を始めてしまう深掘りだ。物語の中で、深掘りがいつ起きたか覚えてるだろうか？　ペドロはホワイトボードのところに行き、発見したバグの話を始めた。ペドロには決して、ミーティングの邪魔をしているつもりはない。チームの仲間が出くわした問題を解決しようとしていただけだ。ティアゴは積極的に止めようとはせず、さらなる議論が必要とホワイトボードにメモを書いた。その上でチームに向かって、ミーティング進めるよう促した。ティアゴのやり方は正しい。目に見える「パーキングロット（駐車場）」にアイデアを留めて、ミーティングを前に進めつつ、デイリースタンドアップの後で相談すべき事項も残したんだ。ペドロは後でまたホワイトボードに向かったが、そのときティアゴは何もしなかった。これはよくない。とりわけ、リカルドが

部屋を出てしまうくらい、ミーティングが崩壊しかけてしまったのだから。「昨日やったこと」の話が延々と続くと、深掘りに入り込みやすい。他の人が会話に加わってくると言うのも深掘りにつながることがある。スクラムマスターとして、そうした色々な兆候に気を配ろう。

深掘りが始まったら図17-1のように手を振る（他の方法でもいいので、チーム全体に知らせる）。その上で話のテーマをホワイトボードにメモする。「ミーティング後に話すこと」や「パーキングロット」などの区画を作っておくとよい。そうすれば、すぐ元の話に戻れる。深掘りを続けて戻ってこない人がいたら、今は状況の共有に集中すべきで、詳しい話はあとでできると指摘しよう。

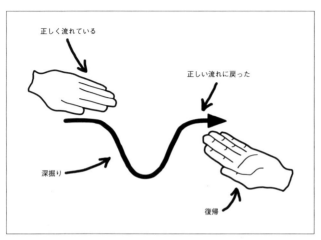

図17-1　深掘りに陥ってると示すハンドサイン

2-3. 隠れたインペディメントを暴く

デイリースタンドアップの目的が、時間通りに集まり、迅速に共有し、時間通りに終わるだけでいいなら、これまでの話で十分だ。ところがそうはいかない。デイリースタンドアップではチームが同期し、隠れた問題を明るみに出さなくてはいけないんだ。そのためスクラムマスターとして、チームメンバーの回答がチーム全体を前進させるように仕向けなければならない。前進に寄与しない発言に気をつけよう。まとまってなかったり、ごまかそうとしたり、妙に曖昧だったりするメンバーはいないだろうか。こうした態度だと、本当に効果のあるデイリースタンドアップの邪魔となる。チームメンバーはお互いに同期するのであって、スクラムマスターに報告するわけではないと気づかせること。ミーティングはチームのものだ。デイリースタンドアップは、ともすると進捗報告を毎日やっているだけに成り下がってしまう。そうではなく、チームのコラボレーションを促進する場としよう。

第3部 救急処置

□2-3-1. まとまりがない

まとまってない報告はひどいものだ。ペドロの回答がまとまってない回答のいい例だ。

> 昨日はパフォーマンステストをマリアナとやっていて、この問題を見つけたんだが、この
> せいでシーケンスのサブクラスがデータを流す部分に影響が出ているの可能性があると
> 考えて、2人で調べていたら、どうも大規模なアーキテクチャ上の問題らしいとわかっ
> てきた。この問題はシーザーにも……

この後も延々と続く。ティアゴはペドロに集中するよう言うべきだった。まとまりないのは、内容だけではなく、時間もだ。デイリースタンドアップでは効率的に進めるため、質問の数を絞っている。見つかった問題をその場で解決していてはなんにもならない。ティアゴはさらに、デイリースタンドアップの準備をしてくるようペドロに指摘してもよい。準備できていなければ、たとえ時間通りに来ていても、いないのと同じだ。

□2-3-2. 問題をごまかす

まとまりないのもひどいが、ごまかしはもっとダメだ。シーザーの回答が一例だ。シーザーは質問からは逸脱していないものの、タスクが昨日よりふくらんだのをごまかそうとした。ティアゴはシーザーのごまかしに気づき、昨日も今日も変わらず6時間と言っている点を指摘した。スクラムマスターとして正しい行為だ。タスクがふくらんでしまうことはあり、それ自体は問題ではない。問題は、なぜふくらんでしまったのかシーザーが気づいておらず、本当にあと6時間で終わるのかもわからない点にある。

ティアゴは指摘するところまではいい仕事をしたが、その後が足らなかった。障害として書き留め、後で相談するように仕向けなければいけなかったところだ。シーザーは明らかに問題を抱えているのに、ティアゴも他のメンバーも助けようとしていない。みんなはスクラムマスターが問題を取り上げ、指摘するよう期待している。ティアゴにはそれができなかった。

□2-3-3. 曖昧

曖昧な回答では回答にならない。マリアナの「昨日はテストをして、今日もテストをします。問題はないわ」という発言からチームが学べることは何もない。もっと具体的に、どんな作業をしているのかチームは理解する必要がある。透明性が失われれば、同じ作業を別の人が同時にやってしまうような事態も起こりかねない。

2-4. 始まりを意識して終わる

　ここまで頭に入れておけば、かなり上手にミーティングができるはずだ。ミーティング終了後にホワイトボードのメモを確認しよう。デイリースタンドアップ終了をきちんと宣言し、仕事に戻る人は戻れるようにしつつ、一緒に確認したい人は残るよう声をかけておくといい。デイリースタンドアップの終わりは、1日の仕事の始まりとなる。仕事をメモの確認で始めるのはとてもよい。

3. 成功の鍵　　　　　　　　　　　　　　　　　　　　*Keys to Success*

　デイリースタンドアップをうまく運営するのは、思うほど難しくない。それでもスクラムマスターとして、いくつかの敵と戦うことになる。チームメンバーの身体に染み込ませ、呼吸するのと同じくらい自動的にデイリースタンドアップができるようになろう。**毎日の実施**と**立ったまま**を守り、チーム一体となり、抵抗や困難に遭っても挫けないように。これが成功の鍵だ。

3-1. ペースを守る

　デイリースタンドアップは毎日（デイリー）にやるのが一番よい。物語の中ではマルコが毎日では負荷が大きいと考えていた。そして週に2回、1時間のミーティングに替える提案をしたが、この提案にはいくつか問題点がある。

　まず、ミーティングは毎日同じ時間に、同じ場所でやらなければならない。1日おきとか、3日おきとかではなく、**毎日**だ。これは絶対だ。毎日やれば繰り返しが身につき、身体に染み込みやすくなる。同期しながらチームとして進むやり方に慣れる必要がある。メンバー1人ひとりが、他のメンバーに対して毎日、自分からコミットするのだ。遠くに見えるゴール目指してだらだら進むようではいけないんだ。15分という時間を毎日確保しよう（それに、本当に15分で終わればそれほど文句は出ないはずだ）。

　またデイリースタンドアップで明らかになる情報のおかげで、時間とお金を節約できる。ティアゴのチームが週に2回しかミーティングをしていなければ、どうなっただろうか。シーザーは木曜日にWebサービスに着手して、問題に遭遇する。きっと金曜も月曜もその問題にかかりきりになるだろう。火曜日のミーティングでシーザーは問題を持ち出し、ペドロが「その問題なら知ってるよ。後で解決方法を教えてあげる」と言うことになる。ミーティングが毎日あれば、金曜の朝に同じ話をしてすぐ解決できたはずなのだから、シーザーの金曜と月曜は丸々ムダだったわけだ。2日間ムダにするのと15分ミーティングするのと、どちらがいいと思う？

　ミーティングの時間を長くするのも良くない。1時間などもってのほかだ。ミーティングが長くなると、話が長引いたり話が逸れたりしやすい。ミーティングが短いのは集中するためだ。

長くすれば、逆に不満に感じ、負荷が大きいと感じることになる。

3-2. スタンドアップ＝座らない

デイリースタンドアップはスタンドアップで、すなわち**立ったまま**やるものだ。なぜ立つのだ
ろうか？　まず集中の問題がある。テーブルの周りに座ったりデスクの後ろに隠れたりしてい
ると、携帯をいじったり、ペンをぐるぐまわしたり、落書きをしたりできる。全員が立ってお
互いの顔を見ていれば、そうしたことにはならない。次に時間短縮だ。立ったままミーティン
グをしていると、本当に長引いたときに気づける。座りたくなるのは脱線が起きているしるし
なんだ。また立っていると元気が出るし意識も明瞭になる。壁や机に寄りかかるのさえ禁止し
ているチームもあるほどだ。

3-3. チームとして動く

スクラムチームが本当の意味で働いているときは、共通のゴールに向かって進んで一体化す
る。それぞれのタスクをこなす個々人の集団とは違う。本当のチームであれば、「私のタスク
は完了したので、もうやることがない」とか「レガシープロジェクトを直せるのは僕だけだ」と
いう発言は出ないはずだ。物語の中ではマリアナが「それが終われば、後はなにもないわ」と
言っていた。またマルコも、レガシーシステムに詳しいせいで時間を取られている。この2つの
例からも、ティアゴのチームがまだ個人の集団から脱却できていないのは明らかだ。

スクラムマスターが使える、チームがどれくらい一体化しているか測定する考え方がある。
「バスファクター（係数）」だ。「プロジェクトのメンバーが何人交通事故でバスに轢かれたら深
刻な問題が起きるか」という人数がバスファクターだ。いま、あなたのプロジェクトにいるメ
ンバーを誰でもいいので思い浮かべてほしい。もしその人がいなくなったら、他のメンバーが
代わってバックログのタスクを完了できるだろうか？　それとも打つ手がなく、スプリントのコ
ミットメントを守れなくなるだろうか？　あなたが「まずい、すぐ破綻しそうだ！」と思ったな
ら、あなたのバスファクターは1となる。近い将来、スプリントが失敗する覚悟をしておこう。
ティアゴのチームもバスファクターは明らかに1だ。

バスファクターが小さいチームでは、スクラムマスターはまずメンバーに注意を喚起しよう。
専門化がなぜ悪いことで、対処しなくては問題を引き起こし続けると理解させるんだ。そして
簡単な解決策はないということにも気づくだろう。役に立つプラクティスがいくつかある。

・作業スペースを共有する

・ペアプログラミングとテスト駆動開発を実践する

・プロジェクトには専任のチームを割り当てる（第3章「チームコンサルタントでチームの生産性
　を最適化する」で、プロジェクト専任チームの構成方法を説明している）

17章　生産的なデイリースタンドアップ

　同じスペースを共有して仕事していればコミュニケーションの障壁をいくつも取り除ける。物語のチームがビルのあちこちのフロアに分散しているとしよう。もしシーザーがリカルドに話をしたくなったら、まず立ち上がって探しに行く。シーザーがリカルドのオフィスに着いても、たまたま席を外しているかもしれないし、席にいても忙しいかもしれない。なんにせよ、すでにかなりの手間だ。おまけに、途中でシーザーが誰かに捕まって話しかけられたりする可能性もある。こうして、一緒にいればちょっと聞くだけで済む話だったのが、45分の壮大な探索になってしまう。全員同じ、共有のスペースに居れば、探索は起きない。チームは自分たちで、手間をかけない方法を探し、学んでいくことになる。

　ペアプログラミング、あるいはリアルタイムのコードレビューの威力は素晴らしく、**コードベース全体を把握**するのに効果てきめんだ。さらなる上達を目指して、ペアプログラミングのパターン、たとえばピンポンやプロミスキャスコーチングなどを練習するのもよい。どちらもXPのエクストリームをスーパーエクストリームにする力がある（こうしたテクニックについては、詳しく19章「ペアプログラミング」で紹介する）。テスト駆動開発ではコードについてある程度説明したガイドラインとドキュメント得られる。テストを見れば、コードの意図を読み取れる。

　チームが専任ならば邪魔な要素をほとんどなくせる。「SQLだけやる」のような専門化を考えず、スプリントのストーリーを全員で協力して完成させることに集中できるようになるんだ。

3-4. 辛抱強く

　スクラムを始めたチームにとってデイリースタンドアップは難しい。これは仕方がない。ティアゴのように、新しいスクラムマスターは遅刻者に悩み、まとまりない話を聞き、深掘りしたがる人に苦労することいになる。そうした行動を直すのは時間がかかり、辛抱もいる。新しい行動やパターンを身につけるのに2ヶ月から3ヶ月かかっても仕方ないと、肝に銘じよう。最初から上手くいかなくてもガッカリしないこと。チームと、自分自身にも、あなたがいるのだと思い出させよう。ユーモアのセンスも忘れずに。おもちゃのフットボールを買うのも忘れずに。そうしてある日、デイリースタンドアップが自然なルーチンワークとして流れ、生産的な1日の始まりとなっているのに気づくことになるだろう。

230

Chapter 18

18章

The Fourth Question in Scrum
第4の質問

　あなたは新たに結成されたチームに加わり、初めてアジャイルに取り組んでいるところだ。初めてのデモに向けて順調に進み、日々のデイリースタンドアップでも問題は出ていない。いよいよデモ当日になり、顧客の前に進み出たところで、地獄のフタが開いた。今日まで開発してきたアプリケーションが、とんでもない挙動をするのだ。原因は、隠れていた重大問題だ。

　あなたは心の中で叫ぶ。「私もみんなも、やるべきことをやってきたんじゃないか？　デイリースタンドアップで正しい質問もしてきたはずでは？」チームは何とか這い上がって立ち上がり、次のスプリントの準備をする。しかしどうすればスプリントを進めながら、こうした重大な問題を発見できるのだろうか？

　第4の質問をするんだ。

1. 物語　　　　　　　　　　　　　　　　　　　　*The Story*

　マークは新しく結成されたチームのスクラムマスターだ。メンバーはお互い仕事をするのも初めてだし、スクラムも基本を学んだだけで、初めての実践になる。前の仕事がみんな大変だったこともあって、スクラムに期待し、情熱を持って、できるだけルールに忠実に実践を始めた。

　初めてのデイリースタンドアップはマークが招集した。チームメンバーはすぐ集合した。ジェーン、マリア、コリー、パコ、マークを入れて5人だ。

　「さて、デイリースタンドアップの時間ですね。3つの質問に答えることになってます」マークはそう言ってホワイトボードに質問を書いた。

・昨日なにをしたか？
・今日はなにをするか？
・困ったことはないか？

　みんな順番に話した。困ったこととして、色々な問題が上がった。ストアドプロシージャがタイムアウトするという話から、これまでは決して出なかっただろう「部屋が狭くて暑い」というものまで話した。15分後、デイリースタンドアップが首尾良く終わって、みんな満足だった。

　「これ楽しいな」コリーは部屋を出るとき言った。

231

18 章　第 4 の質問

「コミュニケーションできてるじゃない！ 本の通りね！」ジェーンも半分冗談で言った。

デイリースタンドアップは毎日スムーズにいった。チームはしっかり責任を自覚し、困ったことはみな解決した。暑さの件もだ。

「スクラムって簡単ね」スプリント終盤のデイリースタンドアップで、ジェーンが言った。「スプリントレビューでは度肝を抜いてやりましょ！」

みんなそれを聞いて笑った。だがパコだけは浮かない顔をして、肩をすくめた。コリーはパコの背中を叩いて、どうしたのか聞いた。

パコは笑顔を作って返事をしようとしたが、ジェーンに遮られた。「そのほうが素敵よ、パコ。あなただって笑ってくれると思ってたわ！」またみんなが笑った。「ねえマーク、みんな話し終わったし15分たったわ。そろそろビルドが終わってると思うのよ。もうデスクに戻って、結果をチェックしてもいいかしら？」

マークはうなずき、チームは解散した。パコだけはしばらくその場に残り、また顔をしかめてタスクボードを見つめていた。だが誰もパコの様子に気づかなかった。

パコ以外のメンバーはみんな、最初のデモが待ち遠しく、クリスマスイブの子供のような気分でいた。初めてのスプリントなのに、30日間では到底可能とは思えないくらいの成果を成し遂げたのだ。チームはすべて完璧に出来上がるよう心を砕いた。スライドだって綺麗に仕上げた（会社のポリシーでスライドは必須なのだ）。スライドには完成したものと未完成のもの、それに完成の定義も載せた。だがみんなが興奮している中、パコだけは気分が乗らない様子だった。マークはパコの様子に気づいて、後で聞いてみようと思った。

レビューは始め順調だったが、デモで最後のコンポーネントを見せようとしたところでシステムがクラッシュした。チームは慌てて対応したが、ステークホルダーはそれほど大事ではないと安心させようとした。冗談めかして「初めてのスプリントだから、今回は警告だけで見逃しておくよ」と言う人もいた。

チームはそれを聞いて笑い声を上げたが、内心では恥ずかしく思い、がっかりした。ステークホルダーが帰るとチームは原因を探り、またどうしてこんなバグを見逃してしまったのか話し合った。そこでパコがため息交じりに言った。「こうなるんじゃないかと思ったよ」

部屋はしーんとした。コリーはパコを見つめた。「どういう意味？ なんでこうなると思ったんだい？」

パコはぽつぽつとしゃべり出した。「そうだね、先々週くらいにクラスをレビューしてたんだけど、ちょっと引っかかる所があったんだ。間違ってるわけではないんだけれど、バグの原因になる可能性もありそうだった。僕は前に同じようなコードでバグを踏んだことがあるんだ。デイリースタンドアップでも話したつもりなんだけど、言い方が曖昧だったんだと思う。それに僕が困ってたわけでもなかったんだ。ちょっと気になるっていうだけでね。人のコードが間違いだなんて指摘したくなかったし、僕が勝手に直すわけにもいかないだろう？ 人の邪魔をするようだし、勝手なヤツだと思われそうだし。それで、本当に問題になるかどうか待ってようと考えたんだ。結局、問題になってしまったけどね」

232

パコの話を聞き、みんなしばらく黙って考えた。

やがてジェーンが口を開いた。「まだお互いよく知り合えてないけれど、もし私がなにか問題になるようなことをしていたら、お願いだから教えてちょうだい。怒ったりしないわ」

全員うなずいた。

マークも身を乗り出して言った。「チームはチームとして一緒に働くものです。問題があれば直すようにしないといけません。自分が書いたところじゃなくても、僕たちはコードを共同所有してるんですから。すべての行に全員が責任を持つんです」

パコがためらいがちに言った。「それはわかってるし、次からはちゃんと言うようにするよ。だけど、僕は自信がなかったんだ。さっきも言ったように、ちょっと気になるって程度だったんだよ。だけどここ数週間、ずっと気になっていたんだ」

「言ってもらえればよかったと思います。なにか様子がおかしいとは思ったんですが、それも今日やっと気づいたところでした」マークが言った。

コリーが口を挟んだ。「そうだよね。その、みんな忙しかったし、お互い長く仕事をしてきたわけでもない。君は大人しいタイプなんだと思ってたよ」

パコが答えた。「まあ、大人しい方だとは思うよ。それに何でも口に出すというのは苦手だな。衝突も嫌いだし、誰かを怒らせたくもなくてね」

マークは議論を進めようと発言した。「僕たちのデイリースタンドアップはうまくいっていたと思います。先に進めないような困りごと、明らかな障害物は共有できてました。ですがもっと微妙な、目立たない問題にやられたわけです。どうしたらいいでしょう？」

「お互いをもっと信頼しましょう」マリアが言った。

「人の意見を聞くようにするのはどうかな」コリーも提案した。

パコが手を挙げた。「みんなが同じくらい自信を持ててるか確認したらいいんじゃないかな」

「それいいわね！ 質問を増やすのよ」ジェーンはそう言ってホワイトボードの所へ行った。ホワイトボードにはいつもの3つの質問が書いてあり、そこにジェーンは新しい質問を書き加えた（図18-1）。

マークはチームに向かって聞いた。「どうですか？ この質問があれば、スプリントレビューでシステムがクラッシュするようなことはなかったと思いますか？」

全員パコのほうを向いた。パコはしばらく考えてから答えた。「2週目の途中くらいで、僕の

> 今回のスプリントゴールをチームで達成できる自信はどのくらいありますか？ 1から10で教えてください

図18-1　第4の質問（ジェーンによる）

自信の度合いは他の人よりだいぶ低くなっていたと思う。この質問があれば、気になっていることをちゃんと説明できたんじゃないかな。偉そうに見えたり、間違えるのを心配したりしないと思うし。そう、だから、上手くいくと思うよ」

　チームは第4の質問を採用して、プロジェクトを通じて使った。どのスプリントでも、この質問を通じて誰かが気がかりなことを話した。本当の問題もあったし、勘違いに終わることもあった。どちらも直感に従って行動した結果だったし、あの質問がなければそのチャンスさえなかったんだ。

2. モデル　　　　　　　　　　　　　　　　　　　　　*The Model*

　スクラムの第4の質問はシンプルで、チームが軌道を外れていないか確認できる、価値あるツールだ。特に新しいチームには有用だ。デイリースタンドアップを通常の3つの質問から始めよう。

・昨日なにをしたか？
・今日はなにをするか？
・なにに困っているか？

そして次の質問を追加するんだ。

・今回のスプリントゴールをチームで達成できる自信はどのくらいありますか？
　1から10で答えてください

　この質問が効果的なのはどうしてだろうか。物語で見てきたように、衝突についての感じ方は人それぞれだ。おおっぴらに意見を言うのが不得意な人もいる。信頼関係ができるまでは特にそうだ。そのため、意見が強く、言いたいことを言える人物が会話やミーティングを支配してしまいがちだ。悪気があるわけではないものの、そのせいで他のメンバーが意見を言いづらくなってしまうこともある。自分だけ違う、間違ったことを言いたくない、発言すると場を乱しそうだ、そういった感覚のせいで、デイリースタンドアップやふりかえりにおいて、つい大勢に流されてしまうわけだ。

　表面的な問題にとらわれず深層にたどりつくには、対話へと導く質問が必要となる。それが第4の質問だ。感覚と直感を数字で表現しなくてはならないし、個々人の作業から離れてプロジェクト全体のことを考えるよう仕向ける。プランニングポーカーでは数字が一致しないとき

第3部　救急処置

にこそ、隠れた仮定や理解の不一致が明らかになる。それと同じように、プロジェクトへの自信に不一致があるときには、今まで気づかなかった問題を明らかにできる。齟齬が明らかになれば、そこからプロジェクトの成否に関わる大事な議論に繋げられるんだ。

3. 成功の鍵　　　　　　　　　　　　　　　*Keys to Success*

さて、では第4の質問はいつ使えばいいんだろうか？　僕のおすすめは、新しいプロジェクトが始まったときだ。メンバー同士が知り合いであっても、本音を言い合えるほど信頼関係ができていないことが多いだろう。だがプロジェクトの成功には、本音を言える関係が欠かせないんだ。そこで僕は、新たに結成したチームでも、スクラムが初めての場合でも、必ずこの質問を使うことにしている。スクラムチームとして経験を積んでいるチームでも、デイリースタンドアップであまり問題が上がらないのにスプリント中やレビューで問題が発覚することが多ければ、やはり第4の質問を使うべきだ。

第4の質問はパワフルだが、さらに効果的にするためスクラムマスターは以下のことに気をつけよう。

- **非言語コミュニケーション** —— チームメンバーのかすかなサインに気を配ろう。物語ではパコが目に見えて心配そうにしていたが、自分からは言わなかった。このような、心配事や不安を示す挙動がないか気をつけること。様子がおかしいと感じたら、聞いてみよう。それに、返事はちゃんと最後まで聞くこと。
- **衝突を避けようとする人** —— スクラムマスターは心理学者ではないが、優れたスクラムマスターなら人の行動について勉強しているはずだ。個性や文化の違いにより、衝突にどう反応するかも大きく異なる。1人ひとりのことをよく知るようにしよう。前に一緒に働いた人に聞いたり、直接気軽なおしゃべりをしたりしよう。信頼感ができれば、コミュニケーションも向上する。
- **継続的に学習し続ける練習** —— 僕の経験上、役に立つ手法が2つある。マイヤーズ・ブリッグズの評価手法とワークショップ、それに書籍の『People Styles at Work』[※参18-1]だ。チームメンバーが自分自信を成長させ、能力を伸ばせるようなツールを提供すれば、現在だけでなく将来のプロジェクトまで続く大きな効果が得られる。

プロジェクトが長く続いてチームの結束が強くなれば、第4の質問は不要になるかもしれない。僕が今までに関わったチームでは、最初の2ヶ月から5ヶ月間だけ使うことが多かった。チームのパフォーマンスが安定したところで止めるチームもある。いつ止めるといいかは、チーム自身が一番よく知っている。したがって判断もチームがするといい。

Chapter 19

19章

Keeping People Engaged with Pair Programming
ペアプログラミング

　ペアプログラミングの好き嫌いははっきり分かれる傾向にあるようだ。だがペアプログラミングによって高品質なソフトウェアが比較的短時間で出来上がるという点は議論の余地がない。アリスター・コーバーンとローリー・ウィリアムズ(※参19-1)は、ペアプログラミングにより開発時間は増えるが、欠陥は減ると立証した。

　ペアプログラミングにまつわる問題として、キーボードを握っていないと集中が途切れがちになる。これから、まさにそういうチームを訪問してみよう。ペアプログラミングを導入したものの、目の前のタスクに集中するのに苦労しているチームの物語だ。

1. 物語

The Story

　ランシングが目を上げると、コリンがあくびをしているところだった。

　「おい、目を覚ませよ！　僕がタイピングが遅いのはよくわかってるけど、まだ始めて1時間だぞ！」

　「ごめん、ランシング。君のせいじゃないよ。君の書いてるコードに集中しなきゃいけないのはわかってるけど、今日は眠くてさ。子供が熱を出して、昨日ほとんど寝れなくて。でも言い訳はよくないね。コーヒーを取ってくる」コリンはそう言って立ち上がった。

　チームの他のペアもランシングたちのほうを見た。デボンとペアを組んでいたショーンも、立ち上がりながら言った。「一緒に行こう。ただ座ってると、ペンキが乾くのを見てるくらい退屈だ」

　結局4人ともコーヒーを飲むことになった。ランシングはペアプログラミングの不満を言い始めた。

　「なあ、集中しようぜ！　ペアの片方がコードに入り込むと、もう片方は寝ちゃってるじゃないか！」

　「わかったよ、すまなかった」コリンが謝った。

　「今日だけの話じゃないんだ。いつもそうだってことだよ。僕だってそうだし、君も、他の誰もそうだろう？　ペアを組んで時間が経つと、眠くなったり、何か他のことをし始めるんだ。それもほんの30分でだ！　どうしたらいいんだ？」

　デボンが話に入ってきた。「さっきビルドサーバーのパフォーマンスの件を調べていて、そうしたらたまたま見つけたんです。アジャイルカンファレンスの論文で『プロミスキャスペアリン

グと初心者マインド』[※参19-2]という、アーロ・ベルシーが発表したものなんだけど、面白いんです。ベルシーのチームはベロシティを飛躍的に向上させたんですが、そのやり方はペアと**タスク**を90分ごとに切り替えるんです。だれも180分以上、同じタスクをやらないんですよ」

コリンが考えながら言った。「それってこういうことかな。たとえば今朝の僕たちみたいに、僕とランシング、デボンとショーンがペアになってるとして。90分たったら僕はショーンと入れ替わって、デボンと一緒に**デボンの作業**をする。同じくショーンとランシングがペアになって、**僕がやっていたタスク**をやる。また90分たったら、こんどはデボンとランシングが入れ替わって、ペアは元通になるけど、タスクは入れ替わっているってわけ?」

「そうです。妙な感じですね」デボンが答えた。

「混乱しそう」コリンも言った。

「タスクを進めるのは誰になるんだ?」ランシングが尋ねた。

「そのタスクを今までやっていた人が、新しい人に教えるんですね。それも急がないといけないです。90分たったら、元いた人のほうが席を離れないといけないですから」

「90分でやるのか。それでコーディングができるもんかな、教えてるだけで終わっちゃうんじゃないか?」

「そこが奇妙なところなんです。論文で紹介しているチームは、ペアが90分交代のときベロシティが最高になるんです。初心者マインドが関係あるということなんですが、あとは論文を読んでみてください」

「読んでみるよ。でも早速試したいんだけど、どうだ? 本当に上手くいくのか、やってみるだけだ。コリンが後ろで居眠りしてるよりは絶対速く進めるだろ!」ランシングが勢い込んで言った。

コリンは笑い声を上げた。「そうさ! それならきっと目を覚ましてられるよ」

ショーンも乗ってきた。「やってみたいね。入れ替えをしたら、もうちょっとクリエイティブになれるかもしれない。今日はあんまり働いた気がしないんだ」

「チャレンジしてみるなら、もう1つ面白そうなやり方を見つけたんです。ピーター・プロヴォストの**マイクロペアリング**といって[※参19-3]、過激ですけど確かに集中できると思います。こんな感じなんですけれど」デボンは説明しながら、紙ナプキンにマイクロペアリングの様子を書いた(図19-1)。

「僕はなんでもチャレンジしたいけど、こりゃあおかしいだろ!」ランシングは興奮して言った。

「とても大変そうですし、1日中できるとは思えませんけれど……」

コリンが口を挟んだ。「やってみよう、ランシング。こういうやり方なら、レーザー光線並みに一点集中できるよ」

ショーンもうなずいた。

「オーケー、君たちの勝ちだ。やってみようぜ。上手くいかなくても失うものなんかないんだ」ランシングも乗ってきた。

チームは活力と疲労を両方感じながらオフィスに戻った。新たに試してみるテクニックが2つあり、どちらも集中の助けになりそうだが、長く続けられるかはまだわからない。

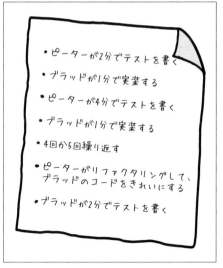

図19-1　デボンが書いたマイクロペアリングの例

2. モデル　　　　　　　　　　　　　　　　　　　　　　　　　　　　*The Model*

　目の前のことに集中するのはチャレンジだ。『The Ebb and Flow of Attention in the Human Brain』でMITのトレイ・ヘデンとジョン・ガブリエルは、人が複雑な作業をするとき内的な思考に邪魔をされるとどうなるか研究している(※参19-4)。論文ではスピードスケートのオリンピック選手、ダン・ジャンセンを取り上げている。ジャンセンは1988年冬季オリンピックで500mと1000m競技の両方で転倒した(※参19-5)。ジャンセンは長くトレーニングを重ね集中力ある選手だったが、競技のわずか7時間前に白血病で姉を亡くしていた。ヘデンとガブリエルの仮説によれば、ジャンセンの**外的な集中**はスケートに向けられていたが、姉のことが頭に浮かんでわずかな隙ができた。**内的な集中**が阻害されたためジャンセンの注意が目の前のタスクから逸れ、あり得ない転倒に繋がった。

　通常のペアプログラミングでは1人がキーボードを持ち(戦術担当)、もう1人がそれを見ている(戦略担当)。戦術担当は常にキーボードを打ちながらタスクを進めているので、外的な集中を維持しやすい。一方戦略担当は手を動かしていないため、内的な集中に問題が起きやすく、隙ができやすく、結果としてペアの生産性を低下させてしまう。

　本章では2つのモデルについて議論する。いずれも、ペア作業で2人とも集中を促進し、阻害要因を取り除く役に立つものだ。

第3部　救急処置

2-1. プロミスキャスペアリング

アジャイル2005でアーロ・ベルシーは『プロミスキャスペアリングと初心者マインド：経験不足を受け入れる』というエクスペリエンスレポートを発表した[※参19-2]。

講演と論文でベルシーはいろいろなプラクティスを紹介している。いずれも、初心者マインドが経験に縛られず新たな実験を好むという傾向を最大限に活かすものだ。ベルシーは初心者マインドを次のように定義している。「人は1つだけ理解できない点があって、それさえなければ安心できるという状況にいると、その点が解決するまでいろいろなことを試そうとする。このような、過去の経験と、経験に当てはまらない現状とをすり合わせようと試みるのが初心者マインドだ[※参19-6]」

ベルシーは初心者マインドのアイデアでビギナーズラックも説明できるとしている。「人が何か初めてのことをやると、多くの場合、しばらく練習したときより上手にできる。その理由は、いろいろなアプローチを短時間で切り替えながら試すためだ。結果として初心者マインドがある人は、どうすべきか知っていると思っている人よりも成功する可能性が高くなる[※参19-6]」

ベルシーは自分のチームと一緒に、初心者マインドを長く保てばベロシティも高くなるという仮説を立てた。その上でいろいろなプラクティスを試した（すべて論文で説明されている）。中でも僕が際立っていると感じたのが、デボンが説明したものと同じで、チームによるタスク所有とペアサイクルタイムの短縮だ。ベルシーのチームはペアの組み替えとタスク交換を90分ごとにおこない、結果として常に「経験者」と「初心者」のペアができるようにした。

チームによるタスク所有とは、個人によるタスク所有の反対と考えればよくわかると思う。タスクの所有者が個人だと、その人はタスク完了まで離れられない。つまり、デボンがバックログから取ったタスクは、他の人とペアを組みながら、必ずデボンが作業することになる。チームによるタスク所有ではタスクの担当者を決めない。言ってみれば、開発PCがタスクを所有するようなものだ。完了するまで、いろいろなペアが入れ替わり立ち替わり作業する。最初から最後までずっと付き合う個人はいない。

ペアサイクルタイムとは（ベルシーは**ペアチャーン**と呼んでいる）ペアが一緒にいる時間のことで、事前に決めておく。ベルシーのチームは様々な長さで実験し、ベロシティを最高にするには90分が最適だと発見した。僕のチームでも実験してみたが、そのときは2時間が最適だった。あなたのチームでは、90分かも、2時間かも、その間かもしれない。いずれにせよ、多少やり慣れないと、そうした時間でペアとタスクを切り替えるのは大変だ。実際にどうやるのか、例で考えてみよう。

□2-1-1. 実際のプロミスキャスペアリング

「スイッチ」チームには6人メンバーがいる（プロダクトオーナーとスクラムマスターを除く）。スイッチチームはコアチーム時間を決め（コアチーム時間については10章「チームのコアタイム」を参照）、10：30から16：00まで全員いることにした。12：00から13：00の1時間は

昼休みだ。デイリースタンドアップは10：00に始まる。図19-2を見てほしい。

　図にはペア枠が3つ描かれている。各枠にはメインとサブのメンバーが書き込んである。AからFでそれぞれ個人を表した。ペア枠は1つ90分だ。個々人の動きを見ると、サブからメインへ、次は別のPCへというふうになる。タスクは各PCに固定だ。タスクの大きさにもよるが、PC 1で最初に作業を始めた人は、二度とそのタスクに携わらないかもしれない。

	ペア枠1 10：30〜12：00		ペア枠2 13：00〜14：30		ペア枠3 14：30〜16：00	
	メイン	サブ	メイン	サブ	メイン	サブ
PC 1	A	B	B	C	C	D
PC 2	C	D	D	E	E	F
PC 3	E	F	F	A	A	B

図19-2　スイッチチームのペア枠と入れ替わりの様子

□2-1-2. プロミスキャスペアリングの問題

　僕が初めてこのテクニックを試したときには、チームの方で準備ができていなかった。僕たちは結果をまとめてAgile2006のエクスペリエンスレポートとして『プロミスキャスペアリングの冒険：初心者マインドを探して』[※参19-7]というタイトルで発表した。この論文では、僕はプロミスキャスペアリングは上級スキルで、経験を積んだ、能力の高いチームで実施すべきと結論した。新しいチームや、馴染みのないフレームワークを使っているプロジェクトにとっては手に余る。少なくとも最初のうちは難しい。

　プロミスキャスペアリングの準備が整ったら、設計コンセプトカードを使うといい。それぞれのタスクに着手するとき、ペアが75mm × 125mm（3 × 5サイズ）のカードに全体的な前提と制約を書き込むんだ。ペアを交代してタスクを引き継いだペアは、以前のペアを質問責めにする前にこのカードを読む。僕の経験上、こうしないとペア入れ替わりのたびに設計判断を考え直すのに時間がかかってしまう。設計コンセプトカードがあれば新しいペアも設計判断をすぐ把握できて、そのまま継続するにせよ判断を見直すにせよ余計な時間がかからない。

　発展途上のチームには向かないとはいえ、ベルシーのアイデアは正しいと僕は信じている。これまでに、ペアの集中力を高める効果も感じてきたし、新しいメンバーを素早く立ち上げる役にも立った。ぜひ試してほしい。そして、試すときにはしっかり時間と労力をかけてほしい。

2-2. マイクロペアリング

マイクロペアリングとはピーター・プロヴォストが2006に提言したもので、ピーターとブラッド・ウィルソンが作ったゲーム、『ペアプログラミングTDDゲーム』に端を発している（※参19-8）。このゲームはワード・カニンガムのC2Wikiにある「ペアプログラミングピンポン」（※参19-9）パターンに似ている。ペアプログラミングピンポンとは以下のようなものだ。

- Aが新しいテストを書き、失敗させる
- Bは実装を書いてテストを成功させる
- Bは次のテストを書く
- Aが実装する
- このように続いていく。リファクタリングは必要になったとき、書いている人がおこなう

マイクロペアリングは、従来のペアプログラミングへの不満から生まれた。特に、戦術担当がタスクをこなしている間、戦略担当が集中を失いがちという点だ。ピンポンパターンと違い、図にあるどの状態遷移でもキーボードを相手に渡す。ピンポンパターンでキーボードを渡すのは、失敗するテストを書いたときだけだ。マイクロペアリングではキーボードの持ち主も、持ち主が何をしているかもできるだけ頻繁に変わるようになっている。元のゲームのルールは簡単だ（※参19-10）。

- 1人がテストを書き、キーボードを渡す
  - —— テストが失敗したら（ライトがレッドだったら）、受け取った人が実装し、テストを通す
  - —— テストが通ったら（ライトがグリーンだったら）、受け取った人はテストを追加するか、リファクタリングをする
- キーボードを元に返して、テストを追加するか、今書かれたコードをリファクタリングする
- このパターンをタスクが完了するまで続ける

失敗するテストだけではなく成功するテストを書く理由を考えてみよう。すでに実装されている動作や機能を、わかりやすいドキュメントとしてテストの形で残すという動機もある。既存のテストだけでは不明瞭な動きを保証することにもなる。面白い別の理由として、失敗するテストを書いたつもりだったのに、実行したら成功してしまったという場合もある。なんだって！ いろいろ疑問が出てくるはずだ。いま書いたテストが間違っているのか？ 他のテストがおかしいのか？ 意図せず余計な実装をしてしまっていたのか？

このパターンでも失敗するテストを多く書くことになるが、成功するテストを書いて気になる箇所を確認しよう。成功するテストを書いたときもキーボードを渡すのを忘れずに。そうすれば、相手は次に失敗するテストを書き、その意味で設計を進めることにもなる。

241

このゲームを実践すると、たとえば以下のようになる。

1. グリーンから始め、ランシングが2、3分かけて失敗するテストを書く
2. ランシングはレッドの状態でコリンにキーボードを渡す。コリンは1分ほどでテストが通る実装を書く
3. グリーンになり、コリンはキーボードをランシングに戻す
4. ランシングはまた失敗するテストを3、4分で書き、キーボードをコリンに渡す
5. コリンは1、2分でテストが通る実装をして、またキーボードを返す
6. このサイクルを4回か5回繰り返し、ランシングがキーボードを受け取ったところで、コリンが書いたコードをきれいにすることにする
7. ランシングはコードをきれいにし、キーボードをコリンに渡す。今度はコリンがテストを書く

　従来のペアプログラミングでは戦術担当がすべてのステップを実施し、戦略担当は設計を見ながらコードが成長する様子を眺める。そのまま1時間、2時間と続けることになる。マイクロペアリングだと遙かに頻繁にキーボードが行き来するので、ペアはコードについてよく話し合うことになる。このように交代を強制しないと、集中してフロー状態にいる人に割り込みにくくなり、結果としてコードの品質が悪くなってしまう。

　この例からわかるように、マイクロペアリングでは頻繁にキーボードを交換するので、激しいペアプログラミングをしなくてはならない。グリーンでキーボードを受け取った人が設計判断の責任を持つ。成功するテストを書くか、リファクタリングするか、失敗するテストを書くか、自分で選ぶこともできる。レッドでキーボードを握った人ができるのは、実装してテストを通すことだけだ（テストの問題を話し合う場合もあるが）。双方ともにテストを書くよう、役割が偏らないようにしよう。それに自分のやることが済んだらキーボードを渡すのを忘れずに。タスクが完了したら、次のタスクに進むときにキーボードを渡してもいい。図19-3にこの様子を示した。

　図19-3の矢印はすべて「やること」を示している。コードをチェックインしていいのはグリーンのときだけで、好きなだけ頻繁にチェックインしていい。

　マイクロペアリングを導入するとき、キーボードを物理的に受け渡しする必要はない。僕はいつも開発用PCにマウスを2つ、モニターを2つ、キーボードも2つ接続している。ただしこの構成だといつでも手を出せてしまうので、チームワークが良くないと上手くいかないかもしれない。

　プロミスキャスペアリングもマイクロペアリングも、頻繁な変化がチームの集中を助けてくれる。またどちらもメンタリングのテクニックとして、新米エンジニアや新しいチームメンバーの早期立ち上げに有用だ。経験者が失敗するテストを書いて設計を進め、新人が実装するといい。マイクロペアリングとプロミスキャスペアリングを両方導入するとジェットコースターに乗ったような気分になる。強烈で、楽しいんだ。

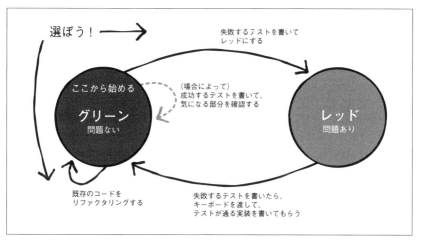

図19-3　テスト駆動開発とマイクロペアリング

3. 成功の鍵　　　　　　　　　　　　　　　*Keys to Success*

　ペアプログラミングは消耗する活動だ。家に帰ったとき、疲れているが上向きの気分であれば、いいペアプログラミングができたということだ。1日あたりペアプログラミングは4時間から6時間にしよう。8時間以上は無理だ。家に帰ったとき気持ちが苛立っていたら、ペアプログラミングがうまく進まず、もっと上手にできるはずなのかもしれない。

　すべての作業をペアでおこなう必要はない。ペア作業は設計を伝えたりメンタリングするには素晴らしいが、単純なバグ対応や自明な設計を実装するだけであれば、ペアを組む価値がないかもしれない。

　通常のペアプログラミングも決して悪いわけではない。戦略担当と戦術担当の役割分担はうまくいくし、よい結果を出せる。だがペアで長時間集中するのは厳しいという人も多い。こうした現象は、ソーシャル・ローフィング（集団で活動しているとき、個々人が手を抜きやすい傾向のこと）が原因かもしれないし、いつも1人でやることを人と話しながらやるのが難しいという話かもしれない。原因がなんであれ、気が逸れてしまいがちというのは事実だ。チームにそういう様子があれば、対策しなくてはいけない。

　まずは集中を阻害する要因を取り除こう。集中の阻害は重大な問題で、ペアだと損害は2倍になる。メールやメッセンジャーを停止する、携帯電話を切るというのも効果がある。その場合はメールや携帯電話を使っていい時間を10分間だけ、定期的に設定する。人間には息を抜く時間も必要だ。ペア作業中に電話が必要なら、共用の電話を設置して、全員が気づくようにしよう。そうすれば用件が片付くのも早くなる。

　次は、ペアを頻繁に交代し、タスクをチームで共有すると、アーキテクチャ上の判断に問題が

起きるかもしれない点を考慮しよう。カードを使って判断や重要な情報を伝えるといい。

初心者マインドを活かす方法を探そう。新しいスキルを学びたい人がいたら、初めての作業ができるタスクをやってもらおう。このやり方はベルシーも試しており、効果的だと論文で解説している。特に詳しい分野がある人は、その分野を知らない人とペアを組むと、たくさんの知識を伝達できるだけでなく、新鮮な観点からタスクに取り組める。

マイクロペアリングをやってみるなら、ルール通りキーボードを渡すこと。手抜きはなしだ。役割を変えるところが一番大切なんだ。そのおかげで会話が促進され、設計が進む。

効果的なペアプログラミング、すなわちペアが2人とも集中しきれいな設計が得られるペアプログラミングを達成するのに、本章で紹介したテクニックが必須なわけではない。通常のペアプログラミングでみんな集中できるのならそれに越したことはない。できていないなら、テクニックを試してみてほしい。自分たちの効率がどれだけ良くなるか、びっくりすることになるかもしれない。

Chapter 20

20章

Adding New Team Members
新しいチームメンバー

　プロジェクト途中、チームが馴染んできたところで、新しいメンバーを加える必要に迫られるときもある。理由は様々だ。退職、組織改編、納期短縮、機能追加などが考えられるけれど、理由はともあれ新メンバーは注意深く選び、できるだけ速やかにチームの一員になってもらわなければならない。最善のシナリオでも、チーム側の迎え入れと新入り側の学習で一時的にはスピードが落ちてしまうし、人選を誤ったり受け入れの準備が足らなければスピードの落ちた状態が継続してしまいかねない。まさにブルックスの法則、「遅れているソフトウェアプロジェクトへの要員追加は、さらにプロジェクトを遅らせるだけだ[※参20-1]」を実現してしまうわけだ。

　だが諦めないでほしい。事前によく検討し準備しておけば、新入りに新しい環境とシステムへ短時間で馴染んでもらいつつ、チーム全体としてすぐ高い効率を取り戻せる。続く物語では、契約変更で期間が短縮されてしまうが、、要員を追加して事態を打開するチームの様子を見てみよう。

1. 物語　　　　　　　　　　　　　　　　　　　　　　　　　　*The Story*

　「リリースを前倒しして、**しかも**機能を追加しろだって？　なんでそんな話になったんだ？なんとかならないのか？」チャールズが聞いた。

　プロダクトオーナーのステファニーが断固とした顔つきで言った。「なんともならないのよ。新しい納期も機能追加も、契約上の決定事項なの。こちらとしては受け入れるしかないわ。私たちはこの状況で、プロダクトバックログを見直して新しいストーリーを書いて、要らないものを落とすしかないわね。いつもやってることでしょ？　ベロシティはわかってるんだから、辛いけどやればできることよ」

　「ステファニーの言う通りですね。気を落とさず、やりましょう」メリーケイトも元気づけた。

　チームは続く3日間、ステファニーと協力しながらプロダクトバックログを整理した。顧客と電話会議をし、ストーリーワークショップを慌ただしくこなして、なんとか大丈夫と思えるプロダクトバックログとリリース計画が完成した。だがこれではマネジメントが納得しない。ステファニーは今度はマネジメントとの調整に入り、チームも含めたミーティングを開いた。

　ミーティングの口火はステファニーが切った。「みなさん集まってくれてありがとう。集まった理由はよくわかってるはずだから、早速本題に入りましょう。『期日までに、新たな要求にあるサードパーティ統合が完成できるか』という問題です。回答は一言では言えません。イエ

スでありノーでもあって、どちらにも条件があります」

ゼネラルマネージャのクリスが口を開いた。「素晴らしいな、ステファニー。チームのみんなもありがとう。所長に大丈夫だと、君たちがコミットしたと伝えるよ」

「まだ続きがあるわ、クリス。条件を聞いてちょうだい。私たちが今回の納期短縮にコミットするには、要員を追加する必要があるの。それも誰でもいいわけじゃない。デニスが入れば、コミットできるわ」

「デニスは空いてない。ステファニー、君だって知ってるだろう」

「ええ、知ってるわ。だけど達成可能な計画を立てるよう言ったのはあなたよ。新しいスケジュールを達成するにはデニスが必要なの。デニスの能力が必要なのよ。彼は私たちの仕事のスタイルをよく知ってるし、彼の価値観もチームにピッタリだわ。デニスを入れるか、間に合わなくなるかどちらかよ。この問題を解決するのはあなたの仕事よ」

30分間交渉したあげく、クリスの方が折れた。

「わかった、わかった。デニスを使っていいよ。彼のプロジェクトを誰かに引き継がせるようにしよう」

ステファニーは微笑んだ。「ありがとう。デニスにはもう話してあるのよ。今頃は準備できてるはずだわ」

「相変わらずひとときも無駄にしないな。だが人を追加するだけで済む話でもないだろう？どうやってデニスを立ち上げて、締め切りに間に合わすんだ？」

「あら、私たちのやり方があるのよ」ステファニーはそう言って、チームと一緒に部屋を後にした。

歩きながらチャールズが聞いた。「それで、どうやって立ち上げるんだ？　僕たちみんな、プロジェクトに途中で参加した経験があるけど、いつでも思ったより大変だし、プロジェクト全体の足を引っ張ってしまう。どうするつもりだい？」

ステファニーは立ち止まると説明を始めた。「前のプロジェクトで同じようなことがあったのよ。そこでメンバーが新しい方法を考えてくれたの。今回もやってみようと思っているんだけど、聞いてもらえるかしら」

「最初に、新しい人はチームメンバー全員と

して、質問しながらシステムを学んでもらうの。私たちはいつもペアプログラミングをしているから、簡単だと思うわ。ただし、最初のうちはデニスのアウトプットは期待しないで。ペアを組んでも、デニスはほとんと見ているだけになるはずよ」

「次に、ペーパーテストを作って毎週実施するの。デニスの学びを加速できるような設問を20から30個用意するんだけど、システムの全体像やチームの働き方を問う問題を考えるのよ。アーキテクチャ、開発プロセス、チームの文化なんかね。初めはわざとデニスに悪い成績を取らせるの。その上で、彼が気づいていない点を気づかせて、なにを知ってほしいのか伝われば、デニスもどこに集中して学べばいいか、私たちがなにを大事にしているのかわかるわ。どうかしら？」

第3部　救急処置

メリーケイトが聞いた。「間違ってたら言ってください。スケジュールが短くなったのに、デニスは1スプリントか2スプリントの間アウトプットがないんですね？　それにみんなで試験問題を作らないといけないし、採点やレビューもするんですか？」

ステファニーは黙ってうなずいた。

チャールズも聞いた。「ステファニー、そうまでして、どんな効果があるんだ？」

ステファニーはしばらく考えた。「私は高校生のときスペインに留学したことがあるの。スペイン語を3年間勉強していて成績も良かったから、楽勝だと思ってたわ。ところがね、行ってみたらぜんぜんダメなのよ！　最初の1ヶ月はろくにしゃべれなかったわ。だけど1ヶ月経ってみたら、私のスペイン語はいつのまにか上達してたの。飛躍的にね。5ヶ月で帰国したころには流ちょうなスペイン語が話せたわ。私が学んだのは、学び方には2つあるってことね。なにかのついでに学ぶのか、全身どっぷり浸かって全力で学ぶのか。もちろん全身浸かる方が、早いわ。

デニスにもそういう、全身で浸かるような経験をしてほしいのよ。このプロジェクトに飛び込んできて、いきなり全員とペアでコードを書く。私たちが彼に何を学んでほしいか、どんな質問をしてほしいか知ってほしいし、プロジェクトのことがちゃんと伝わっているか私たちは知りたい。だからペーパーテストを使うの。最初はデニスも的外れな質問をしてくると思うわ。だけど1ヶ月あればずっと成長してくれると思うし、主要な設計とコードを任せられるようになるはずよ」

チームはうなずいた。

「それじゃあ、試験問題を準備して、デニスがチームの一員としてうまく一体化していくための、計画がいりますね。やりましょう！」メリーケイトが言った。

2. モデル　　　　　　　　　　　　　　　　　　　　　*The Model*

スクラムチームは変化に対応する能力に誇りを持っている。物語に登場するチームも同様に、新しい納期とスコープに対応すべく素晴らしい柔軟性を発揮した。マネジメントの支援を受けられたのも大きい。マネージャがチームの文化に合う人材の重要性を理解し、適任の要員を確保するため犠牲を払う覚悟もあった。

そうした条件が整っていてもなお、チームとして完成しているところに新しいメンバーを追加すれば、ブルース・タックマンが提唱するモデルの形成期や混乱期に戻らざるを得ない。

タックマンは1965年の「Developmental Sequence in Small Groups」という記事で、4つのステージを定義した[※参20-2]。

形成期、混乱期、統一期、機能期だ。例として4人のボートチームを考えてみよう。

最初のステージは形成期だ。チームはどうやって一緒に働くか学んでいく。お互いに「どんな人か知る」んだ。みんなからリーダーと見做されるのが誰になるか、推し量っている。政治

247

20章　新しいチームメンバー

と個人主義が重要で、自分自身の力量を見せて立場を作ろうとする。ボートチームであれば、形成期は全員同時にオールを水に下ろせるよう学ぶ時期になる。

次の混乱期では、チームは結束を見せ始める。個人間の問題が解消し始める。衝突はなくならないものの、チーム全体が協力して問題にエネルギーを注ぎ、一緒に解決に当たるようになってくる。ボートチームの混乱期は、オールを同時に漕げるようになるところだ。かける力にバラツキはあっても、一緒に動かせるようになる。

第3のステージが統一期だ。ここで初めて、チームは一緒に働くのが上手になる。チームのプロセスが第二の本能になり、自分たちの進め方を信じられるようになる。メンバーはお互い親しくなり、批判も破壊的・政治的なものから建設的なものになる。1人ひとりの役割がはっきりし、安定する。自分たちで設定したルールを守り、機能するチームへ近づいていく。ボートチームの例では、統一期は試合で勝てるようになってくる時期だ。第一級には達していなくても、実力あるチームになる。

4番目が機能期で、チームは高度な信頼に到達する。チームの働き方は自然でなめらかになり、フロー状態やゾーンに入れるようになる。関係が強まり、批判が自然になる。問題にはチームとして取り組み、個人が弱みを見せたり助けを求めるのに抵抗がない。チームは日々進歩する。ボートチームであれば、機能期にはオリンピックで金メダルも目指せる。全員のオールが同時に水につき、まったく同じ力で漕いで、同時に同じ角度で水から離れる。4人の身体は一体になったように動く。

タックマンは理論を図20-1のようにモデル化した。チームが変化するときは再形成や再混乱が避けられないものの、こうしたステージはできるだけ速く通過したい（図20-2）。

物語ではステファニーも新メンバーが来ればチーム全体が一時的にスピードを落とすとわかっていた。形成と混乱を経るためだが、同時にチームが混乱する時間を短くする方法も知っていた。そもそもチームに合う人を選ぶこと、チームの文化にどっぷり浸らせること、集中して学ぶポイントを知らせて学びのスピードも上げることだ。

チームが形成し直すのは大変だ。だが正しい態度と前向きな気持ち、そして価値観が一致し

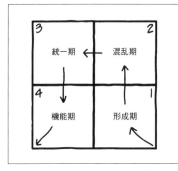

図20-1　タックマンによるグループの進化のステージ

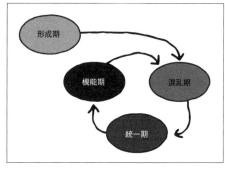

図20-2　理想的には各段階にかかる時間を最小化したい

ていれば成し遂げられる。僕が以前いた、とても効率の良いチームの例がある。プロジェクト終了後、チームは解散して別々のプロジェクトに入った。さらにその後、別のプロジェクトで何度か一緒になれた。時間をおいて一緒になるたびに、1週間で機能期に達することができた。初めてのメンバーが入ったときでも（そのメンバーは僕たちが選んだんだが）、もう少し時間はかかったもののやはり機能期にすぐ戻れたんだ。

2-1. 実践

　新たなメンバーをチームの一員とするには、まず人選が大事だ。候補の個人的な価値観に注意しよう。変化に前向きか？　柔軟か？　謙虚か？　チームプレイヤーか？　学ぶ意欲があるか？
　回答がすべてイエスであれば、次にスキルを見る。必要とされるスキルを持っているか？スキルは価値観より伝えるのが容易なので、常に価値観の方を優先しよう。物語ではチームはまずデニスの価値観を検討し、それから能力を見た。デニスがチームに馴染むだろうと判断したわけだ。
　次に試験問題を準備する。これは学びをフォーカスさせるためのもので、チームが設問を作るんだ。新しいメンバーは毎週必ずテストを受ける。僕がよく使う設問をいくつか紹介しよう。

- **システムのアーキテクチャを説明してください**
- **ペアプログラミングとTDDの意義を教えてください**
- **コードの所有者は誰ですか？**

　以上は文化や価値観の問題だ。技術的な設問も加えて、一緒に提示しよう。
　初めてテストを受けたときには、技術的な質問にはおそらく回答できず、文化に関する質問は的外れな回答になるはずだ。2週目には文化の問題はだいたい正解でき、技術的な回答も部分的に正答できる。何回受けても正解できない設問があったら、対策が必要かもしれない。たとえば「誰がコードを所有するか」という問題に「私はこの部分を所有していて、ボビーはこちらの部分を所有する」のような回答が続く場合だ。優れたチームの正解は「チームがコードを所有する」のはずだ。

3. 成功の鍵 *Keys to Success*

　チームはずっと一緒にいるのが望ましいが、現実には会社の都合でプロジェクト間を移動することも多い。そうした事態を未然に防ぐには、チームとしていかに人の入れ替えが損害を招くか、周囲から見えるようにするしかない。そしていざ新メンバーを迎えることになったら、一時的にチームが後退するのもやむを得ないと受け入れ、注意深く人選しよう。

20章　新しいチームメンバー

3-1. ベロシティ低下

　チームの力学が変われば一時的に後戻りせざるを得ない。スポーツチームに所属したり観察していたことがあれば、新メンバーが入ってチームの秩序が崩れるのを見たこともあるはずだ。モンスター級の馬力があるチームでも、新メンバーが溶け込むまでは普通の形式に戻る。スポーツチームが試合ごとにスタメンを変えていたらどうなるだろうか？　悲惨な結果が目に見えている。ところがビジネスでは、チームのメンバーを入れ替えてもパフォーマンスが落ちないと信じられている。メンバーの増減があるたびにチームはタックマンモデルの**形成期、混乱期、統一期**を経て機能期に到達しなくてはならない。この過程は変えられないので、問題はいかに早く各ステージを通過して、元の高いパフォーマンスを取り戻すかだ。時間がどれだけ必要となるかは意識しよう。新メンバーが立ち上がるより前に、プロジェクトが終了してしまう場合もある。

3-2. 慎重に選ぶ

　チームの文化はそれぞれだ。3章「チームコンサルタントでチームの生産性を最適化する」で見てきたように、チームコンサルタントにサポートしてもらったり、一部の仕事を頼む手もある。だがコアチームメンバーとして採用するなら、似た者を選ぶべきだし、適応力もなければいけない。従って、たまたま空いている要員を押しつけられたりしないように気をつけよう。空き要員には適任がいないかもしれない。空いているというのは能力とは関係ないんだ。適任の人を探すには時間がかかるかもしれないが、チームのパフォーマンスを取り戻す時間のほうが重要だ。チームが自分たちでメンバーを探せるよう権限を与えよう。必要ならメンバーをチームから外す権限も必要だ。チームが望まないのに誰かを押しつけてしまうと、破滅的な結果になることもある。こうした状況については21章「文化の衝突」を参照してほしい。

3-3. ハイリスク

　会社の中でスクラムをやっているチームが1つか2つしかない状況では、メンバーの追加は極めてリスクが高い。アジャイルをやっていないチームからスクラムチームの価値観に合う人を見つけるのは難しく、不可能かもしれない。物語の中では適任を見つけられたし、マネジメントの協力もあって、プロジェクトを異動してもらえた。マネジメントが非協力的だったり、どうしても不適当な人を入れざるをえないこともある。そうなると、チームが二度と元のパフォーマンスを取り戻せないということもあり得る。次章では、文化の衝突のせいでチームが生産性を上げられないときどうすべきか見ていく。

250

Chapter 21

When Cultures Collide
21章
文化の衝突

　スクラムチームは最高の仕事を楽しむ空気を作り出すのと同時に、ビジネスゴールを達成して利益も出さねばならない。両立できるチームになるのは容易ではないものの、マネジメントのサポートがあれば可能だ。楽しみながら実績を出せるスクラムチームが、どんなチームも寄せ付けない高いパフォーマンスを出すというのも、現実的な話なんだ。

　そうしたチームには自分たちが独自に作り上げてきた調合があるのだが、その調合は崩れやすい。プロジェクトの途中で人が追加になると、文化も能力も損なわれてしまうことがある。20章「新しいチームメンバー」で見てきたように、追加するのにふさわしいメンバーを追加すればチームはすぐに立て直せる。では、ふさわしくないメンバーをチームに入れてしまうと、何が起きるのだろうか。もしも、文化に合わないメンバー、柔軟でも有能でもないメンバー、あるいはアジャイルの理解がないメンバーを受け入れるよう強制されたらどうなってしまうだろうか?

　続く物語でケミチーム[1]という優秀なチームの様子を見る。ケミチームは20章のチームと同様、新しいメンバーが必要になった。しかしケミチームにはメンバーを自分たちで選ぶ機会が与えられず、苦心することになる。

1. 物語　　　　　　　　　　　　　　　　　　*The Story*

　ケミチームはこれまで何ヶ月も一緒に働いてきて、メンバー同士の結束も並外れている。規律をもって、顧客を喜ばせ成果を出すことに集中してきた。メンバーはお互いを信頼していて、意見が一致しても衝突しても、一体感を損なうことはなかった。極めて優れたチームなのだ。

　だがプロジェクトのさなか、運命の日がやってくる。会社の役員がチームに新しいビジネスのアイデアを持ち込んできたのだ。新しいアイデアは世界をガラリと変えてしまうものだった。もっとも、役員が思うのとは違う形だったが。

　「みんな、すごいニュースだぞ! ワイヤ・ラ・コープと協業することになったんだ!」役員は大声で宣言した。

　ケミチームのメンバーはほとんど、きょとんとした顔をした。「ワイヤ・ラ・コープって、公共インターネット接続をやってるところでしたっけ?」メンバーの1人が聞いた。

---

[1] 訳注: ケミチーム =ChemTeam、優れた調合(chemistry)のあるチームという意味合い

21章　文化の衝突

「その通り。**もうちょっとで契約にこぎ着けられるんだ。**うちのスモールビジネスのユーザーがワイヤ・ラ・コープのサービスに無料で接続できるようになるんだよ」

この時点でチームはきょとんとした顔から、少し心配そうな顔になってきた。これまで開発してきたシステムはユーザーが独自のネットワークに乗っている前提で、サードパーティからの接続や、ワイヤ・ラ・コープのようなネットワークとの結合は考慮していない。だがこうした大規模な変更でも、チームには受け入れる心構えがあった。メンバーはそれぞれに、この機会をサービスにどう活かせるか考え始めていた。

チームが話を飲み込み始めたのをみて、スクラムマスターのシャウナが言った。「私たちなら対応できます。数週間待ってもらえれば、今やっている作業を片付けて、プロダクトバックログを見直せます。そうしたら、あなたや他のステークホルダーに新しいリリース計画を提示できます」

だが役員は渋面を作った。「時間がないんだ！　いますぐかかるんだ。この契約は我が社の最優先事項なんだぞ！」

シャウナは少し考えて答えた。「今のスプリントをちゃんと終わらせたいのですけれど、どうしても緊急だとおっしゃるなら、スプリントを中断できます。今やってる作業をぜんぶ捨てて、すぐバックログの見直しに入れます。**市場に出していくための**計画を立てるには、最低3日かけて見積もる必要があります。バックログの優先順位も承認してもらわないといけません」

だが役員は言い切った。「期限は今日いっぱいだ。できる範囲でやってくれ」

その後ケミチームは大急ぎで、バックログとシステムの現状を確認して、ワイヤ・ラ・コープのネットワークと接続するための要求をまとめた。その上で、ビジネスにとって必要最小限の機能を絞り込み、リリース可能と思えるスケジュールを立てた。チームは翌朝、計画を役員に見せに行った。

「よく頑張ってくれた。だがワイヤ・ラ・コープとの契約交渉で、3ヶ月以内に完成すると約束したんだ。なんとしても3ヶ月でやり遂げてくれ。必要なものがあれば、何でも言ってくれていい」

厳しい役員の反応に、チームはがっかりした。それでも、今日中に計画を考え直すと役員に伝えた。なんとかスケジュールに収めつつ、2つのシステムを結合するのに**技術的負債を溜めすぎない**方法を考えなくてはならない。

そしてもう夜の8時になっていた。役員はまだオフィスにいて、チームの報告を待っている。チームはなんとか実現性のある計画をまとめ上げた。障害は多く、時間は短い。チームを代表してシャウナが説明した。「納期に間に合う解決策ができました。ですが無理をしている部分が多く、チームにとっても技術的側面からも、悪影響が出るかもしれません。まずその点をよく理解してください」

役員は力を込めてうなずいた。シャウナは話を続けた。「なんとか3ヶ月で終わらせるには、増員が必要です。誰でもいいわけではありません。私たちはこのプロジェクトに必要なスキルと能力を考えて、目星を付けました。ジュリオとナンシーが入れば、目標を達成できます。ジュ

252

第3部　救急処置

リオはいま空いています。ナンシーは他のプロジェクトにいますが、2人ともうちに来てもらわないと成功はおぼつきません」

「ジュリオはいいが、ナンシーは絶対だめだ。ナンシーのプロジェクトは会社の最優先事項だ」

「私たちのプロジェクトも最優先事項なんですよね？　もう8ヶ月も続けてきて、最終リリースが見えてきています」

「どのプロジェクトも最優先だ。ナンシーはだめだ。キャサリンなら空いてる。彼女を使うんだ」役員が言い放った。

キャサリンはベテラン開発者だ。チームはすでにキャサリンを入れたらどうか検討して、却下していた。必要なスキルは備えているものの、協力しながら開発する環境には合わない。一緒に働いたことがあるメンバーは不安な点を挙げた。たとえばデイリースタンドアップを時間の無駄だと批判したことがあったが、そのときチームの他のメンバーは全員、とても有益だと考えていた。シャウナもキャサリンと同じプロジェクトにいたことがあった。シャウナから見て、キャサリンは焦りがちで、結果バグのあるコードを書くことが多かった。QA担当のチームメンバーがクリーンなコードの書き方を話そうとすると、キャサリンは怒り、QAの方が問題だと言った。チームはこうした話を検討し、キャサリンはスキルは十分なものの、このチームで働くには明らかに能力や態度に問題があり、ケミチームの文化とは相容れないと結論したのだった。

シャウナはこうした懸念を役員に伝えたが、彼は意に介さなかった。「チームに2人増員すればできると言ったじゃないか。だからこの2人でやってくれ。キャサリンは有能だし、スキルは十分だと君も言っただろう。彼女と一緒に働く方法を見つければいい」

メンバーは誰も心配だったが、諦めるしかないようだった。チームは渋々ながら新しい納期と新しいメンバーを受け入れることにした。キャサリンもジュリオも翌日からチームに参加した。

ケミチームは正しいやり方をした。新しいメンバーには一定の知識を身に着けてほしかったので、**チームへ迎える方法**を利用した（20章『新しいチームメンバー』参照）。必要レベルの知識を問うアンケートを作って、プロセス、ツール、プロジェクトに関する設問を準備した。ジュリオとキャサリンには毎週回答させ、チーム全体で2人がチームの一員になれているか、プロセスとプロダクトを正しく把握できているか見るようにした。キャサリンもジュリオも最初は乗り気だった。しばらく経って、ジュリオの回答と仕事での成果からは理解も正しく、チームに溶け込む努力も見られるようになった。

いっぽうキャサリンはシステムの知識に向上があったものの、プロセスや文化は低いままだった。彼女はいつも、TDD、ペアプログラミング、共有スペースでの作業に文句を付けた。アジャイルプラクティスや原則の議論が始まって仕事が中断されることも少なくなかった。声に出して反対し続けられ、チームは疲弊してきた。ベロシティが低くなり品質も悪化、チームの士気は最低だ。シャウナはキャサリンの批判を抑えチームの集中力を維持しようと努力していたが、ある日キャサリンが爆発した。

21 章　文化の衝突

「毎週毎週、なんで同じテストを受けなきゃいけないのよ。私の回答を見なさいよ。このシステムはもう理解できたし、開発できるわ。みんながやってるTDDなんて興味ないの。私の席で1人でコーディングする方がずっと効率がいいし、共有スペースなんてうんざりだわ。こんな非効率なやり方、見たことないわよ！　私だったら1人でも、システム全体の半分書き上げてるところよ！」

シャウナはこれが最後のつもりで説得した。「キャサリン、今まで何回も話し合ってきたけど、このチームがアジャイルの原則とプラクティスを使うのは、今までにいろいろな、伝統的なプロジェクトで経験してきた落とし穴を避けるためなんです。私たちも完璧ではないわ。困難なプロジェクトだし、開発の観点からも成長の観点からも厳しい仕事です。みんなそれぞれに学びながら、時には失敗もしながら努力してるんです」

シャウナは一呼吸置いて続けた。「1人ひとりの感じ方は違っても、私たちはチームですし、チームとして働き続けなければいけない。TDDを始めて、他のチームに比べて9倍もバグが少なくなったわ。あなたもジュリオも、たった4週間でシステム全体が把握できるようになったでしょう。共有スペースを使ってペアプログラミングをしていなかったら、到底無理だったはずよ」

「私はこんなやり方できないわ！　こんな働き方しませんからね！」キャサリンはそう叫んで部屋を飛び出していった。

キャサリンの破壊的影響はすでにチーム全体に広がっていた。長く続けてきたプラクティスのメリットを疑うメンバーも出てきた。ある日、そうした議論にイライラしたメンバーが、口を開けたばかりのコーラの缶を握りつぶすという事件が起きた。部屋も、PCも、デスクも、他のメンバーもコーラまみれになった。彼はチームの結束と信頼が損なわれてしまったことに我慢ならず、部屋を飛び出していった。なにか手を打たなければならない。

シャウナと、キャサリン以外のメンバーは役員のオフィスを訪れた。スプリントとリリースのバーンダウンでベロシティが低下している様子を見せ、チーム内に軋轢があるだけでなく、事実としてバグ件数が増加しユニットテストのコードカバレッジが悪化しているデータを示した。その上で、キャサリンをチームから外し、プロジェクトを立て直すべきだと提案した。

役員は提案を一蹴した。「いいか、困難なのはわかるが、その案は受け入れられない。私の仕事は契約締結だ。締め切りに間に合わせるのが君たちの仕事だ。2人必要だと言ったのは君たちだぞ。彼女にも仕事を回すんだ。なんとかしてくれ」

共有スペースに戻ったメンバーたちの顔には、はっきりと苦痛が見て取れた。ジュリオさえ落ち込んでいた。シャウナはその様子を見ながら、自分に問いかけた。本当に大事なのはどちらだろう――チームとプロジェクトの成功か、キャサリンに任せられる仕事がないという現実か？

シャウナは覚悟を決めた。チームと一緒に、役員の要望を容れてキャサリンに渡す仕事をまとめ、同時にチームが元の状態に戻れるような作戦を考えた。あとはキャサリンに伝えるだけだ。

第3部　救急処置

翌朝、シャウナはキャサリンと2人きりになった。

「ねえキャサリン、あなたが不満なのはわかるし、チームが不満に感じてるのもわかるわよね？」シャウナが切り出した。キャサリンは、どういう話になるのか警戒しながらうなずいた。

「昨日役員と話したの。彼は、あなたを外すわけにはいかないと言ったわ。他にアサインするプロジェクトがないそうよ」

キャサリンはうなずいた。

「だけど、このままではプロジェクトは自己崩壊して、みんな、私も含めて、キャリアに傷がつくと思うの。それで考えたのよ、そんな事態にならないようにしながら、当面全員が満足できる方法がないかって」

シャウナが説明した計画では、キャサリンはチームに残るが、あくまで表面的に残るだけになる。キャサリンは自分のオフィスで、重要ではない仕事をする。今の火事場が終息するまでは、共有スペースにも来なくていい。少し落ち着いたところで、問題をあらためて話し合い、長期的な計画を相談すればいい。キャサリンはその計画に賛成した。

キャサリンはチームと距離を取って、デイリースタンドアップのときだけ参加した。デイリースタンドアップは役員のオフィスから見えるので、ちゃんとチームにいるように見せたのだ。チームは集中力を取り戻し、ベロシティも回復した。コードカバレッジの改善とともに全体的な品質もよくなった。ジュリオはもともとテストが専門だったが、一緒にコードを書くようになった。

そうして4週間過ぎたころ、役員がシャウナをオフィスに呼んだ。

「チームは改善したようだな。だがキャサリンはどこだ？　システムのどの部分を担当してるんだ？」

シャウナはじっくり考えてから答えた。

「彼女はシステム上重要でないタスクをやっています。こうしないとチームは締め切りまでに、顧客に要求されている品質を満たして完成できませんでした。それに、メンバーが何人も、キャサリンと一緒に働くくらいなら会社を辞めると言ってきました。それで私の判断でこうしたんです。正しい判断でした」

役員の顔はたちまち真っ赤になった。「君が独断でキャサリンをプロジェクトから外したっていうのか？　僕がキャサリンをチームで働かせるよう**命令した**のに、それに背いたんだな？」

「その通りです」シャウナは表情を変えず、冷静な声でハッキリと肯定した。

シャウナは座って、役員が非難をぶちまけるのを聞いていた。役員は彼女が傲岸不遜で、命令を無視し、クビにされてもおかしくないところだとわめきたてた。しばらくしゃべらせたところで、シャウナは役員を遮った。

「1つ質問があります。会社にとって重要なのはどちらですか。人に仕事を割り当てるのと、顧客にシステムを提供するのでは？」

「そんな話をしてるんじゃない！」役員は机を叩いた。

「そういう話なんです。質問に答えなさい！　仕事の割り当てが大事か、成果を届けるのが大

255

事か、どっちなんですか！」シャウナは苛立ちを顕わにして聞いた。

　役員は渋々答えた。「それはもちろん、成果を提供するほうが大事だが、だからと言って……」シャウナはふたたび遮った。

　「その通りです。私はこんなことをすべきではありませんでした。判断が間違っていたというわけではありません。あなたがすべきことだったんです。私はあなたが状況に対処するよう、何度もお願いしました。ですがあなたはなにもしなかった。スクラムマスターとして、チームを健全に保ちプロジェクトを前に進めるのが私の仕事です。キャサリンの件について、あなたは私の仕事を妨害していたし、解決策にも耳を貸さないし、手伝ってくれようともしませんでした。だから私はできるだけのことをしたんです」シャウナは言い終えた。

　「これは良くない前例になるぞ」役員が言った。

　「マネジメントが手を打たないほうが良くない前例です」シャウナは切り返した。

　シャウナはそのままじっと辛抱して見つめていると、役員の顔は真っ赤から薄い赤になり、普通の顔色まで戻っていた。そして真顔に戻り、ため息をついてから無愛想に言った。「そうか、君が何を、何故やらかしたのかはよくわかった。僕も契約交渉のプレッシャーが重荷だったんだよ。片付いて一安心だ」

　「**片付いた**って、どういう意味ですか？」シャウナは尋ねた。

　「言ってなかったかな？　今週の頭に、交渉が決裂したんだ。ワイヤ・ラ・コープとの協業はなくなった。だから以前の状態に戻れるんだ」

　「ううう」

　「さて、元々の機能を提供するのにどれくらいかかる？　来月にはできるか？」

　この続きは、また別の物語だ。

2. モデル　　　　　　　　　　　　　　　　　　　　　*The Model*

　物語をふりかえってみよう。元のチームはよく油を差した機械のようだ。働き方を自分たちで作り上げ、独自の文化を育てている。しかし非協力的なメンバーが1人加わっただけで、チームは崩壊しそうになった。どういうことだろうか。

　一言で言えば、大企業の文化に馴染んでいたキャサリンが、チームの文化に馴染めなかったということになる。チームの文化はチームの成長と一緒に形成された、独特のものだ。ジュリオは新しいやり方を試すのに前向きで、それに向いたマインドセットも持っていた。キャサリンはそうではなかった。シャウナとチームメンバーはその不一致に気づいていたが、マネジメントは気にかけなかった。僕はこうしたキャサリンのような行動を**チーム文化からの逸脱**と呼んでいる。

　文化からの逸脱とは、すでにある文化的規範に対して違反するような行動だと定義できる。文化的規範は個人や家族から社会全体まで、幅広いレベルで考えられる。たとえばものを盗む

256

と、**社会全体における**文化的規範に違反することになる。同じようにTDDのような開発プロセスを守らないと、**チームにおける**文化的規範に違反しているわけだ。

1938年、ロバート・K・マートンは『社会構造とアノミー』(※参21-1)を発表した。この論文では緊張理論が提唱されている。マートンは緊張理論によって、犯罪率が社会階級によって大きく異なる理由を説明している。社会構造には2種類ある。1つが文化的目標で、社会から与えられるゴールや要望だ。もう1つは制度的手段と呼ばれ、目標達成のためにとる、社会的に認められた手段だ。マートンの理論では、すべての人が人生を通じて達成したいと望むのが文化的目標であり、制度的手段によってそうした目標に到達する。社会で広く認められたルールに従うのは制度的手段の一例だ。マートンによれば、「社会から受け入れられるやり方」に従えば文化的目標が達成できると個々人が感じていれば、調和した状態になる。この様子を図21-1に示した。

マートンは緊張の類型を5つ挙げた。それぞれ同調、儀礼主義、逃避主義、革新、反抗だ。同調では目標も手段も受け入れられ、人びとは暮らしていく。儀礼主義にいる人は、文化的目標を諦めてしまっているものの制度的手段は守っている。逃避主義では目標も手段も放棄してしまう。だが目標と手段を否定し、自分たちで新たな社会的目標と手段を定めた人びとは反抗の状態になる。革新では、目標を受け入れ、それを社会的には認められない(犯罪も含む)方法で達成しようとする。

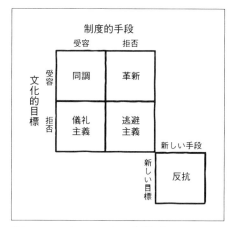

図21-1　ロバート・K・マートンの逸脱行動のトポロジ

大学の学生で考えてみよう。学生の文化的目標は卒業だ。制度的手段は授業への出席、勉強、試験での良い成績になる。

- そうした手段を守って無事に卒業した学生は、同調したことになる
- 勉強せず試験で落第しているのに授業には出続けているという学生は、儀礼主義になっている。卒業という目標を達成できないのに、手段だけ守っているわけだ
- 成績が悪く卒業の見込みがないために授業にも出なくなって、自室でゲームばかりしている学生は逃避主義だ
- 逃避主義的な学生は不安定な立場がイヤになるか、学費が足らなくなるかして、学業そのものを投げ出してしまう場合がある。教育には価値がないと言い出して、わざわざ努力して卒業する意義がないと訴えるかもしれない。そして起業など、自分の目標を新たに設定し、そのための新たな手段も作り出す。こうした学生は反抗的だ

21章　文化の衝突

- **卒業はしたいものの勉強などの手段では実現できない学生は、革新的だが許容されない手段、カンニングや剽窃に頼るかもしれない**

　ビジネスにも社会と文化がある。社会のルールや文化的規範は制度的手段であって、会社全体に広がり、社員1人ひとりに影響を及ぼしている。ビジネスでは多くの場合、会社のゴールという形で文化的目標が伝達される。従業員はそれぞれにゴールを達成したりできなかったりする。そこで、僕はビジネスの分野ではマートンの**文化的目標**を**会社のゴール**と言い換え、**受容と拒否**を**達成と失敗**に言い換えている。言い換えたものを図21-2に示す。

　ささやかな変更を加えたところで、マートンのトポロジをソフトウェア企業に適用してみよう。ソフトウェア企業では、会社のゴールは高品質なソフトウェアを期日までに完成することだ。制度的手段は、従来型の計画主導の手法で仕事を進め、マイルストーンに達成し、事前に立てた計画に従ってプロジェクトを運営するということになる。

- **同調** ── チームメンバーは**制度的手段**によって会社のゴールを達成する
    - ── 高品質、士気向上、など
    - ── 従業員はプロセスに納得している
    - ── 人びとはやる気がある
- **儀礼主義** ── チームメンバーは制度的手段を**受け入れる**が、会社のゴールを達成できない
    - ── 低品質、士気低下、など
    - ── 言われたとおりやればいい
    - ── やる気を失っている
- **逃避主義** ── チームメンバーは制度的手段を**受け入れず**、会社のゴールも達成できない
    - ── 低品質、士気低下、など
    - ── 会社にはいるが仕事をしない
    - ── わざとやる気なく振る舞う
- **革新** ── チームメンバーは新しい手段を作り、会社のゴールを達成する
    - ── 消極的な場合（システムをいじるだけ）も、積極的な場合（ゴール達成の新しい方法を探る）もある
    - ── 積極的であれば革新の結果として、高品質、士気向上など
    - ── 反抗と異なりゴールは変わらず、手段だけが変わる
    - ── 組織において摩擦が起きる
- **反抗** ── チームメンバーは新しい手段を作り、会社のゴールをもとに新たなゴールを設定する
    - ── 手段はまったく変わってしまうかもしれない
    - ── 会社のゴールは達成される。チームはそれを上回るゴールを設定する
    - ── チームの文化はまったく異なるかもしれない
    - ── 組織において摩擦が起きる

リーダーや経営陣は会社のゴールを達成するため、制度的手段を設定する。だが、新しい手段が別に作られて、ビジネスが設定した制度的手段と並立することがある。物語ではシャウナのチームは、会社のゴールのため自分たちの手段を作り上げた。TDD、ペアプログラミング、共有スペースなどだ。新たな手段を導入する中でマインドセットも変化した。組織全体と比べると、考え方も働き方も変わったのだ。

シャウナのチームは会社でも異色の存在となった。他の社員は儀礼主義的で、仕事のやり方を守るもののゴールは達成できないことが多い。会社を観察すればその証拠を見つけられる。たとえば障害件数が多い、品質が低い、士気が低い、離職率が比較的高い、仕事に情熱を持っていない、仕事に誇りを感じていない、高効率のチームが少ない、などだ。

シャウナのチームはゴールを達成できない現状に嫌気が差し、新しいやり方を試そうと決心した。そしてスクラムとXPを導入したわけだ。新たな制度的手段は会社のゴールを達成し、結果として儀礼主義から革新へと進んだことになる。その様子を図21-2に示した。

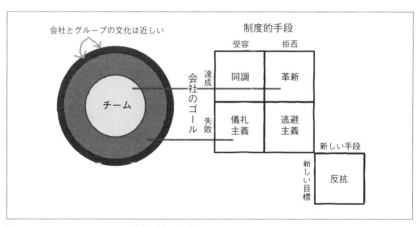

図21-2　シャウナのチームによる革新的手段の実験

チームが仕事を学び、高効率なチームになっていく過程で変化するのは手段だけではない。同時に新たなゴールが、スクラムとXPの理解を深める中で形成されていくのだ。新たなゴールはソフトウェアの完成という会社のゴールを包含するが、さらに個人の成長やソフトウェア開発の技能を深めるという着眼点も同時に含まれる。新しいゴールは以下のようなものになる。

・高品質のソフトウェアを提供し、顧客のニーズを満たす
・変化するビジネスの要求にチームが対応できる
・継続可能なペースを守りつつ、納期を守る

このような文化的なゴールはチーム独自のもので、会社全体のものではない。チームの手段

21章 文化の衝突

も同様にチーム独自だ。たとえば以下のような項目になる。

- 共有スペースで働く
- ペアプログラミング
- テスト駆動開発を用いて設計する
- 共同で見積もり、コミットする

手段とゴールについて、チームと会社の間のズレが広がっていくと、チームは革新の領域から脱して反抗的と見えるようになる（図21-3）。

物語の冒頭で、そうした反抗の状態にあるチームが登場した。高効率なチームで、会社のゴールを越えたチーム自身のゴールも達成していた。だが役員はチームに同調していなかった。新たな目標をプロジェクトの最中に投げ渡し、チームのゴールを危うくしたのだ。チームのゴールと新たな目標を両方満たせる方法をチームから提案したものの、役員はチームのゴールは気にかけなかった。

ここでキャサリンが登場する。キャサリンは会社の文化を守っている。制度的手段を守り、会社のゴールにも合意している。だが実際にはゴールを達成できないことも多い。キャサリンはチームに加わったが、あまりにもやり方が異なっていたせいで、チームの手段もゴールも拒絶してしまった。対立的な見方のせいで、スクラムチームが確立した規範から逸脱してしまったわけだ。そしてキャサリンはスクラムチームの文化に対して反抗した。手段もゴールも新しくはないものの、もともと会社のものとしてあった手段とゴールを導入し、チームを元に戻そうとしたのだ。

キャサリンの反抗でチーム内に衝突が発生した。チームはほとんど機能しなくなり、チームの集中もエネルギーもキャサリンと一緒に働く試みにすべて奪われてしまった。結果として、

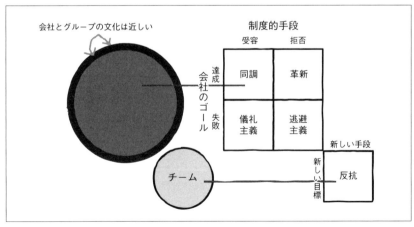

図21-3　チームが反抗へ移行する

第3部　救急処置

仕事も、士気も、チームの効率も悪化した。

チームはとうとう、キャサリンがチーム文化に決して馴染めないと判断し、チームから外して破壊的な影響を止めようと考えた。その提案も拒否されると、距離を置くようキャサリンに直接依頼し、残りのメンバーが落ち着いて「普通」のやり方に戻れるようにした。

チームにとっては良い結果だったものの、シャウナはリスクを負うことになった。キャサリンを日々のチーム活動から外したのは、シャウナにとって最終手段だ。我々は、それだけのリスクを負おうとは思わないかもしれない。調和を取り戻すために、シャウナは他の方法を採れたかもしれないし、採るべきだったかもしれない。

3. 成功の鍵　　　　　　　　　　　　　　　　　　　　*Keys to Success*

文化の衝突に対処するには、チームに合わないメンバーを最初から入れないのが一番だ。理想的にはチームの運命はチーム自身が制御すべきであり、チームの構成も自分たちで決めるのがいい。だが現実にはメンバーを選べないことも多い。理想的とは言えないチーム構成になったときには、障害に直面しながらコースを外れないよう、できることをやるしかない。

3-1. 自分の運命は自分が決める

チーム内に逸脱が起きないようにするには、チームメンバーが新メンバーの選定に発言権を持てるようにするのが一番だ。僕はできるだけ、以下の簡単なルールを守るようにしている。

- **チームが新メンバーのインタビューをおこなう**
- **チームメンバーの運命はチームが決める**

僕が大学生だったとき、受講した講座の教授は期末レポートとプレゼンテーションをチームで作るように指示した。チームは自己組織し、自己管理した。いまにして思うと、僕たちはとてもアジャイルだった。僕たちは自分でチームメンバーを選び、コラボレーションし、一緒に働き、一緒に提出した。ときには割り当ての作業をこなしきれない人もいたが、僕は非難する立場にない。ところで大学は海沿いにあり、サーフィンの名所でもあった。なので、ずっとビーチで遊んでいて、提出の間際になってから「俺の名前を入れてくれないか?」と言ってくる連中がいた。

想像できると思うが、僕たちは断ったし、彼らは落第した。僕たちはチームメンバーの運命を決める力を握っていた。自分の仕事をしたなら、そう名乗れる。自分の仕事をしなかったら、落第だ。その当時は、とてもシンプルだった。

仕事において同じようにできるとは限らないが、マネジメントを教育してチームによるメンバー選定と解任のメリットを理解してもらうことはできる。3章「チームコンサルタントでチー

261

21章　文化の衝突

ムの生産性を最適化する」でより詳しく説明している。

3-2. 手札を活かす

　現実に向き合おうか。チーム自身の健康の問題になると、チームの自由にはならないことが多い。新しい仲間を押しつけられたとき被害を最小限にするには、どうしたらいいだろうか。まず、新メンバーを受け入れたタイミングでその人物の背景や相性を調べてみよう。これまでの仕事がチームの文化と衝突するようなもので、しかもその仕事に対して反抗、逃避、革新する動きをしていたなら、むしろ安心材料だ。反抗そのものが悪いわけではないんだ。発展途上のチームであれば、反抗の傾向があるメンバーがチーム全体をゴールに向けて押し上げてくれるかもしれない。

　チームの文化は異なる現場で、同調的や儀礼的な態度を示していたメンバーでも、まだ騒がなくていい。だがチームの文化の仕組みや、新メンバーへの期待事項をしっかり整理するつもりでいよう。必要なのはスクラムやアジャイルの原則の教育かもしれないし、チームが選んだ手段の背景と理由に関する説明かもしれない。新メンバーがチームのゴールと手段に同調できるよう、反抗しないようにできるだけのことをしよう。

　次には、新メンバーが文化に馴染めるよう努力するかたわらで、新メンバーがチームに提供できるアイデアや手法に耳を傾けよう。僕はデール・カーネギーの原則に立ち返る。デール・カーネギーのゴールデンブック(※参21-2)ではこうまとめられている。

- ・より親しみやすい人になる
- ・あなたの考えを受け入れてもらう
- ・リーダーたれ
- ・悩みの習慣にとらわれる前に打破する
- ・平和と幸福をもたらす精神状態を養う
- ・批評を気にしない
- ・疲労と悩みを予防し、エネルギーと精神を元気に保つ

　カーネギーの本を初めて読んだとき、僕は懐疑的だった。だが僕自身が人に対して働きかけるやり方を自分で分析したとき、初めて理解できた。こうした基本的な原則を守ると、人から「そばにいてほしい」と思われるようになる。そしてそばにいてほしい人には、自然と引きつけられていくんだ。

　物語に登場するスクラムマスター、シャウナが何故あんな過激な行動に出たか、僕は理解できる。それでも、リスクの高い決断だったし、シャウナは職を失い、チームはスクラムマスターを失うことになっていたかもしれない。チームメンバーがカーネギーの教えを実践できるよう教えたり、シャウナ自身が徹底するだけでも、チームはキャサリンと一緒に元の状態に戻れた

262

第3部　救急処置

かもしれない。キャサリンを排除するという決断は、シャウナに時間が与えられなかったこともあって仕方なかったとも言えるものの、本当の最終手段だ。僕としてはお勧めできない。

僕だったら、キャサリンに時間を与えるようチームに話そうと考えたかもしれない。ペアを組む前に、1人でTDDを試してもらい、慣れるまで待つわけだ。**すべてのコードをペアで書いている**なら、チームからキャサリンにテストを多めに書いてもらうよう依頼すれば、バランスが取れたかもしれない。キャサリンがチームのやり方に納得しなくても、チームがそのこと自体をあまり気にしないように、キャサリンの批判を個人的に受け取らないよう心がけていれば、スプリントの作業に集中できたかもしれない。チームとしてシステム思考をして時間をかけてキャサリンの賛同を得るようにできていれば、こんなに全員が苦しまずに済んだかもしれない。

シャウナはチーム内のリーダーに頼んで、チームがスプリントに集中できるよう助けてもらえばよかったかもしれない。そうすればシャウナはキャサリンに集中できただろう。キャサリンの立ち上げをもっと少しずつ進めたら、チームのベロシティは上がらないだろうが、チームの邪魔になることもなかっただろう。長所に着目し欠点を最小化していたら、その後の衝突や缶ジュースの爆発を防げたかもしれない。

3-3. コースを外れない

逸脱の可能性があるメンバーに対しては、以下のガイドラインを参考にしてチームの高効率性を守ってほしい。

- 逸脱者をチームから外す。マネジメントには、**人が交換可能な部品ではない**と理解してもらう。チームメンバーは気をつけて選ぶべきで、アサイン状況やスキルだけで決めてはならない
- 新メンバーにチームの文化を教え、**適応する時間と空間**を与える。そうして反抗や逃避を防ぐ
- 新メンバーがチームの基準から逸脱し始めたら、**基本に戻り**スクラムに馴染ませる（1章「スクラム：シンプルだが簡単ではない」を参照）。これに失敗したら、新メンバーがなぜチームの文化から外れているのか理由を探る
- 新メンバーの逸脱から新たな視点が得られ、そのおかげでチームに良い変化が起きることもある。チームには**自分たちのほうも適応する必要がある**と理解してもらう。チームの構成が変わったら、これまでのやり方を修正して新メンバーを受け入れなければならないこともある
- 逸脱行動が続くなら（また、チームへの悪影響が続いていたら）、人事やマネジメントやチーム自体を巻き込み、そのメンバーを他のより適切なチームへ**異動する**よう働きかける

あなたのチームにメンバー選択の権利があっても、決まったメンバーを受け入れざるを得なくても、新たなメンバーを加えて元のパフォーマンスを出すのは大きなチャレンジとなる。一時的な痛みがあってもやがて元に戻せると関係者全員が知っているだけでも、変化をより早く、容易にできることだってある。

Chapter 22

22 章

Sprint Emergency Procedures
スプリント緊急手順

　子供の頃から大好きだったテレビ番組に『特攻野郎Ａチーム』がある。お気に入りはハンニバル・スミスだ。彼に「計画が見事に実行されるところを見るのが好きだ」という名言がある。僕もだ。スクラムを僕が好む理由も、きっとそのあたりにある。

　でも、時には、どんなにがんばっても、計画通りにいかないこともある。うまくいかなかったときのことを考えていなかったら、ミスター・Ｔと同じく、僕も、「愚か者でかわいそうだ」と言いたくなる。この章では、スプリントがうまくいかなかったときの緊急手順について説明する。最後の手段としての、スプリントの中止も含めてだ。

1. 物語　　　　　　　　　　　　　　　　　　The Story

　マイクは部屋に入ってくると、チームを緊急会議に招集した。「みんな、悪いニュースだ。噂は本当だった」マイクが口を開いた。「うちの部が、分割されることになった。今すぐにだ。分割の結果、僕は新しい部に移ることになる。みんなは、この部に残る。だからチームのほとんどが一緒にいられるわけだ。その点だけは、いいニュースだな」

　チームメイトは目に見えて意気消沈していた。課題や問題にあたったときに、マイクはいつも良いアイデアを出してくれていた。マイクはチームの成功の重要な部分を担っており、簡単に置き換えられるような人材ではない。

　「それはすごく悪いニュースだ。マイク」ビリーが言った。「君がいなくなったら、今までと同じようにはいかないだろう。どうやってやっていけばいいかわからないよ」

　「そうだな」マイクが言った。「『今すぐに』というのは文字通りの意味なんだ。対策を急いで考えないといけない。荷物をまとめるために戻っていいと言われたけど、明日には引っ越しの業者がやってきて、別のビルに移らないといけない」マイクも心底がっかりしているようだった。

　「なんだって、**今日**で最後っていうこと？」ビリーが尋ねた。

　マイクはうなずいた。

　「いったいどうしたらいい？」マークは言った。「ちょうどスプリントの真ん中だし、プロジェクトはどうなるんだ？」

　「正直、わからない」マイクはあきらめ気味のようだ。「ゆっくり移行する方法を考えていたんだが、突然おしまいということになった。みんな居る前で、ジェネラルマネージャに詰め寄り

264

たくもなかったしね」マイクは言った。

「そうだな、適当なルートでお願いすれば、考えを変えられるかも」ビリーが言った。「そうだ、マーク、マイクが荷物をまとめている間に、なんとかしちゃおうぜ」

2人は、グループマネージャのパムに相談した。彼女は2人のジレンマに理解は示したものの、遅らせるのは無理だと言った。

「じゃあ、このスプリントをどうするか考えないといけない」ビリーは言った。「4週間のスプリントが半分終わったところだ。マイクがいる前提でコミットしたけれど、いなくなったらすべて達成するのは無理だ。スプリントを何週間か延長して、なんとかする時間を稼ごうか？」

「タイミングが悪いのはわかってる」パムは言った。「ただ、組織全体で考えたら、この組織変更は、今すぐ実行するのが一番筋が通っているのよ。だから、みんなはなるべく早く対応して、元のペースを取り戻すようにしてほしいの。いらだつのもわかる。私にも同じような経験があるのよ。そのときにはゴールを達成するために、私たちの仕事の構成を見直し、どうゴールを達成するのか確認した上で、スプリントを成功に導ける異なる方策を見つけ出した。これもある意味、障害を取り除くことよ。やり方は他にないかしら？　スプリントを完了して成功と呼べるやり方は？」

「他の？　何も思い浮かばないよ」ビリーが言った。「スプリントゴールを確認して、ストーリーを調整して同じ結果を残せないか、調べてみよう。手戻りとリファクタリングが増えるだろうけど、やれる方法はあるかも」

マークは、座ったまま考え込んでいる。

「どうかなあ。調べてもいいけれど、このスプリントは元々かなり切り詰めてるだろう。マイクがいる前提でも。パム、マイクがいなくなるのは大変な障害だし、この先どうするかも考えないといけないよ。調査には時間がかかるし、解決策は見つからないかもしれない。その間も遅れが広がっていくしね。助けを呼ぶのが一番じゃないかな。つまり、外部から誰かに来てもらって、一緒になんとかスプリントゴールを達成するんだよ。パム、誰か空いていそうな人はいないか？」マークが尋ねた。

「いたらよかったんだけど。全員にとって今回は驚きだったから。先週ジェネラルマネージャと喋ったときは、移行はゆっくりやる予定だとのことだった。ところが昨晩になって、トップからの直接指示が出たのよ」パムは説明した。

「ハビエルはどうだろう？　彼の助けを呼べない？　あとアマンダは？　2人とも経験があるし、チームによく合っていると思う」ビリーが言った。

「ちょっと考えさせて。現時点で、私たちと同じような状況に陥っていないチームは他に1つもないと思う。外部から助けを得られるとは考えにくいということにしておきましょう。スプリントゴールを達成する他の方法を探さないといけないわ。他にアイデアは？」パムは尋ねた。

「そうだな。スコープを削ることもできる。スプリントバックログからストーリーをいくつか減らして、プロダクトバックログに戻す。ステークホルダーはいらつくだろうな。とくにあのグ

ループは。このスプリントで沢山の機能追加をすると何ヶ月も前に約束しちゃったから、それを蒸し返すのは無理だ。殺されちゃうよ」マークは言った。

「僕もそう思う。今のスプリントバックログからスコープを削るのは簡単じゃない」ビリーが言った。「今回のストーリーは影響範囲が広いから、削除すれば着手済みのストーリーまで影響が出る。ほとんど完成しているのに、削除するストーリーに依存しているせいでレビューから外さざるを得ないのは、嫌だなあ」

「じゃあ、スプリントをキャンセルするしかないわね」パムが宣言した。

「キャンセル？」ビリーとマークが同時に言った。

「そう。キャンセル。もしくは中止ね。スプリントのキャンセルはよくあることじゃないけど、今回は当てはまる。スプリントゴールを無効にする、もしくはチームのスプリントゴールの達成が不可能になるビジネス上の変更があったとき、キャンセルする。私たちの状況は、これにあてはまる。適切な唯一の選択肢ね」

「チーム内の関係は全部変わっちまった」ビリーが独りごちた。「マイクが担当してたタスクだけじゃないんだ。彼なしでどうやるかを考えないと。このような変更がチームとプロジェクトにどんな影響を与えるか、上層部に見せつけてやりたいよ」

「そうだな」マークが言った。「ビリーの言うとおりだ。マイク担当のタスクや、そもそもマイクだけの問題じゃないんだ。プロジェクトの最中にチームを混乱させればコストがかかる。マイクなしで、どう効果的にやっていくか学ばないといけない。完全にリセットするんだ。コードベースをこの前のスプリントの完了時まで戻して、計画づくりからやり直しだ。ミーティングもすべて再スケジュールしないと」

「そのとおりだな」ビリーが言った。「そのことは忘れてたよ。みんなが失うもの以上の価値が、会社にとってあればいいんだけどね。ベロシティが元に戻るには何ヶ月かかるだろう」

「そうね。短期の痛みが、長期のメリットにつながることを祈りましょう」パムが言った。「でも、やることはたくさんあるわ。プロダクトオーナーと話をして、状況を説明しなきゃ」

2. モデル　　　　　　　　　　　　　　　　　　　　　*The Model*

スプリントの中止はおおごとだ。意図してそうなっている。本当の異常時にしか使われないし、常に最後の手段だ。物語では、ビリー、マーク、パムが4つの選択肢を検討した。ジェフ・サザーランドが**スクラム緊急手順**と呼ぶものだ。ベトナムに偵察機パイロットとして従軍していたとき、ミッションのときにはいつも足に緊急手順をくくりつけていたという話を、ジェフから何回も聞いた。スクラムチームにも似たようなチェックリストがある[※参22-1]。

スプリントゴールを達成するためのチームの能力に影響がある、想定外の事象が発生した場合、チームには4つの選択肢がある：

第3部 救急処置

1. 障害を取り除く
2. 助けを得る
3. スコープを減らす
4. スプリントをキャンセルする、中止する

　チームはまず、最初の2つの選択肢を試さなければならない。スコープを削るのは、そうしないとスプリントのキャンセルが避けられない場合の、最後の抵抗であるべきだ。でも、どれも無闇にやるものではない。これは交渉だ。上の手順が上手くいかなければ、次の手順はより厳しくなるようにできている。それぞれの手順についてよく話して、一生懸命になって選択肢を探そう。チームが困窮していることを忘れないように。メンバーはプレッシャーのせいでちゃんと考えられなくなっているかもしれない。チームが選択肢を見つけるために努力している間、メンバーの間で、プロダクトオーナーとの間で、マネジメントとの間で、コミュニケーションを取るよう促そう。チームのプロダクトオーナーも（あるいは他の誰でも）、孤立した状態で決断を下すべきではない。リスクと影響範囲について議論し、選択肢を見つけるためにできることは何でもしよう。スプリント中止は、最終手段であり、船が沈没してしまうというレベルの状況でのみ使われるべきである。キャンセルは、**常に**最後の選択肢であるべきだ。

2-1. 障害を取り除く

　スクラムでは、スプリントゴールというものを設定する。スプリントゴールは、**性能を改善する**、**追加の支払い機能を実装する**のように、包括的な場合もあるし、**顧客がAmerican Expressカードを使えるようにする**のように具体的な場合もある。どの障害を取り除けばスプリントゴールを達成できるだろうかという方向性で考え、課題を分析し、問題を解決するアイデアを集めるのに集中する。障害は、「ビルドマシンが壊れている」のように簡単なこともあるし、「分散チームの間で能力が偏っている」ように非常に複雑な場合もある。課題の種類にかかわらず、可能な限りチーム全体で協力して、障害を取り除いたり、障害の影響を打ち消す方法を考えよう。

2-2. 助けを得る

　この選択肢は、わかりやすい。チームがバックログを完成させることができず、回避策も見つからないなら、助けを呼ぶ。
　困難な場合には役立つが、問題もある：

・**助けに来る人は、チームの一員にはならない。**新人が1人、1スプリントだけ参加しただけでも、チームに混乱をもたらす。

267

22章　スプリント緊急手順

・そのスプリントのチームのベロシティは、不自然に大きくなってしまう。ストーリーは、チームのコアメンバーではなく、外部の人や、チームコンサルタントによって完成されたからだ。

このような問題に対応する最良の方法は、コミュニケーションだ。プロダクトオーナーに、あらかじめ何をやるかを知らせておこう。プロダクトオーナーに、このスプリントでベロシティが上がったとしても、将来のスプリントでそのままにはならないことを知らせておこう。チーム外のメンバーが仕事をすばやくできるように手助けし、チームのメンバーも何を作っているか、どうやって動くかを知っておこう。ペアリングはよい方法だ。ペアリングできない場合も、他の方法で知識を共有しておこう。

2-3. スコープを減らす

チームは、安易にこの選択肢に飛びつくことがある。簡単だからだ。スプリントバックログは、コミットメントではなく予想にすぎないと言う人もいる。チームがプロダクトオーナーに、これくらいの機能をスプリントで実装できますと言うのはすなわち、プロダクトオーナーとステークホルダーへのコミットメントであると、僕は堅く信じている。彼らも、スプリントが終わったとき機能をリリースする必要があるかもしれないのだから。

スプリントバックログの完成に失敗し、スコープを削減すると、信頼関係がむしばまれる。チームの中で、プロダクトオーナーと、ステークホルダー、顧客のグループと信頼関係を築くのは、ただでさえ簡単ではない。そこへのダメージは、仮に小さなものでも、信頼関係を大きく揺るがせることもある。スコープ削減がしょっちゅう起こるようだと、関わる全員が、チームの開発能力を疑わざるを得なくなる。

バーンダウンチャートには、スコープ削減がはっきり表れる。図22-1に、スコープ削減の結果、残作業が大幅に下がっているのがわかる。バーンダウンに合わせて累計流量グラフを使っている場合は、対応する残作業が減っているのがわかる。

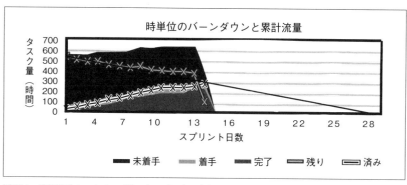

図22-1　累計流量フロートバーンダウンチャートの組み合わせ

第3部 救急処置

2-4. スプリントをキャンセルする

ステップ1から3までがうまくいかなかったり、選択できない場合、もうどうしようもなく、リセットするしかない場合、スプリントをキャンセル・中止できる。戦闘機乗りの場合は、緊急脱出を意味する。飛行機は墜落して炎上してしまうが、自分は落下傘でゆっくり地上に降りられる。これと同じように、スプリントの中止も軽く考えるべきものではない。スクラムガイド（※参22-2）には、スプリントをキャンセルできるのはプロダクトオーナーのみであると書かれている。しかし、僕は、プロダクトオーナー、チーム、ステークホルダーを含めたチームの総意で判断されると思っている。

スプリントの中止にはコストがかかる。すべての仕事はストップする。失われるものもあるだろう。すべてのミーティングはキャンセルされ、新たなスプリントのためのミーティングが改めてスケジュールされる。新たなスプリントのスプリントプランニングはすぐ実施しなければならない。影響を受ける人にはすべて、キャンセルが知らされる。チームはスプリントを新しく始める。

僕のやっているルールでは、チームはコードベースもリセットする。直前のスプリント（うまく完了した最新のスプリント）完了時の状態まで、コードをロールバックし、そこからやり直す。なぜか？　スプリントがキャンセルされるまでに書かれたコードは使えるかもしれないものの、キャンセル時点では、コードが使えるかどうかチームにはわからない。それゆえ、途中まで書かれたコードが堅牢で、理論的にはビルドに利用できるとしても、完成していた最後の状態まで戻ってやり直すのが一番良いのだ。プロダクトオーナーに受け入れてもらう目途もなく、スプリントゴールとも紐付いてしまっているコードは余分なゴミであり、削除するのがよい。仕掛かりをキレイにして、最初からやり直すのは、中止のコストの一部だ。

異常事態が発生し、チームがスプリントゴールを達成できなくなったとき、チームやマネジメントはスプリントをキャンセルできる。変化の激しい業界では、ビジネスの外部の変化が、スコープの大きな変化を引き起こす（もちろんそのような場合チームは1週間などの短いスプリントを使うべきだが、そうでないチームもいる）。第三者との契約の変更、資金の枯渇、顧客からのスコープ変更要求なども、スプリント中止の理由になるだろう。

いずれにせよ、スプリントの中止は、チームの士気をそぎ、ベロシティを下げる。ステークホルダーとチームのケイデンスを乱し、完成予定日や予想もずれることになる。スプリントが中止された理由について、追加のコミュニケーションも発生する。チームは新しい計画づくりミーティングから始め、新たなスプリントバックログを作り、ゴールとコミットメントを設定する。ベロシティの予測をする必要もあるかもしれない。

スクラムのプロジェクトを何年もやってきたが、スプリントを中止する必要があったのは、ある1つのプロジェクトで一回だけだ。なぜかって？　組織変更の結果、チームメンバーの1人が突然異動になったからだ。不快だし、楽しくもなかった。ステークホルダーは怒っていた。それでも、プロジェクトのためにはスプリントの中止が最良の選択肢だった。

269

3. 成功の鍵　　　　　　　　　　　　　　　　　*Keys to Success*

　緊急手順の説明をしながら、成功の鍵を語るのは難しい。どの選択肢も痛みを伴う。ただ、
いくつかのルールの従えば、痛みを最小限にできる。

- **コミュニケーション** —— いくら強調をしてもし足りない。スクラムの価値が生かせるのもここ
  だ。困難を伴う仕事を進めるには勇気が必要だが、コミュニケーションが必要だし、しかも頻繁
  に必要とされる。
- **落ち着く** —— うまくいかないとき、パニックを起こさないのは難しい。スクラムマスターとして、
  プロダクトオーナーとして、あるいはチームメンバーとして、顧客やステークホルダーの反応を
  マネジメントしなければならないことを忘れないでほしい。正しい道を行き、スクラムの価値
  を説明するチャンスにしよう。スクラムであれば、選択肢と柔軟性が手に入る。短いサイクルの
  ため、正しい道にすばやく戻れる。たとえスプリントの中止のような壊滅的なことが起こった
  後だとしても。
- **集中する** —— 後ろではなく前を向く。スプリントを片付けて、やるべきことを淡々とやるよう
  集中する。あなたの反応が、他の人の反応を決める。起きてしまったことにぐずぐず言うのを
  やめて、前向きに取り組んで見せれば、他の人もきっと同じようにやるようになる。

Part 4
Advanced Survival Techniques

第 4 部
上級サバイバルテクニック

Chapter 23
23章

Sustainable Pace
持続可能なペース

「**私たちのチームは持続可能なペースで働いています**」よく耳にすることだろう。でも本当のところ、どういう意味なんだろうか？ すべてのチームが達成すべき標準ペースがあるのだろうか？ たとえ話をしよう。妻も僕も走るのが趣味だ。妻の持続可能なペースは１マイル７分半だ（時速約14km。１マイルは約1.6km）。僕のは、１マイル９分半（時速約10km）といったところか。２人とも、自分のペースでなら何マイルも走り続けられる。だが僕が妻のペースで走ろうとしたらどうだろう。１マイル７分半だ。長く続けたら、きっと身体の調子が悪くなる。僕も、妻のペースで走れるようにトレーニングすべきだろうか？ それとも今のままでもいい？

会社における持続可能なペースとは、何を意味するのだろう？ チームの持続可能なペースが遅すぎて、会社のゴールを達成できなかったら？ チームに限界まで頑張って完成するよう依頼すべきだろうか？ 限界**以上に**頑張るべきだろうか？

持続可能なペースとその意味をよりよく理解するために、大規模なソフトウェア会社で働く有能なプロジェクトマネージャ２人の例を見てみよう。１人目は、ヒューゴ。スクラムプロジェクトで、スクラムマスターとして働いている。２人目は、ジョアンナ。従来の方法で運用されているプロジェクトでプログラムマネージャを務めている。

1. 物語
The Story

「もうイヤよ！ ガマンならないわ！」ヒューゴのオフィスのドアの前でジョアンナが叫んだ。ヒューゴはジョアンナに座るよう促しつつ、これで何回目だろうと思った。

「ぜんぶ抱え込むのはよしたほうがいいよ」ヒューゴが言った。「またプロジェクトで問題かい？」

「ええ、問題だけはいくらでもある。今回はステークホルダー。要件や受け入れ基準を明確にしようとするたび、いっつもはぐらかすくせに、大きなリリースごと、マイルストーンごとには、すべてきっちりと完成してあたりまえだと思ってる。ふらふらして20回も考えを変えるし、絶対確定しないんだから。やっと要件がまとまったと思ったら、新記録達成でもしない限り間に合わない時間しか残っていない。『最後に押し込もう』って言うのが大好きなのよ」ジョアンナが言った。

「で、これまでとは何が違うの、ジョアンナ？」ヒューゴがにっこりしながら言った。「まじめ

に聞いてるんだよ。助けたいとは思っているんだ。でも、どうやればいいかわからない。マイルストーンが来るたびに、君はこんなやり方でプロジェクトを回すのは正気じゃない、もう二度とこんなことは起こさないと言う。毎回、僕は賛成してるね。でも次のマイルストーンが迫ってくると、同じ状況、同じ問題が起きていると僕に言いに来るんだ。こんなふうに続けるべきじゃないけれど、**何か違ったやり方をしないかぎり続いてしまうよ**」

「いつも頼りにしていていいんでしょう？」ジョアンナは微笑んで言った。「そうね、あなたの言うとおり。同じことを何回も何回もやっているわ。最後の押し込み仕事が終わって、ちょっと休んだら、また馬車馬のように働く時間！ しかも、だんだん悪くなってる。今回は、もう毎晩残業しちゃってる。リリースまでまだ6週間もあるのに。前回もひどかったけど、真夜中まで残業だったのは3週間だけだった。それでいて、自分たちが誇れるような製品を世に出せているわけでもない。間に合わせの対応、バグ、問題は、積み上がる一方。いつ対応する時間があるっていうの？」ジョアンナはため息をついて、背もたれによりかかった。しばしうつむいたあと、ジョアンナは続けた。

「チームは私への信頼、チームメンバー間の信頼を失いつつある。辞めたいと思っている人は半数を超えているはず。**またしてもね**。どうしていいか全くわからないわ」

ヒューゴは立ち上がって、ホワイトボードに向かい、簡単なスケッチを描いた（図23-1）。

「ステークホルダーが問題なのは確かだ。でも、ここではチームの足を本当に引っ張っているものの話をしよう。君は一定のペースで仕事をしていない」ヒューゴは、図を指し示しながら言った。

「わかったかい。君はちょっと止まって怠けている。判断を待っているか、この前の大変な仕事からの再充電中か。で、その後しばらくはいいペースで仕事をする。で、あるとき突然ペースを急に上げて、そのペースを維持しようとする。違うかい？」ヒューゴが尋ねた。

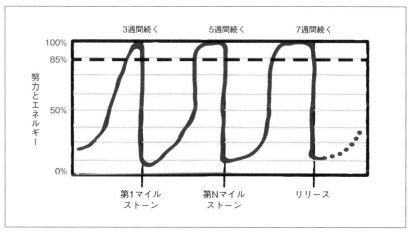

図23-1　ばらつくペースの山と谷

23 章　維持可能なペース

「まさにそんな感じ。今ちょうどペースを上げようとしているところ。週に60時間ね。マイルストーンになんとか達成したら、みんな壊れちゃう。週40時間オフィスにはいるけれど、実際に仕事しているのは20か30時間というところでしょう。次のマイルストーンが終わったら、燃え尽きから復活するのにおそらく4週間くらいはゆっくりしないと。完璧じゃないとはわかっているけど、他にやり方を知らないの。ペースは上げないといけないけれど、上がったら休みがいる」ジョアンナが告白した。

「ペースのばらつきのせいで、君たちは死にかけているんだ。ジョアンナ。残業が増えている理由の一部は、仕事のピークの間で休まなければいけない時間が長くなっているからだ。谷は深くなる一方だ。これは、悪いサイクルだよ。ずっと一定の継続可能なペースで働く必要がある」

「無理よ。谷の間に働こうとしても、ステークホルダーがそうさせてくれない。プロジェクトや、自分自身の身を守るために決断を遅らせようとするし」ジョアンナが皮肉っぽく答えた。

「無理なんかじゃないさ」ヒューゴがほほえんだ。「だが2つ条件がある。1つ目は、作業にすぐ着手できるところまでの準備ができていない要求を、受け入れずに拒否するというチームのコミットメント。判断が決まるまでは、スケジュールに入れない。受け入れ基準、アーキテクチャなどすべてね。言いたいことはわかるよ。これは簡単じゃない。ステークホルダー、ビジネスに現実を直視させ、彼らの非効率さが問題を引き起こしているんだと、理解してもらうよう仕向けるんだ。彼らは間違った安心感に騙されているんだ。なにをやったとしても、必要な機能は、必要なときにできあがってくるというね。決断しなくては必要なときに機能が完成しないんだと、彼らは学ぶべきなんだ。これは、君と僕で責任を持って一緒にやらないとね」ヒューゴは、ジョアンナを安心させようとしたが、彼女はとまどっているようだった。

「2つ目を聞くのが怖くなってきたわ」ジョアンナが言った。

「2つ目は、チームに壁を避ける方法を教えることだよ」ヒューゴが言った。

「何のこと？」

「何年も前、僕はフルマラソンを走ったんだ。覚えている？」ヒューゴが尋ねた。

ジョアンナはうなずいた。

「それで、実際に自分で経験するまったく理解できなかったコンセプトが、『壁』だった。はじめてのマラソンの前、自分では準備万端だと思ってた。トレーニングをしたし、新しい靴も用意したし、走る大会も選んだ。でも、ペースに集中することの重要さを理解していなかったんだ」

「続けて」ジョアンナが言った。

「僕の間違いは、ゴールタイムを考えていたところだ。中間地点近くになると、もっとスピードを上げないとゴールタイムに届かないことがわかった。そのときの状態はとっても良くて、息も上がってないし、筋肉もつったりしていなかった。それで僕はペースを上げることにした。それから8マイル過ぎたところで、問題が起き始めた。体調の悪化を感じた。いろいろ食べたり、飲んだりもしたけど、かえって気分が悪くなった。ゴールタイムの達成は無理だとわかっ

たけれど、とりあえずゴールしようと決めた。何回か止まって、ゆっくり息をして、心拍数を下げようとした。休むと楽にはなるけれど、再び走り出すと何分もしないうちに、走れなくなってしまう。その状態とずっと戦わないといけなかった」

「そして、ゴールの500m手前だった。壁にぶちあたったんだ。幻覚を見て方向がわからなくなった。嘔吐してへたりこんでしまった。立ち上がれなくなった。星が回っているのが見えて、自分ではまったく動けなくなってた。みんな見ている前で、ゴールももう見えているのに。そこに寝ている以外、何もできなかった。結局ゴールできなかったよ。その日の新聞を今でも持っている。ジムにいるトレーニング仲間からは、今でも毎年ネタにされるしね」ヒューゴが言った。

「つまり」ジョアンナが言った。「プロジェクトがマラソンだとしたら、私たちはゴールできないと言いたいの？ 愚か者が無駄なあがきをしているだけだと？」

「もっと悪いよ」ヒューゴが一呼吸置いた。「ステークホルダーが、プロジェクトの末期になるまで待っていて、それからひどい判断をする、って説明してたよね？」

「ええ」ジョアンナが答えた。

「最後の最後に要求が出てきて、それに関してチームで判断を下さないとならないとしよう。設計とかアーキテクチャとか。チーム、そして君は、そのときどんな気分？」

「ちゃんと検討する力はとても残ってないわね。とりあえず終わらせようとして、ひたすらこなすだけだわ」ジョアンナは苦渋の顔で答えた。「そんなこと考えたこともなかった」

「好き勝手なマイルストーンをなんとか達成しようとして、ペースを上げて、持続可能でなくなってしまうと、壁にぶつかることになる。ゴールの前にね。毎回だ」ヒューゴが言った。「僕と違って、ゴールにはたどり着くかもしれない。でも、結果は一緒。バグだらけのコード、不満な人びと、壊れたビルド、そして判断の間違い。覚えがあるだろう？」

「ありすぎるわ」ジョアンナが言った。「あと5週間これをやったら、マイルストーンがさらにあと5つある。全部片付くまで、拷問のような仕事が30-40週は最低続くということね」ジョアンナは頭を抱えた。「絶対に無理」

「その通り、君が正しい。今は不可能だ」ヒューゴが言った。「ここで、2つ目の話が出てくるんだよ。覚えてる？ 2つやらなければいけないことがあるということを。1つ目は、判断をしないことの痛みを、本来の場所、ステークホルダー自身に返すこと。2つ目は、チームが持続可能なペースを探すこと。しばらくそのペースでいけたら、それから速くなるトレーニングを始める」

「なんのことかわからないわ」ジョアンナは相変わらず苦渋の表情だ。

「僕の初マラソンはひどい結果だったけど、6ヶ月後にもう一回マラソンに出て、今度は完走した。目標タイムには届かなかったけれど、ずっと1マイル10分のペースで通した。限界を超えないようにしたから、ゴールした後も体調はばっちりだった。もちろん疲れてはいたけれど、コントロールできている範囲だったし、自分のパフォーマンスに満足してた。そしてまたレースに出たいと思っていた」

23 章 維持可能なペース

「つまり、いいペースを自分で見つけて、スプリントの間ずっと、さらにプロジェクトが続く間もそのペースを堅持しろ、そういうこと？」ジョアンナが尋ねた。

「そうだ。でもそれだけじゃない。僕の最近のマラソンのタイムを知っている？」

ジョアンナは首を振った。

「3時間ちょうどだ」ヒューゴが言った。「ペースは、1マイル7分。2回目のマラソンのときより3分速いし、最初の目標ゴールタイムよりも2分速い。トレーニング、練習そして規律。それで僕は持続可能なペースを、はじめは絶対に無理だと思うペースよりさらに速くすることができた。ジョアンナ、最終的にはペースが持続可能かどうかが問題ではない。製品を届けるのが君の仕事だ。そして、僕の2回目のマラソンと同じように、君の今の持続可能なペースは、会社の目標には届くほど速くはない。数年前に気づいてから、僕は自分たちの持続可能なペースを上げることにした。スクラムとXPの技術プラクティスをチームで使うようになった。イテレーションを短くして、継続的インテグレーションを行い、テスト駆動開発、ペアプログラミングなどで、パフォーマンスを改善してきた。これは、君にもあてはまるんじゃないかな。君のチームがアジャイルプラクティスを理解し、どのように状況を改善できるかを学ぶ。自分の進捗、問題への対応を計測して、そして自分のエネルギー維持できるようにしたほうがいい。それにステークホルダーが君の状況を理解し、考え方がそろうようにしておいたほうがいい。マイルストーン直前に対応しなければいけない、火事の数を減らせる」

ヒューゴは、説明がしっかり理解されるのを待ってから言った。「じゃあ、準備はいいかい？いける？」

ジョアンナはほほえんだ。「いまの状況よりは、何だって良くなるわ。やり方を教えて、強いマラソンランナーさん」

彼らは、マインドセットと習慣を変えるという困難な仕事に一緒に取り組んだ。最初にやったのは、プロジェクトを中断して、新しく始め直す許可をマネジメントから得ることだった。スクラムを使い始めた。ステークホルダーにはこなすべき役割を伝え、プロジェクトが予定通り進むために何をしないといけないのか理解させた。彼らは、チームにゆっくりと技術プラクティスを導入し、だんだんと効果的なユニットにしていった。最終的には、ジョアンナのチームは、自分にとってちょうどいい持続可能なペースを見つけた。それは、会社のニーズを上回っていた。

2. モデル　　　　　　　　　　　　　　　　　　　　　　　　*The Model*

物語のような状況は、けっして特殊ではない。ヒューゴとジョアンナが経験したように、特に伝統的な開発環境においては、チームが燃え尽きてしまうというシナリオがとても多い。近代的な開発手法が普及するにつれ、過去10年間でだいぶ減ってきたと思うが、今でも僕の顧客の半数以上は、自分たちに可能なスピードを超えて長期間にわたって働き続けている。血も

涙もない会社というわけではない。ジョアンナと同じように、従業員にはよい職場環境を提供したいと考えている。でも、マイルストーンに向かって従業員を酷使する以外に、目標達成の方法を知らないんだ。結果として、離職率は高まり、プロダクトはバグだらけで、顧客を失ってしまう。

　スクラムをやったところで、この問題が魔法のように消えてしまうわけではない。スクラムを初めてやるチームは、スプリントの中で燃え尽きと回復の同じパターンを繰り返す。4週間のスプリントの場合、はじめの1週間はゆっくり、続く1～2週間はできる範囲ギリギリで働く。そして、スプリントゴールを達成できない危険性が見える最終週は、可能な範囲を超えてを超えて働くことになる。

　物語では、ジョアンナのプロジェクトには山と谷があることを、ヒューゴが強調していた。谷ではチームは回復期であり（生産的ではない）、山ではチームは過労期である（過負荷）。このパターンを、図23-2に示した。

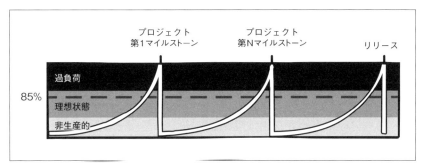

図23-2　ソフトウェア開発サイクルのマイルストーンにおける山と谷

　より伝統的なソフトウェア開発プロセスでは、チームはマイルストーンを達成しなければならない（コーディング完了、テスト開始、ベータリリースなど）。マイルストーンは縦線で示されている。スクラムをやっているチームの場合は、縦線はスプリントの完了を示すことになるだろう。

　マイルストーンを達成したり、スプリントレビューが完了すると、チームが非生産的な状態になる点に注意してほしい。それからしばらく理想の効率で働いた後、次のゴールを達成するため生産性を上げようとして、過負荷になる。目標が達成されると、再び非生産的な状態に戻ってしまう。そこでチームメンバーは息をついて、次の加速に備えるのだ。最初の何サイクルかは、チームが痛みを感じることはあまりない。非生産的な状態、過負荷な状態よりも、理想状態で働いている時間が2倍はあるからだ。図23-3に、12週間のマイルストーンでの初期のサイクルの分布を示している。

　しかし、マイルストーン（もしくはスプリント）が進んでくると、分布がずれはじめる。バグ報告や仕様変更要求が積み上がり始める。チームは開発ペースを維持しつつ、問題の解決や変更

23 章　維持可能なペース

要求の対応をしようとするため、負荷が上がっていく。まもなく、チームは過負荷で働く期間が長くなり、回復のために必要な時間も長くなってくる。理想状態で働ける時間は短くなっていく。

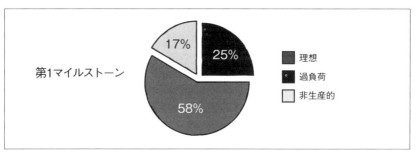

図23-3　スプリントでの時間の割合

チームは、ほどなく悪循環に捕われる。過負荷で働く時間が長くなるほど、回復にかかる時間は長くなる。回復に長い時間を要するほど、燃え尽きを起こす過負荷状態で働く時間が長くなる。とくに、サイクルが1ヶ月以上の長さの場合はよく起こる。

僕自身のプロジェクトで計測してみたことがある。仕事が進むについれて、僕たちの計測結果も図23-4に近づいていった。

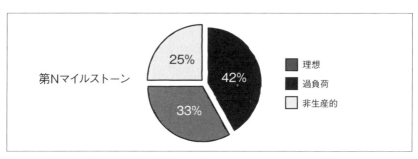

図23-4　過負荷状態が増え、理想状態が減る

それからは、サイクルにかかる時間が長いほど、このアンバランスが顕著になる傾向が一般的に見られるのがわかった。バランスが着実に悪化していくのがプロジェクトに（そして最終製品に）対していかに有害か理解するために、ヒューゴのマラソンの話をもう一度よく見てみよう。最初のマラソンでは、壁にぶつかった。身体的な疲労の限界に達し、走り続けられなくなった。長距離ランナーは、心拍をモニターしながら有酸素運動状態に保つことの重要性を知っている。有酸素運動の状態では、グリコーゲンを分解して糖をつくり、酸素と反応させてエネルギーを生成する。グリコーゲンが足りなくなると、今度は脂肪を燃やし始める。脂肪を燃やすと筋肉で乳酸も生成され、壁にぶつかることになる。有酸素運動の状態を保つには、心

拍を一定の範囲に維持し、エネルギーを一気に生み出すのではなく、継続的に生み出す状態を維持しなければならない。

心拍がある範囲（最大心拍の85％）を超えてしまうと、身体は無酸素運動をするようになる。グルコースを酸素なしで代謝するので、効率は非常に悪い。短期間の運動でエネルギーを爆発的に生み出すにはよいが、長期間の運動で、一定のペースでエネルギーを生み出すには問題がある。

ソフトウェア開発チームも、有酸素運動をしなければならない。一定のペースで働き、いつまでもエネルギーが枯渇しないように。生産性を過度に上げるように強制されると、エネルギーはすぐに尽きてしまう。結果として、すぐに疲れはじめ、判断ミスが増え始める。開発のための筋肉に乳酸が溜まり始めるのだ。まもなく疲れ果てて、止まってしまう。無理をする時間が長くなればなるほど、回復に必要な時間も長くなる。チームは、心と体に乳酸が溜まったように感じる。

有酸素運動の状態の一定のペースを維持するためには、スプリントの終わりもしくはマイルストーンまで、小さな山と谷を数多く続けていく必要がある。図23-5に、持続可能なペースを示す山と谷の例をしめす。このような状態なら、たとえ山と谷があったとしても、理想的なペースで働いていると言える。なぜなら、ストレスを感じたり、燃え尽きたりせずに、最も生産的な状態を保てるからだ。

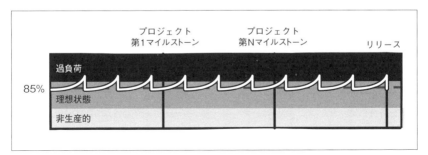

図23-5　同じマイルストーンだが提供が頻繁な場合

従業員を残業させ燃え尽きさせてしまうひどいペースから、理想的で生産的な継続可能なペースに移行するには、どうしたらいいだろうか？　物語をもう一度見てみよう。ヒューゴは最初のマラソンで、持続可能なペースを超えて走ろうとして燃え尽き、結局ゴールできなかった。でも、最近のマラソンでは、ゴールしただけでなく、1マイル7分のペースも達成している。このような改善は、決してまぐれではない。練習、トレーニング、規律、そして時間が必要だ。持続可能なペースで、しかも目標を達成しようとするなら、プロジェクトの運営でも同じような改善が必要だ。そのためには、イテレーションを短くし、一緒に働く時間を長くし、バーンダウンチャートをモニターして、スプリント中、一定のペースで作業を進めるようにしなくてはならない。

23章 維持可能なペース

2-1. イテレーションを短くする

　燃え尽きが起こっているとき、まずやるべきなのは、サイクルタイムを短くすることだ。プロジェクトをより小さい塊に分解して、機能をより頻繁にリリースする。スプリントの長さが1ヶ月なら、2週間にしてみよう。2週間なら、1週間に。一定のペースでエネルギーを使うのが、期間を短くすると、ずっと簡単になるのがわかるだろう。

　そうなる理由を探すために、図23-5の持続可能なペースをもう一度みてみよう。それぞれのマイルストーンの前（スクラムプロジェクトの場合はリリース前）に、複数の山と谷があることに気がつくだろう。でも山と谷は、ほぼ理想ペースの範囲におさまっている。イテレーションを短くすると、エネルギーを急に使うのも、それから回復するのも短くてすむ。スプリントレビューやふりかえりで、こまめに進捗をチェックし、調整される。心理学的には、チームに最初からゴールラインが見えていることで、ゴールに向けて集中するのは、はるかに簡単になる。短いイテレーションは、持続可能なペースの心拍なのだ。

　短いスプリントで働くということは、ストーリーを細かく分解し、長く続けてきた習慣を変える必要がある。でも、これには持続可能なペースだけでなく、さらにいろいろなメリットがある。より頻繁な顧客からのフィードバックなどだ。タスク分解のためのテクニックやメリットについては、第12章「ストーリーやタスクを分割する」を参照してほしい。

2-2. バーンダウンチャートを監視する

　シュエイバーとサザーランドによる『スクラムガイド』の2011年版では、バーンダウンチャートは、スクラムに必須の成果物ではないとされた[※参23-1]。それでも僕は、チームが備えるべき必須のツールの1つだと思っている。バーンダウンチャートから、プロジェクトの進捗を測るための多数のヒントが得られる。全体を示す標準的なバーンダウンチャートが1つあればいい。図23-6のようになるだろう。

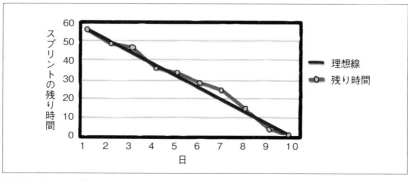

図23-6　良いバーンダウンチャートの例

チームが過負荷の状態になると、バーンダウンチャートはまったく違った様子になる。しばらく活動が停滞していた（チームは回復状態）と思ったら、完了する仕事が急激に増え、ラインが急降下する（過負荷状態）。この状況を図23-7に示す。

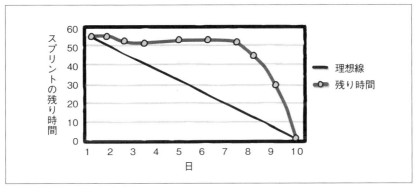

図23-7　悪いバーンダウンチャートの例。最後に全部やろうとする

はじめはゆるやかでスプリントの終わりに急激に下降するバーンダウンは、チームがスプリントの最後に仕事を押し込もうとしている現れだ。メンバーの1人が仕事を抱え込んでいるからかもしれないし、タスクのサイズが不適切なのかもしれない。チームメンバーがスプリント中に集中できていないのかも。もちろん、複数の組み合わせのこともある。スプリント後半の急降下を評価する時間をとって、一歩一歩修正していこう。

2-3. チームの時間を増やす

第10章「コア時間」では、チームのコア時間がいかに大事か、どうやってコア時間を確保するかについて学んだ。コア時間をチームで維持するのは、持続可能なペースを保つためにも欠かせない要素だ。チームメンバーはある程度の時間を同じ場所で過ごす必要がある。距離が増えると、たとえば廊下を隔てるだけで、注意が削がれてしまう。注意が削がれるとコミュニケーションが減る。適切なタイミングで情報共有がなされないと、スプリントに終わりに向けての急降下につながる。独りで働いていると、簡単に他のタスクに気がいってしまう。チームで働くのが1日に4時間あるのは、2時間よりよい。可能なら6時間だっていい。

第9章「なぜスクラムでエンジニアリングプラクティスは重要なのか」で、いかにエンジニアリングプラクティスが重要かを理解した。ペアプログラミング、TDD、継続的インテグレーションが、いかにチームの能力に貢献するか。技術プラクティスは、持続可能なペースの礎石でもある。プラクティスの利用を習慣にすれば、完成させなければならないストーリーにチームが集中できるようになるからだ。

分散チームでの場合は、物理的なスペースの足りない部分を、バーチャルで補う。ウェブカ

メラを繋ぎっぱなしにしたり、リモート会議用の電話機を用意したりする。分散チームでは、チームメンバー間の情報ロスを防ぐため、よいエンジニアリングプラクティスやペアプログラミングセッションが欠かせない。

　持続可能なペースは、チームの燃え尽きリスクを防ぎつつ、理想的な生産性を達成する最良の方法である。でも、持続可能なペースを計算する方程式は提示できない。あなたが、あなたのチームと話さなければならない。スプリント中、プロジェクトの期間中のいろいろな時点で、チームメンバーがどのように感じているかを確かめよう。デイリースタンドアップの発言をよく聞いて、誰かが燃え尽きそうじゃないか、スプリント後半に無理しようとしていないか手がかりを探そう。壁にぶつかるのを防ぐ最良の方法は、チームのペースを注意深く観察し、チームで働く時間を増やし、イテレーションを短くすることだ。

3. 成功の鍵 *Keys to Success*

　効率性を追求するあまり、組織は効果的であることの意味を忘れがちとなる。デマルコの言葉が的確に示している。「無駄を最小限にすれば効率的。正しいことをやっていれば効果的（※参23-2）」。同じ本の中でデマルコは、効果的な組織は目標に向かって働くと述べている。ときにはゆっくりと。効率的な組織は、効率的であろうと集中するあまり、間違った方向に行っていても気づかないことがある、そうも言っている。

　物語では、ジョアンナのチームは効率的であろうとして、効果的でなくなってしまった。チームに過負荷をかけると、チームと顧客が不幸になるだけだと認識するのが、長期の成功をもたらす戦略を採用するための第一歩だ。

　そうした戦略の1つに持続可能なペースがある。持続可能なペースとはチームメンバーが毎日毎日、だいたい85％の力で働くようコミットするというものだ。そのような高いレベルで持続的に働くには慣れがいる。とくに極端な過負荷と、それに伴う休みを繰り返してきた人にとっては。自分のスプリント中の働き方を変えなければならない他に、チームのペースを乱す組織的な問題に対処する必要もおそらくあるだろう。チームを維持する期間、パートタイムのメンバー、非現実的な目標などだ。

　まず組織として理解すべき考え方がある。チームが理想的なレベルで働けるようになるまで、混ざり合うための時間を与えなければならないのだ。通常、チームはプロジェクトが始まると招集され、終わると解散してしまう。マネジメントは、プロジェクトの最初から高いレベルのパフォーマンスを期待する。チームが能力を発揮できる時期になる頃には、プロジェクトは終わり、チームは解散してしまう（チームのパフォーマンスの4つのステージについては、第20章「新しいチームメンバー」を参照）。最良のチームは、複数のプロジェクトを経験し、仕事のやり方の関係、つながりを強化する時間を持てたチームだ。

　チームがパフォーマンスを出すのを妨害する次の問題は、チームメンバーの集中を分割して

しまうことだ。生産性を高めるには、チームメンバーは他のことにわずらわされずに、手元の
タスクに集中できる必要がある。手元のタスクのみに。マラソンを走るには、一心不乱に自分
の体、心拍、エネルギーレベルを考えなくてはならない。ほかのことをあれこれ同時にやりな
がら、マラソンを走ったりはしない。それにも関わらず、チームメンバーに他のプロジェクトを
パートタイムで支援するよう依頼したりしていないだろうか。それは集中を削ぎ、パフォーマ
ンスを低下させているのだ。

　最後の成功への鍵は、会社の目標に関わるものだ。チームの生産性の向上には限界がある。
どんなに速いランナーだって、26マイルを26分で走ることはできない。会社が要求する仕事
を全部やろうとすると、チームに不可能なペースを要求する状況になっているとしたら、マネ
ジメントのため、状況を見えるようにする必要がある。ベロシティを追跡し、チームが高い生
産性の状態になったときに、どれだけのことができるかを、バーンダウンチャートを見せて説
明しよう。他の会社が、どんなことを達成しているか調査して、データを集めよう。会社の内
外の有能なリーダーを呼んで話してもらったり、地元のコミュニティのイベントに参加したり、
本を渡したり。マネジメントの教育に助けになることは、何でもやろう。

　ソフトウェア開発はチームスポーツだ。リーダーからの一貫した方針が、想定外を避け、顧
客を満足させ、そして最も大事なこと、チームの燃え尽きを防ぐ。

Chapter 24 / 24章

Delivering Working Software
動作するソフトウェアを届ける

「スプリントの終わりに動作するソフトウェアを届けるなんて無理だ！」こんな言葉を僕は
よく耳にする。たいていはスクラムをやったことがない人の声だ。なぜそう思うのか尋ねると、
こんな答えが返ってくる。「1年ですらリリースできていないのに、30日で届けるなんて無理
だよ！」

以前は僕だってそう信じていた。このどうやっても無理な感じを、僕はチームのモチベー
ションアップに使う。不安感をエネルギーに変え実現性を証明するのに使うんだ。ひとたび
チームの思考が切り替われば、スプリントごとに動作するソフトウェアを届けられるようにな
る。ここでは、イテレーティブなやり方が向かないと思われたシステムで、出荷可能なソフト
ウェアというゴールに近づく方法を見つけたチームを見てみよう。

1. 物語 *The Story*

ポールのチームは自動車工場の受注管理システムを開発している。ポールはスクラムとXP
を使ったプロジェクトにいた経験があるが、他のチームメンバーは経験したことがなかった。
チームは4つの目標を設定した。

- コーディング標準の順守
- きれいな、保守性の高いコードベース
- チームの知識構築
- スプリント終了ごとの出荷可能なソフトウェア

最初の3つの目標については、スムーズに計画ができた。ところが4番目の目標、スプリント
ごとに本当に動作するソフトウェアを作る話になると、問題が持ち上がった。

「よくわからないぜ」マットが言った。「かろうじて出荷可能なものを作るまでに、何スプリ
ントか必要だろ？ 他のチームは本当に最初のスプリントから作ってるのか？」

ポールはうなずいた。出荷可能な状態を保つにはどうすればいいか、ポールはわかっていた。
しかしチームをその気にさせるため、他のメンバーを説得しないとならないのも承知してい
た。どう説明すればいいか少し考え、このプロジェクト特有の細かい話をせずに済む、簡単な
例を話し始めた。

第4部　上級サバイバルテクニック

「今の質問に、別の質問で答えさせてほしいんだけど。プレゼンテーションソフトウェアの目的は何だと思う？」

ポールは何を言い始めたんだ？　と他のメンバーはお互いの顔を見合わせた。

「さあ、誰か答えて？」

「たぶん、会議でスライドを表示するためじゃないですか」ダレンがためらいながら答えた。

「そう！」ポールは答えながら、プレゼンテーションソフトを立ち上げて見せた。「こんな感じでスライドを見せながら人と話すことが目的だよね。このスクリーンか、他のディスプレイかはわからないけど。ここまではいいかい？」

チームは戸惑いながらうなずいた。

「じゃあ、1つだけ挙げてほしいんだけど、なにがあればいまの目標を達成できる？　間違いなく、いつでも、無条件で動かないといけないのは何だろうか？」

「スライド表示だ、いま言っただろう」マットが言った。

「でもスライド表示だけじゃないよね……他にない？」とポールはたずねた。

「使えるようになるには、コンテンツを追加できないとダメですよね」ダレンは白紙のテンプレートを指さしながら答えた。

「そうそう。だからスライドを作り、表示する機能が必要なんだ。同意してもらえるかな？」

チームはうなずいた。

「アニメーションは必要ない？」ポールはたずねた。

「あなたには必要ですよ。あなたのスライドって、アニメーションがないと眠くなっちゃいます」ダレンが言い、チームは笑った。

「わかったよ。だけど真剣に考えてほしいんだ。アニメーションや音声が鳴らせる機能は本当に必要かな？　画像とか背景とか、複数のフォントを使えるのはどうだろう？」ポールは重ねてたずねた。

マットがぶっきらぼうに答えた。「必須の目的がスライドの表示だけなら、他の要素はいらないさ。何が言いたいんだ？　俺たちはプレゼンテーションソフトを作るんじゃないんだぞ」

「その通りだね。これから僕らのプロジェクトをどう進めるか考えたいんだ。それにはまず、目的を達成する最小限の機能を考える。プレゼンテーションソフトの例で考えれば、ユーザーはスライドを作れて、表示できればいい。テンプレートやアニメーション、複数のフォントは必要かな？　いらないよね。ギリギリの最低限の要求を考えれば、スライド1枚だけ、作って表示できることとなる。ここまではいいかい？」ポールはたずねた。

「まあそうですね。でも出荷できませんよね。誰も買いませんって！」ダレンが言った。

「そうだな。誰も実際に出荷するわけじゃないんだ。だから出荷可能って呼ぶんだろ？　まともに考えれば、最低限の機能しかないプレゼンテーションソフトをリリースするわけないぜ。機能が豊富な製品が他に沢山あるんだからな。売ろうと思うならもっと機能を追加しないとだめだ。それでも、出荷可能ではあるってことだろ」マットが言った。

「わかった！　そこから拡張して、機能も増やして、そのうち本当にリリースできるようにな

24章　動作するソフトウェアを届ける

るんですね。でも最初のままでも、理論的には出荷できるんだ。最低限の機能はあるんだから」ダレンは言った。

「そのとおり！　つまり僕たちのゴールは、まずコアとなる基礎的な機能をひと通り開発し、曳光弾[1]のようにシステム全体を貫いて動くようにしたいんだ。まずはコア機能をステークホルダーに見せて、フィードバックをもらおう。それから調整したり機能を1つずつ追加したりしていく。ゆくゆくは売れるような製品に育っていく。僕たちは機能追加を重ねていけるし、やがて売り出せる状態になったら実際にリリースすればいいんだよ」

マットが口を出してきた。「それで、俺たちとどう関係するんだ？　これから作るのは、プレゼンテーションみたいな単純なシステムじゃないぞ。受注の処理とモニタリングのシステムなんだ。連携先システムは20箇所、顧客も10種類以上いる。会計から配送、製造、そして営業。はるかに複雑なんだぞ！」

「そう。僕らのシステムはもっと複雑だ。だからと言って、同じやり方ができないことにはならないんだ。僕に提案がある。最初のスプリントで、システム全体を通り抜けるような機能を、ごく薄く切り出すんだ。システムのコアになる部分でないといけないし、ユーザーが何度も使うような機能にしたい。どんなストーリーが考えられる？」ポールは問いかけた。

「基本的な受注パスになると思います。注文を入れると、注文通りの車が、正しい場所に発送されるんですよ」ダレンが言った。

「もっとも一般的な車はなんだろう？」ポールはたずねた。

「標準構成のキャブシャーシ[2]じゃないかなあ」ダレンは答えた。

マットが割り込んだ。「ちょっと待てよ。こういうことか、最初に簡単なシステムを作る、標準構成の注文だけ受け付けるのか？　次は営業担当が、色を選んだり、エンジンを選択したりできるようにするってわけか？」

「そうそう！」ポールが答えた。「まずは最も一般的な流れがシステムを通るようにするんだ。キャブシャーシだけの受注だね。そして他のストーリーも追加して会社全体でできることを増やしていくんだ。色の選択、エンジンの変更。それに製造現場から状況を入力して、いつ完成するか配送担当に連絡する仕組みとかね。こういうもの、こういう可変箇所は、最初のコアのストーリーに依存している。どう？」ポールは言った。

「わかりましたよ」ダレンが言った。

他のメンバーもうなずいたが、マットだけは頑固だった。

「まだわからないぞ。なんでわざわざ、こんなやり方をするんだ？　普通にやればいいじゃな

---

[1] 訳注：曳光弾(tracer bullet)とは、発射すると発光し、どこに当たったか目で確認できる弾丸。「この手は新規プロジェクト、特に今まで構築されたことがないようなものを実現する場合に適用することができます。あなたは…暗闇の目標を狙わねばならないのです。曳光弾は…すぐに目標を捉えることができるため、…即座にフィードバックをおこなうことができるのです。…実用的に見ても比較的安価な解決策となり得るのです」(『達人プログラマーシステム開発の職人から名匠への道』アンドリュー・ハント、デビット・トーマス著　村上雅章訳　ピアソン・エデュケーション 2000年 p.48-49)

[2] 訳注：キャブシャーシとは大型トラック先頭の、運転席やエンジンなどを搭載した部分のこと。

いか。バックエンドの統合データベース設計と実装、統合コンポーネントを1つずつ開発して、最後にインターフェースを作ればいい」マットは言った。

「それだと、最初のスプリントでは何ができるんです?」ダレンが聞いた。

「ああ。そうだな、データベースの設計ならできてるんじゃないか」マットは少し自信なさげだった。

「マット、僕らは動作するソフトウェアを試そうとしているんだよね。条件は、出荷可能かどうかだ。ストーリーはいくら小さくてもいいんだよ」ポールが言った。

「ああ、そうだな。仕事を山ほど、後で捨てることになるんじゃないか? 最初のストーリーはやっつけで、モックが多いはずだ。モックは最終的な製品では使えないんだぞ。なんの役に立つんだ?」

マットの質問に、今度はダレンが答えた。

「僕のスクラムの理解が正しいとすると、ユーザーからフィードバックをもらうためにレビューがあるんです。ですよね、ポール?」

「その通り! フィードバックが一番重要なんだ。最初のストーリーをユーザーに見せよう。そこから、ユーザーと一緒に他のストーリーを決めていくんだ。顧客にとって価値が高いように、ストーリーを順番に並べるんだよ。エンジンの変更と色の選択は、どちらが重要だろう? 可変箇所は後から追加できるが、コアのストーリーに乗せていくものだ。動作するソフトウェアを見せながら、リアルタイムで顧客のフィードバックをもらえるね。可変箇所を小さく区切りながら進めるから、どのストーリーも小さくなって、テストも受け入れも簡単になる。そうして拡張していって、一連のミニマル・マーケタブル・フィーチャー(MMF、詳しくはp.312を参照)をリリースするんだよ」ポールが言った。

マットも納得したようだった。「やっとわかったぞ。ポール、君が言ってるのはこういうことだな。システムのレイヤーを仮でいいから全部作るんだな。データはファイルに保存したり、モックを使ったり、最終的にはリファクタリングで取り除いていくのか。基本のストーリーを作るのはシステムをエンドツーエンドで確認するためだ。そうしておいて、後から拡張していけばいい」

「そういうことなんだよ、マット。機能を薄く作っておいて、後から拡張するんだ。これは出荷可能だ。僕たちの完成の定義に合っているからね。受け入れテスト、結合テスト、パフォーマンステストも作る。ドキュメントも書く。出荷に必要なことはやっていくんだよ」ポールは笑顔で答えた。

だがマットはまだ疑問があった。「本当に上手くいくのか? 俺は手戻りが問題だと思う。後で捨てることになるものを大量に作ることになるだろう。これはムダだぜ」

「ムダじゃあないんだよ。リスク軽減なんだ。ステークホルダーに、最初のスプリントが終わった時点で、動作するソフトウェア、エンドツーエンドで基本のストーリーを見せられるよね。そしてフィードバックをもらい、必要に応じて変更していく。そこからシステムの機能を増やしていき、機能を拡張し、ユーザーも広げていくんだ」

24 章　動作するソフトウェアを届ける

マットはうなずいた。「わかった、やってみよう。まだ本気で信じてるわけじゃないぞ。だが実際にどうなるか見てみよう。3スプリントか4スプリントやってみて、もし気に入らなかったら……」

「気にいると思うよ。僕を信じてほしいね」ポールは言った。

チームはポールの提案したモデルを実践し、気に入った。システムを拡張していき、ストーリーも基本のストーリーから広がっていくのにつれて、チームの自信も高まっていった。2週間スプリントで3ヶ月たったころには、チームは自分たちのベロシティを元にリリース計画を作れるようになっていた。リリースの計画が見えて、会社全体からチームに対する信頼感も高まっていった。チームの予測は過去の知識とベロシティの実績に基づいており、実に正確だった。チームは予定通りにシステムを提供できたし、ありがちな結合時の問題も起きなかった。チームが動作するソフトウェアをスプリントごとに提供するよう決意したのが成功の鍵だったと、後になって全員が合意した。

2. モデル　　　　　　　　　　　　　　　　　　　　　*The Model*

動作するソフトウェアに至る道は、必ずしも明らかではない。物語に登場するポールのチームが苦労したのは、システムを構築しながら毎スプリント出荷可能にし続ける方法がわからなかったためだ。チームは動作するソフトウェアを「完全な、リリース可能なコンポーネント」と考えていた。だがポールがチームに気づかせたように、動作するエンドツーエンドのシナリオにこそ価値があるんだ。最初からエンドツーエンドで動作するシステムを作ること、できるだけ小さな単位で始めること、一番よく利用されシステム全体を通り抜けるものを見つけること。そしてチームが決めた完成の定義に従ってテストやサポートがあることだ（完成の定義については7章「完成を知る」を見てほしい）。

チームの思考の中に毎スプリントの動作するソフトウェアを根付かせるのに、僕は2つの要素のどちらかに着目させるようにしている。1つは基礎となるストーリー、**コアストーリー**で、これは物語の中で紹介した。もう1つは**ユーザーの数**だ。それができたらシステム要素に移るが、このときはリスクと、プロジェクトが進んできたら、追加の機能を拡張したり検証したりする観点から考える。

2-1. コアストーリー

動作するソフトウェアを届ける方法のひとつが、コアストーリーを1つ定めるというものだ。コアストーリーがシステム全体を通り抜けるようにし、他の可変要素は固定してしまう。プロジェクトが進んだら、モックやファイルに代わるコンポーネントを色々追加する。チームはスプリントごとに、動作する出荷可能なソフトウェアを顧客に届ける。そして作っているものが顧

客のニーズに合っているか検証し、そ
れを受けて先の計画を練り直す。

コアストーリーはギリギリまで削っ
た基礎的な要求であり、図24-1のよ
うに、最も一般的に使われるエンド
ツーエンドの最小機能だ。

物語では、基本機能としては営業
担当が標準のキャブシャーシを1台注
文できるだけだった。それ以外の要求
には目をつぶった。色は白のみ、エン
ジンも選べず、駆動系とトランスミッ
ションのセッティングも1つだけ、発
送先まで固定になっていた。こうして
チームはシステムの流れの一本通し、

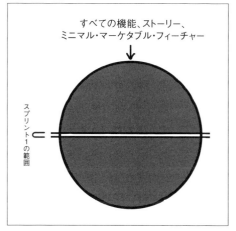

図24-1 基礎となるエンドツーエンドの機能から始める

顧客やステークホルダに見せて検証した。そして基本ストーリーを土台として作り始めたんだ。

一度に扱うストーリーの数をできるだけ制限しよう。そうすれば、テストや検証の管理が容易
になる。チームはこれから個別のユーザー向け機能を拡張していく。ユーザーインタフェース
の変更や、モックの差し替え、新たな連携システムとの統合などだ。こうした機能は、コアと
なっている動作するソフトウェアに加えていくものだ。それと同時に、チームは新機能のテス
トやドキュメントも追加する。物語に登場したチームでは、ユーザーに色選択の機能を提供す
る予定でいた。色選択は、ユーザーインターフェース上では単純なコンボボックスだけかもし
れないが、バックエンドではもっと大規模な変更になるだろう。色選択のストーリーを追加す
れば、ユーザーインターフェースだけでなく、バックエンドのコンポーネント、受け入れテスト、
テスティングフレームワーク、ドキュメントなどを拡張することになるんだ。

2-2. ユーザーの数

最初に扱うストーリーの数を減らすための別の方法も紹介しよう。システムを利用できる
ユーザーの数を制限した上で、エンドツーエンドの機能を実現するのだ。たとえば、僕は500
万ユーザーを抱えるシステムの認証エンジンを開発するチームにいたことがある。そのシステ
ムは3層に分かれていた。ビジネスロジックを実装するWeb層、管理者が設定を変更できる
インタフェース、そして複数のデータベースでシステムへのリクエストに対応していた。さらに
C++プラグインの機能まであったんだ。

僕たちは直感的に、コンポーネントを1つずつ開発し、最後に結合してテストしたい感じ
だ。だが出荷可能な状態を維持するためには、常に結合しないとならず、テストも必要だとわ
かっていた。結局、僕たちも物語のチームと同様、最初のコアストーリー探しから始めたんだ。

システムの特性から、ユーザーの数を制限することにした。そうするとシステム内の他の可変要素の扱い方も変わったんだ。

僕たちは薄く切り出した機能を、1ユーザーしか使えないという前提で、最初のスプリントで作ることにした。そこでは製品に含まれないはずの、いろいろな仕組みを作った。データを通常のファイルに保存したり、モックと結合したりした。そのおかげで、顧客からのフィードバックを迅速に得られたんだ。スプリントごとに負荷テスト、パフォーマンステストも実行したし、結合と受け入れテストは自動化した。ユーザーの数が決まっていたので、本番システムの一部のユーザーをロードバランサからユーザーIDで絞って開発中のシステムに流し込むこともできた。システムの成長とともに対応するユーザー数も増え、周辺のコンポーネントも複雑さを増していった。ファイルは動的データベースに置き換わり、モックも実システムに入れ替えた。最終的にリリースしたシステムは複雑だったが、予定の期日に間に合ったし、パフォーマンスや結合時の問題も起きなかった。他のプロジェクトではそうした問題が頻発していたんだ。

2-3. リスクが最も高い要素から始める

どのアプローチを取るにしても、必ずリスクの最も高い要素から着手しよう。経験豊かなスクラムチームにとって、リスク最大の技術的要素から対策するのは第二の本能だと言ってもいい。しかし、物語で見てきたチームのように、高リスクへの対処と、インクリメンタルなシステム開発の両立で悩むチームも多い。「ユーザーの数」の話で紹介した認証モデルのときには、僕たちはC++コンポーネントから手をつけたかった。しかし、どうすれば同時に、動作するソフトウェアを毎スプリント提供できるのかわからなかったんだ。ユーザー数を制限したおかげで、高リスクのコンポーネントから手を付け、かつ動作するソフトウェアをリリースし続けられた。

高リスク要素のことを考えていると、**機会の窓**という言葉が思い浮かぶ。僕はよく現実の窓にたとえて話をする。プロジェクトの始めでは窓はとても広く、バスだって通り抜けられる。リスク要素はそれぞれ、バスだと考えられる。バスが大きいほど、窓も広くないといけない。

プロジェクトの早い時期では、大きなバスでも比較的簡単に窓を通り抜けられる。日が経つにつれ、窓はだんだんと閉じ、狭くなってくる。プロジェクトの大きなバスを早期に見つけ、窓を通り抜けておかないとならない。さもないと、プロジェクトの終わりになってほとんど閉じかけた窓にバスが突っ込むことになり、大事故を起こしてしまう。だからリスクが高い要素を最初に片付けるんだ。ユーザーの数を制限したり、システムを貫く最小限の機能を作っていくのと、あわせてやっていこう。スプリントの終わりでバスが無事に窓をくぐり抜けたかどうか、**出荷可能**なソフトウェアを見せて検証する。スプリントが進むと、高リスクのバスはだんだん小さくなり、同時に窓も狭くなっていく。

2-4. 拡張と検証

　プロジェクトが進みスプリントをこなしていくと、機能が拡張してやがてすべての機能やシナリオを実現できる（図24-2参照）。拡張の順序はプロダクトオーナーが決めるべきだ。プロダクトオーナーはステークホルダーと一緒に、優先すべきストーリーを決めて、プロダクトバックログを正しい状態に保つ。

　個々の機能は、常に完成の定義を満たしていなければならない。機能が増えるのと当時に、結合が正しくされているか確認しよう。自動化にも投資すべきだ。手作業のテストでは、スプリントごとにコストが増大してしまう。テストのコストについては9章「エンジニアリングプラクティスのスクラムにおける重要性」を参照してほしい。ユニットテストは常に最新の状態にしておく。ソフトウェアをいつでも出荷可能な状態にしておこうとすると、始めはチームの進み方が遅くなるように感じるかもしれない。だが安定性と予測可能性により、チームのベロシティが安定するんだ。そうすれば関係者すべてがチームとチームの能力を信頼できるようになる。

　動作するソフトウェアを維持していると、作ったソフトウェアが顧客ニーズを解決できるようになる瞬間が来る。それも、当初想定していた機能がすべてできるよりも前に、そう判断されることがあるんだ。図24-2を見てほしい。チームがスプリントごとに機能を追加していくと、図の円に到達する前に、デモした動作するソフトウェアが十分に出荷可能な点に到達する場合がある。これは望ましい成果だ。お金を節約した上、顧客がまさに必要なものを提供できるんだ。

　動作するソフトウェアから得られる最大のポイントは、チームがとても早い段階からユーザーやステークホルダーからリアルなフィードバックを得られることだ。おかげで変更コスト

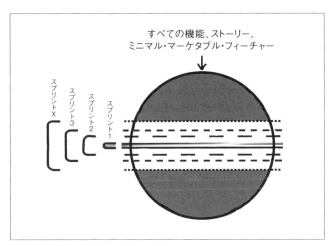

図24-2　顧客のニーズを満たすまでソフトウェアを拡張する

24 章　動作するソフトウェアを届ける

が低い段階で、チームは変更を取り入れたり、方向性を変更したり、設計を見なおしたりできる。だからこそ、顧客を巻き込んでインクリメンタルに構築するやり方に慣れてもらい、フィードバックをもらい、変更もインクリメンタルにしよう。動作する出荷可能なソフトウェアこそが、プロジェクトの進捗を真に現しているんだ。

3. 成功の鍵　　　　　　　　　　　　　　　　　　　*Keys to Success*

　新しいスクラムチームが直面する困難のひとつは、出荷可能なソフトウェアを毎スプリント提供し続けるところにある。インクリメンタルにシステムを構築するにはどうすればいいか、チームにはわからない。たとえばデータベースのようなパッケージを丸ごと先に作ってしまい、検証する方法がわからないという事態になりがちだ。

　動作するソフトウェアのためにはチームが考え方を変え、再作業を受け入れ、エンドツーエンドのシナリオに集中しなければならない。

3-1. 考え方の変化

　アジャイルコーチでコンサルタントのジェフ・パットンには、1ドル紙幣を破くという持ちネタがある。1ドル紙幣がユーザーストーリーだ。ジェフが1ドル紙幣を小さく破いていくのを目にすれば、小さい破片には価値がないのが理解できる。全体があって初めて価値を持つのだ。

　チームはよくストーリーを、1ドル紙幣を、分割して小さな紙片にしてしまう。個々の破片には価値がない。これでは出荷可能とは言えない。小さな破片でも価値があるようにするためには、考え方を変えなければならない。ジェフは説明する。1ドル紙幣であれば、コインに分解すればいい。小さな紙の破片にするのではなく、25セント硬貨4枚や10セント硬貨10枚に変換するのだ。ソフトウェアに当てはめると、出荷可能な小さいストーリーは、システム全体を貫通し、かつ価値を持たなければならない。

　これまでの過去、僕たちは複数のソフトウェアコンポーネントを並行して開発し、プロジェクト終盤ですべて結合してきた。ここでの問題は個々のコンポーネントに価値がないことだ。1ドル紙幣の破片と同じだ。コンポーネントを結合して初めて価値が産まれるわけだ。こうした考え方は人びとの考え方にがっしり根を下ろしており、容易には変えられない。完璧なコンポーネントを構築したい、システムの他の部分がまだ動作しなくても構わないという本能と戦わなければならないんだ。

　物語では、**チームと顧客**はニーズと要求を伝えるやり方を、すっかり変えなければならなかった。たとえばユーザーストーリーがその例だ。同時に、開発とリリースのやり方も完全に変えることになった。現実に出荷するかどうかは心配しなくていい、重要なのは出荷可能にすることだと学んだ。スプリントの終わりにデモができて、完成の定義を満たしていればよいの

だ。システムを本番にリリースできるまでには、すべてのシナリオと全ユーザーをサポートしなければならない。それでも最初に小さなストーリーに限定し、コアストーリーに機能を追加していくやり方こそが、動作するソフトウェアを実現する最善の道だ。リスクが小さく、透明性も高く保たれ、ビジネス側からも状況を把握できる。

　こういった考え方には馴染みがないかもしれないが、心配しなくていい。順次開発という現状の考え方から離れるには、基本的なロジカルシンキングをしてみればいい。紙幣を破くのではなく、硬貨に両替すればいいんだ。考え抜き、絵を描いてみて、実験を通じて自分たちのチームとプロジェクトで上手くいく方法を探そう。動作するソフトウェアを提供できるようになったら、もっとも複雑なシステムでもイテレーティブに開発する方法を簡単に見つけられるようになるはずだ。

3-2. 手戻り

　僕たちが小さく始めたときはファイルとモックオブジェクトを使っていたが、いずれリファクタリングが必要になるのがわかっていた。バックエンドの機能を充実させるにつれ、一部のコードを破棄するつもりだった。手戻りを起こすつもりでいたんだ。どのくらいになるかは見当がつかなかったけれど。

　手戻りを受け入れられないチームも多い。この物語のように、手戻りを予測できる場合がある。チームがファイルやモックを後で破棄する覚悟をできたのは、メリットを承知していたために他ならない。リスクの管理と低減、そして透明性だ。また、予測できない手戻りもある。顧客もシステムについて学んでいく。実際に動作するソフトウェアに触れると、自分たちのニーズを上手に表現できるようになったり、どの機能を本当に求めているのか考えが変わったりする。ビジネスは急に方向転換するかもしれない。新たな情報が明らかになり、プロジェクトの進路を変えることになるかもしれない。こうした変更はすべてプロジェクトの成功にとって重要だ。そうなると、手戻りは避けられない。手戻りもプロダクトバックログに追加し、優先順位を付けて管理しよう。

　チームとビジネス側の人びととが出荷可能なソフトウェアを追求する理由はなんだろうか。小さな変更を数多く、プロジェクトの期間を通じて起こすほうが良いためだ。手戻りだってあっていい。変更ができなければどうなるだろう。「完璧」なシステムを1年後にリリースして、想定通り動かなかったり、顧客の期待通りでなかったり、果てはビジネスにとって時代遅れだったりする様子を想像してほしい。比べて考えれば、手戻りがあるほうがはるかにいいと思えないだろうか。

3-3. エンドツーエンドのシナリオに集中する

エンドツーエンドのシナリオこそが、動作するソフトウェアのすべてだ。外から見て触れる
エンド部分から機能が観察できないと、顧客やステークホルダーには理解できず、曖昧な雲の
中に巨大なリスクのバスを隠してしまうことになる。

エンドツーエンドのシナリオの価値を、粘土で人形を作る例で考えてみよう。やり方は2つ
ある。1つ目は、人形の要求をすべて漏らさず聞き取った上で、人形を作り、色を塗って、焼き
固め、うわぐすりをかける。そして出来上がった人形を顧客に見せるというものだ。もう1つは、
要求を聞いて最低限必要な要求を見つけ、だいたいその形に作るやり方だ。後者であれば最初
の作業が終わったら、まだ軟らかい粘土の人形を顧客に見せ、**基本的な形が合っているか**確認
してもらえる。そしてさらに少しずつ変更しては、何度も顧客に確認してもらう。やがて、人
形を焼いてもいい状態になる。これが準備完了だ。そこまですぐ到達するかもしれないし、時
間がかかるかもしれない。

エンドツーエンドのシナリオに集中していると、顧客が試せるものを提供しながら、コード
も柔軟にしておける。最終的な製品が顧客の期待に沿うために、自分たちの理解を軌道修正
できるんだ。こうすると機会の窓をできるだけ大きく開けておけるし、顧客にとって見て触れ
る、価値のあるものを提供できる。そして依頼されれば、焼き固めて完成品にできるものだ。

動作するソフトウェアは不可能な夢ではない。このゴールを達成すれば、顧客の期待に応え
られている保証が得られるし、スプリントごとに価値を提供できるようになる。コアストーリー
を使うにせよ、ユーザーの数を制限するにせよ、常にリスクが一番高いものから手をつけるよ
う気をつけよう。そうしないと、大きなバスがプロジェクトの終盤まで見つからないというこ
とになる。必要に応じて顧客も教育しよう。顧客の側も、このやり方を把握し、望ましい成果
につながるという根拠を理解しなくてはならない。望ましい成果は、最初に顧客が要望したも
のとは違うかもしれないのだ。ソフトウェアに対する考え方を調整するのは困難かもしれない
が、いったんできるようになれば簡単だ。インクリメンタルに出荷可能なソフトウェアを提供
するのと、1ドル紙幣を10セント硬貨10枚にするのは、同じくらい容易なんだ。

Chapter 25

25章

Optimizing and Measuring Value
価値の測定と最適化

　もっとやれ、もっとやれ、もっとやれ。夢の中でも聞こえてくる。しかし、どんなにプレッシャーをかけられたとしても、チームはそれ以上ベロシティを向上できなくなるときがくる。全体会議やドキュメント書き、メール、バックログの手入れ、計画づくりミーティングなど、チームの時間を奪うイベントはたくさんあるのだ。

　問題は顧客とステークホルダーが、チームの裏方仕事をまったく見ないことだ。自分のバックログと機能しか見ないのだ。そして、当然のことながら、出したお金に対してできるだけ多くの機能が欲しい。

　ここで欠けているのは透明性だ。多くのスクラムチームはバーンダウンチャートを使い、チームが何をしているのか見えるようにしている。大体の場合は、バーンダウンチャートで進捗が目に見えるようになれば十分だ。しかし、チームが何に時間を費やしているのか把握しようと思うと、バーンダウンチャートだけでは足らない。チームの**作業の種類**についても透明性と可視性を提供すれば、プロダクトオーナーとビジネス側は自分の価値追求に集中できるようになる。

1. 物語

The Story

　サベラはスクラムマスターとしてプロダクトオーナーのレイサと共に働いていた。レイサはステークホルダーと一緒にバックログの優先順位をつけるのが上手だった。彼女はチームのために常に時間を取り、求めている判断を下してくれた。素晴らしいプロダクトオーナーだった。プロジェクトが始まり4ヶ月がたった頃、レイサはサベラにチームがもう少しベロシティを増やすよう求めてくるようになった。チームはあぜんとした。ここ数ヶ月、なんとかして成果を出してきたし、今もできうる限りやっているとサベラはレイサに伝えていた。レイサはそれに納得せず、2週間のスプリントの間にもっと仕事を終えるよう、チームに求めていた。

　チームは顧客を満足させたかったので、第9スプリントと第10スプリントで、チームの価値とエンジニアリングプラクティスを犠牲にせずに高いベロシティを絞り出そうと努力した。そして第9スプリントでは平均を少しだけ超えることができたのだ。しかし、第10スプリントで以前の平均に戻ってしまった。1ヶ月間無理をしてみたが、残念なことにベロシティには特に影響がなかった。第10スプリントの終わりに、チームはとうとうレイサに何故そんなに急かすのか尋ねた。

25 章　価値の測定と最適化

レイサは、**ステークホルダーやマネージャからチームをもっと働かすようにプレッシャー**がかかっているのだとチームに伝えた。チームに**もっと速く実装を進めるよう**求めているのだ。「それは理解できます。しかし私たちのチームにも制約があり、チームはベロシティを高くするよう最大限がんばっています。これ以上速くできません」サベラはレイサに言った。

「制約とは何のことかしら？」レイサは尋ねた。

「この会社で働く上で、従わなければならない制約があるんです。私たちの仕事はストーリーの実現だけではありません。調査する時間や、ミーティングもあります。他のステークホルダーとのレビューも必要です。ただのノイズですけどね。データベースチームからはひっきりなしに依頼が来て、チームの時間を奪っています。きりがありません」チームメンバーのミシェルが答えた。

「何を言っているのかわからないわ。もっと詳しく話しなさい」レイサは言った。

チームは日頃の作業を4つのカテゴリーに分け、レイサに伝えた。その4つのカテゴリーは「機能実現」「税」「スパイク」「前提条件」である。機能実現とは、システムのステークホルダーに実際に届く価値を実現するための作業だ。ステークホルダーはこの部分にお金を払う。税とは、組織に属して内部で働く上で、コストとして必要になる制約のことだ。ほとんどが無条件に課されるもので、チームは従わざるを得ない。スパイクとは、あいまいなストーリーを理解したり見積もるための作業だ。チームが遭遇するストーリーの中には大きすぎたり、不確かな部分が多いストーリーがよくある。前提だらけの見積もりをする代わりに、あらかじめ調査時間を確保する。確保した時間を使って、ストーリーの曖昧さを取り除き、リスクを小さくするには何をしないといけないか調査する。前提条件とは、スプリントを成功させるためにチームが完了させなければならない作業のことだ。

「あなたの主張はわかった。で、私たちのベロシティを向上させるために、私たちは何ができるの？」とレイサは尋ねた。

チームは彼女を見つめた。

「私たちのベロシティとはどういう意味でしょう？　これだけいろいろな制約があるのに、スプリントごとの機能実現をもっと増やしたいということですか？」サベラは答えた。

「そうよ。もっと機能実現を達成させているところを見たいわ。実現するに必要なものは何かしら？」レイサは言った。

サベラは1リットル入りのペットボトルを机から取り上げた。誰かが置いていったものだ。

「レイサ、このペットボトルにはどのくらい水が入りますか？」サベラはたずねた。レイサは当惑したように見えたが答えた。

「1リットル？」レイサは言った。

「ちょっと確かめてみて？」サベラは答えた。

レイサは確認した。サベラが手にしている1リットルのボトルには、間違いなく1リットルの水が入る。2人は会話を続けた。1リットルの半分だけ入れることも可能だが、1リットルを超える量は入らない。1リットル以上入れたければ、**ボトルを作り直すか、もっと大きなボトルを**

調達するしかない。その点についてはレイサも合意した。

「レイサ、ボトルはチームのベロシティを表しています。私たちには、スプリントごとに1リットルの仕事ができるリソースがあります。機能実現はスプリントの仕事の**一部**に過ぎません。ペットボトル、つまりベロシティを機能実現だけで埋めることはできないんです。他にも税や、スパイク、前提条件も合わせてボトルに入れないといけないんです」とサベラは答えた。

レイサはうなずいた。

「こういうことかしら。チームがもっと仕事を完成するには、もっと機能実現の時間が必要だ。そのためには**もっと大きなボトルを持ってくるか、他の作業を削減するしかない**」

「そうです!」チーム全体が叫んだ。話がかみ合ってきて、元気が出てきたのだ。

「どうして機能実現だけに集中しないのかしら？ 他の作業を後回しにすればいいじゃない」とレイサは答えた。

「なぜかというと、機能実現の作業だけでは出荷可能なソフトウェアを作り上げられないためです。**機能を完成**[1]させるのに、機能以外の作業もボトルに入れないといけません」

レイサは考えながら言った。「そうなると、税を減らして機能実現の時間を確保すればいいのかしらね。私たちの企業文化では困難かもしれないけれど、それでも他の連中にチームの時間配分を正確に伝えたらとても有用だと思うの。何にどれだけ時間を取られているか、グラフにまとめてもらえないかしら？ そうしたらマネジメントに持って行くわ」

「承知しました。税になっている作業ですぐにでもなくせそうなものとして、他のチームとのミーティングがあります。もっと効果的にデータを共有する方法を思いついたら、ペットボトルにいくらか空きができます。それにはあなたの助けが必要ですし、マネジメントの理解も必要です。グラフに書き込んでおきますね」サベラは答えた。

レイサはプロジェクトの顧客とステークホルダーにグラフを共有した。不要なミーティングをなくすことができて、チームの時間とベロシティに向上があった。その後も、他に「チームボトル」に空きを作れないか探したが、それ以上の可能性は見つけられなかった。それでも、チームが時間を実際にどう使っているか目の当たりにして、それ以上「ベロシティを高めろ」という発言は出なくなった。

チームはそれからも、レイサと協力して4つのカテゴリの意味を考え続け、どうやってこのモデルで仕事を前進させられるか追求し続けた。透明性が得られたことにレイサは喜んだ。それはステークホルダーも同じだった。

2. モデル　　　　　　　　　　　　　　　　　　*The Model*

レイサが提示した問題は、彼女から見てチームが何に時間を費やしているのかわからないというものだ。バーンダウンチャートから作業を完了していく様子は把握できたし、その作業が

---

[1] 注：チームの完成の定義については7章「完成を知る」参照。

プロダクトバックログから来ているのも理解していた。しかし、チームが約束できる成果の量がなぜこんなに少ないのか、彼女には理解できなかった。少なくとも彼女は、少なすぎると感じていた。レイサはステークホルダーと経営層からプレッシャーを受け、チームをもっと働かせようとしており、チームの方も押し返していた。ここでは透明性が欠けていたんだ。チームが**実際に何をしているか**、特に機能を実現する直接的な作業以外についての洞察が必要だった。

　僕も顧客と一緒に曖昧さと戦ったことがあり、そこからこのモデルを作った。革命的というわけではないが、モデルが単純なおかげでチームがステークホルダーや顧客に対して時間の使い方を説明できるようになる。

　透明性と洞察を得て理にかなった決断をできるよう、作業を下記の4つのカテゴリに分類しよう。

- **機能実現**
- **税**
- **スパイク**
- **前提条件**

　このカテゴリと定義は、幾年もの歳月と多くのプロジェクトチームにより構築され、洗練されてきた。あなたの現場に完全に合うとは言い切れないが、広く当てはまるよう書いたつもりなので、多くの人には役立つと思う。リファクタリングしてもいいが、文言は変えても定義の意図を変えないようにしよう。

2-1. 機能実現

　機能実現は、ステークホルダーに価値を届けるための作業だ。ユーザーストーリーの形式を取ることが多い。僕の定義では、機能実現とは以下のようなものだ:

> *システムやソフトウェアパッケージのユーザーや購入者に対してビジネス価値を届けるための仕事*

　機能実現はROIに直結するものだ。機能実現から得られる全体的なリターンが、そのために費やした金額を上回るべきだ。

2-2. 税

　税とは、所得税であれ就業規則であれ、支払う側の人びとやチームから忌み嫌われるものだ。僕から見ると税はありがたいものだが、同時に嫌気も差す。税がなければインフラストラクチャが損なわれてしまうし、システム構築中にコンプライアンス違反を起こしてしまうかもしれない。税は必要悪なんだ。チームの税は、下記のように定義する:

> 会社のための仕事や必須の要求事項であり、チームやグループに重荷となる賦課、義務、任務、請求など

　この定義に基づくと、ソフトウェアの出荷時に企業とチームの両方に税が課されているのがわかる。物語で登場した例では、以下のような税をプロジェクトで支払っていた。

- **セキュリティレビュー**
- **法規コンプライアンスレビュー**
- **スクラムミーティング**
- **全社会議や部門会議**

　ここでは典型的なものをいくつか挙げたに過ぎない。**ソフトウェアのリリースにまつわるものもあれば**（セキュリティレビューなど）、**チームの時間を奪うものもある**（スクラムミーティングや会社の会議など）。ビジネス側は出来上がった価値を少しでも早く手に入れたいと思うあまり、ただコードを書いてテストするだけではソフトウェア開発が完了できないのを忘れがちだ。例として、財務システムはSOX法[2]に準拠する必要があるため、税は高くなるだろう。たとえば8人で対話的Webサイトを構築している小さな会社と比べれば、より高い税を払うことになる。物語では他のチームとのミーティングについてサベラが話していたが、これもまた、税を増やして提供できる機能を減らしてしまう要因のひとつだ。

　スクラムのオーバーヘッドについても、よく聞かれる。僕はそれも税にまとめて考えている。計画、ふりかえり、レビューは、スクラムの税なんだ。

---

[2] 訳注：SOX法とは、投資家の保護を目的とした米国の連邦法。会計や財務情報の信頼性を確保するために、遵守すべきさまざまな規定が定められている。

2-3. スパイク

　スパイクはチームが正確にストーリーや機能のかたまりを見積もれないときによく使うものだ。スパイクとは短時間の実験で、そこからアプリケーションのある部分について学ぶためにおこなう。スパイクにはたくさんの定義がある。僕は以下の定義を使っている:

> *スパイクは短時間、タイムボックスでおこなう活動で、大規模だったり曖昧だったりするタスクやストーリーを完成するのにどんな作業が必要か見つけるためのものである*

　スパイクはタイムボックスで実施しなくてはならない。一定の時間をあらかじめ定めておき、その中で探索し、見積もりが難しい項目を今よりしっかり定義するのだ。スパイクの成果として、より精度の高い見積りが得られる。

　スパイクの例を1つ挙げよう。「デプロイメントの手順でなにをすべきか調査する。文書化した上で、バックログ中の関連するストーリーを見積もる」デプロイメントの手順がわからなければ、かかる時間も見積もりようがない。

　スパイクには1つ注意点がある。スパイクで見つけたタスクやストーリーは、現在のスプリントバックログに乗せられない。スパイクから見つかった新しいストーリーやタスクも、プロダクトオーナーが優先順位を付けなければならないためだ。なぜだろうか？　いくつか理由がある。

　第一に、チームはすでに現在のゴールとスプリントバックログにコミットしている。スパイクもその中に含まれている。チームとしてはスパイクで見つかるタスクにはコミットしていないはずだ。どんなタスクが見つかるかわからないのだから、コミットもできないんだ。従って新たなタスクは現在のスプリントに加えてはならない。もしチームがスパイクの結果をスプリントに入れるため、あらかじめ時間を確保しておいたら、スパイクのメリットを失ってしまう。

　また別の理由もある。新しいタスクは必ずしも優先順位が高いとは限らず、プロダクトオーナーとしてはプロダクトバックログの他の項目に高い価値があると判断するかもしれない。そのためチームはスパイクで見つけた新しいタスクに勝手に着手してはいけない。プロダクトオーナーに相談すべきなんだ。

　結論はこうだ：スプリント内でスパイクを実施し、その結果は別のスプリントでこなそう。プロダクトオーナーが優先順位を付けよう。

2-4. 前提条件

　前提条件というアイデアを発見したのは、僕が最初のチームでこう質問されたときだった。

「機能実現でも税でもスパイクでもない作業はどこに分類したらいいですか?」前提条件とは、たとえば「ビルド環境を作る」のようなものだ。多くの人が「必要なときやればいい」と言うところだがチームの時間を奪う以上、追跡した方がいい。

それまで、そういった作業は**ビルド環境**というカテゴリに分類していた。そこから前提条件の定義をこう置いた:

> 前提条件はストーリーに関連するタスクではないが、スプリント中に終わらせるべき作業のことだ。チームが見つけ、プロダクトオーナーやスクラムマスターと交渉する。これらの作業が完了しなければ、チームは「スプリント完了」と言えない

この定義をしてから、チームはやる必要がある作業をこのカテゴリに分類するようになった。たとえば「受け入れテストフレームワークを準備する」のような作業だ。

前提条件は常におこなうべきタスクではないし、スプリントやプロダクトバックログ中に大量にあるものでもない。一般的には、大局的な課題と労力を明示するために使う。チームを維持したり制限するための課題で、たとえばモラルや職場環境の整備などだ。

前提条件というカテゴリを始めた頃を思い出し、今と比べて考えてみると、チームが成長してアジャイルとスクラムに詳しくなるにつれ、前提条件はだんだん少なくなってきているようだ。僕は前提条件は必須ではないと考えているが、多くのチームにとっては役立つことが多いようだ。早期のスプリントで多くの前提条件があり、後になると少なくなっていくだろう。

2-5. 欠陥/バグ

チームによっては、欠陥と機能実現を分けて追跡することを重視している。それでも構わない。あなたの組織で欠陥を追跡するのが大事なら、もちろん追跡すべきだ。新たに「バグ」「欠陥」などのカテゴリを増やそう。表25-1に例を示した。

2-6. データを構造化する

データを構造化するため、チームはまずスプリントバックログのタスクをレビューすべきだ。タスクはここで述べてきた4つのカテゴリのどれかになるはずだ。表25-1の一覧はあるスプリントバックログの抜粋だ。

25 章 価値の測定と最適化

作業の種類	作業内容	時間	累積時間
前提条件	CIサーバーを構築する	2	14
スパイク	プロダクトラインマップにプロダクトラインデータをどう含めるか明らかにする	4	18
機能実現	ユーザーがオファーを分析するための分析を作る	6	24
機能実現	ディメンジョナルモデルを作成する	8	32
税	データ接続をセキュリティチームとレビューし、会社のデータ利用ルールに準拠しているか確認する	2	34
バグ	バグ1845を記録、ユニットテストを更新検証できたらクローズする	12	46

表 25-1 スプリントバックログに掲載された作業の種別

2-7. データを利用する

データはスプレッドシートに保存しても、データベース上でもいい。これでデータを分析し、ステークホルダーに洞察を提供できる。

図25-1のようなグラフを作れば、プロジェクトのどこに時間を費やしているかわかる。

この例では、チームは平均して機能実装のために60％近く、税のために20％、スパイクの実施に10％使っている。前提条件はときどきだ。財務的に言えば、顧客が1ドル払うと、機能実現から0.6ドルぶんの価値を受け取ることになる。スパイクは将来役立つ情報を提供するので、**価値があると言えるかもしれない**。だがこのスプリントで機能を進める役には立っていない。スプリント5では、税が30パーセントくらいある。このスプリントでは、仕事を継続するためだけに1ドル当たり0.3ドルのコストがかかったわけだ。

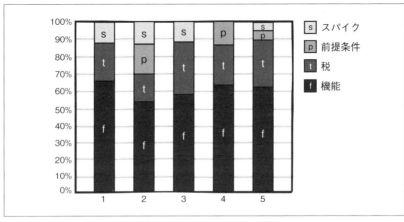

図 25-1 作業種別ごとに費やした時間の比率をわかりやすくしたグラフ

第4部　上級サバイバルテクニック

3. 成功の鍵　*Keys to Success*

　手元にこうしたメトリクスがあれば、ステークホルダーに彼らのお金がどのように使われているのか、はっきりと見せられる。このモデルを実践するなら、モデルについてステークホルダーを教育し、共同して生産的な時間を最大化する方法を探ろう。複数のチームでこのデータを測定できればトレンドや、潜在的な問題を見つけられるだろう。

3-1. ステークホルダーを教育する

　僕が関わるステークホルダーは、たいてい2つのことを気にかけている。お金と時間だ。片方がもう片方に影響する。ほとんどの場合、ステークホルダーはなぜソリューションが一瞬で実現できないのか理解していない。網羅的で抽象度の高いカテゴリを使ってチームの時間を分類してみせれば、ステークホルダーも大きな視野を持てるようになる。あるカテゴリで時間を使えば、他のカテゴリが少なくなるということだ。

　このモデルは、チームの時間をカテゴリに分割する。この章ではいくつかのカテゴリを例として紹介したが、自分の組織の特徴に合わせたほかのカテゴリが必要になるかもしれない。大事なのはチームがどう時間を使っているかを表出化するところにある。カテゴリ分けを厳密にしてもあまり意味がない。

　ステークホルダーと顧客に彼らのお金がどこに使われているかを見せよう。あなたの組織で時間とお金をどのように、ソフトウェア開発のために費しているか、理解してもらうんだ。そうすれば、ゆくゆくはリリース期日や価値、プロジェクトを運営するすべてのコストについて、彼らの承認を得られるだろう。

3-2. ステークホルダーと共に働く

　いったんグラフが出来上がったら、このチームの実情を示したグラフはチームを不利にするものではないと、チームとステークホルダーには思い出させよう。その反対で、チームとステークホルダーが協力して時間をムダにする活動を減らしたり、チーム自身ではコントロールできない非効率性を解消するためのものなんだ。たとえば、物語に登場したステークホルダーは会社の税がどれだけ時間を奪っているか目の当たりにして、チームからその責務を取り除く方向に動けた。

　成果に繋がらない活動をすべて取り除くことはできない。いくらかのオーバーヘッドは避けられない。場合によっては、改善できる領域がひとつも見つからないこともあるだろう。それでも構わない。透明性を持つ意味の1つとして、チームが今のスピードを出している理由を明らかにできる。データを見てどんなアクションを取るかは、チームごとに異なる。

303

25 章　価値の測定と最適化

3-3. トレンドやパターンを探す

　このモデルをいくつかのチームで使っていれば、収集したデータを使って企業の中でトレンドやパターンを見出せる。トレンドやパターンによって新しいプロジェクトの予測をしたり、問題を見つける役に立つ。ベースラインを定め、プロジェクトの種類で分ければ、カテゴリごとの一般的な時間配分がわかるようになる。チームが企業特有のパターンから外れた動きを見せたら、その原因を掘り下げるべきかもしれない。

　結局のところ、このモデルは透明性と説明責任についての話だ。プロジェクトに適用すれば、チームがやっている仕事について、そしてどうやっているのか、洞察が得られる。さらに、間違いなく、重大な問題を見つけて提起することにもなるのだ。あなたの会社において、チームがより高い生産性を目指すとき、その障害となるような問題を暴くことになるんだ。

Chapter 26　　　　　　　　　　　　　　　　**26 章**

Up-front Project Costing
プロジェクトのコストを事前に考える

今は予算立案の時期だ。マネジメントはあなたに、スクラムの新しいプロジェクトにどれだけコストがかかり、いつ完了し、何人メンバーが必要か聞いてくる。回答すれば、石に刻まれて永遠に残ってしまうのもあなたは理解している。さて、どう答えようか？

1. 物語　　　　　　　　　　　　　　　　　　*The Story*

リンデルは会社のオンラインサービスのWeb部分について、新機能開発を担当するプロジェクトマネージャだ。彼女はこの会社で何年も働いてきて、チームの他のメンバーと同様スクラムのことは、聞いたことはあるものの実際にやったことはなかった。ある日、開発リーダーであるブライアンから、次のプロジェクトでスクラムを使わないかと提案があった。

「リンデル、次のプロジェクトでスクラムをやるべきだと思うんだ」ブライアンは言った。

「私も使ってみたいと思うんだけど、スクラムは私たちには無理よ。前もって人員、期間、機能を固定しないといけないんだから。そういえばマネジメントにせっつかれてるんだった。そろそろ何か見せておかないといけないのよ」リンデルは続ける前に腕時計をちらりと見た。「マネジメントは事前の計画を求めているけど、スクラムチームは事前に計画を立てたりしないでしょう」

「僕もそう思ってたんだ。でも、いろいろ読んでみて、先週マイクって人にユーザーグループで会ってね。マイクは講演の中で、プロジェクトコストを自分の会社でどう扱ってるか話してたんだ。一緒にランチをするチャンスを作ったら、一緒に来るかい？」

「いいわ。もしスクラムをやる方法があるというなら、大賛成だわ」

「よかった。じゃあ来週の前半にスケジュールしよう」ブライアンは答えた。

リンデルは早くランチの日が来ないかと願っていた。マネジメントからは毎日プレッシャーがかかっており、期日と機能セット、それにハードウェアと人員に要する金額を早く出すように迫られていたのだ。ランチの席に着くなりリンデルはマイクに訴えた。「マイク、困ってるのよ。このプロジェクトのコストをどう出せばいいか、見当も付かないの。スクラムを使いたいのだけど、どうすればいいかわからないわ。崖っぷちに追い詰められた気分よ」

「お手伝いできると思います。ブライアンからあなたが困っている状況を少し聞きました。まず最初に、求められている機能セットをレビューしてみましょう」

リンデルは100ページに及ぶ仕様書を取り出した。マイクはまゆをしかめた。

305

26章　プロジェクトのコストを事前に考える

「他にもありますか？ これで全部ですか？」マイクはたずねた。

「これですべてだけど、これだけなのよ。つまりね、確認済みで承認もされてるんだけど、具体的なレベルで関係者が合意できてるか、わからないわ」リンデルは認めた。

「なるほど、まあここから始めましょう。本当にほしいのはプロダクトバックログです。仕様書をレビューしてユーザーストーリーを作りましょう。インデックスカードを持ってきてありますよ」マイクは微笑みながら言った。

リンデルもブライアンも、ユーザーストーリーは研修で習っていた。仕様書を章ごとに読み下しながら、ストーリーを書き出していくのに問題はなかった。だが15分ほどたったとき、リンデルは気になる点を見つけた。

「マイク、私は『ユーザーとして』と書くよう習ったんだけど、システムにはたくさんの種類のユーザーがいるの。ストーリーには『会計ユーザーとして』とか書くべきなのかしら？」リンデルはたずねた。

「はい、お願いします！ すみません。もっと早く説明すべきでしたね」マイクは答えた。

「問題ないわ。こういう生産的な活動は好きよ」

数時間後、50近くのストーリーができた。マイクは自分の会社に帰ったが、翌日も来て、コスト計算が終わるよう手伝うと約束した。

次の日になってマイクがやって来ると、ブライアンがすべてのストーリーカードを会議室の壁に貼り出していた。ブライアンとリンデルはあらかじめ機能エリアごとにまとめて、サイズが大きく抽象度の高い機能を上の方に、小さなストーリーをその下に並べていた。2人は議論しながら最善の判断をして、出荷できると考えられる単位にグループ分けしておいた。

「素晴らしい。次のステップは、ストーリーのポイント見積りと、優先度決めです」マイクは言った。

「優先度は簡単だわ。みんな最優先。ポイントはちょっと抽象的ね。ポイントの話をとばして、かかる時間で見積もったらだめなの？」リンデルはたずねた。

ブライアンが口を開いた。「時間は制約になっちゃうな。マネジメントはざっくりの時間見積りを見て、その数字を守れって言ってくるだろう。ポイントを使って大きさの話をすれば、具体的な時間を持ち出さずに話せるんだ」

「私には無駄なステップに思えるのよ。本当の計画に時間を使ったほうがいいんじゃないかしら」

マイクはうなずいた。「言いたいことはわかります。まだ途中ですから、最後にどうまとまっていくか、わかりませんよね。ひとつだけ聞いてください。私のこれまでの経験では、誰でも相対的な大きさの見積りはとても上手くできます。どの買い物袋が一番重いか判断するようなものです。ですが買い物袋の重さを絶対値で、たとえばキログラムで予想しようとすると、これは難しくなります。私がストーリーポイントを勧めるのはこれが理由です。時間は絶対値ですが、ストーリーポイントは相対値なんです」

「わかったわ。ここまでやって来たんだから、ポイントでやりましょう」とリンデルは言った。

306

第4部　上級サバイバルテクニック

「では、チームの皆さんを呼んできてください。見積もりは一緒にやる必要があります」とマイクは言った。

「チームの皆さん？　アハハ。まだメンバーは決まってないのよ。調達とリソース調整が済むまで、チームのメンバーはアサインされないの。そして、計画がないと調達もリソース調整も進められないってわけよ」リンデルは肩を落とした。「やっぱり、スクラムは無理なのね」

ブライアンが口を挟んだ。「マイク、理想的じゃないのはわかるけど、いまはこの3人だけなんだ。3人で見積もりをできないか？　コスト計算のためだけいいんだ。後で見積りを見直すのは、チームが集まってからでもできるだろう？」

「ええ、できます。でも実際に作業をする人が見積もる方がいいという点をお伝えしたかったのです。もし不可能なら、私たちでやりましょう。フィボナッチ数列からポイントを選ぶやり方はご存じですか？　1、2、3、5、8、13と、必要であれば、20と40です」

「聞いたことあるわ。でもよくわからないのよ。これらは時間なの？　週なの？　いったいなに？」

「ポイントは相対的な大きさの単位です。Tシャツとワイシャツのサイズの違いと思ってください。TシャツのサイズはXS、S、M、L、XL、XXLという感じで相対的ですよね。ワイシャツはもっと絶対的で、首まわりや袖の長さといった寸法の数字です」

ブライアンとリンデルがうなずいたのを確認して、マイクは続けた。「私たちのやり方では、ストーリーをTシャツのように扱います。一番小さいストーリーの代表を1つ選んでください。これがXS、または1ポイントのストーリーになります。次に一番大きいストーリーの代表を選びます。これがXXL、または13ポイントのストーリーです。もう1つ、MとかL、3とか5ポイントの中程度の大きさのストーリーを選んでおいてもいいですね。これらをストーリーポイントの**リファレンス**として使います。そして残りのストーリーを、リファレンスから相対的に比較して大きさを判断していきます。2ポイントのストーリーは1ポイントの**大体**2倍です。8は13の半分くらいです。わかりましたか？」

「なんとなく」

「ではこのグループからはじめましょうか。一番小さいストーリー、1ポイントストーリーを見つけましょう」

リンデルとブライアンは2人で、とても簡単で小さなストーリーを選んだ。「次に、この2倍の大きさのストーリーを見つけてください」今度も2人は悩むことなくストーリーを決められた。すぐに、ストーリーについて相談してポイントを割り振るのが、苦もなくできるようになった。その日の残り時間をすべて費やして、リンデルとブライアンは壁にあるすべてのストーリーの見積もりを終えた。そのあいだマイクは忙しくメモを取り、リンデルとブライアンが1つ1つのストーリーについて話したことを後から振り返れるようにしていた。

「ちょっと休憩しましょうか。リンデル、やってみてどうでしたか？」

「すごいわね！　確かにたくさんの仮定をあぶり出せたわ。つまりね、このデータセットを呼び出すストーリーよ。ブライアンはデータ要素の半分しか使えないと考えていたの。仕様が古

307

いせいね。だけどストーリーの議論をしていて、このあいだランチのときに聞いた話を思い出したのよ。APIを作り直すことになって、そのおかげで必要なデータを全部取り出せるようになったって。今思い出してよかったわ！」リンデルは興奮した様子で答えた。

「そこがこのテクニックの大きな利点です。会話をする中で、仮定が洗い出され、参加者が素早く共通認識を持てるようになるんです。次に決めるのは、チームがどれだけのストーリーポイントを1スプリントで完了できるかです。チームがいない状況では、ちょっと難しいですね。お二人のどちらか、この会社でスクラムのプロジェクトをやったことがありますか？」マイクは言った。

「ないんだ、マイク。僕らが実験台なんだ」ブライアンは言った。

「問題ありません。私たちが始めたときも、最初はベロシティを見積もりました。完璧ではないです。まったくね。ですがプロジェクトを完遂するのになにが必要か、概観する役には立ちます。スタート地点とするには十分です」マイクは言った。

「順を追って説明してもらえないかしら？」リンデルは頼んだ。

「やり方をまとめた資料があります。今夜にも送りましょう」

「完璧よ。それで、ベロシティがわかったら次は？」

「見つけたストーリーを優先順位で並べないといけません」マイクは言った。

「でもマイク、これは全部……」

「優先度は最高ですか？　わかってますよ。でも最後まで聞いてください。壁のストーリーはグループ分けしてありますね。どのグループが最も重要ですか？　これがないとまったく話にならない、そういうグループを選んでください」マイクは言った。

「それならこれね。でもこっちが僅差で2位だわ」リンデルは2つのグループを順に示して言った。

リンデルは自分でも知らないうちに、ミニマル・マーケタブル・フィーチャー（※参26-1）（p.312参照）を選んでいた。マイクはリンデルが選んだグループのカードを一列に、重要なストーリーから順に並べた。

「いいですね。バックログには45のストーリーがあり、合わせてだいたい200ポイントです。さっき期限まで7ヶ月と聞きました。28週ですね。さて、見積もりをやってみて、チームが1スプリントにこなせるのが10から14ポイントになったとしましょう。2週間スプリントを14回繰り返したら（28週間）、チームは何ポイント出荷できるでしょうか？」

「140から196ポイントの間ね。そうなると、全部はできないけど、いい大きさね」

「それがまさに、リストを優先順位付けするのが大事な理由なんだよ。チームはもっとも重要なストーリーに、使える時間を投入できるだろう」ブライアンが言った。

「ベロシティの数字を上限に近づけるにはどうすれば良いのかしら？」リンデルはたずねた。

「リソースを追加するか、効率を上げるかですね。効率を上げるのはスクラムマスターの仕事です。スクラムマスターも1人、チームに加えるのをお勧めします。さっきと同じで、なぜの部分を知りたいのであれば、マネジメントが理解しやすい言葉、つまりお金の観点からわかりや

すぐ説明した資料があります」マイクは言った。

「**ありがとう**、マイク。どれだけ助かったか、言葉で表しきれないわ。これでスコープとチームのベロシティが絞り込めたけれど、ところでコストはどうなるの？」リンデルは言った。

「このプロジェクトは何人でやるつもりですか？」

「6人ほしいんだが、たぶん5人になると思う」ブライアンが答えた。

「おまけに、フルタイムで参加する人は**いない**のよ。全員、他のプロジェクトとの掛け持ちだわ。すごく運が良ければ、1人は専任が付くかもしれないけど、期待はしてないわ」リンデルが付け加えた。

「メンバー1人あたり、1日に何時間くらいこのプロジェクトに時間が使えそうですか？」マイクはたずねた。

「6時間前後ね。多すぎるかもしれないけど、今までの平均ではそのくらいだわ」

「いいですね。1人当たり6時間、このプロジェクトに参画できると。では、人件費はどう計算してますか？ これは社内プロジェクトですね？」マイクがたずねた。

「ええ、社内プロジェクトよ。従業員により人件費は違うけれど、ざっくり1時間につき140ドルでいいわ」

「いいですね。140ドルとして、チームが5人なら、1時間当たり約700ドルです。1日6時間がこのプロジェクトの割り当てで、2週間スプリントとすれば、1日4,200ドル、スプリントでは42,000ドルですね。予算はどれくらいなんですか？」

「プロジェクトの予算は800,000ドルよ」リンデルは答えた。

「それでは、1スプリント42,000ドルなので、800,000ドルで18か19スプリント実施できます。問題は、期間が14スプリントしかないというところですね。もし、ベロシティが1スプリント当たり10ポイントのままだと、14スプリントで完成するのは140ポイントぶん、コストは588,000ドルです（42,000 ÷ 10 × 140）。予算の800,000ドル以下ですが、ストーリーすべては実現できません。メンバーを追加する資金の余裕があるので、ベロシティは向上させられるでしょう。それでもバックログ全体を実現することは難しそうですね。なんにせよ、私たちの目標は達成できました」

マイクはホワイトボードの前に立ち、図26-1のようにまとめた。

1. ユーザーストーリーを作る
2. ストーリーに優先順位を付ける
3. ストーリーを見積もる
4. ベロシティを決める
5. チームのコストを決める
6. プロジェクトのコストを計算する
7. 実施するかやめるか、コミットする

図26-1　プロジェクトのコスト計算

26章　プロジェクトのコストを事前に考える

リンデルの頭の中で電球が灯った。これまでやってきたことが、一本に繋がったのだ。その上、マネジメントに対して多くのオプションと質のいい情報が提供できる。従来のやり方ではできなかったことだ。

「ありがとう、マイク。信じられないほど助けになったわ。このスクラムだったら、私たちもやっていけそうだわ」リンデルが言った。

2. モデル　　　　　　　　　　　　　　　　　　　　　　　　*The Model*

物語では、リンデルはプロジェクトのコストを時間、お金、人（リソースとも呼ばれる）の観点で決めるよう求められていた。こうした要求のせいで、初めてスクラムをやる人がひっかかる。幸運なことにリンデルにはブライアンがいて、マイクを呼んでくれた。マイクは2人を導いてユーザーストーリーを機能仕様書を元にして作り、ストーリーの分類、優先順位付け、見積もりをして、そしてすべてまとめた上でベロシティ見積りから現在の予算と期間で何が実現できるか決めた。

2-1. 機能仕様書

機能仕様書は、これから作るシステムが確実なものだと感じられるためにある。システムの機能の詳細という側面の他に、システムのアーキテクチャや構成要素の詳細も記述されている。不幸なことに機能仕様書はこうした詳細をプロジェクトの最初期で記述する。すなわち、最も情報が少ないタイミングだ。また、**稼働率99.999％**などのシステムの非機能要件を書くこともある。でも、どうやって実現できるかは書かれていない。さらにまずいことに、機能仕様書には構築の計画も書いてあるものの、作る側の能力ごと（設計、開発、テスト）に作るよう想定しており、システムが提供する機能ごと（機能X, 機能Y, 機能Z）に作るとは想定していないのだ。

スクラムのプロジェクトでは機能仕様書を使わず、代わりにユーザーストーリーとプロダクトバックログを採用する。こちらは抽象度が高いままで機能を記述しており、何を構築するか把握するのにちょうど十分な情報を提供しながら、実装のタイミングまでは詳細に踏み込まない。ポイントは2つ、事前の情報を最小限にする方針と、チームがプロダクトバックログをスプリントごとにグルーミングするという約束だ。この2つにより、生きたドキュメントをちゃんと残しながら、仕様書作成に時間をかけても実装前に古くなってしまうという無駄を削減できる。プロダクトバックログはユーザーストーリーで構成されている。プロジェクトのコストを出すための最初のステップが、プロダクトバックログ作成とユーザーストーリー記述なんだ。

2-2. ユーザーストーリー

　ユーザーストーリーは抽象だ。抽象は詳細よりも長生きする。機能仕様書と違って、ユーザーストーリーは詳細を省いている。これは将来プロダクトオーナーとチームの会話によって担保するためだ。ブライアンとリンデルは機能仕様書を元にプロダクトバックログを作ったが、あくまでユーザー機能に着目し、開発側の能力では考えなかった。2人は100ページの文書を書いたりせず、インデックスカードに書き出して、並べ替えたり、破いたり、追加したりが簡単にできるようにした。個々の仕様をユーザーストーリーの言葉で捉え直していく中で、2人は仮定を発見したり隠れた仕様を見出して、プロジェクトが進んでから問題になる事態を避けられた。カードには提供するアイデアやコンセプトをコミュニケーションするのに必要なことしか書かず、詳細は含まない。詳細は会話を通じて示し、確認するが、それはストーリーの実装スプリント直前になってからだ。そのタイミングで、プロダクトオーナーとチームは実装するストーリーについて議論する。ロン・ジェフリーズは「ユーザーストーリーの3つのC」と呼んでいる。カード（Card）、会話（Conversation）、確認（Confirmation）という、Cから始まる3つの言葉だ[※参26-2]。

　機能仕様書からユーザーストーリーを、簡単に作れるわけではない。できれば機能仕様書を捨て、ユーザーストーリーとプロダクトバックログで置き換えるといい。機能仕様書をプロジェクトのあいだ維持する必要があるなら、注力するのはプロダクトバックログにしよう。プロジェクトにおける負荷として、プロダクトバックログの内容を仕様書に反映する作業が発生するし、機能を開発したら仕様書のどの部分が完成したのか伝える必要もある。

2-3. ストーリーを見積もる

　見積りにはたくさんの方法がある。過去のデータ、専門家による判断、分解にトップダウンやボトムアップ、ワイドバンドデルファイ法、類推、プランニングポーカー[※参26-3]や、COCOMO[※参26-4]などのツールだ。どの方法を使うにせよ、できるだけ精度の高い数字がほしいものだ。しかし、「機能仕様書」の節で述べたとおり、プロジェクト開始時にチームは十分な情報がなく、高精度の見積もりはできない。そこで僕たちは相対的に大きさを見積もるんだ。

　僕がプランニングポーカーを好むのは、すべての要素を少しずつ含んでいるためだ。類推、専門家の判断、分解、そしてチーム全員を巻き込める。プランニングポーカーにはいろいろな特長がある。まず、相対的に大きさを見積もる。時間や日数ではない。次に、チームにとっては物事の意味を話し合う機会となる。おかげでシステムに関する情報や知識が共有でき、1人の専門家に支配されずにすむ。

　たとえば、5人のチームで見積りをして、みんな2ポイントか3ポイントの中、1人だけ8ポイントや13ポイントと判断したとしよう。1人だけ見積りが違うということは、おそらくな

んらかの隠れた仮定があり、それは共有すべきだ。必然的に会話をすることになり、他のメンバーの見積りが増えるかもしれないし、1人の見積りが減るかもしれないし、もしかしたらストーリーを2つに分割することになるかもしれない。チーム全体の参加、そして知識を強化する議論がプランニングポーカーの鍵となる利点だ。

　見積もるときの単位としてチームがよく使うのは、ストーリーポイントという抽象的な単位だ。なぜわざわざ、こんなことをするのだろう？　だいたい正しい方が、正確に間違うよりもいいためだ。物語の中でマイクが相対値を説明するのに、シャツの大きさを比較する例で説明した。「こっちはそっちの2倍くらいだ」と言うのは、首回りや袖の長さの寸法を判断するより容易だ。もちろん、必要なら求められるのだが、正確な見積りを出す労力は経済的に引き合わないし、保証もない。大まかに正しい見積りがあれば、今は十分なんだ。

　覚えておいてほしい、相対的な大きさは妥当な範囲で近くないとならない。あなたやチームが現実的な比較をできなければいけないんだ。Tシャツの大きさを比べるのはシンプルだ。一方クジラとイワシの比較や、犬小屋と超高層ビルの比較はほぼ不可能だ。両者の相対的な大きさが違いすぎる。参照できるものとして、お互いにもっと似ていて、比べてイメージしやすくないとならない。小さなコップとジョッキや、小型プロペラ機と747ジェット機などだ。相対的な大きさであっても、ある程度のスケール内に収めよう。

　最後に、リンデルとブライアンは必要に迫られて2人で見積もったが、可能であれば必ず実際に作業する人を全員集めて見積もること。

2-4. ストーリーに優先順位を付ける

　最初のうち、リンデルはプロダクトバックログの中身はすべて等しく重要で、同じ優先度として扱っていた。マイク（やあなたや僕）は、そんなわけがないとわかっていた。すべてが最優先だというのは、どれひとつ優先しないのと同じだ。ユーザーストーリーに優先順位を付けるため、まずユーザーが何を求めているのか理解しよう（ユーザーが求めているものを理解するための優れた方法がいくつもある。顧客満足度をモデル化した狩野モデル、IRRなどの財務モデルや、イノベーションゲームには「機能を買おう」「プロダクトツリーを刈り込む」などもある。この章の末尾に、こうした方法論のへのリンクをまとめた）。

　情報が手に入れば、それに基づいて優先順位付けする方法を選んで使えばいい。すぐにできる方法としては、上から下まで順に並べ、順に番号を振るだけでいい。こうすれば同じ優先度にはなり得ない。またミニマル・マーケタブル・フィーチャー（MMF）を検討しても良い。MMFはデニーとクレランド・ファングが『Software by Numbers』[※参26-5]で提唱した言葉だ。MMFの定義はこうだ。「価値を産むソフトウェアの単位。本質的なマーケット価値のコンポーネントを表す」。僕の解釈では、MMFとは機能の最小のグループで、プロダクトをリリースするとき必須となるものだ。

　物語では、マイクはMMFの考え方で次のように質問を言い換えた。「最初のリリースで絶

第4部　上級サバイバルテクニック

対必要な機能のグループはどれですか？」リンデルがすぐさまバックログを優先順位付けでき
たのは、システムをリリースしたときユーザーが絶対に必要とする機能を考えたおかげだ。リ
ンデルが最初の機能セットを選んだ後は、残った機能をグループにまとめて、後続のリリース
で最初の機能を強化するようにしていった。

2-5. ベロシティを決める

　チームのベロシティがわからなくては、いつどれだけの作業を完成できるか、本質的に計算
不可能だ。リンデルとブライアンは、マイクの前ではベロシティを見積もらなかった。かわりに
ランダムな数字を適当に決めて、コスト計算をどうするのか理解するのに利用した。

　理想的ではないもののベロシティの幅を見積もるのは、スクラムの経験がないチームにでも
可能だ。そうした方法を4章「ベロシティの測定」で紹介した。大切なのは、計画を実データが
得られ次第すぐに更新することだ。スプリントが始まったらすぐ見直そう。

2-6. コストを計算する

　8章「専任スクラムマスターの利点」では、従業員の積み上げ総コストについて説明した。あ
なた自身が時給で働いているのでなければ、同じ方法を使えばいい。コンサルタント契約や、
独立した予算で働いているのであれば、1人当たりの時給を把握しているはずだ。どちらの方
法でも、チームのコストを計算できる。

　スプリント中にプロジェクトに従事できる時間数と、各メンバーの時間当たりコストを掛け
合わせればチームのコストを計算できる。これだけだ。

　例として、5人のチームで考えてみよう。

　チームのコストは700ドル／時だ。チームメンバーはみなこのプロジェクトに1日平均6時間
従事し、2週間のスプリントを実施する。2週間なので、10営業日だ。チームのスプリント当た
りのコストは42,000ドルになる。

チームメンバー	1時間当たりのチームメンバーの総コスト
ロジャー	$100
ティアゴ	$220
ジェフ	$150
ナイジェル	$150
カレン	$ 80
1時間当たりのチームコスト	$700

26章　プロジェクトのコストを事前に考える

2-7. リリース計画を作る

　コスト計算の最後のステップは、リリースプランニングだ。物語では、リンデルは簡単な計算をした。その結果、定めたベロシティとスプリントのコストでは、期日までにプロダクトログの全ユーザーストーリーを実現できないとわかったのだ。リンデルとマイクはまた、予算には余裕があり人員の追加が可能だとも判断した。人数が増えれば、期日までにもっと多くの仕事完成できるかもしれない。コスト計算を通じてリンデルが得たものは、より完全なプロジェクトの当初見通しと、定められた期間でより多く完成できる選択肢なのだ。11章「リリースプランニング」でリリース計画の作り方について詳しく説明している。PMOや外部の顧客と一緒に働く上で必要となるものだ。アジャイルなリリースプランニングについては11章を参照してほしい。

3. 成功の鍵 　　　　　　　　　　　　　　　　　　*Keys to Success*

　プロジェクト開始前にコストを判断するのは、スクラムであろうがなかろうが難しい。**どの位コストが掛かるのか？　この機能はいつ完成するのか？　得られるものは何なのか？　どのくらい時間が必要か？**　スクラムでもこうした質問には変わりないが、答えをどう伝えるかには変わりがある。コストに関する議論はスプリント当たりのコストへと変化する。機能仕様書は、見積もって優先順位を付けたプロダクトバックログに置き換わる。**時期と金額**の質問は、予算とベロシティの質問となる。マネジメントへの教育は欠かせず、こうした言葉や考え方をある程度は理解し、受け入れてもらわなければならない。最終的には、リンデルがそうだったように、より多くの情報と選択肢をマネジメントに提示できるようになる。スクラムにより、フェーズに基づいたプロセスより良い結果が得られるのだ。

　ここまで見てきたように、実際の所、コスト計算そのものはそう複雑ではない。難しいのは信頼の構築なんだ。考えてみれば、コストの質問は具体的に見えるが、実際には抽象的な質問だ。すなわち「依頼したものが本当に提供してもらえるのか、どうしたらわかるんだ？」という質問だ。少なからぬ人がこれまでの経験で、提供しないチームに痛い目を見てきているのだ。あるいは期日を破られたり、品質が期待以下だったりという目に遭っている。こうした失敗から、細かな質問や、ガントチャート、プロダクト仕様書などがソフトウェア開発のコミュニケーションを占領するようになってきた。質問に答えるときは、本当に示しているのは保証なのだと肝に銘じておこう。時間を使って、ソフトウェアをどう開発し、提供するのか説明しよう。回答はすべて、実現できると考えられる幅で示し、確定の数字は使わないこと。チームの助けなしで求めた場合や、実データのかわりに見積もったベロシティを使うときには、そうした仮定を伝え、実データにより後で回答が変わるものだと理解してもらおう。そのときには、実データがわかり次第速やかに共有すると約束しよう。変化は起きるものであり、いま現在の

第4部　上級サバイバルテクニック

回答は推測に過ぎず、確定でも約束でもないと理解してもらおう。

　プロジェクト開始前のコスト計算はスクラムでも可能だ。できるだけチームを巻き込み、過去のデータを使って将来を予測しよう。それが無理な場合は、チームによる議論と見積りをシミュレートし、初期コストを予想する。実際のチームができたらすぐにシミュレーション結果は捨て、実際の見積りと測定したベロシティを採用する。予測を変更し、チームの現実を反映させ、新しい数字をただちに伝達すること。あなたがプロジェクト初期の対話を上手にできていれば、マネジメントは新しい数字を許すどころか、新情報を期待しているはずだ。

　アジャイルな計画づくりは、わかりやすい。顧客やステークホルダ、マネジメントにあなたが事前に把握した情報を伝え、その後変化した内容も伝え、動作するソフトウェアをスプリントごとに提供し、調整ができるようにする。これがスクラムだ。これがアジャイルだ。これこそが、信頼を培うプロセスなんだ。

Chapter 27

27章

Documentation in Scrum Projects
スクラムにおけるドキュメント

　誰でも「アジャイル開発にはドキュメントがない」という神話を耳にしたことがあるだろう。他にもアジャイルへの誤解はあるが、中でもとりわけ大きな勘違いだし、真実から程遠いと言わざるをえない。優れたアジャイルチームにはドキュメントを残す規律があり、いつどのくらい書くのかもよく考えられている。この章の物語では、登場する2人がドキュメントの考え方を苦心しながら理解してもらう様子を見てみよう。2人は、事前にすべてをドキュメント化したりせず、最終的により完全なドキュメントをプロジェクトの最初から最後までかけて作っていくという方針をマネージャに伝えるが、そう簡単にはいかないんだ。

1. 物語　　　　　　　　　　　　　　　　　　　　　*The Story*

　「ちょっと、あなたたち」アシュレイは自分のオフィスから、前を通りかかったカーターとノエルを呼び止めた。「このあいだから、プロジェクトの起案ドキュメントを書くのを避けてるように見えるのだけど。でも承認するのに金曜日までに必要なのよ。わかったわね？」アシュレイはモニタに目を落とし、キーボードを打ち始めた。明快な答えを望んでいるのは明らかだった。

　カーターとノエルはお互いに顔を見合わせ、もう一度アシュレイのほうを見た。この話題を避けられないのはわかっていたが、廊下で捕まり、アシュレイがここまで気が立っているときに話すとは想定外だった。

　2人でアシュレイのオフィスの入り口に進むと、まずノエルが話を始めた。「ねえ、聞いてください。ドキュメントを事前にすべて書くのは、要望通りにできます。ですが、私たちそれがベストではないと思うんです。ものごとは変わりますし、ものごとが計画したとおりにいくとは約束できません。それに……」アシュレイはキーボードの手を止めて顔を上げ、ノエルを遮った。

　「いい？　いまさらドキュメントみたいな常識的なことを議論したくないの。金曜までにデスクに届いてなければいけない、そう言ってるだけ」

　カーターが口を挟んだ。

　「アシュレイ、頼むから5分だけもらえないかな。違ったやり方を紹介したいんだ。忙しいのは知ってるけど、君にとってもこの話は重要だと思うし、議論は先延ばししてもいいけど、要点だけはいま理解してほしいんだ」

　アシュレイは腕時計を見てうなずいた。「5分だけね。どうぞ」

316

第4部　上級サバイバルテクニック

　カーターは説明を始めた。「僕は大学で、学校新聞を作ってたんだ。スポーツカメラマンを担当して、スポーツライターと一緒にいつもアメフトの試合を取材してたんだよ。僕はフィールドで、ライターのやつは観客席でね。

驚くようなことじゃないとは思うんだが、ライターは試合の前に記事を書いたりはしていなかった。もちろん、選手のことを調べたりはしてたけどね。コーチに試合のプランのことを聞いたりもしていた。ある選手の写真を撮っておくように頼まれたこともある。だが、試合前に記事を書き上げたりはしてなかったんだ。

そういうことを、君はソフトウェアではやれって言ってるわけなんだ。完全な記事を書き上げておけってことさ。どう展開するか、最終スコアはどうなるか、試合が始まってもいないのにね」カーターは話し終えた。

　「そうね、この世界ではそうやって仕事をしているのよ。ドキュメントがなければプロジェクトの許可も出ないし、何が必要なのかあなたたちが理解しているかどうかもわかりませんからね」アシュレイは説明した。

　「その通りだ。それはよくわかる。君としては事前に**あるていど**の情報がなければ始められない、それは当然だ。それに君は頻繁に情報のアップデートを受け取って、プロジェクトの現状を知りたいはずだ。じっさいライターの連中は試合の途中でメモしたり、記事を一部書いたりしていた。ハーフタイムになると下に降りてきて、僕が撮った写真のことや、記事のアングルについて、それまでの展開をもとに話し合ったりした。だがソフトウェアが最終的にどんな見た目になるか、コストが厳密にどれだけかかるか、いつ完了するか正確に言えっていうのは話が違う。スポーツの試合の結果を予測しろっていうようなもんだ。僕たちがどうなると**思う**か、それは言えるけれど、物事が変わって状況が変化したら、細かい点まで予想するのは難しい」

　アシュレイはうなずいた。「でもうちのプロジェクトがいつもそう予測困難なわけじゃあないでしょ。だいたいどんなものが欲しいのか、みんなわかってるわ。はっきりわからないのは一部だけのはずよ」

　こんどノエルが答えた。「その通りなんです。もしプロジェクトの変動要素が確定していて、最終的なプロダクトの完璧なイメージがあるんでしたら、ドキュメントももっとしっかり書けます」

　カーターもうなずいた。「僕のスポーツライターの話に戻すと、片方のチームがあからさまに強いってこともあってね。ワンサイドゲームだよ。そうなると、ライターは記事をほとんどハーフタイムまでに書き上げちゃうんだ。見出しも付けて、詳細まで書き込んで、最後に試合が終わってスコアが確定するのを待つばかりってわけさ。だがほとんどの場合、そこまでチームの力に差はないので結果もわからない。ライターは骨組みの記事に詳細を埋めていくんだが、試合中、なにか起きるたびにリアルタイムで書き込んでいく。ハーフタイムにはフィールドの僕のところに来て、今後の展開とそれをどう書くか話し合うんだ。つまりは作戦さ。『試合がこう流れたら、こういうアプローチで書こう。試合がこうなったら、こっちのアプローチだ』って具合にね。同じように、ドキュメントの詳細さのレベルも、これからの展開をどのくらいわかっ

317

27 章　スクラムにおけるドキュメント

ているか、自信があるかによって変わってくるんだよ」

アシュレイは椅子に深く座り、頬に手を当てて深く考えていた。ノエルはもうひと押しすることにした。

「アシュレイ、海上石油掘削施設のディープウォーター・ホライゾンが爆発して、メキシコ湾に原油が流出したときのことを覚えていますか？ 9/11に合衆国が攻撃されたときは？ ロンドンの鉄道爆弾テロや、モスクワの爆弾事件はどうです？ 日本の地震と津波を覚えていますか？ レーガン大統領やケネディ大統領が撃たれたのは？」

アシュレイはうなずいた。

「どの事件にも、同じような傾向がありますよね。第一報では、メディアはおおまかな概要だけ伝えています。細かな話はありません。最初に伝えるのはいつ、どこで、何が起きたかだけです（原油漏れ、テロリストの攻撃、地震、津波、暗殺）。なぜでしょう？ 事件はまさに起きているところで、確かにわかっているのはそれだけなためです。レポーターが現地で状況を把握するにつれて、新しい事実がわかってくるので、見出しや記事を変更して新しい情報を取り込みます。そうした細かな更新、事実や詳細は、リアルタイムで捕えるのに意味があります。後から変わったり、新しい情報で書き換えられるとしてもです。そうしなければほとんどの情報が混乱の中で忘れられてしまいます。レポーターは、知っている以上のことをあらかじめ書いたりしません。そうではなく、わかったことを進みながら記録していくんです。後になって、詳細まで確認できてから、途中の記事を参照しつつ全体像を捉えて、最初の事件から現在の状況までをまとめるんです」ノエルが言った。

「僕たちもそうすべきだと思うんだ。ドキュメントは、進行中の話として書くんだ。筋が通ってないか？」カーターが聞いた。

アシュレイは身を乗り出してきた。

「わかったと思うわ。さっきまでは、あなたたちが『ドキュメントは書けない』って言ってるんだと思ったの。そうではなく、一部は前もって書き、一部はリアルタイムで書く（現実を反映して適宜更新する）、そして一部は事実の後で書くってことね。でも、ソフトウェアのドキュメントを具体的にどうするつもり？」

ノエルが答えた。「このプロジェクトで作るドキュメントの中に、エンドユーザー用のマニュアルと、コールセンター用のカスタマーサポートリファレンスがあります。この2つは**コードより先に書くべきではない**と同意してもらえますよね？」

アシュレイは賛同した。

ノエルは続けた。「では、いつ書くべきでしょう？ これまではプロジェクトの一番最後に書いてきました。その時期になると、あわてて細かな情報を探す羽目になっていました。途中で書き留めていなかったり、『忘れるわけないよ』なんて言いながら忘れてしまったせいです。詳細をどこかに失くしてしまい、見つけ出して記録するのにとても時間がかかりました。とうとう見つけられないことだってあります。その作業の間、稼働できるシステムのリリースを延期して、そのシステムが正確に何をするのか一から作り直してマニュアルにまとめていたんです。

第4部　上級サバイバルテクニック

ドキュメントは進みながら同時に書きます。可能な限りリアルタイムに、手がかかり過ぎないようにです。こうすれば、たとえばUIが安定したタイミングで、ユーザーガイドをさらに詳細にできますし、その時点で詳細を失くしてはいないはずです。ものごとに変化があれば、その時点でそれまでに書いたものを更新します。変化がなさそうか有りそうか、バランスの問題です。変化しやすいなら、ドキュメントをどこまで細かく書くかよく検討する必要があります。安定していて変化しないなら、大規模なデータベースの図をツールで描いてもいいでしょう。変化しやすいなら、ホワイトボードにスケッチするほうがいいかもしれません。どちらもドキュメントで、データベースのモデル図ですが、形式としてはだいぶ違いますね」

「どうだろう、意見が合うかな？」カーターが尋ねた。

「ええ、わかったわ。よいやり方だと思うし、支援もするわよ。定期的にフィードバックしてくれるわね？　そうしたら経営陣の上層部にも伝えられるわ。それに、見出しは金曜にもらえるのよね？」アシュレイは確認した。

「もちろん」カーターとノエルは一緒に答えた。

こうして問題は片付いた。

2. モデル　　　　　　　　　　　　　　　　　　　*The Model*

多くの人がアジャイルマニフェストの一部を引用する。「包括的なドキュメントよりも動作するソフトウェアを[※参27-1]」。しかし、重要な説明文を引用し忘れていることが多い。「左に書いたことに価値があると認めながらも、私たちは右に書いたことにより価値をおく」スクラムチームはこれまでと変わらずドキュメントに価値を置いている。ただドキュメントを書くタイミングを変え、知識のレベルと一致させるようにしただけなんだ。

例を挙げてみよう。大学で世界史のコースを受けていると想像してみてほしい。コースが進んで、西ヨーロッパの歴史の話題になった。ここで教授が学生にこう言う。「全員、私が出版した『西ヨーロッパの歴史：30世紀』を買っておきなさい。1章から5章まで、2週間後に試験をするので準備しておくように」

あなたはクラスを見回して、なにか間違いじゃないかと知り合いに聞くだろう。「いま**30世紀**の歴史って言ってたか？」

常識的に考えて、タイムマシンでもなければ、未来の事実について読むのは不可能だ。まだ起きていないのだから！　確かに、予測や指標を使って将来なにが**起こりそうか**考えることはできる。しかし、確かではない。さて、ここで質問だ。この大学でこのやり方が間違いだとしたら、ソフトウェア開発の世界ではなぜまったく同じことが許されているんだろうか？

プロジェクトにまだまったく手をつけていないのに、細かく正確な情報を求められる。なにが完成するのか、いつまでか、コストはどれだけか。そうした判断のため、チームは大量のドキュメントを書いて、システムの挙動、インターフェース、データベース構造など、すべてを詳

細に決めようとする。やっているのは、これから起きる歴史を記録するのと同じことだ。歴史の教授がこんなことをするのは馬鹿げているが、ソフトウェアチームだって同じだ。

だからといってドキュメントをすべて捨てるわけでも、最後にまとめて書けばいいというわけでもない。ある程度のドキュメント作業は、プロジェクトの各ステージで必須のものだ。事前には、仕様書やユーザーストーリーでアイデアやコンセプトを紙に記録し、プロジェクトのゴールや戦略を伝えられるようにする。計画が出来上がったと言えるのは、そうして作ったドキュメントが正しいと全員が合意したときだ。

そうすると問題は、ドキュメントを書くかどうかではない。**いつ、なに**を書くべきかだ。その質問に答えるには、必要性、変化しやすさ、コストを考えなければならない。

2-1. なぜドキュメントを書くべきか?

どんなプロジェクトでもある程度のドキュメントは必要だ。Salon.comに1998年に掲載された「プログラミングを簡単に(The dumbing-down of programming)」という記事で、エレン・ウルマンは大規模なコンピューターシステムは「人類の叡智を現している」と書いた[※参27-2]。システムのドキュメントの話に照らせば、我々は自分たちのために書くわけではないと認識を改めねばならない。未来のために書くのだ。僕はウルマンの記事の中の、以下の部分が素晴らしい要約になっていると思う。

> 私は大規模なコンピューターシステムを目にするといつも、人類の叡智を現していると感じていた。すべてのプログラムが一種の図書館で、人類の世界に関する理解が精緻に記述されている、そう思えるのだ。私はそうした美しい感覚を、プログラミング業界で働いてきた20年のあいだ、持ち続けてきた。20年の経験の最初から学んできたことだが、私たちプログラマーは自身のコードを維持するのでさえ大変で、他の人のコードを把握するところまで手が及ばない。ましてや何年もかけて数知れないプログラマが書き綴ってきたコードを理解するなど途方もないことだ。プログラマーはやってきて、また去って行く。中心的グループは問題を理解し、コードを書き、去って行った。新たなプログラマが現れ、自分の少々の理解をコードに残し、そして去って行く。やがてプログラムの背後にある問題をすべて理解している人も、グループも、いなくなり、なぜあるソリューションを選んだのか、なぜ他を選ばなかったのか、誰にもわからなくなる。
>
> 時間が過ぎ、元の知識を表現したものとしてはコードしか残らなくなる。今となっては、実行できるものの、完全に理解することはできない。一種のプロセスとなってしまい、運用はしているものの、もはや深く考えられない。目の前にソースコードを見せられても、何万行もの動かすためのコード、意味を伝えるために書かれたわけではないコードから1人の人間が読み取れる量には限りがある。知識がコードに写し取られる

と、知識は状態を変える。水が凍るように、知識は違ったものとなり、異なる属性を持つようになる。使うことはできる。だが人間的な意味で、もはや知れないものとなってしまう。

なぜこれが重要なんだろうか？　人間的な意味で、僕たちはシステムを使うしシステムを知らなければならない。だからこそドキュメントを書くんだ。

では、ドキュメントが必要なものと、不要なものはどう考えればいいだろうか。それは状況により、構築しているシステムの種類や、仕事の進め方次第だ。同じ場所で一緒に働いているチームは比較的少なくていいし、分散して異なる大陸や異なるタイムゾーンにいるチームは比較的多くなる。銀行のシステムを構築しているならコンプライアンスのためドキュメントが多くなるだろうし、マーケティングのWebサイトを作っているなら少ないだろう。必要なだけ書き、それ以上書かない。これがポイントだ。

2-2. 何をドキュメントに残すか？

必須ドキュメントの一覧は、プロジェクトによって異なる。僕が最近関わったプロジェクトを見直して、よく現れるドキュメントを一覧にしてみた。

- エンドユーザー向けマニュアル
- 運用ユーザー向けガイド
- トラブルシューティングガイド
- リリースおよびアップデートマニュアル
- ロールバックおよびフェイルオーバーマニュアル
- ユーザーストーリーと詳細
- ユニットテスト
- ネットワークアーキテクチャ図
- データベースアーキテクチャ図
- システムアーキテクチャ図
- 受け入れテストケース
- 開発者向けAPIマニュアル
- 脅威分析図
- UML図
- シーケンス図

プロジェクトが始まる前にすべて書くというわけではない。最後のスプリントまで、まった

27章 スクラムにおけるドキュメント

く書かずに待つというわけでもない。情報が入手できるのに合わせて書いていくんだ。ユーザーストーリーは、ほとんどを事前に書く。だが一部は変更するし、追加になるものもあり、それはプロジェクトが進んで要求がはっきりするのに連れて発生する。ユニットテストはコードと一緒に書く。各スプリントの終わりで、エンドユーザー向けマニュアルに新機能を書き加える。僕たちは完成の定義の中に、どのドキュメントをいつ書くか明記している（7章「完成を知る」を参照）。

2-3. いつ、どのようにドキュメントを書くか?

事前に書くのでもなく、最後に取って置くのでもないなら、アジャイルプロジェクトではいつドキュメントを書けばいいのだろうか？ ドキュメント作業は、どんなドキュメントであろうと、コストがかかる。書いたり修整したりするのに時間がかかるほど、コストも増える。アジャイルプロジェクトが目指すのは、記述やメンテナンスの時間、手戻りのコスト、修整の最小化だ。

プロジェクトのドキュメントを書くには、3つの方法がある。以下でそれぞれ見ていこう。

・開始時に重点的に書く
・終盤に重点的に書く
・進みながら書く

□ 2-3-1. 開始時に重点的に書く

伝統的なプロジェクトではドキュメントを早期に作るのを前提としている。図27-1にあるよ

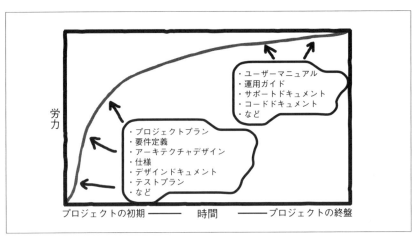

図27-1　事前にドキュメントを作成する伝統的なプロジェクト

うに、典型的なウォーターフォールではチームが要求を記述し、プロジェクト計画を作り、システムアーキテクチャを検討し、テスト計画を書き、その他の様々なドキュメントをプロジェクトの最初に作る。この図に動作するソフトウェアを書き加えると、薄い線が平らになるまでソフトウェアの線は上に向かわない。

このアプローチの利点として、関係者はシステムについて安心感が得られる。主な欠点として、その安心感が誤解を招いてしまう。事実を述べよう。多大な時間、労力、お金をがドキュメントに投じられるが、動作するソフトウェアはまだ作られない。すべてが事前に正しくなる可能性は、安定したプロジェクトでもわずかであり、変化しやすいプロジェクトではゼロだ。したがってコストのかかる手戻りと余計な時間を見込んでおかなければならない。こうした高額な、安心感のあるドキュメントは、埃にまみれてプロジェクトの本棚にしまわれる可能性が高い。

□ 2-3-2. 終盤に重点的に書く

プロジェクトの終盤にドキュメントを重点的に書くと、ドキュメントを書く量を最小化できる。ソフトウェアが完成するまで待ち、システムのリリース、維持、メンテナンスに必要なものをプロジェクトの最後に回すのだ。この様子を図27-2に示す。

このアプローチの利点は、動作するソフトウェアを早く開発できる点と、**出来上がったシステムを元にして書ける点**だ。

だがこのやり方には、多くの問題点がある。人間は忘れっぽい。なにをしたか、いつどんな判断をしたか、その理由まで含めて忘れてしまいがちだ。チームメンバーも、最後に残っている人が最初からいたとは限らない。途中で去ってしまうメンバーは、知識の相当分をプロジェクトから持ち去ってしまう。プロジェクトのコードが完成すると、別の優先度の高いプロジェクトが必ずと言っていいくらい登場する。そうなると現実には、ほとんどのメンバーが新プロ

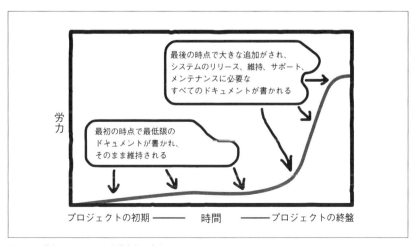

図27-2　終盤にドキュメントを重点的に書く

ジェクトに行ってしまい、残ったメンバーだけで自力でドキュメントを書くという羽目になる。果てしない時間をかけてデータを調べたり以前のメンバーを探したりして、そのメンバーも新しい仕事で忙しくて「ドキュメントなんか」のために時間を取れない。

ドキュメントを終盤に回すと、始めのうちは安上がりにつく。ソフトウェア開発に使える時間が増えるためだ。だが最後には結局、高く付いてしまう。リリースを遅らせたり、サポートやメンテナンスで問題が起きたり、情報のギャップや不良が起きてしまうためだ。

□2-3-3. 進みながら書く

アジャイル開発のやり方は違う。事前にすべて知るのが不可能なのは認めるが、いくらかは知りたい。またドキュメントを維持するのは、個々のストーリーの完成の定義に含めるべきだ。したがってドキュメントの作成と修整はリアルタイムで、動作するソフトウェア構築のコストの一部となる。図27-3に進みながら書く方式を示した。

プロダクトオーナーはステークホルダーや顧客と一緒に要求を書き、並行してチームはプロダクトオーナーと協力して創発的な設計とアーキテクチャを実現する。チームはまた、コードをクリーンに保ち、自動テストを書き、コードのコメントや他のツールを利用して必要なドキュメントを生成する。たとえばユーザーマニュアル、運用ガイドなどだ。

1つ欠点もある。コードを書くのがすこし時間がかかるようになるのだ。コードと並行してドキュメントを書くと、コメントやアーキテクチャの図を更新しないときに比べればスピードが落ちてしまう。もっともこの点は、利益によって補える。ムダが減り、午後11時に手詰まりになるリスクも小さく、動作するソフトウェアに集中できるようになる。ドキュメントの多くは自動的に、コードの変更に合わせて更新され、メンテナンスや手戻りのコストを減らせる。ニュースのレポーターが将来のために詳細を記録するように、リアルタイムにドキュメントを

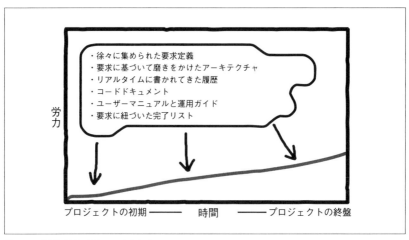

図27-3　進行と同時にドキュメントを書く

書いて決断や行動を記録すれば、知識のギャップを最小化でき生きた歴史を将来のチームとプロジェクトのために残せるんだ。

2-4. アジャイルプロジェクトにおけるドキュメント

ここまで、ほとんどの場合アジャイルチームは進みながらドキュメントを書くべきだという話をしてきた。実際の典型的なソフトウェアプロジェクトでは、どんな風になるのだろうか？例として、誰でも馴染みのあるドキュメントを題材に使おう。ユーザーマニュアルだ。ウォーターフォール手法では、マニュアルはすべて最後に書く。この方法が良さそうに見えるがリスクがあることは述べた。アジャイルにユーザーマニュアルを書くには、「ユーザーマニュアルを更新する」という項目をストーリーの受け入れ条件に加えるといい。ユーザーが使う機能に関係するストーリーに適用するんだ。こうすれば、動作するソフトウェアを更新するたび、マニュアルも更新することになる。

たとえば、僕がAdobe Lightroomの機能追加に対してユーザーマニュアルを更新していると考えてみてほしい（Lightroomは僕の最近のお気に入りなんだ）。僕はスプリント計画に参加していて、プロダクトオーナーが最優先のストーリーを説明する。「Adobe Lightroomユーザーとして、一連の写真をAdobe Photoshopにエクスポートしたい。なぜなら写真を繋いでパノラマにしたいから」というものだ。僕たちはこのストーリーの相談をして、その中で僕は「ユーザーマニュアルを更新し新しい機能について書く」という受け入れ条件を追加するよう発言する。

僕はコードを書き終えるか、機能が完成したところで、ドキュメントを編集してユーザーがどんな操作をしてこの機能を使うのか書き加える。この機能の安定度によっては、スクリーンショットも加えて、LightroomとPhotoshopをまたいだ操作ができるようにするかもしれない。まだ安定していないなら、つまりコアのコンポーネントはできたがUIチームがまだ別グループと審議中だったりしたら、ドキュメントには動作だけ書いて、スクリーンショットを貼るスペースを空けておく。肝心なのは、ユーザーストーリーはマニュアルを更新するまで完成にならないところだ。

ここまで述べてきたように、ストーリーのレベルでマニュアルを更新するのは妥当だ。だがスプリントのレベルで完成させてもいい。たとえば、複数のストーリーが同じ機能に関わっていたら、新しいストーリーを計画づくりで追加してもいい。ストーリーはこういうものになる。「ユーザーとして、このスプリントで追加された機能について、ユーザーマニュアルから学びたい」

ここで僕が見せたのは、機能が安定しているか、していないかでバランスを取り、どれくらい、いつ書くかを判断している様子だ。たとえば、ユーザーマニュアル更新の要素をタスクの完成の定義に入れるのは不適切だ。ストーリーが完成するまでに、変更する量が多すぎてしまう。同様に、ユーザーマニュアルの更新をリリース直前にするのも受け入れがたい。新たな機能に

27章 スクラムにおけるドキュメント

ついて書き始めるのが遅すぎる。

あなたのシステムでドキュメントを書くタイミングは、あなた自身でコスト、安定性、リスクのバランスを考えなければならない。完成の定義については、7章に詳しく書いてある。

2-5. 包括的なドキュメントなしにプロジェクトを開始する

あなたが直面する課題の1つが、ステークホルダーや顧客に対して、ドキュメントを事前にすべて書き上げない理由の説明だ。はじめにカーターが話したように、物語で説明しよう。本章の物語をそのまま共有してもいい。彼らに覚えておいてほしいのは、ドキュメントを事前に重点的に書けば一見リスクを減らせるようだが、実際に動作するソリューションなくしては、気づいていない点に気づけないという点だ。

事前の包括的なドキュメントを避けるからといって、プロジェクトの承認からも逃れられるわけではない。だが承認のあり方は、ステークホルダーからは他のプロジェクトと違って見えることになる。指定された成果物を提供するのではなく、質問されたスケジュールや要求の疑問に対して回答するんだ。しかも、あなたのプロジェクトの状況で可能な、一番軽量なやり方を考えよう。たとえばPMO担当はMicrosoft Projectで計画を作るよう求めてくるかもしれない。だがPMOが本当に望んでいるのは、いつまでになにができるのかという情報だ。またステークホルダーが詳細な仕様書を出すように言っていても、本当に知りたいのは「私とあなたは、私が要求している事柄について、理解を共有できているか？」という疑問への答えかもしれない。

承認は早いタイミングで、頻繁に発生する。プロダクトオーナーはストーリーワークショップを何度も開催してプロダクトバックログを作り、チームと一緒にリリース計画を練り、関係者すべてにそうした情報を伝え、フィードバックを十分に得てチームがステークホルダーの期待通りの成果に到達できるようにする（欲しいと言われたものが期待通りであることは滅多にないんだけどね）。プロダクトオーナーがこうした目的のため使うドキュメントは、アイデアやコンセプトの伝達手段に過ぎないし、伝達方法はドキュメント以外にもある。事前のドキュメント作成の代わりに、ホワイトボードの写真やスケッチ、モックアップなどが使える。形式張った分厚い文書である必要はないんだ。

プロジェクトの開始時とは、これから作るものについて一番知らない時期であり、もっとも安定していないタイミングだ。あなたのステークホルダーは安心感を必要としている。そのためには、あなたが彼らの要望を理解しているとちゃんと認識してもらい、いつ頃までに完成するかだいたいの見込みを伝えなければならない。最小限の労力を使い、同時に正確な情報と安心感を提供しよう。今はまだ、プロジェクトのすべてが変わる可能性がある。

第4部　上級サバイバルテクニック

3. 成功の鍵　*Keys to Success*

成功の鍵はシンプルだ。

- **判断** —— このプロジェクトでは何をドキュメントにするか、いつドキュメントを作れば最適か決めよう。コードのコメントなら、いつ書くか悩むことはない。それ以外の、たとえば脅威分析モデルなどはもっと難しい。プロダクトオーナーと協力して必須ドキュメントをプロジェクトの段階ごとに決めよう。
- **コミット** —— ドキュメント作成の計画を決めたら、その計画を守ること。完成の定義に追加しよう。あなた自身の信頼性を維持しよう。ドキュメント作業は、いくら小さくしようが楽しいものではない。チームにはちょっとした痛みが、後でリリースの時期に大きなリスク削減になると納得させよう。
- **コミュニケーション** —— もしこのプロジェクトが包括的な事前ドキュメントをなくす初めての試みなら、参加者は心配しているはずだ。彼らを支援しよう。特にプロジェクト開始時には、頻繁に状況の変化を伝え、ホワイトボードの写真など様々なドキュメントを作り次第に送ろう。数学の先生に教わったように、いつでも宿題をやっておくこと。動作するソフトウェアと、モノとしての成果物を提供し続ければ、ゆくゆくは一番心配性なお偉いさんの恐怖感も和らげられる。
- **自動化に投資する** —— ドキュメント作業やシステムの自動化に少しでもいいので時間を投資すれば、ドキュメント作業は簡単になり、結果として低コストにもなる。例として、自動スクリプトですべてのコードコメントをパースしてドキュメントにまとめれば、手作業をなくせるし、ドキュメントが常にコードと同期した状態になる。また、受け入れテストの結果やAPIドキュメントも、手で書くより自動的に生成した方が簡単だ。一方で、機能そのものを自動化するとドキュメント作業の節約になる場合も多い。たとえば、インストールが手作業だと40ページのドキュメントが必要かもしれないが、インストールを自動化できればきっと1ページで十分だろう。しかもエンドユーザーも助かる。可能であればいつでも自動化を検討しよう。ドキュメントにせよ機能にせよ、自動化すれば十分投資に見合う効果が得られる。

アジャイルに開発するのと、**ドキュメント不要**というのは関係がない。アジャイルに進めるということは、適切なタイミングで、正確に、責任を持ってドキュメントを書くということだ。ドキュメント作業をチームの完成の定義に、コードや自動化と同等の扱いで加えること。覚えておこう、変更が起きたら、変わるのはコードだけじゃない。提供しているソフトウェア全体が変わるんだ。もちろんドキュメントも含まれる。忘れないでほしい、ドキュメントなんてなければいいのにと、強く強く願ったところで、すべてのプロジェクトでドキュメントが必須という事実は変わらない。少しずつ進め、可能な限り自動化していても、それは責務であり、決して雑用ではないのだと覚えておいてほしい。

327

Chapter 28

28 章

Outsourcing and Offshoring
アウトソースとオフショア

　作業が山積みになったりコストが高まってくると、作業の一部を外部のチーム、とりわけ低価格で依頼できるところに依頼したくなる。しかし、よい結果を期待してプロジェクトを移したのが、悪夢に終わることもある。

　海外オフショアへのアウトソース開発は、悪評にも関わらず普及している。そのため理想的とは言えない状況の中で、多くの人がベストを尽くしている。今回の物語に登場するジョナサンは、シリコンバレーにあるアジャイル開発で有名なソフトウェア会社に、新たな開発リーダーとして雇われた。2つの新たなアウトソースチームを管理するよう伝えられたときの、ジョナサンの反応を見ていこう。

1. 物語

The Story

　ジョナサンが新しい会社に入社して3ヶ月たった。会社はアジャイルの原則を重んじているし、高品質なソフトウェアを提供できる仲間と一緒に働いてきて、ジョナサンは幸せだった。以前の職場はスクラムに理解がなく、チームはScrumBut[1]（※参28-1）に陥っていた。今と比べて雲泥の差だ。ところがある日、マネージャのエマにコーヒーに誘われたときから、ガラッと変わってしまう。

　「ジョナサン、単刀直入に言うわね」エマはコーヒースタンドに向かう道すがら話を始めた。「いいニュースと、悪いかもしれないニュースがあるの。悪いほうから始めるわね。さっき、経営会議が終わったところなんだけど、あなたのプロジェクトを海外オフィスに移す決定がされたの。いいニュースはね、あなたは際立ったリーダーだからと、経営陣があなたを名指しで、アウトソースを進めてほしいと指示したのよ。どう、引き受けてもらえるかしら？」

　ジョナサンは表情を変えないよう努めた。まず頭に浮かんだのは、海外に出すのは最悪のシナリオだなということだった。ジョナサンはエマの方を向いた。

　「エマ、なんとかここで続ける方法はないんですか？　ここ数ヶ月で、チームはめざましい成長をしています」ジョナサンはたずねた。

　「そうできればいいのだけど。問題はあなたのチームではなくて、会社の基幹製品なのよ。

---

[1] 訳注：スクラムを正しく適用できず、効果も上げられない状況。「スクラムをやっているんだけど……（We use Scrum, but...）」で始まる言い訳で表現される。http://www.ryuzee.com/contents/blog/3266も参照。

そちらの開発が遅れていて、ここのリソースを全員投入して、遅れを取り戻すの。あなたのチームメンバーもよ。だけど、あなたのプロジェクト自体は進めていきたいので、海外のグループと契約することになったの。それにコストも節約できるわ。現地のチームにアウトソースすれば、人件費が80％も下がるのよ」エマは説明した。

ジョナサンは前職でアウトソース開発を経験したことがあった。それが転職を決意した主な理由だった。ジョナサンにとって嬉しくないニュースだったが、まだ新人の身の上で、何をすべきかは理解していた。

「私はオフショアへアウトソースした経験があるんです、エマ。正直に言いますが、いいアイデアだとは思えません」ジョナサンは言った。

「どういうことかしら、あなたに任せるのが良くないの、それともプロジェクトを移すのが良くないの？」

「両方です。必ずしも同じようになるとは限りませんが、前職で経験したアウトソーシングの話をお伝えしたいんです。そうすれば、私の反応を理解してもらえると思います。何年か前、私は社内開発チームの開発リーダーでした。私のチームはとてもよくやっていました。常にスケジュールを守っていたんですが、余裕があるとマネジメントに思われてしまい、どんどん仕事が増えていきました。私たちはパンク寸前になりました。そして一回つまずいたのが会社中に波及してしまい、すべてが遅れてしまったんです。かなり酷いことになりました。

そこでマネジメントは、海外アウトソースで解決することにしました。私のチームが海外のチームと協力するわけです。問題なんてなさそうですよね？　こんな風に進めることになりました。私のチームのアーキテクトと数人のメンバーで、まずプロトタイプを構築し、ドキュメントを作ります。そうしたら、作ったものを海外チームに送り、完成品を実装してもらうんです。スプリントで進めていたので、2週間ごとに成果を送ってもらいました。

問題だったのは、送られてきたコードの80％がひどい有り様で、こちらで書き直す方が、修正を指示するより簡単なくらいでした。これが何ヶ月も続きました。メンバーはフラストレーションを溜めて、次々に辞めていきました。仕事の楽しさが失われてしまったんです。それに、正しい評価ではないかもしれませんが、海外チームの尻ぬぐいをさせられていると感じていました。私はプロジェクトに最初から居たんですが、数ヶ月前に退職したときには、当初のメンバーはもう1人も残っていませんでした。その後、会社はサポートで悪夢のような目に遭っています。会社にはコードをわかる人がいないし、海外側も要員の入れ替わりが激しいので、質問に答えられる人も残っていません。残ったのはバグだらけのコードと、怒り狂った顧客だけです。

あのときのマネジメントは最初の数字だけ見て、安くて簡単なソリューションに飛びつきました。たしかに時間当たりの金額は安くなったかもしれませんが、書き上げたコードは品質が悪く、私たちが自分で書くより劣ったものでした。それに優れたエンジニアたちを失うことにもなったんです。私もそうですけどね。エマ、アウトソースで進めると決めたんでしたら、私は最善を尽くします。ですが、私は進めるべきではないと確信しています。アウトソースしても、

28章　アウトソースとオフショア

もっと速く進むという目標は達成できません。むしろスピードは落ちるし、時間、お金、従業員、顧客満足度というコストを支払うことになります」

エマはショックを受けて立ちすくんでいた。コーヒーを頼みながら考えをめぐらし、コーヒーを持って席に着いてから、ゆっくり用心深く返事をした。

「大事な点をいくつか指摘してくれたと思うわ、ジョナサン。私はアウトソースの経験がないから、そうした点を考えてなかったわ。もうすこし詳しく、どういうふうにやったのか、今度はどう変えるべきと思うか教えてもらえないかしら？　アウトソースするというのは決定事項なのだけど、いい？　だけどよ、どういうやり方で進めるかは、まだ変えられるわ」

「はい、痛みを抑えるためにできることがあります。私のチームはシリコンバレー、アウトソース先はインドでした。時差は13時間あって、お互いにコミュニケーションの障害になりました。私が遅くまで働くか、向こうが遅くまで働くかです。どちらも上手くいきませんでした。時差の少ない、タイムゾーンが近いところがいいでしょう。海外チームは南の方角で探せば、たとえばアルゼンチンは4時間早いだけなので、コミュニケーションしやくなります」ジョナサンは言った。

エマはメモを夢中で取っていた。「他にないかしら？」

「そうですね、次にチームメンバーを一緒にします。どういうことかというと、仕事をアウトソースするのに当たり、計画が必要です。アウトソース先のチームをここに呼んで、今のチームと一緒に作業してもらいましょう。基幹製品の仕事に異動する前でないといけないですね。そうすれば知識を上手く引き継げるし、向こうのメンバーがいろいろな質問を直接できます。方向性や、アーキテクチャ、戦略などです」

エマは少し驚いたようだった。「チームを**全員**来させるの？　費用がかかるわよ？」

「もちろんそうです。アウトソースの隠れたコストの1つです。それに、一度だけではすみません。最初の移行ができても、さらに深く知識を伝達するにはペア作業しかないし、時間もかかります。いちどに数人ずつ、向こうのチームから1ヶ月こちらに来てもらい、帰ったら今度は別の数人に来てもらう。何回か繰り返せば、全員がこちらのチームと働く経験をできます。それからこちらのチームは基幹製品の開発に移ればいいんです。コストは、紙上の計算よりかかりますし、今のチームが移行するのにも、マネジメントが思っているより時間がかかります。別のやり方もありますよ。前の会社と同じように、メンバーをすぐ入れ替えてしまい、後になってバグだらけで解読不能なコードと怒った顧客に直面してもいい。選ぶのは私たちです」

エマはいかにも気が進まないようだった。こうした要素は考えていなかったのだ。

「他には何を考えておかないといけないかしら？」エマはたずねた。

「私がやるのなら、出張予算を十分積んでおきますね。私は少なくとも月に1回アルゼンチンに飛んで、向こうのチームと時間を過ごします。コミュニケーションをメールだけで済ませると、スピードが落ちるし状況も悪化します。いったん立ち上がれば、出張も減らせるかもしれませんが、だいぶ先の話になるでしょう」ジョナサンは答えた。

「もしあなたの要望が通せなかったら、どうなるかしら？」エマはたずねた。

第4部　上級サバイバルテクニック

「わかりません。準備が足りなかったり、予算が不十分だったら、上手くいくイメージができません」

「いいでしょう。お願いしたいのだけど、今の話をまとめて、プレゼンテーションにしてもらえないかしら？　マネジメントに向けて、一緒に説明しましょう。いいかしら？」エマは頼んだ。

「来週には準備できます。私がこの会社に来たのは、ここの評判を聞いたからです。マネジメントが人と顧客を重要視しているのは、シリコンバレーの中でも有名ですからね。だからいったんリスクを理解してもらえれば、十分な予算をもらえると信じています。もちろん、私はできればアウトソースは避けたいですよ。でもやるのであれば、きちんとやりましょう」ジョナサンは答えた。

2. モデル　　　　　　　　　　　　　　　　　　　　　　　　*The Model*

ソフトウェア会社がアウトソースするのは、従業員を解雇するためではない。ほとんどの場合、並行して進めるプロジェクトが多過ぎ、すべて社内でまかなうわけにいかないせいだ。マネジメントはいくつかの選択肢を検討した上でアウトソースが最善だと判断する。ここで考慮から漏れがちなのが、チーム、コード、完成品、そして最終的な収支だ。

オフショアへのアウトソースは、どんな手法でも難しいものだ。とりわけアジャイルなプラクティス、たとえばペアプログラミングやコアタイム、デイリースタンドアップを考えれば、アジャイルとアウトソースの組み合わせは込み入ったものとなるし、ある意味で高価に付く。その前提をおいた上で、僕は従来のアウトソースのやり方は薦めない。必要なのは厳格な規律、頻繁なチェックポイント、優れた透明性だ。さらにそれ以外のアジャイルプラクティスも合わせて初めて、成功の見込みが高まる。

アウトソースに飛びつく前に、本当のコストについてよく考えるべきだ。その上で採用の決断をしたと、あるいは誰かがした決断にあなたがが従わなければならないとしよう。アウトソースが成功する可能性を最大限にするよう、まず戦略を構築する。最初に見るのはコストだ。続いて、アウトソースの現実に対応する作戦を見ていく。

2-1. 本当のコストを考える

コストというと、時給のことを考えがちだ。あなたの国で開発者のコストが1時間100ドルで、海外が20ドルなら、海外のチームの方が安く見える。だが物語でジョナサンが指摘したように、マネジメントは隠れたコストを考慮に加えなくてはならない。隠れたコストには、引き継ぎのコスト、オーバーヘッドの増大、長期的な離職率、作業管理などが含まれるし、新しいチームが開発ルールやプロセスに従っているか既存チームが確認するというのもコストとなる。

331

28章 アウトソースとオフショア

□ 2-1-1. 引き継ぎのコスト

アウトソース時に隠れている大きなコストの1つに引き継ぎがある。ジョナサンが強調したように、新しいチームが軌道に乗るまでには時間もお金もかかる。引き継ぎを効果的におこなうには人びとを一緒にする必要があり、そのためには遠隔地からチームをこちらのオフィスに呼び寄せて、今のチームと一緒を作業してもらうことになる。それも一回切りの、知識の吐き出しでは終わらない。新しいチームがシステムを深く理解するため、少なくとも一部のメンバーがやってきて現在のメンバーとペア作業をする必要もある。一番いいのはメンバーを入れ替えていくやり方だ。現チームの何人かがアウトソース先に行き、アウトソース先からは一部のメンバーがこちらに来て、一緒にしばらく過ごす。プロジェクトの大きさ次第で、知識を引き継ぐのには何週間も、何ヶ月も、もしかしたら1年かかるかもしれない。

引き継ぎのコストはプロジェクト全体のコストの5％から57％を占めるという調査がある(※参28-2/3)。複数の研究が、海外アウトソースで節約できるコストは引き継ぎで相殺されてしまうと述べている。さらに、アウトソーシングは最終的に本国のチームよりコストがかかるかもしれない(※参28-4)。

□ 2-1-2. オーバーヘッドの増大

8章「専任スクラムマスターの利点」では、従業員の人件費をどう考えるか述べた。計算の結果、ほとんどの従業員は時間を40％から60％しかプロジェクトに費やさないとわかった。プロジェクトにとって生産的な時間は、1日当たり3時間から5時間程度ということだ。他の時間は必要なオーバーヘッドと、ノイズやムダに消費される。

プロジェクトをアウトソースすると必然的にコミュニケーションの課題が発生し、生産的な時間は減ってしまう。僕が働いたチームや、コーチしたことのある多くのチームでは、アウトソースしていると1日あたり約1時間、追加のミーティングやメール、電話などに費やしている。文化と言葉の壁のため、避けられないコミュニケーションのオーバーヘッドだ。オーバーヘッドが増えれば、プロジェクト全体のコストにも影響する。

□ 2-1-3. 長期的な離職率

海外のチームは離職率が高くなりがちだ。仕事ができるようになると、自分にはもっと価値があるとわかり、給料のいい別の仕事に移ってしまう。僕が働いたことのあるインドの会社では、従業員の平均勤続期間は9ヶ月だと言っていた。あなたのアウトソース先でも似たような状況だとすると、引き継ぎが終わった頃には、また新しいメンバーを追加するためコストをあらためて負担するということになる。あなたの側のチームでも、離職率が上がるかもしれない。引き継ぎ期間が長いほど、元々のメンバーがプロジェクトに意欲を持ち続けるのは困難になる。

第4部　上級サバイバルテクニック

□ 2-1-4. 文化的課題と仕事管理

日々の仕事もアウトソースプロジェクトの方が難しくなりやすい。ミーティングや電話、テレビ会議を1つひとつ調整しなくてはならない。メールの文面も、より明確にしなくてはいけない。こうした障害はすべて解決可能とは言え、解決策にはコストがついてくる。

文化的な課題も、共同作業の中で発生する。マイク・コーンは『Succeeding with Agile』(※参28-5)の中で、チームは一貫性を持つべきだ、言い換えれば「一丸になる」べきだと提言している(社会科学では「集団の凝集」と呼ばれる)。異なる文化を理解するのがいかに困難か、コーンはIBMのヘールト・ホフステッドが発見した「多文化にある5つの主要な特性」を引用している。一般に知られている傾向が、データからも示されたのだ。中国のチームは、公開の場で権威に逆らわない傾向がある。アメリカのチームは目にしたものをそのまま口に出しやすい。インドのチームがイエスと言うのは、実は「言っていることは理解できたが賛成はしない」という意味かもしれない。文化的な課題を乗り越えるには時間と訓練、辛抱が必要で、結局はプロジェクトのコストが増えてしまうわけだ。

□ 2-1-5. 開発プラクティス

友人から聞いた話だが、あるプロジェクトで重要なコンポーネントを海外にアウトソースした。アウトソース先は一流のコンサルティングファームと言われていた。彼はリモートチームの管理を(本国チームの管理とあわせて)担当したしたが、リモートチームに問題があるのに気づいた。何週間かのコーディング期間、コードがまったく提出されなかったため、未完成でいいので提出するよう指示した。受け取ったのは1ソリューション、中にはProgram.csというファイルが1つだけあり、開くとメソッドが1つだけ現れた。Main()だ。Mainメソッドは何百行もあった。海外チームは十数人で、1つだけのメソッドを書いていたのだ。それにメソッドは動きもしなかった。彼はリモートチームとの契約を打ち切った。

こうした話はアウトソースに限らない。僕はこういう出来事を、アメリカの会社でもヨーロッパでも、中国でも日本でもインドでも見てきた。だが優れたスクラムチームであれば、もうそんなやり方はしていないはずだ。代わりにアジャイルなエンジニアリングとベストプラクティスを用いて、信頼できて保守性も高いソフトウェアを作っていることだろう。あなたとしては、新しいチームにも同等のレベルを期待するし、同じようなプラクティスを使わせたいはずだ。そうしたチームは、安くは雇えない。

アウトソース先のチームとどのように働きたいかも、決める必要がある。ワークパッケージを成果物として、チームごとにそれぞれの機能を構築する方法もある。あるいは、地球をまたいで働くことにして、コードが拠点から拠点へどんどん移動していくやり方でもいい。複雑さが増えるため、継続的結合やテスト駆動開発など、通常のエンジニアリングプラクティスがいつもより重要になる。そうしたプラクティスを実施していないチームに教育するのも、時間とお金がかかる。

333

28 章　アウトソースとオフショア

2-2. 現実を相手にする

　あなたの会社がアウトソースを検討しているなら、この章で説明している隠れたコストを一覧にして見せよう。運が良ければ、再検討してもらえるかもしれない。とはいえ、あなたもいずれキャリアの中でアウトソースと遭遇することになるだろう。アウトソースでも、闇雲に進めたりしなければ、必ずしもプロジェクトが破滅するわけではない。プロジェクトをアウトソースするなら、すべてのコストを計算に入れよう。ベンダーの選定、引き継ぎ、旅費や出張費、生産性のムダ、管理コストの増加などだ。では、すべてを考慮した上で、現実のコストをマネジメントに理解してもらうにはどうしたらいいだろうか？

□2-2-1. 予算とコスト

　アウトソースの予算を考えるときには、最善と最悪のシナリオを見せるといいというのが、僕の経験からの発見だ。一番ありそうなシナリオは、あえて考えない。全体を見通すには未知なことがあまりに多すぎるので（チームの関係性、コードの品質、プロダクト自体など）、ありそうな進み方の見当をつけられないためだ。

　あなたが最初に利用するのは、プロジェクト全体の予算だ。予算は外部の数字かもしれないし（入札の場合など）、内部の数字かもしれない（固定コストの場合。人件費の制約の場合もあるし、資金としての制約の場合もある）。

　コストの大まかなカテゴリを一覧にして、列に記入する。表28-1の例では、最初のコストはベンダー選定だ。ベンダーが決まっていれば、このコストは不要となる。次に予算のどのくらいの割合がその項目で使われか、一般的な数字を並記していく。例では、最善のケースではベンダー選定のコストは0.5％だが、最悪では最大1.5％かかる。同じように、隠れたコストすべてを記入する。

　気づいていると思うが、表28-1の項目には僕がモデルとして強調してきたものが含まれて

	楽観的（最善の場合）			悲観的（最悪の場合）		
	予算	変数	隠れた コスト	予算	変数	隠れた コスト
ベンダー選定	$1,000,000	0.5%	$5,000	$1,000,000	1.5%	$15,000
プロジェクトの引き継ぎ	$1,000,000	2.5%	$25,000	$1,000,000	5.0%	$50,000
旅費出張費	$1,000,000	5.0%	$50,000	$1,000,000	15.0%	$150,000
生産性の低下	$1,000,000	3.0%	$30,000	$1,000,000	8.0%	$80,000
プロジェクト管理の増加	$1,000,000	7.0%	$70,000	$1,000,000	15.0%	$150,000
隠れたコストの総計		18.0%	$180,000		44.5%	$445,000
プロジェクト予算			$1,000,000			$1,000,000
プロジェクトの アウトソースコストの総計			$1,180,000			$1,445,000

表28-1　アウトソースのコスト因子モデル

いる（引き継ぎなど）。それ以外の、プロジェクト管理コストや生産性低下は、関連するいくつかのコストをまとめた項目になっている。たとえば生産性低下にはオーバーヘッドの増大、開発プラクティスの導入、離職率への対応などが含まれる。あなたはカテゴリでも、もっと詳細な項目を選んでもいい。状況に合わせよう。

　表にある割合の数字は、僕の経験を基にしている。あなたは自分自身のデータを使うとよい。必要があれば、業界の標準的なデータを調べてみよう。例として、チームが大きければ旅費出張費は表28-1のものより大きくなるだろう。バグや離職率は予測が難しい。アウトソース先のチームの品質や離職率がどうなるか、何かしら情報が必要だ。そこで重要になるのが、時間によるコスト変化のトラッキングだ。現実のコストを把握するためにも必要だし、将来のプロジェクトで見積りの精度を上げられる。

　もちろん、エンジニアリングプラクティスを厳しく維持し、エンジニアリング分野に力を入れれば、最終的なコストの節約に繋がるかもしれない。そうなれば素晴らしい。だがそうだとしても、実際のコストがあなたの状況、あなたのアウトソースでどれだけになるか、把握しておくのが重要なのは変わらない。データを集め、アウトソースプロジェクトのたびにできるだけ多くの情報を利用しよう。そうすれば、アウトソースビジネスのコストに足をすくわれることもないだろう。

□2-2-2. 時間、距離、文化

　アウトソース先の国は問題ではない。世界中どこでも、ハイパフォーマンスなチームを見つけられる。僕がアウトソースに否定的なのは、隠れたコストは別として、本質的な難しさが分散チームにはあるためだ。成功するアジャイルプロジェクトは、ハイパフォーマンスなチームに依存する。メンバーが時間帯をまたいで分散していたり、同じ文化を共有していなかったり、距離のせいで疎外感を感じるようでは、チームが一丸となって働くのは難しい。

　とはいえ、僕はアウトソースしながら成功しているスクラムチームを見たことがある。たくさんではない。成功しているチームは、時間とお金を投資し、長期的な関係性を両チームの間に辛抱強く築き、お互いの文化や視点を理解するために時間をかけ、開始前からアジャイルの原則とプラクティスに親しんでいた。

　次の節では、あなたのアウトソースプロジェクトを可能な限り円滑に進める方法を、地元チームと海外チーム両方の観点から見ていく。

3. 成功の鍵　　　　　　　　　　　　　　　　　*Keys to Success*

　ここにまとめた成功の鍵は、すべてひとつの理想に基づいている。その理想とはこうだ。「どんなに離れていても、あらゆる手を使って、同じ場所で働くひとつのチームという感覚に近づけよ」

28章　アウトソースとオフショア

3-1. 正しいアウトソース先チームを選ぶ

2つの軸で正しいアウトソース先チームを選ぼう。アジャイルチームを雇うこと、南北で探すことの2つだ。

□3-1-1. アジャイルチームを雇う

アジャイルプロジェクトをアウトソースするなら、既にアジャイルに取り組んでいるチームを雇おう。そうしないと、莫大な時間とお金をかけて、アウトソース先のチームにアジャイルの原則とプラクティスを教えることになる。しかも、会社の現在の文化はアジャイルとかけ離れているかもしれない。「私たちはアジャイルです」のような宣伝文句を鵜呑みにしてはならない。チームが働く様子を見よう。メンバーの働き方を観察し、彼らのアジャイルの考え方が、あなたのチームと一致しているか確認しよう。一番大事なのは、アウトソース先の他のクライアントの話を聞くことだ。そうすれば、どのくらい、どのようにアジャイルなのか掴める。

□3-1-2. 南北で探す

海外に向かうのであれば、自分たちのチームと時差が3時間以内のチームを探そう。つまり、東西方向ではなく南北方向で探すことになる。イギリスからなら、アウトソース先はポルトガル、スペイン、アフリカの国々や、東ヨーロッパも候補になるかもしれない。北アメリカにいるのであれば、南アメリカだ。南北方向であれば、夜遅くの会議を避けられるし、回答の待ち時間も減らせる。時間帯に開きがあると、5分で回答できるような簡単な疑問のせいで、プロジェクトが丸々1日止まってしまう事態も起き得るのだ。

3-2. 苦痛を最小化するよう仕事を振り分ける

作業の分割にはいろいろなやり方がある。一般的なやりかたに、「ワークパッケージ」をチームの成果物とするやり方がある。ワークパッケージとは機能、あるいは機能のセットであり、この単位でアウトソース先のチームに割り当てる。本国側チームに調整役が必要だし、作業の推進や調整はしなくてはならないが、両チームの全員が毎日会議をしなくてもすむことが多い。

別の方法として多くの企業が使っているのが、複数チームで同じコードベースをさわるのというものだ。この方法を使うなら、いくつかのエンジニアリングプラクティスと規約や規律が必要となるのを忘れないように。品質ゲートや、チェックイン条件、表記ルール、共通の完成の定義などだ。複数のチームが同じコードベースに、時間帯をまたいで作業できるので、表面的にはより多くの仕事を短期間で達成できることになる。

3番目の方法もある。アウトソース先に特定の作業領域を割り振るというもので、テスト、UI、データモデリング、システムの一部のレイヤーのみを依頼する。僕が見てきた中でこの選択肢は最悪で、フィードバックや結合までのループが恐ろしく長くなってしまう。

作業割り当ての最高のやり方がある。アウトソース先チームを独立したチームとし、完全な機能や機能群を任せ、エンドツーエンドで完成してもらうんだ。これは最高に高価でもある。ステークホルダーや顧客（あるいはプロダクトオーナー）がアウトソース先に行き、現地のチームと一緒にかなりの時間をかけて働くことになる。チームを機能で分割するメリットとして、もしもアウトソースの成果が低品質であれば、その機能を丸ごと廃棄してしまうこともできる。

3-3. スクラムのフレームワークから離れない

仕事をアウトソースするときも、スクラムプラクティスをやめてはならない。スクラムプラクティスが、同じ場所にいるチームで有用なのであれば、アウトソースの場合も、調整や実施が難しくはなるが、長期的な成功のためには欠かせないのだ。

☐ 3-3-1. デイリースタンドアップ

デイリースタンドアップを続けること。リモート会議システムを使うのがいい。僕のアドバイス通り時差が3時間以内なら、あまり苦痛ではないはずだ。時差が12〜13時間もあると、業務時間中に毎日、両方のチームが顔を合わせられる時間は容易に見つけられない。その場合は痛みを分かち合えるよう、週ごとに変えよう。ある週は片方のチームが遅くまで残り、次の週は反対のチームが遅くまで残るようにする。つまり、あなたがアジアにいてチームがカナダにいるなら、まずあなたが1週間のあいだ毎日夜遅く、9時くらいまで仕事をする。次の1週間は、あなたがもっと普通の時間、朝9時ごろにミーティングをする。そのときカナダのチームは夜遅になる。ともかくデイリースタンドアップは、難しかろうが苦痛であろうが、欠かしてはならない。

☐ 3-3-2. スプリントレビュー

スプリントレビューはリアルタイムに、テレビ会議で開催しよう。メールでデモを送ったりしてはならない。デモの時間はスケジュールを確保し、不便な思いをするチームは毎回交代しよう。デイリースタンドアップと同じように、あるスプリントでは金曜午前9時に実施し、次のスプリントは午後9時から始めるという具合だ。不満を言う人はいるだろう。特にステークホルダーが文句を言うかもしれないが、丁寧に、彼らの支援と参加が必要であることを説明しよう。チームはこれを毎日我慢しているのだし、アウトソースの現実に対処する最善の手段であると、理解してもらおう。

☐ 3-3-3. ふりかえり

ふりかえりをいい加減にしてはならない。むしろ、ふりかえりこそがチームを結束させる上で最重要なツールだ。スケジュールは毎回交代で、両チームの時間が最低30分から1時間は重なりあうようにする。別の方法として、それぞれのチーム内でふりかえりをやってから、共有

28章　アウトソースとオフショア

の時間を作ってふりかえりの内容をお互いにレビューし、見つかった障害をどうやって取り除くか議論する手もある。

3-4. ワンチーム文化を育てる

　引き継ぎをうまくやることの重要性について述べてきた。だがあなたのチームが残って、アウトソース先と一緒にプロジェクトを続けていくのであれば、長期的な共同作業の手法が必要となる。まずプロジェクトを全チームが一堂に会するキックオフで始めよう（これもコストの一覧に加えておくこと）。

　チームビルディング活動や定期的な訪問も計画に含める必要がある。またメンバーを海外からこちらに呼んだり、こちらのメンバーを海外に送ったりして、ローテーションしながらチームの一貫性を培っていこう。共同作業では、共有の開発環境とコードベースの構築を目指そう。コードを持って行ったり戻したりする役に立つ。

□3-4-1. ペア作業で共通理解を養う

　チームメンバーがお互いのことを知り合うのも、共同で開発するコードベースを理解するのもともに重要だ。そのためには、ペア作業のセッションを必ず実施するようにするといい。様々のテクノロジーが長距離間でのペア作業を支えてくれる（VNC, Live Meeting, Windows Live Shared Desktopなど。他にも数多くある）。利用しよう。マネジメントとは事前に話をして、ペア作業が必要であり、距離ではなく仕事に応じてペアを決めると理解してもらおう。

　他の問題と同様、作業時間帯がまったく違っては、ペア作業は困難になる。厳しいかもしれないが、毎週最低3回、ペア作業枠を2時間確保し、一緒にコードをさわる作業をするようにしよう。ミーティングと同様に、遅くまで残るにせよ早く出社するにせよ、犠牲を払うチームは毎週交代しよう。

□3-4-2. 継続的インテグレーション

　まずはペア作業から始めよう。だがそれだけではまだ足りない。コードベースの状況をリアルタイムで把握したいのは、コードが世界中にあるときでも、1箇所にまとまっているときでも変わりない。全員がコードの状況を常に知っているよう、継続的インテグレーション（CI）サーバーを立てよう（良いブランチ戦略も採用すること）。CIにまつわる問題として、通信帯域、入手可能なハードウェア、関与する人数などがある。気軽には考えない方がいい。全体を通じた戦略を考え、あたりまえと思っているものを見直そう。たとえばギガビットインターネット接続、通信機器、電気などが、どこでも当たり前に使えるとは限らない。

□3-4-3. 常につながれるようテクノロジーを利用する

　僕はアウトソース先のチームについて、譲れない条件が2つある。1つは専用アップリンク、

すなわち「常時接続」の電話線、インスタントメッセージ、ビデオ回線などだ。アップリンクはチーム間を、一日中常につなぐものだ。シアトルにいる誰かがブラジルのチームに質問があったら、ただ受話器を持って質問するだけでいい。これは自分の席で後ろを向いて、周囲にいるメンバーに質問を投げかけるのと同じだ。迅速で、簡単で、常につながっている。

ウェブカメラがもう1つの必須アイテムだ。いつでも遠隔地のメンバーの顔が見られ、向こうもこちらの顔が見える。話がしたくなったら、デスクにいるか見て、すぐ声をかけられる。

もう1つ、Push-to-Talk携帯電話も僕が好きなのツールだ。同じ国の中にいるチームで、何らかの理由で専用接続やウェブカメラが使えない場合にはとても有用だ。いつでもすぐ、使いたいときにチームメイトと繋がれる。

もしあなたの会社がこれらのテクノロジーの利用を渋るようなら、強く抵抗すること。アウトソースがそもそも彼らの発案であり、プロジェクト成功にツールが欠かせないことを理解させよう。

3-5. 出張に備える

出張はアウトソース開発ではなくてはならないものだ。もしも、出張のための予算が組まれていなかったら、アウトソース開発をしてはならない。決して成功しない。何度も顔と顔を会わせて話をしなくては、本当のチーム環境を作れないし、メンバー間の信頼も生まれないのだ。

出張はまた、問題を芽のうちに摘むツールでもある。あらゆる文化は異なっており、自分の国の中でも違いがある。他の国と付き合うなら文化の差異はさらに大きくなる。言葉、話し方、ボディーランゲージも、国が変わればまったく意味が変わることもある。チームの信頼をぶち壊すのに一番効果的なのが、お互いの文化への無理解だ。信頼にまつわる問題が表面化したら、直ちに行動しよう。そして、行動は人間にフォーカスしなくてはならない。チーム全体を――どっちのチームでもいいので――もう片方のチームがいるところに連れて行くのもいい。1週間か2週間、信頼関係ができるまで一緒に仕事をさせよう。これは頻繁に実行すること。もちろんカネがかかるが、時間のムダ、信頼のないチームが浪費する時間のコストははるかに大きくなる。被害を受けるのが顧客である場合には、なおさらだ。

3-6. プロジェクト/チームの調整役を立てる

複数のチームが同じコードで開発するなら、各チームに調整役を立てると問題を減らせる。以前、僕が働いたチームでは、コードが文字通り地球を巡っていた。コードはカナダ東部から中国、そして西ヨーロッパへと、毎日送られていたんだ。それぞれの拠点にチームがいて、同じコードで開発していた。拠点にはそれぞれ調整役がいて、毎朝届いたコードをチームが作業できるよう準備し、一日の終わりに次の拠点に送れるようまとめていた。調整役はまた、バックログを次のチームに送り、チームの進捗もトラッキングしていた。

最適とは言えないものの、チームごとにプロジェクト調整役がいたおかげで、1日合計14時間の開発時間を確保できたんだ。

3-7. こんなときは絶対アウトソースしてはいけない

決してアウトソースしてはいけないときがある。どれだけ慎重にやってもだ。

- **複雑で技術的にリスクの高いプロジェクトの最初のリリースは、アウトソースしてはならない。**
- **自分のチームがTDDやCI、リファクタリングなどの開発のプラクティスに苦労している、あるいはちゃんと実践していないなら、アウトソースしてはならない。**
- **出張の予算や成功に必要なテクノロジーを会社が嫌がっているなら、アウトソースしてはならない。**
- **あなた自身にアジャイルの経験がなければ、アジャイル企業にアウトソースしてはならない。自分でアジャイルプロジェクトを成功させたことがなければ、アウトソースでは成功できない。**

僕自身アウトソースが嫌いだとはいえ、現実は知っているし、どの企業もいずれ直面する問題だと思っている。全力で抵抗しよう。現実的なコストを示そう。会社の中で経験者を探して、知見を共有してもらおう。そして、アウトソースせずにプロジェクトを続けるべき理由を示そう。

すべてのデータを出してもマネジメントの意志は変わらないかもしれないが、絶望しなくていい。十分な出張予算、テクノロジーの積極的利用、スクラムフレームワークの重視、アジャイルのエンジニアリングプラクティスの徹底、そして正しいアウトソース先チームを見つければ、成功の可能性はある。ただ、少々の努力、多大な辛抱、それに数知れない出張をしなくちゃならない。莫大なマイルを溜められるはずだ。

Chapter 29 — 29章

Prioritizing and Estimating Large Backlogs
巨大なバックログの見積りと優先順位付け

　あなたがちょうど、ステークホルダーとのストーリー作成ワークショップを終えたところだと想像してみてほしい。ワークショップは大成功で、あなたは新しいプロダクトが素晴らしいものになると感じ、一刻も早く始めたいと興奮している。だが、自分のオフィスに戻ってストーリーの山を眺め、これから見積りと優先順位付けをしないとならないのに気づくと、気持ちもしぼんでしまう。厳しい現実の前に、熱気は冷めてしまった。どこから手をつければいいか、見当がつかないんだ。

　新しいプロダクトバックログの巨大さに、気後れするかもしれない。だからこそ、あなたにはさらに大きな武器が必要となる。そう、幅4メートル、高さ3メートルの馬鹿でかい武器だ。必要なのは、大きな壁だ。

1. 物語　　　　　　　　　　　　　　　　　　　　　　　*The Story*

　ゴードンはプロダクトオーナーとして、これから2年続く予定の新規プロジェクトに参戦したところだ。ゴードンは以前にもスクラムを経験していて、今回のチームやスクラムマスターのリンとも良い関係を築いてきた。新しいプロジェクトはいま、問題を抱えていた。プロダクトバックログだ。すでに300個のストーリーがあり、さらに増えている。ステークホルダーも20以上、お互いに競合しているおかげで、バックログは見積もるのも優先順位を決めるのも大変な、怪物に育っていた。ゴードンはストーリーをすべて見ようとしたが、すぐに圧倒されてしまい、リンに助言を求めることにした。

　「リン、また助けてくれませんか。バックログが扱いきれないんですよ。ステークホルダーを巻き込んで、20人全員集めて優先順位付けのワークショップをやったら、大げんかになるに決まってます。そうなれば成果はゼロです。自分でやろうとしたんですが、あまりに多すぎて、どう手をつけたらいいかわからなくて。なにかアイデアないですか？」

　リンは答えた。「あら、アイデアはね、あるのよ。前にも、同じようなことが起きたの。あれはIETプロジェクトだったかしらね。ストーリーは数百、ステークホルダーも10人以上、わからないところもたくさんあったのね」

　「それで、どうしたんですか？」とゴードンはたずねた。

　「最初にね、ストーリーをすべて、カードに印刷したのよ。これは済んでるのかしら？」

　「ええ、全部インデックスカードで出しました。ここに持ってます」ゴードンは自分のバッグ

341

を叩いて言った。

「素晴らしいわ。次にはね、おおきな壁がある部屋を探すの」リンは言いながら、廊下の端を指さした。そこには会議室がある。「あそこなら大丈夫だわ」

2人は誰もいないカンファレンスルームに入り、周囲を見回した。

「確かに、広い壁がありますね」ゴードンが言った。「予約も問題なくできると思います。なぜ壁が必要なのかお聞きしてもいいですか?」

「あわてないのよ」リンは答えた。「まずは調整してちょうだい。この部屋を2回押さえてほしいの。できれば同じ日がいいわ。1回目は、朝のうちに、あなたとチームと私だけでやりましょう。午後になったら、ステークホルダーにも来てもらって頂戴。その日になったら、また会いましょう。すべて私が進めるから、心配しないでね。ストーリーカードを忘れないで。大丈夫、終わったときには、ストーリーはみな見積もりをしてあって、優先順位もついてるわ。私が約束します」

1週間後、リンとゴードン、そしてチームの全メンバーが会議室に集まった。

リンはゴードンに、最初の5つのストーリーを読み上げ、チームに渡すように指示した。チームからは質問がいくつか出て、ゴードンは回答した。1つだけ、その場で回答できないものもあった。

「それでいいわ。赤い丸で印をつけましょう。質問は裏にメモしておいてね。午後になったら、また見直せるわ」リンは言った。

リンは今度はチームの方を向いた。「いいかしら。あなたたちにはね、今のカードを壁に貼り付けてほしいの。大きなストーリーは右の方、小さなストーリーは左の方にね。ポイントのことは今は考えないでいいのよ。てきとうにね。赤い印の付いているカードも、今は適当に決めてしまいましょう。後から見直したらいいの」

少し話し合った後で、カードは5枚とも壁に貼り付けられた。ゴードンは次の5枚を読み、またチームが壁に配置した。チームはすぐリズムを掴んで、全員が納得する場所にカードをどんどん貼っていけるようになった。3時間後、すべてのカードが壁に並んだ。

「素晴らしいわ。お昼まであと1時間あるわね。壁のカードにポイントを結びつけていきましょう。左から始めるわね。1ポイントと2ポイントの間に線を引くとしたら、どこになるかしら?」

チームはストーリーをいくつか左右に移動した。左端にあるストーリーは全部1ポイントだとチームが納得すると、リンはテープを縦方向に貼って、1ポイントの区切りとした。

「いいわねえ。そうしたら2ポイントと3ポイントのあいだはどうかしら? 線はどこに引きましょうか」

チームは今度も、10分くらい相談した上で、2ポイントと3ポイントの分かれ目を決めた。リンはそこにもテープで線を引いた。同じようにして、3ポイントと5ポイントの間、5ポイントと8ポイントの間、8ポイントと13ポイントの間に線引きをしていった。リンは最後の線引きについて尋ねた。

第4部　上級サバイバルテクニック

「13ポイントより大きいストーリーはどれかしら？」

チームはすぐに、右端の大きなストーリーを区別した。リンは最後の線を引いた。チームが昼休みに出て行ったところで、リンはゴードンに話しかけた。

「さあ、これでバックログのストーリーにはみんな、基本的なポイントをつけられたわね。ストーリーのコストは優先順位に影響するでしょう、だから先に済ませておくのが大事なの。大きすぎるストーリーは分割しないといけないけれど、これから話がどう進むか次第ね。ステークホルダーが来たら、優先する順にカードを動かしてもらったり、残った質問に答えてもらったりするの」

「カードを移動したら見積りがわからなくなりませんか？」ゴードンはたずねた。

「大丈夫よ。小さい方から大きい方へ、左から右へ並べたでしょう。優先順位はカードを上下へ動かすの。大事なカードは上の方へ、そうでもないのは下の方へね。ステークホルダーには、カードを左右に、テープを越えて動かさないようにお願いすればいいわ」

「チームはその間どうしたらいいです？」

「チームにはね、ステークホルダーがストーリーを上げ下げする様子を見ながら、その理由に耳を傾けてほしいの。理由を知っていると、ストーリーに着手する順番に影響することもあるわ。メモも取ってほしいし、赤い印が残っていたら質問もするといいわね。でもね、あなたと私は、話し合いが起きたときに数分で終わらせて、優先順位をすべて時間内に付けられるよう気を配るのよ」

ゴードンにはまだ質問があった。「ステークホルダー同士が合意できなくて、ストーリーの優先順位が決まらなかったらどうすればいいですか？　上げたり下げたりし続けるんですか？」

「あなたと私とで、そういう話題にも気をつけましょう。言い争いになってすぐ片付かないようなら、そのストーリーには深刻な対立があるとして黄色い印を付けるの。一番対立している2人の名前を裏に書いておいて、その場はおしまいにするのよ。あとであなたが、別の場所で話し合いをしてね。そのストーリーに強く意見があるステークホルダーだけを呼んで、対立を解決するのよ。黄色い印を付けるストーリーは、そんなに多くないはずだわ」

昼休みの時間が終わってステークホルダーたちが会議室にやってきた。ここからの進め方を説明すると、最初のうちはためらいがちで、短い言い争いも数回あったが、やがて全員でカードを上下に、テープで区切られた幅の中で動かせるようになった。ストーリーが似ているものは、まとめておいて一緒に移動するよう、リンが指示した。

数時間たって、優先順位付けは完了した。リンとゴードンは参加者に参加への感謝を伝え、黄色の印のストーリーは後で相談すると約束した。

「最後にもう1つだけ、やっておきたいことがあるの。みなさん、優先順位最高で、右端にあるストーリーが見えるわね？」リンが指さしながら言った。

全員うなずいた。

「ここにあるのは、みなさんがすぐに完成させたいと思っているのに、大きすぎて見積もりできなかったストーリーね。そこで提案があるの。もう少しだけ時間を使って、ここのストー

343

リーを小さく分割してはどうかしら。そうしたら見積りを付け直して、すぐに優先順位も付けられるわ。20ストーリーくらいだから、そんなに時間はかからないと思うわ」

さらに2時間後、ゴードンとリンは椅子に腰を落ち着けて、壁を眺めていた。最後のステークホルダーが帰ったところで、残っているのは2人だけだ。

「さあて、私の約束はなんだったかしら？ 見積もりと優先順位付けだったわね？ あなたのご感想は？」リンはにこやかにたずねた。

「あまり上手くいきすぎて、信じられないくらいです！ 全員が意見表明できたと感じてくれていますし、残った課題もごく僅かです。それに、もう最初のスプリントを開始できますよ。肩の荷がおりましたよ。どうお礼をしたらいいですか？」ゴードンは言った。

「私は別にいいのよ。壁にお礼をしましょう。ほんとうに、大きくて助かったわ」リンは言った。

2. モデル   *The Model*

巨大なバックログを扱うのは大仕事になってしまいがちだ。考えなければいけないことが多すぎる！ それに未整理なバックログは（見積りも優先順位もついていない）、どう手をつければいいかわからなくなる。プランニングポーカーは素晴らしい道具だが、何百もユーザーストーリーがあると、1つ1つ見積もるのは想像するだけでも大変だ。物語ではゴードンがまさにそうした状況に置かれていた。作業量の膨大さに圧倒されてしまったんだ。

リンが示した方法は、僕のお勧めでもあるのだが、僕が「広大な壁（The Big Wall）」と呼んでいるものだ。ローウェル・リンドストロームの共感見積（Affinity Estimation）（※参29-1）という手法がある。僕は2008年にこの手法を知った。だが広大な壁には大きな違いがひとつある。ストーリーの大きさと優先順位とを、同時に検討できるんだ。

広大な壁は短時間で効果的に見積もりと優先順位付けができる。チームは、始めの段階では、2か3か、5か8かという議論を後回しにして、軸に沿って純粋に相対的にグループ分けをする。ステークホルダーも大まかな優先順位を、ストーリーのまとまりに対して与えられるので、ストーリー1つ1つの微妙な順位付けを考えなくて済む。準備するのはユーザーストーリーの紙の束と（プロダクトオーナーに用意してもらうか、あなたがプロダクトオーナーなら印刷してしまおう）、広大な何もない壁だけだ。壁は幅4m、高さは2.5mから3mあればいい。そしてステークホルダーとチームを全員集め、だいたい丸1日、身体を動かしながらストーリーに立ち向かうんだ。

高さが優先順位を表す。一番上にあるストーリーが、一番優先となる。一番下にあるストーリーは、一番優先順位が低い。ストーリーの優先順位の根拠には、ROI、ビジネス価値、あるいは「とにかく重要だ」などの曖昧な判断も使える。横方向は大きさに利用する。左にあるストーリーは小さく、右にあるストーリーは大きい（日本では、もしかしたら、右から左にするほうがわかりやすいかもしれない）。大事なポイントは1つの軸を水平方向に見て、もう1つを垂直方

向に見るという点だ。チームメンバーとステークホルダーは、自問することになる。このストーリーは他のストーリーと比べると、どこに置けばいいだろうか?

バックログが見積り済みであれば、優先順位だけをこの方法で決めてもいい。プロダクトオーナーとステークホルダーがすでに優先順位を指定しているなら、見積りだけで実施してもいい(プロダクトオーナーは見積もりが済んだところで、改めて優先順位を見直したいはずだ。コストは優先順位に影響するのだから)。あなたが物語と似た状況にいるなら、優先順位と見積りの両方をやろう。それでは詳しいやり方を見ていこう。まずチームの作業からだ。

2-1. チーム

未整理のプロダクトバックログに手を出すなら、まず見積りから始めるべきだ。物語のチームと同じように、何もない空っぽの壁を使うというやり方がある。チームに指示して、一番左に最小のストーリーを置き、一番右には最大のストーリーを並べる。数字のことは考えない。このやり方が有利なのは、あらかじめ2ポイントや3ポイントの基準を持たなくてすむ点だ。壁の広さに応じて純粋に相対的になるので、壁はできるだけ広い方がいい。

また別のやり方もある。空っぽの壁より、比較対象となるストーリーがいくつか壁に貼ってある方がやりやすいと、チームが思うかもしれない。そうであれば、チームに5枚のストーリーを選んでもらおう。それぞれ1ポイント、2ポイント、3ポイント、5ポイント、8ポイントの代表ストーリーだ。それ以上大きなストーリーは、今は選ばなくていい。大きいストーリーは、優先順位が高くなれば分割することになる。比較対象のストーリーを5つ選ぶのに、1時間以上はかけないほうがよい。

チームがストーリーを5枚見つけたら、大きさに応じて壁に貼ろう(繰り返しになるが、左から右にストーリーが大きくなる)。壁の右端は少し幅を空けておいて、8より大きいストーリーの場所にする。チームに指示して、残りのストーリーを最初の5枚と比べながら壁に配置してもらおう。たとえば、5ポイントより少しだけ小さく、3ポイントよりはずっと大きいストーリーがあれば、5ポイントのストーリーのすぐ左に貼り付ける。5ポイントよりは大きいが8ポイントより遙かに小さいと思えば、5ポイントのストーリーのすぐ右側に貼ればいい。比較対象と近い大きさであれば、壁での距離も近くなる。これは厳密な話ではなく、チームがストーリーを眺めて「2よりは大きいけど3より小さいから、間のこのへんに貼ろう」という、それだけの話だ。

この先は、どちらのやり方も同じだ。すべてストーリーを壁に配置できたら、ストーリーの大きさを区分する論理的な線がどこになるか、チームに決めさせよう。リンとゴードンが物語でやったように、チームが決めたところにテープを貼って、ポイントごとに区切ろう。これができると、壁は図29-1のようになる。これでストーリーの大きさ見積もりは完了だ。次は優先順位付けだ。

345

2-2. ステークホルダー

　顧客やステークホルダーがストーリーを見る観点は、チームとは大きく異なる。ストーリーが何ポイントかには興味がなく、自分が関心あるストーリーを見つけ、それが確実に実現されるようにしたいんだ。そのためステークホルダー同士が対立する場合がある。それ自体は問題ないし、むしろ理想的だ。現実が明らかになり、プロダクトオーナーが判断を下す助けともなる。

　最初に、ステークホルダーに集まってもらった理由を伝え、達成したい目標を説明する。僕はこんな風にしゃべる。「私はみなさん、お1人お1人とお会いしてきて、みなさんの要望や希望をストーリーに書き下してきました。チームは午前中かけて、すべてのストーリーを相対的に見積もりました。左のストーリーが小さいもので、右が大きいものです。みなさんにお願いしたいのは、相対的な優先順位をすべてのストーリーに付けていただくことです。これから、ストーリーを上下に、テープの区切りは越えずに移動していただきます。壁の上の方にあるほど重要な、ビジネスにとって優先度の高いストーリーになります。ストーリーを一番上に置いた方には、その理由をお尋ねします。みなさんもお互いに質問しあって、どのストーリーが相対的に優先順位を高くすべきか話してください。終わる頃には全ストーリーの関係がわかり、プロジェクト初期にできる機能と、終盤になるまでできない機能が把握できるようになります。チームは見学していますが、ストーリーの理解を深めるための質問をしてくるかもしれません」

　誰かが動かしたストーリーを他のステークホルダーがさらに下に移動したら、黄色い印をつけることも説明しておこう。これは全員に伝わる警告信号となって、本当の優先順位について話し合う必要があると報せてくれる。僕はまた、質問を期待している。「これを下げた（上げた）のは誰だ？」という質問や、「このストーリーは動かすべきだと思う。誰か意見があるか？」という発言だ。そうすれば、関心ある人同士が自然に話し合いを始められる。話し合いが長引いて結論が出そうになければ、ファシリテーター（通常はプロダクトオーナー）がカードを回収し、対立している2人のステークホルダーを記録し、後で個別に話すようメモしておく。

　チームはその場にいるが、主体的な参加者ではない。チームは観察者として人びとの行動や会話、ストーリーを上下するときの理由や意見を記録する。ステークホルダーからの質問があれば回答する。チームが自信を持って見積もれないストーリーが残っていて、ステークホルダーに質問して解決できそうであれば、時間の許す範囲で質問してよい。

　全員で優先順位を付ける目的は全ステークホルダーが様々なストーリーの優先順位を把握し、同時に他のステークホルダーの視点を理解することにある。ストーリーすべての優先順位が決まるまでに、2時間から6時間かけるとよい。ストーリーの数やステークホルダーの人数で時間は変わってくる。最終的には、壁は図29-2のようになるはずだ。

　個々のストーリーの位置が決まり、参加者が一歩引いて完成した壁を眺めると、図29-3のように4象限に分解できる。

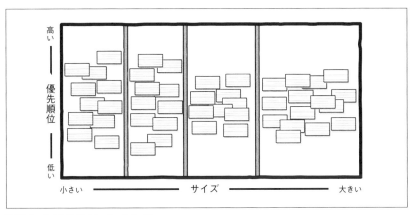

図29-1　サイズごとにストーリーを並べる

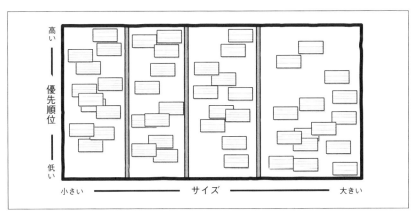

図29-2　壁を使ったバックログの優先順位付けと見積り

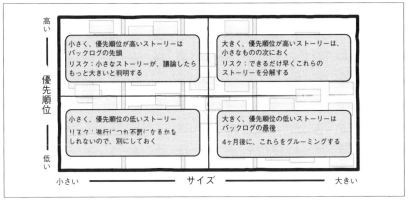

図29-3　4つの象限

左上の象限には、優先順位が高く小さなストーリーがある。ここにあるストーリーはバックログの先頭に来る。右上のストーリーは優先順位が高いが大きい。このストーリーは分割しておこう。プロジェクト開始して早い段階でスプリントに入ってくることになるためだ。ストーリーを分割すれば、その中でも優先順位の高いストーリーが出てくるかもしれないし、別の象限に移動するものが見つかることもある。こうしたことは普通に起きるので、そのつもりでいよう。

下半分の2つの象限には緊急性が低いストーリーが来ている。左下は小さく、優先順位の低いものだ。右下には大きくて低優先度のストーリーがあるが、これはエピックやテーマだ。着手する前に小さく分割して、扱いやすくしなければならないが、優先順位が相対的に上がってくるまでは必要ない。

最後に壁全体を見直す時間を確保しておこう。間違った象限にいるストーリーを見つけたら、移動しよう。ストーリー分割の必要があれば、まだ全員が揃っているうちにやっておこう。この場はあくまで最初の一歩であって、これからバックログの優先順位を確立していくのだと、忘れないように。変わる可能性があるし、実際変わる。重要なのは、まず最初の順序を決め、その上で今後、知識を獲得しながらスプリントを重ねていく中で、フィードバックを得て優先順位を必要に応じて変えていくことだ。

最後までステークホルダーにいてもらい、リリース計画が生まれるところを見てもらおう。チームの過去のベロシティがわかっていれば、左上のストーリーがすべて終わるのがいつ頃になるか、大まかな幅で伝えてもいい（4章「ベロシティの測定」と11章「リリースプランニング」参照）。

未整理のプロダクトバックログを恐れる必要はない。どんな手に負えないバックログであっても、見積もって優先順位を決められる。必要なのは適切な人びと、大量の紙とペン、わずかな時間と広大な壁だけだ。

3. 成功の鍵　　　　　　　　　　　　　　　　　　　　*Keys to Success*

「広大な壁」は簡単そうに見えるし、実際簡単なのだが、欠点もある。成功に導くためによく検討し、準備しておこう。事前の計画、時間制限、未決の課題を保留にすること、その場でユーザーストーリーを書いたり消したりすることや、また何も最終決定にはならないと参加者に理解させることなどが含まれる。

3-1. 準備が大事

打ち合わせのアジェンダで驚かされたい人はいない。ステークホルダーが何も知らず部屋に入ってきて、壁一面のカードを見たら、そのまま回れ右して出て行きたくなるかもしれない。

招待のメールには、時間をかけて目的と期待する成果、事前の準備、休憩のスケジュール、全体のルールなどを書き、ちゃんと伝わるようにしよう。少し丁寧に準備するだけでも、当日あなたが直接ガイドする手間を減らせるし、参加者は心の準備ができる。

3-2. 議論への集中、時間制限

いったん始まれば、みんな話すのに夢中になる。見積もっている間、開発者は枝葉に入り込んだり、設計の議論に熱中したりする。優先順位付けであれば、ステークホルダーが1つのストーリーをめぐって30分間にわたる舌戦を展開するかもしれない。とりわけ関心の強いストーリーはそうなりがちだ。あなたは責任を持って、そうした様子を見つけて議論を目の前の問題に留めないとならない。

チームメンバーが実装やアーキテクチャの問題で引っかかったら、ストーリーの相対的な大きさに話を戻させよう。Tシャツ見積りなら、相対的大きさの話だと思い出せればいい。大きすぎたり内容の理解が足らないならXXLにすればいい。これなら、大きすぎるので後で分割したり、着手前に話し合いの機会を持ったりできる。

ステークホルダーが市場戦略や顧客満足に関するゴールを議論し始めたら、プロダクト全体について話すように注意しよう。場合によっては、議論を整理しMMF（ミニマル・マーケタブル・フィーチャー）や、ユーザーの要望を満たす最小限の機能、特定の提供ウインドウの観点から話すのもいい（これらの用語は26章「プロジェクトのコストを事前に考える」で紹介している）。またMMR（ミニマル・マーケタブル・リリース）を使ってもいい[※参29-2]。MMRとは、アンダーソンによれば「**機能セットで、顧客から見てひと固まりのものであり、デリバリーのコストに見合う有用性がある**」ものだ。

健全な議論が脱線して時間を食わないよう、気をつけよう。話を止める必要はないが、正しいことを話しているかは確かめよう。会話が物事を前進させるよう、失速しないように仕向けよう。どうしようもなかったら、タイマーを準備しよう。

3-3. 未決の課題はパーキングロットへ

パーキングロットとは、議論が果てしなくなりそうなときにストーリーを置いておく場所だ。決して議論そのものが悪いというわけではなく、たいていの議論は妥当なものだ。問題なのは、大きなバックログに集中するため議論をいったんおくというのが、なかなか難しい点にある。1つの方法として、そうした議論のあるストーリーをパーキングロットに一時退避し、後で見直すという手がある。パーキングロットとして、ホワイトボードの一画やフリップチャートを使って、専用のコーナーを作っておく。パーキングロットはあくまで一時的にカードを置いておいたり、トピックをメモしておく場所で、後で忘れないようにするためにある。どんなときでも、議論のせいで流れが滞ったり、脱線しそうになったらに使うといい。

「ちょっと小さい」「ちょっと大きい」のようにシンプルに表現するのが難しく、チームが詳細まで入り込まないとならないときには、カードを移動してパーキングロットに「停めて」おく。あるいは、ステークホルダーが落ち着いて議論を深めないと、2つのストーリーの優先順位が決められないとなったら、やはりパーキングロットに移す。あるトピックについて大事な話が始まったものの、それ自体は優先順位付けに関わらないのであれば、これもパーキングロット行きだ。そうしておいて、本題である見積りや優先順位付けを進めよう。

パーキングロットにあるストーリーやアイデアは本題が終わる直前、あるいは終わった後で取り上げる。ストーリーがほんの数個、結論が出ていないからといって、残ったストーリーの山を無視してはならない。

3-4. 会議室で書けるよう余分のカードを持って行く

言うまでもないかもしれないが、全体のことを考えていると細かい点は見逃しがちだ。たとえば余分のカード、ペン、付箋、紙などだ。これからあなたは、ストーリーを破いて書き直したりすることになる。だから備品を十分用意して、忘れずに持って行こう。

特に、参加者にもストーリーを破いていいんだと伝えておくのを忘れずに。ストーリーの書き方がよくなかったり、分割したり、他と重複していたり、不要だったりする場合だ。ストーリーは金ではない。ただの紙上のアイデアだ。気にせずに捨てたり追加したりできるようになろう。

3-5. 変化を前提に考えさせる

見積もりや優先順位付けをしていると、これで生死が左右されるような気持ちになってくることもあるが、もちろんそんなわけはない。この時点で、なにも最終決定ではないんだ。ストーリーのサイズは見直されるし、優先順位は変わる。プロダクトバックログは生きているドキュメントで、スプリントごとに見直す。初期の見積りと優先順位を決めるのは重要だが、あくまでスタート地点でしかない。チームやステークホルダーが固まってしまったら、そうした大事な点を思い出してもらおう。「いいですか、これはあくまで初期の見積り（優先順位）です。後から、新たな知識を得て、開発が進めば、見直せるんです」

巨大で、未整理のバックログが大仕事に思えても、躊躇しなくていい。少し手伝ってもらって、辛抱はたっぷりすれば、あとはストーリーが全部収まるくらい広大な壁を使って、巨大バックログを片付けられる。それも1日でやり終えられるんだ。

Chapter 30

30章

Writing Contracts
契約の記述

通常の契約モデルでは、顧客は何を、いくらで、いつ手に入れるのか記述した契約書を必要とする。スクラムのデリバリーモデルでうまくいく契約はどのようなものだろうか？ スクラムチームはスコープ、コスト、納期を固定した契約をなるべく避けようとする。固定してよいのは1つだけで、他の2つは変数にしようとするんだ。3つとも固定しようとする顧客と、スクラムチームはどうやれば一緒にうまく働けるだろうか？ 全部固定の契約で痛い目にあったことのある顧客に、前払いソリューションモデルを提案して、契約を獲得しようとする2人の物語を見ていこう。

1. 物語
The Story

ジュリオは、ロサンジェルスに本社を置く大きなコンサルティング会社で、アカウントマネージャとして働いている。調達の支援と契約書の作成を仕事にしているが、スクラムの経験はない。ある晩、ジュリオは、ディナーパーティーで大手芸能プロダクションの部長、リチャードに出会った。リチャードは、現在使っている予約システムに不満をかかえているものの、ニーズを満たさない新しいシステムにまた資金を無駄遣いしたりする気もないようだ。将来顧客になるかもしれない。

「なあジュリオ」リチャードは言った。「君の会社はすばらしいけど、僕の資金を無駄遣いしないという保証はできないだろう。みんな、僕のニーズはわかっているって言うんだ。でも、けっきょく結構な資金を無駄遣いした後に、実はわかってなかったことがわかる。今あるもので、なんとかやっていくしかないんだな」

「わかるよ、その話。思った通りに動かないものに、金を払わなきゃいけないのは、ストレスがたまる」ジュリオが答える。「僕らのやり方は違う。システムの小さな一部分だけを一度に届けて、受け入れた部分だけの費用を払うオプションを用意する。顧客は、受け入れた部分だけしか払わないから、リスクを最小限に抑えられる。来週オフィスにおじゃましていいかい？ 同僚と一緒に、他の会社には不可能でも、僕らの会社ならできることを説明するよ」ジュリオは尋ねた。

リチャードはミーティングに合意した。翌日、ジュリオは同僚のロブに声をかけた。ロブは、長年スクラムプロジェクトを運営してきて、ジュリオが取ってきた契約の開発を手伝ったこともあった。

30 章　契約の記述

「この案件は取りにいけると思うよ」ロブが言った。「ちょうどロングビーチのクルーズ会社の予約システムの仕事が終わったところだ。その会社も、リチャードの会社と同じように、以前痛い目にあったことがあって、最初は僕らの仕事に非常に懐疑的だった。それで、2週間ごとに新しい機能を届けた。届けるたびに、顧客はレビューして、その上で競合のウェブサイトを見ながら、次に何をやるかを調整した。じつに満足していたよ」

「リチャードにはそのように伝えたんだよ」ジュリオが言った。「すぐに結果を届けられるよと。リチャードのところに一緒に行って、スクラムがどう働くかを説明してほしいんだ。スクラムを使えば、競合の半分のコストかつ2倍の速度でシステムができるって。これで、リチャードの問題を解決できるだろう」ジュリオが説明した。

「何だって！　ちょっと待ってよ」ロブが叫んだ。「リチャードに、問題はすべてスクラムが解決するなんて言うわけにはいかない。それは間違いだ。スクラムは、動くソフトウェアを顧客に届けるのを助けるフレームワークにすぎない。どんな問題でも解いてしまう魔法の粉ではないよ。**問題を見つけやすくして**、人びとを問題解決に集中させる。それが、スクラムの素晴らしいところだ」

「リチャードのところに行って、彼の問題を発見できますよって言うだけじゃ、契約を取れる気がしないぞ。すでに問題でストレスを抱えているんだから」ジュリオが答えた。

「問題を見つけやすくするというのは、そんな意味じゃないよ。例を出そう。1人の人間を複数のプロジェクトに同時にアサインすると、ムダが発生し品質も下がると、以前マネジメントに説明したことがある。結果として、チームは喜び、品質と生産性は改善するようになった。同じような気づきをリチャードにもたらす必要がある。でも、スクラムがこういうことを起こせるという説明は、端折りすぎだ。営業訪問のときは、スクラムの質問は僕に任せてくれ。契約交渉は任せるから」ロブは言った。

「オーケー。言いたいことはわかったよ。スクラムを使ってどうやってプロジェクトを運営するかの説明は、お願いするよ。契約が取れそうだったら、どのような契約を書いたらいいか、また助けてもらうかもしれない。リチャードが対価に対して実際何を受け取るかが明確で、こちらもちょっと安心できる形の契約だ」

ミーティングの日が来た。おきまりの挨拶の後、リチャードはいきなり本題に切り込んだ。「前置き抜きで行こう。そこにあるのが失敗したベンダーのリストだ。君たちは、彼らにできない、何ができるんだね？」リチャードが尋ねた。リチャードが示したホワイトボードには、以前使っていたコンサルティング会社の名前が並んでいた。

ロブが即答した。「後から考えが変わっても、膨大な費用をかけずにすむようにできます」

「どういうことだね？」リチャードが尋ねた。

「そこに名前のあるコンサルティング会社で何年か働いたことがあります。私が退職した理由は、プロジェクトの重要なコンポーネントの一つをいつも説明できないことに気づいたためです。ソフトウェアです。物事は変わるんです。当然、そうした変化を契約でも認めておく必要があります。でも、ほとんどの契約は全く逆になっています。ほとんどの会社は、最小コスト

352

の契約を提示しておいて、変更には後から莫大なコストを請求します。コンサルタント会社は、実際にはソフトウェア会社です。彼らは変更が避けられないと知っています。実は、それを金儲けの種にしているのです。あなたの会社は、ソフトウェア会社ではありません。芸能プロダクションです。思った通りに動くソフトウェアを、契約金額とさほど変わらない金額で手に入れられると思っているでしょう。でも、実際は思っていたよりはるかに高額なコストを払うはめになる。そしてその高額なコストの原因は、変更を決断したあなたにある、そう言われるんです」

「まさにそのとおりだ。それで、君たちはどう違うのかね？」リチャードが尋ねた。

「ソフトウェアが想定した通りに動かない。そんな状況にしょっちゅうなっている。違いますか？」

「その通りだ」

「プロジェクトのはじまりに、あなたは今のシステムがどううまく動かないかを説明して、変えたい点をいくつか伝える。そして、山ほど質問に答える。そうするとソフトウェア会社は、立ち去って、ソフトウェアの魔法を使い、数ヶ月後に新しいシステムを納品する。そんな感じでしょう？」

「そうだ」リチャードが答えた。

「そして使い始めてみると、必要ない場所に機能があったり、思った通りに動かなかったり、結局全体として使い物にならない。高額な費用をかけて、変更して問題を直そうとしても、結局、バグだらけで使いにくいシステムになってしまう。当初思い描いたのとは、似ても似つかぬような」

「その通りだ。いつも結果を見てから、正しくないところがわかる。そして本当に必要なものを説明できるようになる。だが、そのころには予算が尽きてしまう。こちらの我慢が限界になるのも一緒だがね」リチャードが説明した。

「よくあることなんです。実際にものを見ると必要なものがわかるんです。でも、それを説明するのは難しい。とくに、多くの観点から正しく説明するのは」

リチャードがうなずいた。

ロブが続けた。「私たちの顧客の中に、ロングビーチにある大きなクルーズ会社があります。今のシステムがうまく動いていないのは誰もが知っていましたが、何が必要か、そもそもどの問題を解決しなければいけないのか、合意することはできませんでした。みんなめちゃくちゃになっていたんです。リチャードさんもよくご存じの伝統的な方法で、彼らのシステムを開発することもできたんですが……」

「ああ、金だけ取って、ベンダーがシステムを持ってこないやつだろう。**よく知ってるよ**」リチャードが答えた。

ジュリオが笑いながら、割り込んだ。「私たちは、代わりに２ステージの契約を結びました。最初のステージは、これまでのプロジェクトの発見フェーズと似ています。次のステージは、都度払いの開発フェーズです。２週間ごとに納品します」

30 章　契約の記述

「発見フェーズでは何をするんだね？　期間はどのくらいだ？」リチャードが尋ねた。

「コスト固定のフェーズで、期間は2週間です」ジュリオが答えた。

ロブが説明を続けた。「発見フェーズでは、2週間、私ともう2人のチームメンバーが御社を訪問します。その2人のメンバーは、受注できたら2番目のフェーズも担当します。フェーズの間、ソフトウェアがどうあるべきか意見がある御社のメンバーは全員、我々3人でインタビューします。ユーザー、ステークホルダー、経理、その他どなたでも」

「経理？　契約管理システムなのに、なんでまた経理にインタビューするんだ？」リチャードが尋ねた。

「お金の管理をしているのは彼らですし、将来の売上見通しを知りたいと思っているはずです」ジュリオが説明した。「彼らはステークホルダーです。また、ITシステム投資についてどう思っているかも知りたいですしね」

「面白い」リチャードはあごをさすった。

「全員と会えたら、こんどはユーザーペルソナを1セットつくり、ユーザーストーリーを使ってプロダクトバックログを作成します。最初のフェーズの最後に、プロダクトバックログを見積もります」リチャードが言った。

「ちょっと待ってくれ」リチャードが言った。「ユーザーペルソナ？　ユーザーストーリー？　プロダクトバックログ？　それはなんだね？」

ロブとジュリオは少し時間をかけて、スクラムの成果物とアジャイル見積りについて説明した。しばらくすると、ストーリーと顧客価値の関係、そしてその関係が、後から必要とわかるシステム機能によりどのように変化するか、リチャードは理解できるようになっていた。

「というわけで、発見フェーズが完了したら、見積もられたプロダクトバックログと、実行可能なリリース計画の例をお渡しします。計画は、チームのスプリントごとの開発量、予測の信頼度、これまでの情報に基づきます。バックログ上で、同じサイズのストーリーであれば、いつでもペナルティなしに入れ替えができます。機能のコスト見積りと、私たちが可能と信じる開発計画もお渡しします」

「発見フェーズが完了したらどうなるんだ？　第2フェーズでも君たちの会社を使わなきゃならない制約がなにかあるのかね？」リチャードが尋ねた。

「そんなことはありません」ジュリオが言った。「第1フェーズの我々の仕事は、ユーザーペルソナとユーザーストーリーを使ってプロダクトバックログを作ることです。それとリリース計画が、私たちの成果物になります。バックログを複数のベンダーに持ち込んで、入札にしてもかまいません。そうなったら、私たちは入札に参加する一業者にすぎません。私たちの初期コストはちょっと高いかもしれませんが、後になって変えられないように縛ることはしません」

「計画は素晴らしくても、その後がそうでもなかったら？　開発を頼んだのに、納品されない場合は？」リチャードが尋ねた。

「ここが一番良いところだと思うんですが」ジュリオが説明した。「もし開発したソフトウェアの品質に満足いただけない場合は、1スプリントの猶予で解約できます。同じように、十分

な機能が開発できたと思ったら、いつでも1スプリントの猶予でプロジェクトを終了できます。本当に都度払いなのです。ああ、それから、スプリントの成果が受け入れられない場合、すなわち開発成果に合意できない場合、スプリントの費用は頂きません」

「それでは、すべての結果を拒否して、ぜんぶタダでやらせようという顧客をどうするのかね?」リチャードが尋ねた。

「信頼です」ジュリオが言った。「シンプルで、でも複雑です。第2フェーズが始まるときには、私たちがあなたにとって重要なこと、すなわちビジネスを理解し、成功の支援をしてきたと、あなたはご承知のはずです。私たちも、一度限りの顧客ではなく、長期的なパートナーを求めています。私たちの顧客数は最大ではありませんが、顧客との信頼関係は最大だと自負しています。従業員の採用と、顧客の選択には、戦略的な判断をします。私たちの会社の価値観と合わなさそうな見込み顧客には、より大きなコンサルティング会社を紹介します。これは、私たちにとって重要なことです」

最終的に、ロブとジュリオはリチャードと協力して契約を組み立てた。リチャードが安心でき、3人ともが信頼できるような契約ができたのだ。

2. モデル　　　　　　　　　　　　　　　　　　　　　*The Model*

顧客は、最大限の機能と品質を、最小限のコストと最短の納期でほしがる。さらに悪いことに、顧客は僕たちITプロフェッショナルに、プロジェクト開始前からすべて100%の保証を求める。だが彼らを誰が責められるだろうか? ストーリーのリチャードのように、僕たちの顧客は、プロジェクトの失敗、コスト超過、機能不足、バグなどに、何回も何回も悩まされてきたのだ。

さて、どうして約束通りに届けられなれなくなってしまうんだろうか? 2つの理由がある。変更とタイミングだ。

アジャイルなプロジェクトを支える契約について学ぶ前に、まず、これまでの契約がどのように書かれてきたか知っておこう。次に説明する「これまでの契約と変更指示」は、僕自身も過去にずいぶん使ってきたし、いまでも良く使われている。いちばん最近だと、この章を書き終えるつい2週間前にも使ったところだ。

2-1. これまでの契約と変更指示

顧客も僕たちも、何ら変わることはない。お金を払ったら、なにが受け取れるのか知りたい。そのため、これまでの契約はこのような手順で作られる:

1. 会社、顧客は提案依頼書(RFP)を公開もしくは送付する。RFPには、顧客が必要な機能/作業がすべて記述されている。必要な機能/作業には、通常優先順位はない。**すべて必要だ**。

30章　契約の記述

2. 請負業者には短い質問の時間が与えられ、その時間を使って詳細な質問をしたり、想定条件を具体化したり、予算を予測したりしなくてはならない。RFPを作成するときには、全体のプロジェクト予算を顧客の予算に合わせるのが自然だ。顧客の予算がわからなければ、推測するしかない。

3. 最終的な提案は、顧客予算範囲の下限にできるだけ近づけて設定される。顧客予算範囲がわからなければ、競合他社より低くなるようにする。そして、顧客がほしがるものを全部詰め込む。ビジネスで勝つためには仕方がない。図30-1に実際の契約書の例を示す。これを読み下せるだろうか？ **まして理解できるだろうか**？

4. 提案には、変更指示手順が**含まれることがある**。変更が必要とわかったときにどう対処するかは、重要なのでぜひ含めるべきだ。損益分岐点を超えるため、安く出し過ぎた提案をなんとかビジネスにするため、変更手順が重要なのはわかっているはずだ。なぜか？ プロジェクトが始まる前の、短い提案期間で、顧客が**どんな意味で**要求を記述しているのか、どんな前提条件があるのかすべて見いだすのは不可能だからだ。物事は変わるものなのだ。

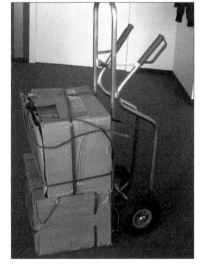

図30-1　重さ50kgを超えるこれまでの契約書

　さて、変更指示手順とは、興味深い怪物だ。これまでの契約では絶対に必要となる一方、変更要求自体、もしくは変更手順の複雑なプロセスが、顧客を疲弊させ、やがて信頼を失わせてしまう。

　変更指示手順が顧客の信頼を失わせるのなら、なぜそんなものがあるのだろうか？ それは、変更指示手順がないとソフトウェア企業はビジネスを成立させられないからだ。あるプロジェクトで、要求仕様が曖昧に書かれていた。アカウントマネージャがやっつけ仕事でいいと思っていたからだ。6ヶ月たってシステムは巨大化し、すべての機能を把握するのは不可能になっていた。プロジェクト予算が尽きかけた頃、顧客が**重大な**仕様変更をやりたいと言い出した。曖昧な要求仕様に収まる範囲だったからだ。結果として、開発側は数十万ドル分の仕事をタダでやる羽目になった。次の契約から、詳細な変更指示手順が加えられたのは言うまでもない。

　もしベンダーが変更を無料で引き受けてしまったら、膨大な量の変更要求はそれ自体が致命的だ。プロジェクトの終わりまでに変更要求は甚大なコスト増を生み、ベンダーにとって負

担を強いることとなる。そのような状況から身を守り、ビジネスを続けるため、ベンダーは変更指示手順を作り、徹底する。

よい変更指示手順は詳細で長いものになる。たとえばワシントン州交通省の建築変更プロセスガイドは68ページ[1]ある(※参30-1)。非常に道筋だって考えられた文書で、どのようにプロセスが動き、どのように実行するか明確に記述されている。なぜワシントン州は、変更管理を実施しているのだろうか？　自身の利益を守るためだ。デーブ・ニールセンによる記事『変更指示の管理方法』(※参30-2)には、変更指示を管理するための詳細な手法がいくつか示されている。

ここで強調しておきたいのは、よい変更指示手順は大規模で詳細にならざるを得ないということだ。これまでのプロジェクト管理方法では、変更管理がいい加減だと、大惨事につながる。

シンプルな例で考えてみよう。クッキー作りだ。妻のバーニスが、子供たちと僕にデザートに何が食べたいと尋ねる。ちょうど出かけるところだった僕たちは叫びかえす。「クッキー！」

バーニスが聞き返す。「なにクッキー？」

子供の1人が返事をする。「砂糖たっぷりのやつ！」(彼女は砂糖が大好きで、健康的なやつは好きじゃない)

妻は困ってしまっている。僕たちは家を出て、僕の携帯は切れている。チョコチップクッキーがみんな好きなのは妻も知っているが、頼まれたのはシュガークッキーだ。きっとこれまでのクッキーに飽きたんだと思い、喜ばそうとして妻はシュガークッキーを焼く。カラフルなデコレーション付きだ。子供と僕は帰ってきて、カウンターで冷まされているクッキーを見つける。

「げげ、これは何？」と、子供たち。

「シュガークッキーよ。頼んでいったでしょ」バーニスはちょっと戸惑っている。

「シュガークッキーなんて頼んでないよ。いつものチョコチップクッキーがいいよ」子供たちが文句を言う。

「シュガークッキーがほしいって聞こえたから作ったのよ」不機嫌そうに妻が言う。「追加がほしいなら、ただでは済まないわよ」

ここでの失敗は、顧客(子供たちと僕)とチーム(妻)の間の貧弱なコミュニケーションだ。子供たちは、「砂糖たっぷりの種類のクッキー」と言ったつもりだった。バーニスは、チョコチップクッキーのことだと思うだろうと。でも、バーニスはシュガークッキーのことだと思った。それ以上、ニーズを確認する方法がなかったので、彼女はベストを尽くし、シュガークッキーを焼いた。子供たちはがっかりし、彼女はいらいらした。誰も望んだ結果を得られなかった。

ソフトウェアの世界では、人びとは家族のような関係にあるわけではない。信頼関係はもろく、簡単に壊れてしまう。間違ったものを作ってしまったら、顧客の信頼を損なう。ワシントン州もニールセンも、巨大なプロセスが好きなわけではない。でもコミュニケーションを改善し、正しくおこなうために、あのような複雑な変更管理プロセスを作り上げた。それに間違っ

---

[1] 訳注：翻訳時の最新版(2012年10月)では80ページ。

30章　契約の記述

たものを作ってしまっても、合意したプロセスに従って、合意された変更指示に基づいて作られたと証明できる。

考え得る限り、これまでのプロジェクトには変更管理が必要だ。そして、ある種の正確さを保証するには、巨大で詳細な変更管理プロセスがベストの方法だ。でも、いかに変更管理プロセスが優れていても、そのプロセスを実行すれば遅かれ早かれ顧客の信頼を失うことになる。顧客にしてみれば請負業者は最初から要求を理解しているべきなのだ（子供たちが、欲しいのはチョコチップクッキーだと母親が理解して当然だと思うように、顧客は請負業者が要求を理解して当然だと考える。彼らにとっては明確で簡単なことだからだ）。だが代わりに、要求を再び説明するのに時間をかけ、長い変更管理プロセスを経る。コストもかさむし納期も遅れる。さらに悪いのは、そうやってプロセスを通過したとしても、製品は相変わらず思った通りに出来てこないかもしれないのだ。それでも、コストは払わなければならない。

変更管理プロセスが信頼を失わせる理由は他にもある。多くの会社は入札の際、最小の金額で入札する。顧客が心変わりすると知っているからだ。伝統的な契約では請負業者がすべてのリスクを取ることになるため、変更管理プロセスは必須となる。ただ、顧客が本当の要求を後から見つけるという事実につけこんだ、変更管理プロセスを儲けの種にするというビジネス戦略は、顧客に非常に不快な思いを抱かせる。図30-2の例を見て欲しい。

図の中のボートの名前に注意してほしい。大きい方が**変更指示**、小さいほうが**当初の契約**だ（※参30-3）。顧客の視点からすると、請負業者はある製品をある金額で請け負った。しかし、顧客は当初の契約の製品に近いものを受け取れるかもしれないが、コストはずっと高く、納期もおそらく遅れることになる。しかも、やがて請負業者は多額のお金を受け取って、いなくなってしまう。どうやって信頼しろというのだ！

これまでの契約では顧客の期待に応えるのが難しいのは、変更だけのせいではない。タイミングにも制約を受けているのだ。

図30-2　変更指示ボート。大きいボートには「変更指示」、小さいボートには「当初の契約」と書いてある

2-2. タイミング

プロジェクトの最初から、顧客は納期、コストの確約を求める。このような要求を、プロジェクトの最初というタイミングで出すのは、契約のはじめから顧客、請負業者の双方を悪い状況に追い込んでしまう。プロセスの初期にそうした情報を正確に知るのは不可能だからだ。顧客がまだ確信が持てないうちに、請負業者とチームは要求を**正確**にすべて出すよう求める。逆に顧客は、要求がまだあやふやなのに、機能、コスト、納期の確約を請負業者に求める。

事実を直視しよう。プロジェクトの最初、請負業者はそのような約束ができるような情報を持ち得ない。タイミングが問題だということを理解するには、不確実性コーンを見れば十分だろう。1981年にバリー・ベームが導入し、1997年にスティーブ・マコネルが著書『ソフトウェアプロジェクトサバイバルガイド』で再び紹介した。図30-3に示す。

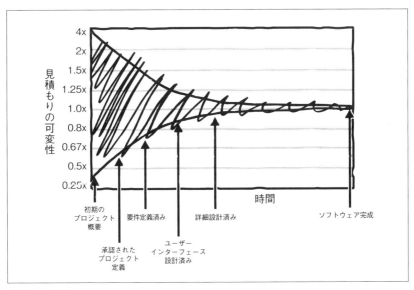

図30-3　不確実性コーン

図からわかるのは、プロジェクトが始まったときには、不確実性は最大だということだ。0.25倍から4倍までの大きな幅がある。ということは、6ヶ月で完了すると見積もったプロジェクトは、実際には1.5ヶ月で終わるかもしれないし、24ヶ月かかるかもしれない。それでも、この不確実な状況でチームは正確な機能要件、納期、コストをブレなく見積もるよう強制される。ボートが巨大化するのも不思議ではない。しかし、実際に図の左端からスタートするプロジェクトは多くない。契約する時点では、顧客は要求のうちいくつかは理解しており、だいたい、**承認されたプロダクト定義**から、**要件定義済み**の間くらいから始まる。

スクラムでは不確実性を減らすためサイクルをなるべく短くする。1章「スクラム：シンプル

30 章　契約の記述

だが簡単ではない」で説明したように、スプリントを繰り返して動作するソフトウェアを見せ
ていけば、要求が現れてきて、そこからシステムと設計のあるべき姿を早く学べる。設計や要
求の想定は、早いうちに肉付けでき、確実性が高い領域にすばやく到達できる。

　スクラムのプロジェクトでも最終的なコスト、機能、納期を正確に予想することはできない。
そのため、これまでとは違う契約モデルが必要となる。変更を受け入れ、プロジェクトの初期
の不確実な範囲での確約を制限し、早い時期での学習を最大化する契約モデルだ。

　僕はこの契約モデルを、「**範囲と変更**」モデルと呼んでいる。詳細は次節で説明する。すべて
の顧客、すべての状況で役に立つとは思わないが、積極的に関わってくれる顧客、これまでの
契約の問題を理解している顧客、プロジェクトの進行に合わせて詳細化を進めたい顧客との契
約では、非常にうまくいく。「納期だけ」「コストだけ」を気にして、積極的に関わってくれない
顧客相手では、うまくいかないだろう。

2-3. 範囲と変更モデル

　範囲と変更モデルは、僕が2007年に参加したプロジェクトで生まれた。実際に締結された
契約は、物語でジュリオとロブが説明したのとそっくりだ。プロジェクトは大成功して、僕が
開発したその契約を他の顧客でも使えるのではないかと考えた。そして、実際にうまくいった。
その後、状況にあわせるために微調整はしたが、僕たちは範囲と変更契約モデルを北米とヨー
ロッパの様々な顧客で使っている。範囲と変更モデルは、2008年のアジャイルカンファレンス
でジェフ・サザーランドが発表した『納品がなくても有料、変更は無料(Money for Nothing
and Change for Free)』[※参30-4]といくつかの特徴を共有している。実際、ジェフのプレゼ
ンテーションを聞いた後、彼のアイデアをいくつか取り込んで、モデルを変更した。

　これから範囲と変更モデルを説明する。ジェフのプレゼンテーションからの学びについても
議論する。自分で契約を作ろうする前に、ジェフの論文を読んで、彼のモデルと範囲と変更モ
デルの差を理解するようお勧めする。あなたが作り上げるモデルは、自社の方針と両方を取り
込んだハイブリッドになるだろう。

　これまでの伝統的なソフトウェアプロジェクト契約は、マイルストーン、成果記述、プロジェ
クトのゴールや目的、導入スケジュール、保証などからなる。範囲と変更契約でも、そうした
要素を含むこともあるが、やり方は大きく異なる。プロジェクトは2つの契約でカバーされる。
チームが有効な契約を作り上げるのに必要な情報を与えるための発見契約と、顧客と請負業
者の双方を保護するためのプロジェクト契約だ。

・**発見契約**
　　── 範囲の確認
　　── コストとタイムラインの決定
・**プロジェクト契約**

360

最初の契約は、発見フェーズしかカバーしない。発見フェーズでは、有効な契約を作るため、チームは範囲を確認する。契約は、実行パラメータと重要な変更条項を含む。

□ 2-3-1. 発見契約：範囲の確認

発見フェーズは、固定コスト、固定期間の契約で、ただひとつのゴールをもつ。チームが必要な情報を集め、何を届けられるか（プロダクトバックログ）、いつ届けられるか（初期スプリントリリース計画）、どれだけお金がかかるか（スプリントあたりのコスト）を発見し、顧客に伝えることだ。通常2〜3人の発見チームを組み、2週間で実施することが多い。固定期間の発見契約の終了後、顧客が他の請負業者を使うことにしても、成果物は利用できる。

最初の成果物はプロダクトバックログだ。顧客向けにプロダクトバックログを作るため、3ステップのプロセスを用いる。ユーザーのタイプもしくはペルソナの特定、ユーザーストーリー記述、ストーリーの見積りだ。

ユーザーのタイプもしくはペルソナを特定する

発見チームは、システムを誰が使うのか、ユーザーの関心事は何か、ユーザーはどのようにシステムを使うのか、ユーザーの期待は何かなどを判別しなければならない。ストーリーを書くときにユーザーをよく知っていると、よりユーザー中心にストーリーを書ける。僕が実施するときには、システムに関わるユーザーをなるべく多数インタビューする。現在どのように使っているか、現在のシステムの良い点、不満点はどこか、そして**一番**直したい場所はどこか？

ユーザーストーリーを書く

発見チームは、ユーザーストーリーを作る責任がある。ユーザーストーリーは「**＜役割＞として、＜アクション＞をしたい、なぜなら＜結果＞だからだ**」というテンプレートに従って記述する。顧客をチームが実施するユーザーストーリーワークショップに招くやり方が、僕は好きだ。顧客とチームメンバーが一緒に、ブレインストーミングを実施し、アイデアを出し、ストーリーを記述できる。たとえ顧客が実際にストーリーを書かなくても、ワークショップに顧客側の人間が参加すると有益だ。チームはその顧客に関わる質問ができ、ストーリーを明確にしたり、ストーリーの見積りをより正確にしたりできる。そうやって書かれたユーザーストーリーがプロダクトバックログとなる。

ストーリーを見積もる

発見チームは、できあがったユーザーストーリーをストーリーポイントで見積もる。ステークホルダーと顧客がストーリーの優先順位を付けるとき、コストも大事な情報となる。見積もり作業中は、質問に答えてもらうため、顧客の誰かに必ず参加してもらわなければならない（顧客参加の重要性についてはこの章後半、「成功の鍵」で詳しく説明する）。

30章　契約の記述

□ 2-3-2. 発見フェーズ：コストとタイムラインの確定

チームが顧客と一緒に働き、情報が集まったら、次はコストとタイムラインの決定だ。これは4ステップのプロセスになる。チームのベロシティ決定、スプリントのコスト計算、リリース計画作成、支払いオプションの確定だ。

チームのベロシティを決める

すでにチームが確立しており類似プロジェクトに参加したことがあれば、チームのベロシティはだいたい予測できる。そうでない場合は、チームのベロシティを推測して見積もらなければならない。いずれにせよ、顧客にはベロシティは範囲だと説明しなくてはならない。もちろん顧客はベロシティ範囲の上限を期待するから、そのつもりでいよう。詳細は、第4章「ベロシティの測定」を参照してほしい。

スプリントのコストを計算する

第8章「専任スクラムマスターの利点」で、従業員のコストについて議論した。顧客に時間単位で課金しているのでなければ、そのモデルを使えばいい。コンサルタント会社か、資本支出予算の考慮が必要な会社で働いているなら、顧客に課金する時間単価はわかっているはずだ。適切な方を使って従業員のコストを計算し、スプリントあたりのコストを求める。従業員の時間単価にスプリントの作業時間をかけてチームメンバー分を足し合わせれば、スプリントあたりのコストが求まる。

リリース計画をつくる

リリース計画はあなたの専門分野だ。チームが届けられる最大限と最小限の範囲を示す。リリース計画には、スプリントごとに完成を保証できるポイントを記述すべきだ。それを超えるポイントを達成すれば、顧客にとっては価値が増えることになる。顧客にとって最も重要な変数を固定する。予算、時間、スコープのうちどれかだ。予算の場合は、その予算でどれだけのスプリントを実施できるか、そしてそれらのスプリントが完了したとき、提供できる機能の上限と下限を示す。納期を選んだ場合は、それまでにどれだけのスプリントが実施でき、どれだけのコストがかかり、その納期までに提供できる機能の上限と下限を示す。機能が一番重要な場合は、開発にかかりそうなスプリントの数の範囲を示し、スプリントの数によって変わるコストの範囲を示す。リリース計画つくりの詳細は、第11章「リリースプランニング」を参照してほしい。

支払いオプションを確定する

最後のステップは、顧客と自社にとってメリットのある支払い条件を確定することだ。単価をポイント当たりで設定することもできるし（顧客のコストが増える可能性がある）、スプリントの最低ポイントを保証した上で、スプリント当たりで単価を設定してもいい。ポイントあたりの単価に範囲を設定する方法もある。たとえばスプリントの成果が $10 \sim 14$ ポイントだったらポイント単価は X ドル、だが $15 \sim 19$ ポイントに達すれば Y ドルのように定める。

第4部　上級サバイバルテクニック

□ 2-3-3. プロジェクト契約：納品

　発見フェーズが完了すると、成果物が提供できる状態になっている。ユーザーペルソナの
セット、見積もられたプロダクトバックログ、リリース計画、そしてプロジェクト契約である。
プロジェクト契約は見積もり済みのプロダクトバックログと初期リリース計画を利用している。
またプロジェクト契約では、請負業者であるあなたが、（チームのベロシティの予測に基づく）
あるポイントの範囲の機能を、スプリントごとに一定コスト（もしくはポイント当たりのコスト）
で届けると保証している。またプロジェクト契約にはチームの完成の定義や、顧客への納品方
法も含む。顧客がスプリントの成果を拒否できる条件についても記述がある。変更への対応す
るための、この契約モデルにおける変更条項も含む。

変更

　スクラム契約でも変更条項はある。僕が使っている契約は、プロダクトバックログのポイン
トの合計が変わらない限り、顧客は自由にバックログ上でストーリーの順番を入れ替えた
り、新しいストーリーを足してもよいというものだ。スプリントに入るポイントに関しては、
チームが見積もったポイントの範囲に入るのが条件となる。2008年のアジャイルカンファレ
ンスで、ジェフ・サザーランドは、『納品がなくても有料、変更は無料』という発表をおこなっ
た。「変更は無料」条項といううまい名前で、彼はコンセプトを説明した（「納品がなくても
有料」については、次の「成功への鍵」節で詳しく説明する）。
　サザーランドの「変更は無料」条項は、顧客にチームと一緒に働くことを求め、プロダクト
オーナーが優先順位付けに責任を負うよう求めている。この条件であれば、顧客は、同じく
らいのサイズのストーリーを取り除くことで、無料であたらしいストーリーを足すことが
できる。僕はこのコンセプトの説明で、例としてよく1リットルのボトルを使う。ボトルには
1リットルまでならどんな液体でも入る。水、油、酢、ソフトドリンク、クリーム、なんでもい
い。プロジェクトの最初に、顧客はオリーブオイルと酢を入れたいと望んだ。「変更は無料」
というのは、顧客が水を入れたくなったら、同じ量のオリーブオイルと酢を取り除けばいい
ということだ。取り除かないと、ボトルはあふれてしまう。
　契約は、ほぼ完成に近づいた。でも、あと4つ重要な項目を足さなくてはいけない。顧客の
参画、受け入れウィンドウ、優先順位付け、契約終了条項だ。次の節で、詳細に説明しよう。

3. 成功の鍵　　　　　　　　　　　　　　*Keys to Success*

　契約が良い情報と顧客との協働に基づいていれば、顧客との信頼関係を築くまでの長い道
のりを歩み始められる。コストの幅や変更の許容範囲以外にも、良いスクラム契約が含むべき
ものがある。スクラムプロジェクトを進めたり、壊したりする要素についての要求事項だ。顧
客の参画（フィードバック、受け入れ、プロダクトバックログのメンテナンス）、プロジェクトを

363

30 章　契約の記述

出荷可能にしておくスクラムのメリットについての明確な理解などだ。スクラム契約に含むべきそのような要素について、詳しく見ていこう。

3-1. 顧客の参画

　1週間あたり顧客が何時間プロジェクトに参画するかを契約に含めよう。最初はずっといてくれた顧客が、プロジェクトが始まるといなくなってしまうという落とし穴は避けたい。スプリントが短い場合は、ほぼ毎日の参画が必要になる。スプリントを長くすると、毎日は来なくても大丈夫になるが、顧客の参画がスプリントの始めと終わりに集中してしまうというリスクがある。顧客の負担は大きくなるが、プロジェクトを通じて顧客とのつながりを維持できるため、僕は短いスプリントを好んで使う。

3-2. 受け入れウィンドウ

　受け入れウィンドウとは、受け入れ判断に使える許容時間のことだ。顧客はこの時間内に、スプリントで開発された機能を受け入れるか判断しなければならない。「レビューミーティングが完了するまで」「レビューミーティング終了後X時間」のように、短くすることもできる。また、受け入れウィンドウが経過するまでに顧客が受け入れも拒否もしなかった場合の、デフォルトの判断も決めておかなければならない。多くの場合、デフォルトの判断は、自動受け入れだ。

　僕は受け入れウィンドウを短くするのが好みだ。理想的には1日以下がいい。受け入れウィンドウを長くしすぎると次のスプリントを侵食し始める。受け入れ判断が決まっていないと先に進められない仕事もあるからだ。受け入れウィンドウが過ぎた後で、何か足りないとわかった場合は、それは新しいストーリーとしてプロダクトバックログに足し、優先順位をつける（そして、顧客にコストがかかる。**顧客の参画**が必須な理由だ）。受け入れウィンドウ内で不足が見つかれば、通常は受け入れ拒否となる（そして、請負業者が自分のコストで直すことになる）。

　もう1つ準備しておくことがある。顧客が受け入れを拒否すると、その仕事分は支払われない。これを悪用しようとする人はいないかって？　もちろんいる。このやり方をしようとするときは、顧客を賢く選ぶべきだ。信頼できない顧客に、ノーと言う方法を学んでおこう。

3-3. 優先順位付け

　これまでのRFPと異なり、プロダクトバックログは常にメンテナンスされなければならない。定期的に、優先順位を更新し、見積りも直す。顧客と一緒に、新しいストーリーを見積もり、大きなストーリーを分割し、顧客が優先順位をつける。そのための時間を契約に含めること。また、プロダクトバックログ中でストーリーの優先順位を変えるのは自由だが、ある期日ま

第4部　上級サバイバルテクニック

でに完成する内容が変化することもあるので、その点を顧客が理解できるよう支援しよう。

　開発の流れの都合で、チームが順序を決めたいと考えることがあるかもしれない。その順番は、顧客の考える機能開発の優先順位と合っていることも、合ってないこともあるだろう。『User Stories Applied』^{（※参30-5）}の中で、マイク・コーンは顧客が常に勝つと語っている。僕も同意見だ。ただ、順序によって見積りが大きくなり、一部の機能の開発が終わらなくなる（同じコストで作れる機能が減る）可能性があると顧客に理解してもらうのも、僕たちの仕事だ。同時に、同じサイズのものが取り除かれる限り、プロダクトバックログに何か足すのにコストはかからない。

3-4. 契約終了条項

　僕が使っている契約には、顧客はいつでもいかなる理由でも契約を終了できると書いてある。実行中のスプリントが終わり、もう一スプリント、コードベースの移動、書類の処理などの必要な片付け作業が終わったら、プロジェクトは終了する。これは信頼を醸成するし、どのスプリントであってもコードを本当に出荷可能にしておく必要があるのだと、チームが理解できるようになる。

　同じように、サザーランドの「納品がなくても有料」という条項は、ソフトウェアは、すべての機能を完成させなくても、出荷可能になり得るということを示している。顧客は、いつでも開発を完了し、その時点のソフトウェアを出荷できる。この契約には、顧客にも請負業者にも金銭的な保護が提供されている。どのように機能するのか見てみよう。顧客は優先順位のついたリストを持っている、契約の実行中のある時点で、リストの残りを実装するのは金銭的にメリットがないことがわかったとする。サザーランドはこれをROIカットオフと呼んでいる。プロジェクトがROIカットオフに達したと顧客が判断したら、残りの仕事は放棄する。プロジェクトを早めに出荷してしまえば、お金が残るからだ。「納品がなくても有料」条項では、残りの金額のほとんどを顧客が留保するものの、一部を（サザーランドのケースでは20％）請負業者が、契約早期終了のコストをカバーするために受け取る。

3-5. 信頼

　この契約を使って慣れていくと、スクラムの納品モデルを考慮にいれた契約が、顧客、請け負う業者の双方にとってベストな契約になり得るとわかるだろう。契約で変更を受け入れられる構造にするのが、ビジネスではベストだ。顧客が機能の受け入れごとに都度払いするオプションを用意し、同じサイズのストーリーを出し入れする自由を認め、早期終了の場合は両方にメリットがあるようにする。リピート客、長期顧客に対して、これは割が合う。結局、ソフトウェア開発企業にとって、信頼よりも重要なものはないということだ。

365

Appendix

付録

Scrum Framework
スクラムフレームワーク

　スクラムは複雑なプロジェクト、たとえばソフトウェア開発などのためのフレームワークだ（図A-1参照）。予め定義された役割、ミーティング、成果物を用いて、大きな仕事をスプリントと呼ばれる小さな単位に分割する。スクラムはアジャイルの原則を基盤としている（スクラムの背景となる原則については1章「スクラム：シンプルだが簡単ではない」を参照）。

　スプリントの構成要素のバランス、つまり役割、ミーティング、成果物のバランスを、僕はレーシングカーのチューニングになぞらえるのが好きだ。わずかな調整の積み重ねから、画期的勝利が得られることもある。いっぽう、微かなノッキングや些細な不調が車体やエンジンにあれば、出力が落ち、スピードが低下し、エンジンの劣化を招くかもしれない。これがスクラムとどう関係するのか、それぞれの要素について詳しく見ていこう。

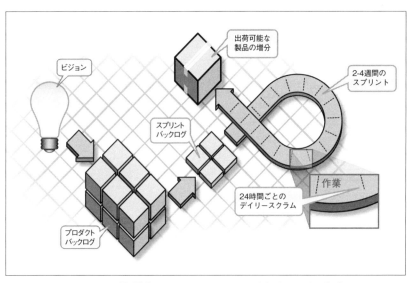

図A-1　スクラムフレームワーク（英語版をhttp://mitchlacey.comからダウンロードできる）

1. 役割　　　　　　　　　　　　　　　*The Roles*

スクラムは3つの役割から成り立つ。スクラムマスター、プロダクトオーナー、そして開発チームだ（本書を通じ、開発チームのことを**チーム**と呼んだり**コアチーム**と呼んだりしている）。三者は協力して顧客とステークホルダーの利益のため、ビジョンをもとに、動作するプロダクトやサービスに変換していく。

レーシングカーの構成要素に例えれば、開発チームがエンジンであり、プロダクトオーナーはドライバー、スクラムマスターは潤滑油やセンサーだ。

1-1. スクラムマスター

レーシングカーはメーターやセンサーでエンジンの状態を監視できるようになっており、また潤滑のためオイルを使っている。オイルがなければエンジンはきしみを上げて停止し、エンジン自体も破壊されてしまう。オイルはあらゆる場所にあって、エンジンの部品が順調に動き続けるためにも、冷却のためにも、ストレス下で性能を維持するためにも役立っている。

スクラムマスターはオイルと同じだ。メーターやセンサーを仕込んで、チームが性能を発揮できているかわかるようにしている。スクラムマスターはまたスキル（潤滑剤）をもって問題対応を手伝う。スクラムマスターは大変な仕事だ。口には出されない微かな様子の変化に気づいたり、対立を冷静に扱ったり、コミュニケーションに優れていたり、人びとどうしの間に信頼と尊敬を養い、チームのダイナミズムを理解したりできるのが、良いスクラムマスターだ。開発を進化させられるのが、良いスクラムマスターなんだ。信頼を築くのはチームの中だけでなく、顧客とも信頼関係を結ばなければならない。スクラムマスターをどうやって選べばいいか、5章「スクラムの役割」で説明している。

1-2. プロダクトオーナー

スクラムマスターがエンジンの潤滑油とセンサーだとすれば、プロダクトオーナーはドライバーだ。プロダクトオーナーはレーシングカーを正しい方向に向け、コースから外れないよう常に調整し、結果を出す。プロダクトオーナーは顧客とステークホルダーの利益を代表する。プロダクトオーナーの仕事は、製品のビジョンを作り、育て、チームとステークホルダーに伝えること、プロジェクトの投資対効果と財務上の責任を持つこと、正式なリリースをいつにするか（顧客とステークホルダーの話を聞きながら）決断を下すことだ。プロダクトオーナーは、プロジェクトの成否について最終的な責任を持つ。何を作るか、いつ作るか、作ったものが期待通りか、すべてプロダクトオーナーの判断となる。

付録　スクラムフレームワーク

1-3. 開発チーム

　開発チーム（**コアチーム、チーム**とも呼ぶ）はレーシングカーにおけるエンジンだ。いかなるドライビングテクニックも潤滑剤も、エンジンなしには使いようがない。開発チームはプロダクトオーナーのビジョンを、スクラムマスターの助けを借りて実行する。チームは成果を提供するのに必要な人びとで構成される――開発者、テスター、アーキテクト、デザイナーなど、必要な人はすべてだ。開発チームのメンバーは理想的には、プロジェクトにフルタイムで専任する（現実にはそうならないこともある。3章「チームコンサルタントでチームの生産性を最適化する」で、理想的ではない状況で優れたチームを構成する方法を説明している）。チームは自分たちの仕事を管理し、コミットし、コミットした内容を実現する責任がある。

　多くのスクラムの資料で、理想的なチームの大きさは7±2人だと述べている。偶数のほうがXPのエンジニアリングプラクティスを使いやすいので、僕のルールは6±2人だ。チームはあくまでチームであって、役割や肩書きはなくしてしまうべきだ。チーム内に仲間意識を醸成する役に立つ。「僕は開発者だからコードを書くだけだ」という考え方から「僕はチームメンバーで、この仕事を完成して提供する責任があるが、**1人ですべてはできない**」という思考に変えるのが、ゴールとなる。スクラムのチームではテスターもコードを書き、開発者もテストを書く。機能横断的なチームがいいんだ。

2. 成果物　　　　　　　　　　　　　　　　　　　*The Artifacts*

　スクラムは成果物[1] に重点を置いた開発プロセスではない。しかしここで述べる3つの成果物は成功に欠かせない。プロダクトバックログ、スプリントバックログ、そしてバーンダウンチャートだ。

2-1. プロダクトバックログ

　プロダクトバックログとはマスターリストであり、ビジネス価値とリスクで優先順位付けされた、ビジョンの実現に必要なすべての機能や特性を並べたものだ。最終的には、ビジョンを実装するため開発中のプロダクトやサービスの様子を示すものとなる。プロダクトオーナーがプロダクトバックログの管理責任者で、常に最新に保ち、優先順位（あるいは順序）も更新し、明確さも維持する。要件定義書や製品仕様書とは異なり、プロダクトバックログは決して完成しない。プロダクトバックログは生きているドキュメントで、拡張したり縮小したりしながら優

---

[1] 訳注：スクラムガイドでは「作成物」となっている。http://www.scrumguides.org/docs/scrumguide/
　　v1/Scrum-Guide-JA.pdf

先順位の変動を受容したり、価値やリスクの変化に対応したりする。プロダクトバックログには、いつでもプロダクトバックログアイテム（Product Backlog Item、PBIともいう）を追加したり取り除いたりできる。追加したら、プロダクトオーナーが優先順位（順序）を付けて他のアイテムとの上下関係を決める。アイテムにはバグ、機能、改善、非機能要求などが含まれる。

優先順位はビジネス価値とリスクから決定する（もしくは企業やプロジェクト内で筋が通るように）。優先順位で一番上にあるアイテムが、次に開発するものだ。一番下のアイテムは最後になる（図A-2参照）。チームはプロダクトオーナーと共にプロダクトバックログアイテムを見積もる。見積りは他の項目との相対値だ。PBIの大きさはポイントやTシャツのサイズなど、時間の単位ではない形で表現する。PBIの見積りから時間という概念を排除するためだ。見積りで時間を考えないのを強調するのは、時間は後からついてくるためだ（見積りについて、詳しくは11章「リリースプランニング」を参照）。

優先順位の高いストーリーは小さく明確で、すぐにスプリントで開発できるようにしておくべきだ。優先順位の低いストーリーは、大きくても曖昧でもよい。優先順位の高いアイテムが完成すると、優先順位の低いアイテムを順々に繰り上げる。その際に大きなストーリーは小さなストーリーに分割する必要がある（12章「ストーリーやタスクを分割する」を参照）。

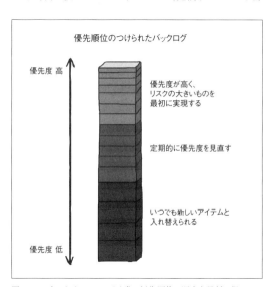

図A-2　プロダクトバックログは常に優先順位や順序を最新に保つ

2-2. スプリントバックログ

スプリントバックログは計画づくりミーティング（後述）で作成するものだ。基本的にはタスクのリストで、チームがプロダクトバックログアイテムから、出荷可能な機能のインクリメントにスプリントで変換するのに必要なタスクを並べたものとなる。PBIとはことなり、スプリントバックログのタスクは時間（1時間単位）で見積もる。作業するのはチームなので、スプリントバックログを最新の状態に保つのもチームの責任だ。

スプリントの最中に新たなタスクが見つかったり、すでにあるタスクを調整することもある。これはまったく正常だ。チームはただ単に新しいタスクを（見積もりをして）スプリントバック

ログに追加し、進行中のタスクに調整が必要なら内容を書き直す（残作業の見積もりもするかもしれない）、それだけだ。チームがタスクを完了したときは、スプリントバックログ上で完了の印を付ける。スプリントバックログから、メンバーは何が終わり何が残っているか、知ることができる。こうしたデータがあれば、効果的なデイリースクラムを実施できる。

スプリントバックログは変更されるものだが、スクラムマスターは増減のパターンや種類を注視しているべきだ。パターンが見つかれば、開発中のシステムやチーム自身について、新たな知見が得られる。

2-3. バーンダウンチャート

シュウェイバーとサザーランドが公開した『スクラムガイド』の2011年の版では、バーンダウンチャートは必須ではなくなった。だが僕はいまでもバーンダウンチャートはチームにとって必須の武器だと考えている。スクラムにおいて、チームは自分たちの仕事の完了度合いがスプリントを通じてどう推移しているか、周囲に伝える責任がある。そのための、僕が知る限り最高の道具が、バーンダウンチャートだ。グラフの形で、スプリントの残作業をリアルタイムに表示する。残った作業の時間の合計（Y軸）とスプリントに残された日数（X軸）でプロットするグラフだ。バーンダウンチャートは手書きでも、エクセルなどのソフトで作っても良い。スプリントバーンダウンを更新するのはスクラムマスターかチームメンバーで、毎日の終わりに残作業の時間をプロットする。点を線で結ぶと、日が進むにつれ残作業がどのくらい変化するか把握できる。また、チームが作業をすべて完了できそうかどうか、グラフの線をスプリント最終日まで延長すれば予想もできる。

3. ミーティング　　　　　　　　　　　　　　　*The Meetings*

スクラムには4つのミーティングがある。各々のスプリントの最初におこなう計画づくり。スプリントの間、毎日おこなうデイリースクラム。スプリントレビューミーティング、そしてチームのふりかえりだ。

3-1. 計画づくりのミーティング

各スプリントは2つのパートに分かれたスプリントプランニングから始まる。[2] 1ヶ月、もしくは4週間のスプリントであればプランニングの時間は8時間、2週間スプリントであれば4時

---

[2] 訳注: 最新のスクラムガイドでは、2パートに分けるという表現はしていない。「何を達成するか」「どうやって達成するか」の2つのトピックを話す1つのイベントであるという説明になっている（2015年現在）。

間確保しておく。大雑把にいえば、スプリントの週数に2時間をかけた長さで、スプリントプランニングを実施する。

パート1ではプロダクトバックログをレビューする。ここでプロダクトオーナーは、次のスプリントで**何を実現してほしいか**説明する。たいていパート1の間は、チームとプロダクトオーナーが突っ込んだ話をしたり、曖昧な点を確認したりと、活発に会話することになる。スプリントプランニング・パート1の終了時にはチームがスプリントゴールを定める。一文でスプリントの成果を言い表したものだ。そのようなスプリントゴールがあれば、後で幅と深さについて疑問が出てきたときに役立つ。スプリントゴールと直結する作業でなければ、そのスプリントでは実施しないのだ。

パート2のチームの仕事は、**どうやって実現する**かの判断だ。チームはプロダクトバックログアイテムを分解し、作業タスクを作る。タスクは1つずつ、所要時間を見積もる。パート2でもプロダクトオーナーは必要だが、その部屋にいなくてもいい。多くのチームではむしろ、パート2ではプロダクトオーナーがその場にいないようにしている。実装についての詳細な議論や選択肢を検討するのを聞いて、プロダクトオーナーに混乱したり誤解したりしてほしくないのだ。プロダクトオーナーが部屋に残るなら、スクラムマスターがファシリテーターとして議論を進め、プロダクトオーナーが思いつきや意見を押しつけないよう配慮する必要がある。そうすればチームは自由に可能性を探索できる。

3-2. デイリースクラム

スクラムで最も回数が多いのはデイリースクラムだろう。デイリースタンドアップや朝会とも呼ばれる。どう呼んでも構わないが、目的は同じだ。チームが毎日状況を共有する機会を、同じ時間、同じ場所で設けるんだ。

デイリースクラムは1日の計画を考える計画づくりであり、定められた質問にチームメンバーが回答して進める。もっとも一般的なのが、以下の3つの質問だ。

・前回のデイリースクラムから、何を成し遂げたか？
・今日は何を成し遂げるか？
・何か問題はないか？ 作業を進める障害になりそうなものは？

4つ目の質問を採用するチームも多い。4つ目の質問については、18章「第4の質問」を参照してほしい。

デイリースクラムでは、その場で問題を深く追求して解決したりはしない。誰が何をしたか、これから何をするか、問題は何か——それだけだ。あがった問題や課題は、別の場所に持ち出して、スクラムマスターが解決するかチームで検討する。どちらにするかは問題の種類による。また、デイリースクラムは状況報告の場でもない。参加者はお互いに話をし、話を聞くのであっ

付録　スクラムフレームワーク

て、スクラムマスターに報告するわけではない。デイリースクラムのねらいは、やること、やったことに意識を集中することにある。スクラムマスターのデイリースクラムでの役割はファシリテーターであり、捜査官や作業監督になってはならない。

デイリースクラムの開催場所を選ぶのはチームだが、毎日同じ場所で、同じ時刻に実施しよう。メンバーは全員、毎日参加しなくてはならない。他の人を招待してもよいが、**主役はチームメンバー**であって、決して経営者、マネージャ、リーダーなどに向けておこなうわけではないと理解してもらうこと。メンバー以外が参加するなら、その人には「読み取り専用」や「聞くだけ」モードになってもらおう。発言してはならないが、見て、聴いて、そこから学べる。

デイリースクラムをうまく実施して、チームのコミュニケーションを改善し、問題や障害を見つけ、チームが一丸となる感覚を醸成しよう。上手にデイリースクラムを実施する方法について、17章「生産的なデイリースタンドアップ」を参照してほしい。

3-3. スプリントレビュー

スプリントの最終日に、チームはスプリントレビューを開催する。長さはスプリントプランニングと同様、スプリントの長さに依存する。このミーティングでは顧客が参加して、プロジェクトのこれまでの成果をレビューし、これから進む方向や方針についてチームに伝える場となる。チームが実施するデモでは、スプリントゴールを確認した上で、完成したものをプレゼンテーションする。

レビューの中で顧客がチームを誉めるのは珍しくないし、同時に変更を依頼するのも普通のことだ。結局のところ、僕たちがスクラムを使うのは、素早いフィードバックのループを作り、検査と適応の機会を数多く持つためだ。レビューもまたループの1つなんだ。新たな要望はプロダクトバックログに追加し、優先順位も付けるべきだ。レビューではチームが顧客に受け入れを求める。ある機能が完成していない、あるいは期待した機能と違うと、顧客が評価する場合もある。その場合は、受け入れられなかったものをプロダクトバックログに戻す。こうしたことが繰り返すようであれば、スクラムマスターが気がついて、チームと一緒に対処すべきだ。

スプリントレビューの効果的なやり方について、15章「スプリントレビュー」を読んでほしい。

3-4. スプリントのふりかえり

スプリントレビューの後、続いてスプリントのふりかえり[3]をおこなう。ふりかえりはチームが、開発プロセスやスクラムの適用について改善点を発見する場だ。チームメンバーとスク

---

[3] 訳注: スプリントのふりかえり(Sprint Retrospective)は、スクラムガイドの日本語訳では「スプリントレトロスペクティブ」と呼ばれている。本書では日常的な呼びやすさ、言葉の印象を重視してふりかえりと訳している。

ラムマスターは必ず参加しなくてはならない。チーム自身が改善点を見つけるためのものなので、僕の経験ではプロダクトオーナーが参加しない方がいいようだ。

　一般的にはスクラムマスターがふりかえりのファシリテーターを務め、チームは改善項目のリストを作って優先順位を付け、将来のスプリントで実現できるようにする。改善項目は以降のふりかえりでもレビューし、どう実現されているか、実際に改善できているか確認する。ふりかえりの長さもスプリントの長さによって変わる。

　ミーティングの間、チームは（少なくとも）下記の2つの質問に答えるべきだ。

　・このスプリントで何がうまくいったか？
　・次のスプリントで改善できるのは何か？

　全員、積極的に参加しよう。スクラムマスターが部屋をまわって1人ひとりに質問したりするものではない —— チーム自身が自分から、回答をホワイトボードに書いていこう。全メンバーの回答が集まったら、協力して改善項目の優先順位を決め、項目に対処すべきか判断を下す。ふりかえりで参加者が活発でなかったり、変化を促進できないようだと、参加してもフラストレーションがたまり、そもそも開催する意味があるかという疑問が生まれる。ふりかえりの価値は、変化のチャンスを見つけられるかどうかにかかっている。チャンスを見つけても対応せず、チームが改善しなかったら、それ自体が大きな問題だ。効果的にふりかえりを開催する方法については16章「ふりかえり」を参照してほしい。

4. すべて組み合わせる

　個々の要素やルールは簡単で理解しやすい。だがすべてを1つに効果的な形でまとめるのは、困難な挑戦となる。レーシングカーの話に戻って考えてみよう。全体のパフォーマンスが最高になるよう、それぞれの部分を慎重にチューニングしなくてはならない。本書の各章はパフォーマンスを最高にするための、実装の詳細や、現実的な戦略について、詳しく解説している。速度を上げつつ制御を失わないやり方についても書いてきた。ノッキングやパンク、バックファイヤを乗り越えながら、ソフトウェア開発という激しいレースを戦い抜く方法も、本書には書いてある。

References

参照文献

Chapter 1

※参1-1 『スクラムガイド』(ケン・シュエイバー、ジェフ・サザーランド、2013)http://www.scrumguides.org/docs/scrumguide/v1/Scrum-Guide-US.pdf(英語版)、https://github.com/kdmsnr/ScrumGuide/blob/master/2013-07a/Scrum_Guide_2013_ja.pdf(日本語版)

※参1-2 ケン・シュエイバー、マイク・ビードル『アジャイルソフトウェア開発スクラム』長瀬 嘉秀、今野 睦、スクラム・エバンジェリスト・グループ 訳、株式会社テクノロジックアート 編(ピアソン・エデュケーション、2003年)

※参1-3 Sterling, Chris. Sterling Barton website. http://www.gettingagile.com/2009/07/15/the-forgotten-scrum-elements/

※参1-4 Stacey, Ralph. 1996. Strategic Management and Organisational Dynamics,6th Edition. Financial Times Management.

※参1-5 Satir, Virginia, John Banmen, Jane Berber, and Maria Gomori. 1991. The Satir Model: Family Therapy and Beyond. Palo Alto: Science and Behavior Books. pp. 98-119.

Chapter 2

※参2-1 ケン・シュエイバー『スクラム入門——アジャイルプロジェクトマネジメント』株式会社テクノロジックアート 訳、長瀬 嘉秀 監修(日経BP社、2004年)

374

※参2-2 Kotter, John P. "Leading Change: Why Transformation Efforts Fail." Harvard Business Review. 1995-03-01. Vol. 73, Iss. 2; p. 59.
関連書籍：ジョン・P・コッター『企業変革力』梅津 祐良 訳（日経BP社、2002年）

Chapter 3

※参3-1 ピーター・M・センゲ『学習する組織 システム思考で未来を創造する』枝廣 淳子、小田 理一郎、中小路 佳代子 訳（英治出版、2011年）

※参3-2 フレデリック・P・ブルックス・Jr『人月の神話【新装版】』滝沢 徹、牧野 祐子、富澤 昇 訳（丸善出版、2014年）

※参3-3 McConnell, Steve. Personal website. http://www.stevemcconnell.com/ieeesoftware/eic08.htm

※参3-4 Putnam, L., and W. Myers. 1998. "Familiar Metric Management:Small Is Beautiful-Once Again." http://www.qsm.com/sites/www.qsm.com/themes/diamond/docs/fmm_28.pdf

Chapter 4

※参4-1 Grenning, James. http://renaissancesoftware.net/files/articles/PlanningPoker-v1.1.pdf

※参4-2 マイク・コーン『アジャイルな見積りと計画づくり 〜価値あるソフトウェアを育てる概念と技法〜』安井 力、角谷 信太郎 訳（マイナビ出版、2009年）

Chapter 6

※参6-1 ケン・シュエイバー、マイク・ビードル『アジャイルソフトウェア開発スクラム』長瀬 嘉秀、今野 睦、スクラム・エバンジェリスト・グループ 訳、株式会社テクノロジックアート 編（ピアソン・エデュケーション、2003年）

Chapter 7

※参7-1 A・オズホーン『創造力を生かす』豊田 昇 訳（創元社、2008年）

※参7-2 Osborn, Alex F. 1957. Applied Imagination. New York: Scribner.

※参7-3 Cohn, Mike. 2004. User Stories Applied. Boston: Addison-Wesley.

参照文献

Chapter 8

※参8-1　James, Michael. 2007. "ScrumMaster Checklist." http://www.scrummasterchecklist.org/pdf/scrummaster_checklist09.pdf

※参8-2　Tabaka, Jean. 2006. Collaboration Explained. Upper Saddle River, NJ:Addison-Wesley. p.18.

Chapter 9

※参9-1　Nagappan, Nachiappan, E. Michael Maximilien, Thirumalesh Bhat, and Laurie Williams. "Realizing Quality Improvement through Test Driven Development:Results and Experiences of Four Industrial Teams." Microsoft Research. http://research.microsoft.com/en-us/groups/ese/nagappan_tdd.pdf

※参9-2　マーチン・ファウラー『新装版 リファクタリング――既存のコードを安全に改善する――』児玉 公信、友野 晶夫、平澤 章、梅澤 真史（オーム社、2014年）

※参9-3　Atwood, Jeff. "Code Smells." Coding Horror. http://blog.codinghorror.com/code-smells/

※参9-4　Martin, Robert C. "The Principles of OOD" http://butunclebob.com/ArticleS.UncleBob.PrinciplesOfOod

※参9-5　Fowler, Martin. "Continuous Integration." martinfowler.com. http://martinfowler.com/articles/continuousIntegration.html

※参9-6　ポール・M・デュバル、スティーブ・M・マティアス、アンドリュー・グローバー『継続的インテグレーション入門』大塚 庸史、丸山 大輔、岡本 裕二、亀村 圭助 訳（日経BP社、2009年）

※参9-7　Miller, Ade. "A Hundred Days Of Continuous Integration" http://www.ademiller.com/. http://www.ademiller.com/tech/reports/a_hundred_days_of_continuous_integration_deck.pdf

※参9-8　Williams, Laurie. "The Collaborative Software Process." The Universityof Utah. http://www.cs.utah.edu/~lwilliam/Papers/dissertation.pdf

スクラム現場ガイド

※参9-9　ローリー・ウィリアムズ、ロバート・ケスラー『ペアプログラミング──エンジニアとしての指南書』長瀬 嘉秀、今野 睦、テクノロジックアート 訳（ピアソンエデュケーション、2003年）

※参9-10　James Shore、Shane Warden『アート・オブ・アジャイル　デベロップメント──組織を成功に導くエクストリームプログラミング』笹井 崇司 訳、木下 史彦、平鍋 健児 監訳（オライリージャパン、2009年）

Chapter 11

※参11-1　Project Management Institute『プロジェクトマネジメント知識体系ガイド 第5版』（Project Management Institute、2014年）

Chapter 12

※参12-1　epic and theme. Dictionary.com. The American Heritage New Dictionary of Cultural Literacy, Third Edition. Houghton Mifflin Company,2005. http://dictionary.reference.com/browse/epic and http://dictionary.reference.com/browse/theme
story. Dictionary.com. Collins English Dictionary - Complete & Unabridged 10th Edition. HarperCollins Publishers. http://dictionary.reference.com/browse/story

※参12-2　Grenning, James. http://renaissancesoftware.net/files/articles/PlanningPoker-v1.1.pdf

Chapter 13

※参13-1　ケント・ベック、シンシア・アンドレス『エクストリームプログラミング』角 征典 訳、（オーム社、2015年）

※参13-2　Boehm, Barry. 1981. Software Engineering Economics. Englewood Cliffs, NJ: Prentice-Hall.

※参13-3　Rothman, Johanna. StickyMinds Website「What Does It Cost to Fix a Defect?」http://www.stickyminds.com/sitewide.asp?Function=edetail&ObjectType=COL&ObjectId=3223

377

参照文献

Chapter 14

※参14-1　マイケル・C・フェザーズ『レガシーコード改善ガイド』平澤 章、越智 典子、稲葉 信之、田村 友彦、小堀 真義 訳、ウルシステムズ株式会社 監訳（翔泳社、2009年）

※参14-2　Fowler, Martin. Personal website. http://martinfowler.com/bliki/StranglerApplication.html

Chapter 16

※参16-1　Esther Derby、Diana Larsen『アジャイルレトロスペクティブズ　強いチームを育てる「ふりかえり」の手引き』角 征典 訳（オーム社、2007年）

※参16-2　Hohmann, Luke. 2007. Innovation Games: Creating Breakthrough Products Through Collaborative Play. Upper Saddle River, NJ: Addison-Wesley.

※参16-3　Kerth, Norman. 2001. Project Retrospectives: A Handbook for Team Reviews. New York: Dorset House.
関連情報: http://blogs.itmedia.co.jp/hiranabe/2005/07/__retrospective_7b58.html

Chapter 18

※参18-1　Bolton, Robert, and Dorothy Grover Bolton. 1996. People Styles at Work:Making Bad Relationships Good and Good Relationships Better. New York: AMACOM.

Chapter 19

※参19-1　Cockburn, Alistair, and Laurie Williams. 2000. "The Costs and Benefits of Pair Programming" (PDF). Proceedings of the First International Conference on Extreme Programming and Flexible Processes in Software Engineering(XP2000). http://collaboration.csc.ncsu.edu/laurie/Papers/XPSardinia.PDF

※参19-2　Belshee, Arlo. 2005. "Promiscuous Pairing and Beginner's Mind:Embrace Inexperience."Proceedings of the Agile Development Conference.

※参19-3　Provost, Peter. "Micro-Pairing Defined." Personal website. http://www.peterprovost.org/blog/2006/08/07/Micro-Pairing-Defined/

※参19-4　Hedden, Trey, and John Gabrieli. 2006. "The Ebb and Flow of Attention in the Human Brain." Nature Neuroscience 9, 863-865.

※参19-5　Weinberg, Rick. "Jansen Falls after Learning of Sister's Death." ESPN. com. http://sports.espn.go.com/espn/espn25/story?page=moments/87

※参19-6　※参19-2のp.2

※参19-7　Lacey, Mitch. 2006. "Adventures in Promiscuous Pairing: Seeking Beginner's Mind." Proceedings of the Agile Development Conference.https://www.mitchlacey.com/resources/adventures-in-promiscuous-pairing-seeking-beginner%E2%80%99s-mind

※参19-8　Provost, Peter. Personal website. http://www.peterprovost.org/blog/2005/08/29/The-Pair-Programming-TDD-Game/

※参19-9　Cunningham, Ward. "Pair Programming Ping Pong Pattern."C2 website. http://c2.com/cgi/wiki?PairProgrammingPingPongPattern

※参19-10　※参19-8の解説を一部改変。

Chapter 20

※参20-1　フレデリック・P・ブルックス・Jr『人月の神話【新装版】』滝沢 徹、牧野 祐子、富澤 昇 訳(丸善出版、2014年)

※参20-2　Tuckman, Bruce. 1965. "Developmental sequence in small groups." Psychological Bulletin. 63, 6, 384-399.

Chapter 21

※参21-1　Merton, Robert. 1938. "Social Structure and Anomie." American Sociological Review 3. p. 672-682.

※参21-2　Carnegie, Dale. The Golden Book. http://www.motivationalmagic.com/library/ebooks/inspirational/GoldenBook.pdf(英語版) デール・カーネギー『デール・カーネギー 成功の秘訣』http://www.dale-carnegie.co.jp/(日本語版)

参照文献

Chapter 22

※参22-1　Leffingwell, Dean. Scaling Software Agility Blog website.
"Jeff Sutherland's Sprint Emergency Landing Procedure" http://
scalingsoftwareagility.wordpress.com/2008/10/19/jeff-sutherland%E2%80%99ssprint-
emergency-landing-procedure/

※参22-2　『スクラムガイド』（ケン・シュエイバー、ジェフ・サザーランド、2013年）
http://www.scrumguides.org/docs/scrumguide/v1/Scrum-Guide-US.pdf（英語
版）、https://github.com/kdmsnr/ScrumGuide/blob/master/2013-07a/Scrum_
Guide_2013_ja.pdf（日本語版）

Chapter 23

※参23-1　『スクラムガイド』（ケン・シュエイバー、ジェフ・サザーランド、2013年）
http://www.scrumguides.org/docs/scrumguide/v1/Scrum-Guide-US.pdf（英語
版）、https://github.com/kdmsnr/ScrumGuide/blob/master/2013-07a/Scrum_
Guide_2013_ja.pdf（日本語版）※本文中は2011年版について書かれていますが、ここでは
最新版へのリンクを掲載しています。

※参23-2　トム・デマルコ『ゆとりの法則 ―― 誰も書かなかったプロジェクト管理の誤解』
伊豆原 弓 訳、（日経BP社、2001年）

Chapter 26

※参26-1　Denne, Mark, and Jane Cleland-Huang. 2004. Software by Numbers.
Upper Saddle River, NJ: Prentice Hall.

※参26-2　Jeffries, Ron. Xprogramming.com., http://xprogramming.com/articles/
expcardconversationconfirmation/

※参26-3　Grenning, James. http://renaissancesoftware.net/files/articles/
PlanningPoker-v1.1.pdf

※参26-4　Boehm, Barry. 1981. Software Engineering Economics. Englewood
Cliffs,NJ: Prentice-Hall.

※参26-5　※参26-1と同じ

Chapter 27

※参27-1　ケント・ベックほか『アジャイルソフトウェア開発宣言』http://agilemanifesto. org/（英語版）http://agilemanifesto.org/iso/ja/（日本語版）

※参27-2　Ullman, Ellen. Salon.com. http://www.salon.com/1997/12/22/feature/

Chapter 28

※参28-1　Gunnerson, Eric. "ScrumBut." http://blogs.msdn.com/b/ericgu/ archive/2006/10/13/scrumbut.aspx

※参28-2　Overby, Stephanie. 2003. "Offshore Outsourcing The Money: Moving Jobs Overseas Can Be a Much More Expensive Proposition Than You May Think."CIO Magazine. September 1. 16(22).

※参28-3　Rottman, Joseph, and Mary Lacity. 2006. "Proven Practices for Effectively Offshoring IT Work." IT Sloan Management Review. 47(3), (Spring), 56-63.

※参28-4　Yu, Larry. 2006. "Behind the Cost-Savings Advantage." MIT Sloan Management Review. 47(2), 8.

※参28-5　Cohn, Mike. 2010. Succeeding with Agile. Upper Saddle River, NJ: Addison-Wesley. p. 359.

Chapter 29

※参29-1　Mar, Kane. "Scrum Trainers Gathering (4/4): Affinity Estimating." Personal website. http://kanemar.com/2008/04/21/scrum-trainers-gathering-44-affinity-estimating/

※参29-2　David J. Anderson『カンバン　ソフトウェア開発の変革』長瀬　嘉秀、永田　渉、テクノロジックアート訳、長瀬　嘉秀、永田　渉　監訳（リックテレコム、2014年）

Chapter 30

※参30-1　Washington State Department of Transportation website. http://www.wsdot.wa.gov/NR/rdonlyres/7C35B04E-F736-47BA-891E-0B9F7021FDF3/0/ChangeOrderProcessGuide.pdf

※参30-2　Nielsen, Dave. "How to Control Change Requests." PM Hut website. http://www.pmhut.com/how-to-control-change-requests

※参30-3　Construction Marketing Ideas website. http://constructionmarketingideas.blogspot.com/2009/04/real-change-order-boats.html

※参30-4　Sutherland, Jeff. "Update 2013: Agile 2008: Money for Nothing."Scrum Log.Jeff Sutherland website. https://www.scruminc.com/agile-2008-money-for-nothing-2/

※参30-5　Cohn, Mike. 2004. User Stories Applied. Boston: Addison-Wesley.

Work Consulted

参考文献

Chapter 3

Pedler, M., Burgogyne, J., and Boydell, T. 1997. The Learning Company: A Strategy for Sustainable Development, 2nd Ed. London: McGraw-Hill.

O'Keeffe, T. 2002. "Organizational Learning: A New Perspective." Journal of European Industrial Training, 26 (2), pp. 130-141.

Chapter 8

Benefield, Gabrielle. 2008. "Rolling Out Agile in a Large Enterprise." Proceedings of the Annual Hawaii International Conference on System Sciences (1530-1605). p. 461.

Chapter 9

Astels, David. 2004. Test-Driven Development: A Practical Guide. Upper Saddle River,NJ: Prentice Hall.

Chapter 12

ケント・ベック、シンシア・アンドレス『エクストリームプログラミング』角 征典 訳、（オーム社、2015年）

Cohn, Mike. 2004. User Stories Applied. Reading, MA: Addison-Wesley.

Chapter 13

Ward, William T. 1991. The CBS Interactive Business Website. "Calculating the Real Cost of Software Defects." http://findarticles.com/p/articles/mi_m0HPJ/is_n4_v42/ai_11400873/

Chapter 15

Schwaber, Ken, and Jeff Sutherland. 2011. "The Scrum Guide." http://www.scrum.org/storage/scrumguides/Scrum%20Guide%20-%202011.pdf Also available at http://www.scrum.org/scrumguides/ or download a copy at http://www.mitchlacey.com

Schwaber, Ken. 2004. Agile Project Management with Scrum. Redmond, WA: Microsoft Press. p. 137.

Chapter 21

Baumer, Eric P. 2007. "Untangling Research Puzzles in Merton's Multilevel Anomie Theory." Theoretical Criminology. February 2007, Vol. 11, Issue 1, p. 63-93.

Featherstone, Richard, and Mathieu Deflem. 2003. "Anomie and Strain: Context and Consequences of Merton's Two Theories." Sociological Inquiry. November 2003, Vol.73, Issue 4, p. 471-489.

Monahan, Susanne C., and Beth A. Quinn. 2006. "Beyond 'Bad Apples' and 'Weak Leaders.'" Theoretical Criminology. Aug 2006, Vol. 10, Issue 3, p. 361-385, 25p.

Murphy, Daniel S., and Mathew B. Robinson. 2008. "The Maximizer: Clarifying Merton's Theories of Anomie and Strain." Theoretical Criminology. November 2008, Vol. 12 no. 4, p. 501-521.

Chapter 24

Patton, Jeff. Personal website. http://agileproductdesign.com/jeff_patton.html

スクラム現場ガイド

Chapter 25

Jeffries, Ron. "Essential XP: Card, Conversation, Confirmation." XProgramming.
com. http://xprogramming.com/articles/expcardconversationconfirmation/

Wake, Bill. "INVEST in Good Stories and SMART Tasks." XP123.com. http://
xp123.com/xplor/xp0308/index.shtml

Chapter 28

Saran, Cliff. "Badly-Managed Offshore Software Development Costs
Firms Millions." Computer Weekly. http://www.computerweekly.com/
Articles/2004/06/15/203138/Badly-managed-offshore-software-development-costs-
firms.htm

Afterword by Translator

訳者あとがき

　本書はミッチ・レイシーによる『The Scrum Field Guide: Practical Advice for Your First Year』の翻訳です。 原著は2012年に出版されたものですが、 とても人気が高く、Amazon.comでは☆4.9（134件のレビュー [1]）がついています。また原著は2016年1月に第2版が出版されましたが基本的に同じ内容で、第1版に何章か追加したものとなっています。第1版の訳である本書の内容は、今でも変わらず通用するものです。

　ここですこし、本書の原題、The Scrum Field Guideのお話をしましょう。
　Field Guideとは、野生の自然のただ中で活動するのに使うガイドブックで、動植物の姿かたちに生態と、見分け方、見つけるための手がかりが絵入りで書かれているものです。日本で言えばいわゆる図鑑で、持ち歩いてもかさばらず気軽に開ける携帯版です。
　本書「スクラム現場ガイド」では、スクラムを使ってみたときに、きっと現場で遭遇する、新たな現象、見知らぬ形跡、恐ろしげな妖怪などの見分け方と対処の方法が載っています。図鑑に載っているのが可愛い動物やきれいな草花だけではないように、危険な動物と有害な植物を見分け、注意して取り扱うやり方が載っているのです。
　スクラムのルールはシンプルで、入門書は夢と希望で満ちあふれ、研修を受ければすぐ実践できる気分になります。いざ実際にスクラムをあなたの現場で始めれば、未開の原野にさまよいこんで、思いもかけないことが起き、何が理由でこうなったのか自分はいったいどうすればいいのか、分からなくなってしまうかもしれません。「こんなところに来るんじゃなかった」と泣き言のひとつも言いたくなるかもしれません。
　そんなときには一息ついて、まずは気持ちを落ち着かせましょう。状況を整理し把握するべく、誰かに聞いてもらいましょう。そして本書のページを繰って、役立つ項目を探してください。動物図鑑と同じように、まったく同じには見えないかもしれません。同じ問題でも見えか

[1] 注：2016年2月現在

たや感じかた、現れかたはそれぞれです。状況を慎重に見定めましょう。コンテキストを考慮しましょう。見えない裏側を見に行きましょう。あなたのチームのことならば、あなたが一番詳しいんです。

本書のアドバイスに従うのならば、ぜひとも最後まで従ってください。著者のミッチ・レイシーはまえがきで、こんなふうに言っています。

紹介するモデルは僕が現場で、物語で現れたような問題を解決するのに使うものだ。中には不快に感じたり、あなたの会社ではうまくいくと思えないものもあるだろう。僕としては、アドバイスを無視したいという感情や、モデルを変えてしまう衝動とは何としても戦ってほしい。少なくとも3回はそのままで試してみて、結果を見てほしい。

忘れていませんか、あなたが困ったことになったのは、未知の世界に踏み込んだせいです。未知に挑んだあなたの勇気は素晴らしい。ですから解決方法も、敢えて不安な馴染みないやり方を、勇気を持って選びましょう。先達の知恵と現場の経験を、借りる素直さと謙虚さも忘れることなくいきましょう。そしてあなたの現場では、どうすればモデルを変えることなしに、適用できるか考えてください。

そんなわけで、本書は現場に持ち込む本、スクラムで進めながらいつも持ち歩く本、困ったときに手元で調べる本、そういう本なので、頭からお尻まで精読したり、書いてある細部の矛盾や不備を追求したり、お勉強してお仕舞いにしたりするのには不向きかもしれません。現場で困ったことがあったとき、すぐに取り出し眺められるよう、身近に置いておきましょう。困ったことをテーマにして、関係する章をチームで読んでみるのもいいでしょう。

本書の特徴のひとつに、数多くの参照文献・参考文献が挙げられているところがあります。各章で紹介する様々なモデルとテクニックにはたいていその元となり、原案となり、ヒントとなったアイデアやコンセプトがあります。そうしたアイデアやコンセプトに、参考資料をたどって直接触れられますし、あなた自身のアイデアが生まれる源泉になるかもしれません。興味を感じた項目があれば、ぜひ深く潜って調べてみてください。本書はそうした、スクラムを支える広大な知のネットワークへの門となるかもしれません。

ここであとがきの場を借りて、本書に取り上げられていない本を数点、紹介したいと思います。翻訳者である私自身、アジャイルとスクラムを始めた頃にこんな本があったらよかったのになあと感じました。スクラムを始めたところで、本書を手に取れた人が、うらやましい！一方、私が参考にしてきたけれど本書では触れていないものもあります。そうした本を何冊か、選んでみました。

訳者あとがき

アジャイルにやろうとし始めた初期の頃にとても参考になったのが、意外や『UMLモデリングのエッセンス』（マーチン・ファウラー 著 翔泳社）でした。UMLというと重厚長大で無意味なドキュメントというイメージが今では強いかもしれませんが、この本では「UMLをスケッチする」という考え方でいかにチーム内のコミュニケーションを数枚の図が強化できるか、そして「全体像を押さえるため、概要ではない、フレームワーク＝骨幹を描く」のが、変化に柔軟に対応できる設計に結びつき、ひいてはアジャイルな開発をエンジニアリング側から支えられるのかを紹介しています。エンジニアリングプラクティスのなかで見落とされやすい全体性の維持、全体設計をうまく扱えるようになりました。コードで意図を伝え合えるのは当然ですし大事ですが、コードで語り尽くせない観点もあります。著者はもちろんアジャイルマニフェストの17名の1人なので、アジャイルの本ですね。さらに先へ進むと『UMLモデリングの本質』（児玉 公信 著 日経BP社）があります。

アジャイルな手法はどれも、人間の強さを重視しています。2章のライアンが気づいたように、人をシステムのパーツではなく個人として扱う方が力を発揮する、ただ人数を集めるのではなく有機的なチームを育てれば何倍ものパフォーマンスを出せる。そうした要素を、アジャイルの文脈から離れて紹介しているのが『ピープルウェア』（トム・デマルコ、ティモシー・リスター 著 日経BP社）です。「第24章 混乱と秩序」からはたくさんの着想と勇気を得ました。また「第13章 オフィス環境進化論」ではアレグザンダーの『パタン・ランゲージ』（クリストファー・アレグザンダー 著、鹿島出版会）が紹介されています。人やチームの話とパターンとの交点には『組織パターン』（James O. Coplien、Neil B. Harriosn 著 翔泳社）があります。

本書はスクラムを実際に始めてから読む本ですが、始めながら人を巻き込んでいく、プロダクトオーナーやステークホルダー、マネジメントの人びとを「バスに乗せていく」のも大変です。スクラムの入門、基礎知識を付けるには『アジャイルサムライ —— 達人開発者への道——』（Jonathan Rasmusson 著 オーム社）、『SCRUM BOOT CAMP THE BOOK』（西村 直人、永瀬 美穂、吉羽 龍太郎 著 翔泳社）、『アジャイル開発とスクラム ～顧客・技術・経営をつなぐ協調的ソフトウェア開発マネジメント』（平鍋 健児、野中 郁次郎 著 翔泳社）、『Software in 30 Days スクラムによるアジャイルな組織変革"成功"ガイド』（Ken Schwaber、Jeff Sutherland 著 アスキー・メディアワークス）などがあります。スクラムという「新しいアイデア」を広めるうえでは、拙訳ですが『Fearless Change アジャイルに効くアイデアを組織に広めるための48のパターン』（Mary Lynn Manns、Linda Rising 著 丸善出版）が素晴らしいガイドになります。

本ではなく、生きた人間に話を聞いたり相談したくなるかもしれません。日本ではアジャイルやスクラムをテーマとしたコミュニティがいくつもあります。「すくすくスクラム」「アジャイルひよこクラブ」「POStudy」「スクラム道関西」「Scrum Master's Night」などが有名ですが、

他にも小さなところや、地方で活発に活動しているところもあります。テーマも多岐にわたります。身近な、参加しやすいところを自分でも探してみてください。

　最後になりましたが、書籍の翻訳という長い旅に付き合ってくれた翻訳者のみなさんに感謝したいと思います。また編集者の伊佐さんにも、辛抱強く待ってくれ、ときには適度に急かしてくれ、そして素敵な本という形にしてくれたことに感謝します。モノがあるっていいですね。

　レビューアーのみなさんにも大変に助けられました。今給黎 隆さん、円城寺 康人さん、川口 恭伸さん、木村 卓央さん、佐藤 竜也さん、佐野 友則さん、中村 洋さん、半谷 充生さん、古家 朝子さん、山口 鉄平さん、ありがとうございます（順不同）。翻訳者一同、私たちをいつも支えてくれた家族に感謝を捧げます。

　なお本書の翻訳では、GitHub、Amazon EC2、Jenkins、Sphinx、yomoyama、英辞郎、COBUILD英英辞書、MIFESなどのサービス、ソフトウェアを利用しました。

2016年2月
翻訳者を代表して
安井 力

Index

索引

A ~ M

Affinity Estimation 344
APIドキュメント 327
BVT 191
CI 040, 140, 338
COCOMO 311
Continuous Integration 140
Developmental Sequence in Small Groups 247
Done 031, 076, 115
DSDM 035
FDD 035
Fit（Framework for Integrated Test） 109
GPS 147
Harvard Business Review 055
Innovation Games 215
IRR 312
MMF 287, 312, 349
MMR 349
Money for Nothing and Change for Free 360

P ~ X

PBI 369
People Styles at Work 235
PMO 314, 326
Project Retrospectives：A handbook for Team Reviews 218
RFP 355, 364
ROI 298
ROIカットオフ 365
ScrumBut 328
Software by Numbers 312
Software Engineering Economics 190
SOLID 145
SOX法 299

StickyMinds 190
Strategic Management and Organisational Dynamics 041
Succeeding with Agile 023, 333
TDD 023, 040, 142, 144, 253, 281
The Big Wall 344
The dumbing-down of programming 320
The Ebb and Flow of Attention in the Human Brain 238
The Economics of Software Development by Pair Programmers 149
User Stories Applied 365
VNC 338
Wiki 216
XP 017, 029, 035, 039, 049, 368

あ行

アーキテクチャ 221, 324, 349
アーキテクト 063, 368
アート・オブ・アジャイルデベロップメント 149
アーロ・ベルシー 237, 239
曖昧な回答 227
曖昧な要求 106
アウトソース 328, 331
アジェンダ 225
アジャイル 049, 261
アジャイルカンファレンス 236, 360, 363
アジャイルソフトウェア開発スクラム 114
アジャイルソフトウェア開発宣言 036
アジャイルチーム 336
アジャイルな計画づくり 315
アジャイルな見積りと計画づくり 089
アジャイルなリリース計画 173
アジャイルプラクティス 253
アジャイルマニフェスト 016, 319
アジャイルレトロスペクティブズ 214, 217, 218
新しい現状維持 042, 044

スクラム現場ガイド

新しいチーム ………………………… 082
新しいプロジェクト …………………… 077
新しいメンバー ………………………… 245
アリスター・コーバーン ……………… 236
アレックス・F・オズボーン …………… 118
安定性 …………………………………… 326
生きているドキュメント ……………… 368
移行計画 ………………………………… 067
維持可能なペース ……………………… 040
異質な要素 ……………………………… 043
逸脱 ……………………………………… 263
イテレーション ………………………… 123
イテレーションが完成する …………… 120
イテレーティブ ………………… 020, 284, 293
イノベーションゲーム ………………… 312
インクリメンタル ……………… 020, 292, 294
インスペクト＆アダプト ……………… 213
インテグレーション …………………… 191
インデックスカード …………………… 341
インペディメント ……………… 223, 226
ウェア・マイヤーズ …………………… 071
ウォーターフォール ………… 027, 322, 325
受け入れ ………………………………… 363
受け入れウィンドウ …………… 363, 364
受け入れ条件 …………………………… 139
受け入れテスト ………………… 014, 109,
　　　140, 143, 149, 191, 287, 290, 327
内的な集中 ……………………………… 238
運用ガイド ……………………………… 324
エイド・ミラー ………………………… 147
エクストリームプログラミング …… 029, 053, 100
エスター・ダービー …………… 023, 218
エピック ………………………………… 179
エレン・ウルマン ……………………… 320
エンジニアリングプラクティス ……… 017,
　　　109, 138, 151, 155, 282, 295, 368
エンドユーザー用のマニュアル ……… 318
大きいストーリー ……………………… 345
大きな壁 ………………………………… 341
オーバーコミット ……………………… 135
オーバーヘッド ………………… 085, 332
オープンさ ……………………………… 036

オフショア ……………………………… 329

か行

海外オフショア ………………………… 328
会社のゴール …………………………… 258
改善 ……………………………………… 369
外的な集中 ……………………………… 238
開発者 …………………………… 063, 368
開発チーム ……………………… 367, 368
開発フェーズ …………………………… 353
回復期 …………………………………… 277
外部のチーム …………………………… 328
カオス …………………………………… 041
学習する組織 ………… 061, 063, 066, 097
革新 ……………………………… 257, 258
拡張 ……………………………………… 291
隠れたコスト …………………… 330, 334
過去のデータ …………………… 082, 311
過去のベロシティ ……………………… 077
カスタマーサポートリファレンス …… 318
価値観 …………………………………… 249
カテゴリ分け …………………… 118, 120
稼働率 …………………………………… 310
狩野モデル ……………………………… 312
過負荷 ………………… 074, 277, 278, 282
壁 ………………………… 278, 342, 344
過労期 …………………………………… 277
完成 ………… 015, 031, 076, 115, 122
完成の定義
　　… 068, 115, 117, 152, 287, 288, 322
完成の定義の作成と公開 ……………… 118
完成の定義の例 ………………………… 116
ガントチャート ………………… 162, 166
カンバン ………………………… 035, 049
管理コストの増加 ……………………… 334
機会の窓 ………………………………… 290
技術的スキル …………………………… 069
技術プラクティス ……………… 014, 276, 281
規制 ……………………………………… 109
既存システム …………………………… 193
既知のテクノロジー …………………… 090
機能 ……………………… 038, 096, 369

391

索引

機能横断チーム ・・・・・・・・・・・・・・・・・・・ 066, 139

機能期 ・・・・・・・・・・・・・・・・・ 247, 248, 250

機能実現 ・・・・・・・・・・・・・ 296, 298, 301

機能仕様書 ・・・・・・・・・・・・・・・・・・・・・・ 310

機能を完成 ・・・・・・・・・・・・・・・・・・・・・・ 297

厳しい納期 ・・・・・・・・・・・・・・・・・・・・・・ 106

キャンセル ・・・・・・・・・・・・・・・・・・・・・・ 266

教育 ・・・・・・・・・・・・・・・・・・・・・・・・・・・・ 148

共感見積 ・・・・・・・・・・・・・・・・・・・・・・・・ 344

偽陽性 ・・・・・・・・・・・・・・・・・・・・・・・・・・ 149

巨大なバックログ ・・・・・・・・・・・・・・・・ 344

拒否 ・・・・・・・・・・・・・・・・・・・・・・・・・・・・ 258

儀礼主義 ・・・・・・・・・・・・・・・・・ 257, 258

緊急性 ・・・・・・・・・・・・・・・・・・・・・・・・・・ 348

緊急手順 ・・・・・・・・・・・・・・・・・・・・・・・・ 264

グラウンドルール ・・・・・・・・・・・ 148, 214

グリーン ・・・・・・・・・・・・・・・・・・・・・・・・ 143

クリスタル ・・・・・・・・・・・・・・・・・・・・・・ 035

クリティカル・パス ・・・・・・・・・・・・・・・ 036

クロージング ・・・・・・・・・・・・・・・・・・・・ 216

計画 ・・・・・・・・・・・・・・・・・・・・・ 165, 299

計画ゲーム ・・・・・・・・・・・・・・・・・・・・・・ 039

計画づくり ・・・・・・・・・・・・・・・・・・・・・・ 370

計画づくりミーティング ・・・・・・・・・・・・ 369

計画ミーティング ・・・・・・・・・・・ 039, 073

係数表 ・・・・・・・・・・・・・・・・・・・ 089, 229

形成期 ・・・・・・・・・・・・・・・・・・・ 247, 250

継続的インテグレーション ・・・・・・・・・・・・・・・ 014,
　　　017, 039, 040, 104, 109, 140, 141,
　　　　143, 146,147, 276, 281, 338

継続的インテグレーション入門 ・・・・・・・・・・・ 147

継続的インテグレーションによる100日間 ・・・ 147

契約 ・・・・・・・・・・・・・・・・・・・・・・・・・・・ 351

契約終了条項 ・・・・・・・・・・・・・・ 363, 365

契約書 ・・・・・・・・・・・・・・・・・・・ 351, 356

欠陥 ・・・・・・・・・・・・・・・・・・・・・ 188, 301

欠陥判断基準 ・・・・・・・・・・・・・・・・・・・・ 190

欠陥マネジメント ・・・・・・・・・・ 188, 190, 192

結合 ・・・・・・・・・・・・・・・・・・・・・ 290, 291

結合環境へのリリース ・・・・・・・・・・・・・・ 116

結合テスト ・・・・・・・・・・・・・・・・・・・・・・ 287

検査と適応 ・・・・・・・・・・・・・・・・・・・・・・ 213

ケン・シュウェイバー ・・・・・・・・・・・ 034, 114, 280

建築変更プロセスガイド ・・・・・・・・・・・・・・・・ 357

兼任 ・・・・・・・・・・・・・・・・・・・・・・・・・・・ 102

コア機能 ・・・・・・・・・・・・・・・・・・・・・・・・ 286

コア時間 ・・・・・・・・・・・・・・・・・・・・・・・・ 281

コアストーリー ・・・・・・・・・・・・・・ 288, 294

コアタイム ・・・・・・・・ 154, 156, 158, 161, 331

コアタイム表 ・・・・・・・・・・・・・・・・・・・・ 157

コアチーム ・・・・・・・・・・・・・ 062, 063, 070,
　　　103, 104, 128, 239, 250, 367, 368

コアチームメンバー ・・・・・・・・・ 066, 067, 097

構造化 ・・・・・・・・・・・・・・・・・・・・・・・・・・ 301

広大な壁 ・・・・・・・・・・・・・・・・・・ 344, 348

コーチ ・・・・・・・・・・・・・・・・・・・・・・・・・・ 131

コーチング ・・・・・・・・・・・・・・・・・ 124, 152

コーディング完了 ・・・・・・・・・・・・・・・・・・ 277

コーディングスタイル ・・・・・・・・・・・・・・・ 140

コーディング標準 ・・・ 017, 040, 145, 149, 284

コードコメント ・・・・・・・・・・・・・・・・・・・・ 327

コードの共同所有 ・・・・・・・・・・・・・ 017, 040

コードの臭い ・・・・・・・・・・・・・・・・・・・・・ 143

ゴール ・・・・・・・・・・・・・・・・・・・・・・・・・・ 260

ゴール計画づくり ・・・・・・・・・・・・・・・・・・ 198

ゴールデンブック ・・・・・・・・・・・・・・・・・・ 262

顧客 ・・・・・・・・ 100, 108, 190, 205, 337, 351

顧客と同席する ・・・・・・・・・・・・・・・・・・・・ 100

顧客の企業文化 ・・・・・・・・・・・・・・・・・・・・ 108

顧客の参画 ・・・・・・・・・・・・・・・・・ 363, 364

顧客の予算 ・・・・・・・・・・・・・・・・・・・・・・・ 356

顧客予算範囲 ・・・・・・・・・・・・・・・・・・・・・ 356

顧客を教育する ・・・・・・・・・・・・・・・・・・・・ 108

コスト ・・・・・・・・・・・・・・・・・・・・ 038, 130,
　　　303, 305, 314, 326, 329, 331, 359

コスト計算 ・・・・・・・・・・・・・・・・・・・・・・・ 314

ごまかし ・・・・・・・・・・・・・・・・・・・・・・・・・ 227

混み入った ・・・・・・・・・・・・・・・・・・・・・・・ 041

コミット ・・・・・・・・・・・・・・・・・・・ 228, 327

コミットメント ・・・・・・・・・・・ 035, 079, 088, 105

コミュニケーション ・・・・・・・・・・・・・・・・・ 069,
　　　108, 117, 123, 161, 174, 202, 214,
　　　　232, 268, 270, 281, 327, 330

コメント ・・・・・・・・・・・・・・・・・ 145, 324, 327

392

スクラム現場ガイド

コンウェイの法則	018	習慣	276
混沌	042, 043	従業員のコスト	130
コンプライアンス	109	就業規則	299
混乱期	247, 248, 250	集団の凝集	333
		集中	035, 153, 229

さ行

サーバントリーダーシップ	135	柔軟さ	069
最悪のベロシティ	169	集約	121
最高水位	170	手段	260
最高のコード	199	出荷可能	
最小機能	289	⋯ 014, 040, 147, 188, 285, 290, 365	
最初の完成の定義	118	出張	334, 339
最善のベロシティ	169	出張予算	330
最低限の機能	285	受容	258
最低水位	170	準備	205, 208
最適なチームの大きさ	061	障害	133, 188, 222, 267
再見積り	175	衝突	097
作業管理	331	承認	326
サステインドエンジニアリング	193	承認されたプロダクト定義	359
サティアの変化のステージ	042, 045	初期スプリントリリース計画	361
ジェームズ・ショア	149	初期の現状維持	042, 043
ジェフ・アトウッド	145	初心者マインド	239, 244
ジェフ・サザーランド		所得税	299
⋯ 034, 082, 199, 266, 280, 360, 363		ジョハンナ・ロスマン	190
時間	303, 310, 362	ジョン・ガブリエル	238
時間短縮	229	ジョン・コッター	015, 055
時間割り当てモデル	196	人月の神話	071
刺激反応サイクル	106	人件費	334
刺激反応時間	105, 114	信頼	
自信の度合い	168	⋯ 059, 088, 314, 339, 355, 356, 365	
システムアーキテクチャ	322	スキル	068
事前の計画	305	スクラム	027, 034, 035, 049, 366
持続可能なペース	017, 272, 276	スクラムガイド	269, 280, 370
実績	087	スクラム緊急手順	266
実測したベロシティ	090	スクラムチーム	127
失敗	258	スクラム入門 ― アジャイルプロジェクトマネジメント	
自動受け入れ	364		048
自動化	291, 327	スクラムマスター ⋯ 030, 076, 091, 092, 093,	
自動テスト	324	098, 127, 133, 155, 157, 162, 220,	
支払いオプションの確定	362	252, 272, 295, 308, 341, 367, 370	
ジブの法則	018	スクラムマスターの重要な働き	125
社会構造とアノミー	257	スクラムミーティング	299
		スケジュール	038, 065

393

索引

スコープ …………………………… 362
スコープを削る …………………… 266
スタンドアップ …………………… 223
スティーブ・マコネル …………… 071, 359
ステークホルダー ………………… 091, 108,
　　127, 198, 205, 232, 252, 268, 272,
　　295, 296, 303, 337, 341, 346, 354
ストーリー …………… 096, 116, 176, 179,
　　180, 287, 308, 325, 341, 346, 369
ストーリーカード ………………… 306, 342
ストーリーが完成する …………… 120
ストーリーの大きさ ……………… 182
ストーリーの分割 ………………… 180
ストーリーポイント
　　… 076, 130, 163, 167, 186, 306, 312
ストーリーを見積もる …………… 311
スパイク …………… 096, 296, 298, 300
スプリント …… 034, 103, 116, 220, 252, 286
スプリントあたりのコスト ……… 361
スプリントゴール ………………… 267, 371
スプリントのキャンセル ………… 266, 269
スプリントのコスト計算 ………… 362
スプリントの長さ …… 103, 106, 107, 110, 176
スプリントバックログ
　　…… 176, 268, 269, 301, 368, 369
スプリントプランニング …… 027, 150, 155, 370
スプリントレビュー ……………… 073,
　　091, 201, 205, 207, 232, 337, 372
スプリントレビューミーティング … 370
スポンサー ………………………… 056
税 …………………… 096, 296, 298, 299
成果記述 …………………………… 360
成果物 ………… 280, 326, 352, 366, 368
成功 ………………………………… 258
生産性 …………… 056, 099, 279, 334, 352
生産的ではない …………………… 277
政治的な環境 ……………………… 082
制度的手段 ………………………… 259
製品仕様書 ………………………… 368
制約 ………………………… 103, 296
整理 ………………………………… 118
整理と集約 ………………………… 121

セーフティーネット …………… 144, 147, 150
責任感 ……………………………… 073
セキュリティレビュー …………… 299
設営 ………………………………… 214
全社会議や部門会議 ……………… 299
戦術担当 …………………………… 238, 243
前提条件 …………… 096, 296, 298, 301
専任 ………………………………… 072
専任スクラムマスター …………… 102, 124
専任チームの欠点 ………………… 199
専任チームの長所 ………………… 199
専任チームモデル ………………… 197
専任のチーム ……………………… 229
専念 ………………………………… 153
専門家による判断 ………………… 311
専門性 ……………………………… 066
戦略担当 …………………………… 238, 243
速度 ………………………………… 076
組織的変化 ………………………… 133, 136
組織を変える ……………………… 097
ソフトウェアプロジェクトサバイバルガイド …… 359
ソフトスキル ……………………… 069, 134
尊敬 ………………………………… 035

た行

ダイアナ・ラーセン ……………… 218
大規模プロジェクト ……………… 054
タイミング ………………………… 355
タイムゾーン ……………………… 159, 330
タイムボックス …………… 121, 216, 300
タスク ……………… 176, 179, 180, 369
タスクの分割 ……………………… 184
タスクの見積り …………………… 084
タスク分割 ………………………… 178
立ったまま ………………………… 228, 229
谷 …………………………………… 280
ダン・ジャンセン ………………… 238
単純 ………………………………… 041
チーム ……………… 190, 229, 367, 368
チーム共通の時間 ………………… 158
チームコンサルタント
　　……… 062, 066, 067, 070, 154, 250

スクラム現場ガイド

チームと構成の新しさ度合い ……………… 082
チームとして動く ………………………… 229
チームの稼動時間 ………………………… 085
チームの稼動時間を見定める …………… 083
チームのサイズ …………………………… 071
チームの時間を奪うイベント …………… 295
チームのデータ …………………………… 134
チームの文化 ……………………… 250, 256
チーム文化からの逸脱 …………………… 256
チームのベロシティ決定 ………………… 362
チームのベロシティを見積もる ………… 083
チームビルディング ……………………… 338
チームプレイ ……………………………… 069
チームへ迎える方法 ……………………… 253
チームメンバー …………………………… 061,
        092, 093, 098, 125, 338, 370, 372
チームリーダー …………………………… 092
チームワークのガイドライン …………… 072
チェックイン ………………… 014, 140, 143
抽象 ………………………………… 310, 311
朝会 ………………………………………… 371
長期的な離職率 …………………………… 331
調達 ………………………………………… 307
重複 ………………………………………… 121
提案依頼書 ………………………………… 355
デイリースクラム
        ……… 029, 073, 220, 223, 370, 371
デイリースタンドアップ …………… 021, 091,
        096, 155, 164, 193, 198, 218, 220,
        223, 231, 234, 253, 331, 337, 371
テーマ ……………………………………… 179
デール・カーネギー ……………………… 262
デザイナー ………………………… 063, 368
テスター …………………………… 063, 368
テスト ……………………………………… 291
テスト開始 ………………………………… 277
テスト駆動開発 …………………… 014, 017, 040,
        050, 104, 109, 138, 141, 143, 276
テスト計画 ………………………………… 323
テスト工数 ………………………………… 150
テストファースト ………………… 039, 040
デスマーチ ………………………………… 043

デプロイメント …………………………… 300
デモ ……… 100, 107, 201, 202, 205, 232
手戻り ……………………… 287, 293, 324
点数表 ……………………………………… 111
統一期 …………………………… 247, 248, 250
統合 ………………………………………… 143
結合環境にリリースする ………………… 120
統合テスト ………………………………… 149
動作するソフトウェア …………………… 175,
        213, 284, 287, 288, 293, 294, 323
当初の契約 ………………………………… 358
同調 ………………………………… 257, 258
導入スケジュール ………………………… 360
逃避主義 …………………………… 257, 258
透明性
        … 034, 058, 081, 152, 223, 297, 304
トーキングオブジェクト ………………… 225
ドキュメント ……………………………… 316
ドキュメント作成の計画 ………………… 327
ドキュメント不要 ………………………… 327
トップダウン ……………… 050, 056, 311
トム・デマルコ …………………………… 282
ドライバー ………………………………… 148
トラッキング ……………………………… 134
トリアージ ………………… 021, 029, 198
トレイ・ヘデン …………………………… 238
トレーニング ……………………………… 152

な行
長いスプリント …………………………… 109
長いメソッド ……………………………… 145
ナビゲータ ………………………………… 148
粘り強さ …………………………………… 153
ノイズ ……………… 100, 148, 296, 332
納期 ………………………………………… 359
納品がなくても有料、変更は無料 ……… 360
ノーマン・カース ………………………… 218

は行
パーキングロット ………… 215, 225, 349
パートタイム ……………………… 102, 160
バーンダウン ……………………………… 223

395

索引

バーンダウンチャート
　　… 094, 164, 268, 280, 295, 368, 370
ハカン・エルドグマス ……………………… 149
バグ ……………………… 188, 221, 330, 369
バス ………………………………………… 290
発見フェーズ ……………………… 353, 361
幅 ……………………………………………… 088
幅をもたせたベロシティで話をする ……… 083
パフォーマンス ………… 125, 127, 283, 373
パフォーマンステスト ……………… 287, 290
バリー・ベーム ……………………… 190, 359
範囲と変更モデル …………………………… 360
反抗 ……………………………… 257, 258
判断 …………………………………………… 327
ハンドサイン ………………………………… 226
ハンフリーの法則 …………………………… 018
ピーター・センゲ …………………………… 061
ピーター・プロヴォスト …………………… 237
引き継ぎ ………………………… 332, 334
引き継ぎのコスト ………………… 331, 332
非機能要求 …………………………………… 369
非機能要件 …………………………………… 310
ビジネス価値 ………………………………… 368
非生産的 ……………………………………… 278
日付 ……………………………… 038, 169
ビルド環境 …………………………………… 301
ビルドベリフィケーションテスト ………… 191
品質 …………………………………………… 352
ファシリテーター …… 134, 206, 214, 346, 371
ファシリテート ……………………………… 134
フィードバック …… 104, 107, 205, 287, 363
フィードバックループ ……………… 146, 150
フィボナッチ数列 …………………… 084, 307
不確実性 ……………………………………… 090
不確実性コーン ……………………………… 359
負荷テスト …………………………………… 290
深掘り ………………………………………… 225
不具合 ………………………………………… 188
複雑 …………………………………………… 041
複数の役割 …………………………………… 096
ブラウンバッグミーティング ……………… 057
プラクティス ………………………………… 151

フラストレーション ………………… 046, 329
プランニングポーカー ………… 084, 311, 344
ふりかえり ………………………………… 031,
　　045, 073, 140, 164, 189, 210, 212,
　　218, 234, 299, 337, 370, 372
ブルース・タックマン ……………………… 247
フルタイム ………………… 101, 127, 133
ブルックスの法則 …………………… 071, 245
ブレインストーミング ………… 084, 118, 361
フレームワーク ……………………………… 366
プレゼンテーション ………………………… 202
プレゼンテーションソフト ………………… 285
フレッド・ブルックス ……………………… 071
プログラミングを簡単に …………………… 320
プロジェクト ………………………………… 123
プロジェクト開始前 ………………………… 314
プロジェクト計画 …………………………… 322
プロジェクト契約 …………………………… 363
プロジェクトコスト ………………………… 305
プロジェクトの大きさや複雑度 …………… 082
プロジェクトのゴール ……………………… 360
プロジェクトの変動要素 …………………… 317
プロジェクトマネージャ …… 048, 061, 162, 272
プロダクトオーナー…… 092, 093, 096, 098, 127,
　　152, 154, 188, 190, 215, 245, 268,
　　269, 295, 300, 337, 341, 346, 367
プロダクトオーナーと顧客 ………………… 082
プロダクトバックログ……………………… 018,
　　045, 083, 096, 154, 163, 166, 186,
　　191, 245, 252, 298, 306, 310, 341,
　　350, 361, 368, 371
プロダクトバックログアイテム …………… 369
プロダクトバックログのメンテナンス ……… 363
プロダクトバックログを見積もる …………… 083
プロダクトログ ……………………………… 314
プロミスキャスコーチング ………………… 230
プロミスキャスペアリング ………………… 239
プロミスキャスペアリングと初心者マインド
　　…………………………………… 236, 239
分解 …………………………………………… 311
分割 ……………………………… 152, 180, 343
文化的な課題 ………………………………… 333

396

スクラム現場ガイド

文化的目標 ································ 258
文化の問題 ································ 249
分散チーム ································ 159
ペアサイクルタイム ························· 239
ペア作業 ··············· 157, 213, 238, 338
ペアチャーン ······························ 239
ペアプログラミング ······· 014, 017, 027, 039,
　　　　040, 050, 109, 142, 143, 148, 230,
　　　　236, 243, 246, 253, 276, 281, 331
ペアプログラミング―エンジニアとしての指南書
　　　　·································· 149
ペアプログラミングセッション ················ 282
ペアプログラミングピンポン ·················· 241
ペアリング ································ 268
ベースライン ······························ 304
ペースを守る ······························ 228
ベータリリース ···························· 277
ヘールト・ホフステッド ···················· 333
ヘッドライト ······························ 147
ペルソナ ································ 361
ベロシティ ··· 076, 086, 091, 097, 125, 163,
　　　　166, 213, 239, 245, 288, 295, 308
ベロシティが最悪 ·························· 170
ベロシティが最善 ·························· 170
ベロシティの幅 ················· 081, 089
ベロシティの平均 ·························· 171
ベロシティの平均値 ························ 088
ベロシティの変動の幅 ······················ 088
ベロシティの見積り ························ 086
変化 ····················· 042, 056, 314
変更 ···································· 355
変更管理プロセス ·························· 357
変更指示 ································ 358
変更指示手順 ····················· 356, 357
変更は無料 ································ 363
変数 ···································· 082
ポイント当たりコスト ················· 136, 363
ポイント見積り ···························· 306
法規コンプライアンスレビュー ··············· 299
ポール・M・デュバル ························ 147
保証 ····························· 314, 360
ボトムアップ ··········· 050, 055, 056, 311

ボブ・マーティン ·························· 145
本番環境へのリリース ················ 116, 120

ま行

マーチン・ファウラー ················ 146, 200
マイク・コーン ··········· 021, 089, 333, 365
マイクロペアリング ························ 237
マイケル・ジェームズ ······················ 133
マイケル・フェザーズ ······················ 200
マイヤーズ・ブリッグズ ···················· 235
マイルストーン ······ 163, 272, 277, 280, 360
マインドセット ···························· 276
前払いソリューションモデル ················· 351
マネジメント ······························ 074
ミーティング ············· 072, 366, 370, 372
未完成 ································ 122
短いイテレーション ························ 280
短いスプリント ···························· 109
未知のテクノロジー ························ 090
見積り ··········· 078, 083, 341, 364, 369
ミニマル・マーケタブル・フィーチャー
　　　　·················· 287, 308, 312, 349
ミニマル・マーケタブル・リリース ··········· 349
矛盾した名前 ······························ 145
メンテナンス ······················ 324, 364
メンバーの追加 ···························· 250
燃え尽き ································ 276
目的 ···································· 360
目標 ···································· 056
問題解決 ································ 352
問題を見つけやすくする ···················· 352

や行

役割 ············· 092, 097, 099, 366, 367
山 ···································· 280
勇気 ···································· 035
ユーザー ································ 354
ユーザーストーリー
　　　　···· 179, 292, 298, 306, 310, 344, 361
ユーザーストーリーの3つのC ·············· 311
ユーザーの数 ················· 288, 289, 294
ユーザーペルソナ ·························· 354

397

索引

ユーザーマニュアル ·················· 324, 325
優先 ······································ 343
最優先 ···································· 189
優先順位 ·································· 167,
　　　215, 341, 343, 344, 348, 364, 369
優先順位付け ················ 341, 363, 368
優先度 ······························ 190, 312
ユニットテスト
　　　········ 143, 146, 149, 191, 291, 322
要求 ···················· 103, 104, 322, 324
要件定義書 ······························ 368
要件定義済み ···························· 359
様子見 ······························ 080, 087
予算 ············· 103, 305, 334, 356, 362

ら行

ラルフ・ステイシー ······················ 041
リアルタイム・コードレビュー ········· 148, 230
リーダーシップ ·························· 068
リーン ······················· 035, 049
離職率 ···································· 332
リスク ·············· 090, 287, 290, 326, 368
リズム ···································· 225
理想 ······································ 278
理想時間で概算する ······················ 083
理想的なチームの大きさ ·················· 368
リソース管理 ···························· 064
リソース調整 ···························· 307
リソースマネージャ ······················ 065
律速過程 ·································· 036
リファクタリング
　　　········ 014, 040, 141, 143, 145, 293
リファレンスストーリーを分割する ·········· 083
リモート会議システム ···················· 337
リモートチーム ·························· 333
リリース ································ 123
リリース計画
　　　··· 081, 162, 166, 252, 288, 348, 362
リリース計画更新 ························ 174
リリース計画作成 ························ 362
リリースプランニング ··········· 014, 166, 314
リリース前 ······························ 280

両方マネジメント ························ 014
類似 ······································ 121
類推 ······································ 311
ルーク・ホーマン ························ 215
レイアウト ······························ 225
レガシーコード ···················· 145, 200
レガシーコード改善ガイド ················ 200
レガシーシステム ························ 192
レッド ···································· 143
レビュー ················ 105, 208, 299, 372
レポート ·································· 203
練習と統合 ······················ 042, 044
ローウェル・リンドストローム ················ 344
ローテーション ·························· 200
ロードマップ ···························· 166
ローリー・ウィリアムズ ········· 148, 149, 236
ロールバック ···························· 269
ローレンス・H・パトナム ·················· 071
ロバート・K・マートン ···················· 257
ロバート・ケスラー ······················ 149
ロン・ジェフリーズ ············· 114, 176, 311

わ行

ワークショップ ···················· 115, 341
ワークパッケージ ························ 336
ワイドバンドデルファイ法 ·················· 311
割り込み ································ 225
ワンチーム文化 ·························· 338

■翻訳者プロフィール

安井 力（やすい つとむ）

アジャイルコーチ、コンサルティング、ファシリテーター、ゲームを使ったワークショップのデザインと提供を中心に、開発者、翻訳者、柴犬の飼育などをしています。柴犬はきなこ（5歳♀）、その娘のくるみ（2歳♀）の2人を室内で飼っており、仕事に疲れたときに癒やされたり、仕事中に絡まれて癒やしたりしています。好きなものはアジャイルな開発、テスト駆動開発（TDD）とPython、指輪物語と日曜大工です。きなこが好きなのは人間と寝ることで、誰かベッドに入るとすっ飛んできます。くるみが好きなのはきなこ母さんとベッドの下です。犬と奥さんのおかげで元気に働いています。

近藤 寛喜（こんどう ひろき）@kompiro / 通称こんぴろ

freee株式会社ではたらくソフトウェアエンジニア。休日は妻と二人で戸越銀座や武蔵小山商店街をぶらぶら食べ歩くのが最近の流行り。好きなことは顧客に価値を届けること。好きなものはデベロッパーテスティング、チームの改善、妻が作るごぼうサラダ、同僚との卓球。好きなプログラミング言語はRubyとJavaScript（ES2015）とJava9（JigSaw楽しみ）。日々の仕事をよりよくするため、本書を片手に日々奮闘中。

原田 騎郎（はらだ きろう）

株式会社アトラクタ代表　アジャイルコーチ、ドメインモデラ、サプライチェーンコンサルタント。認定スクラムプロフェッショナル。外資系消費財メーカーの研究開発を経て、2004年よりスクラムによる開発を実践。ソフトウェアのユーザーの業務、ソフトウェア開発・運用の業務の両方を、より楽により安全にする改善に取り組んでいる。
スプリントゴールを達成して、レビューをすばやく完了し、明るいうちにビール飲みながらふりかえりが出来るのが、スプリントの成功だと思っている。なかなか成功しない、スクラムは難しい。

■ご協力いただいたレビューアーのみなさま

本書は、以下の皆さまにレビューをしていただきました。
ご協力に深く感謝いたします。

今給黎 隆さん	佐野 友則さん
円城寺 康人さん	中村 洋さん
川口 恭伸さん	半谷 充生さん
木村 卓央さん	古家 朝子さん
佐藤 竜也さん	山口 鉄平さん

（順不同）

■STAFF
ブックデザイン： 井口 文秀 (intellection japon)
DTP： AP_Planning
編集部担当： 伊佐 知子

スクラム現場ガイド
スクラムを始めてみたけどうまくいかない時に読む本

2016 年 2 月 29 日 初版第 1 刷発行

著者　　　　　Mitch Lacey
翻訳者　　　　安井 力、近藤 寛喜、原田 騎郎
発行者　　　　滝口 直樹
発行所　　　　株式会社 マイナビ出版
　　　　　　　〒 101-0003　東京都千代田区一ツ橋 2-6-3　一ツ橋ビル 2F
　　　　　　　TEL: 0480-38-6872 （注文専用ダイヤル）
　　　　　　　　　　03-3556-2731 （販売）
　　　　　　　　　　03-3556-2736 （編集）
　　　　　　　E-mail: pc-books@mynavi.jp
　　　　　　　URL: http://book.mynavi.jp

印刷・製本　　シナノ印刷株式会社

Printed in Japan.
ISBN978-4-8399-5199-3

・定価はカバーに記載してあります。
・乱丁・落丁についてのお問い合わせは、TEL:0480-38-6872 （注文専用ダイヤル）、電子メール:sas@mynavi.jp までお願いいたします。
・本書は著作権法上の保護を受けています。本書の一部あるいは全部について、著者、発行者の許諾を得ずに、無断で複写、複製する
　ことは禁じられています。
・電話によるご質問、および本書に記載されている内容以外のご質問、本書の実習以外のお客様個人の作業についてのご質問には、一
　切お答えできません。あらかじめご了承ください。